Biologia Para Leigos®

Folha de Cola

Panorama dos Processos Celulares

Independente de onde um animal adquira energia, se de outro animal ou de uma planta, ele deve converter essa energia adquirida para uma forma que as suas células possam usá-la, pois essa energia é necessária para abastecer todos os outros processos que ocorrem em uma célula. O metabolismo é a soma de todos esses processos que dividem o combustível para liberar energia, assim como para usa-la na criação de outros produtos. Veja uma lista de algumas das coisas mais importantes que acontecem nas células (observe que elas não estão em uma ordem específica — todos esses processos estão ocorrendo simultaneamente no corpo):

- O sistema digestivo absorve alimentos que contêm proteínas, carboidratos e gorduras. As proteínas são divididas em aminoácidos, os carboidratos são divididos em monossacarídeos (como a glicose) e as gorduras são divididas em ácidos gordos e glicerol.
- O sistema respiratório conduz o oxigênio.
- O sistema circulatório transporta oxigênio, aminoácidos, glicose, ácidos gordos e glicerol para cada célula do corpo por meio de trocas capilares.
- Dentro de uma célula, a glicose é convertida para ácido pirúvico por meio da glicólise.
- O piruvato é lançado nas mitocôndrias da célula, onde é convertido em acetil coenzima A (acetil CoA).
- A acetil CoA combina-se com a água e com o oxaloacetato para iniciar o ciclo de Krebs.
- O ciclo de Krebs converte o ácido cítrico, que contém seis átomos de carbono, para o oxaloacetato, que contém quatro átomos de carbono. Os dois átomos de carbono "perdidos" são se perdem facilmente; eles acabam nos resíduos de dióxido de carbono. O ciclo de Krebs também resulta na produção da molécula rica em energia chamada trifosfato de adenosina (ATP), assim como nos cofatores NADH e FADH2.
- O processo de fosforização oxidativa converte os cofatores NADH e FADH2 emitidos durante o ciclo de Krebs em mais ATP. Depois de duas voltas do ciclo de Krebs e uma passada através da cadeia de transporte de elétrons da fosforização oxidativa, o resultado é de 36 moléculas de ATP, assim como o dióxido de carbono e a água, que são excreções (ver o Capítulo 6). As excreções são colocadas na corrente sanguínea por meio da troca capilar e transportadas para os locais apropriados; o dióxido de carbono é depositado nos pulmões para que ele possa ser exalado; a água é depositada no sistema excretor para que possa ser dispensada por meio da urina ou absorvida novamente pelo corpo, se necessário.
- A célula usa o ATP que produz para fornecer energia para outras funções, como a mitose, a meiose, a replicação do DNA, a transcrição, a tradução, isso sem mencionar a energia necessária para lançar produtos para dentro e para fora da célula.
- A mitose é crucial para a divisão celular, que é essencial para a substituição da célula. A mitose passa pelos estágios da prófase, metáfase, anáfase e telófase para replicar os cromossomos no núcleo, um grupo completo definido para cada núcleo (ver o Capítulo 11).
- A meiose é o processo de redução do número de cromossomos pela metade, que é crucial para a produção de gametas (células sexuais). Cada gameta tem metade do número de cromossomos, que contém um de cada "tipo" (como um para os alelos da mãe para a cor do olho, um para os alelos da mãe para a altura, e assim por diante). Ver o Capítulo 11.
- A replicação do DNA, a transcrição e a tradução são explicadas no Capítulo 14.

Para Leigos: A série de livros para iniciantes que mais vende no mundo.

Biologia Para Leigos®

Folha de Cola

O círculo e os ciclos da vida

Os ciclos e caminhos fornecidos nesta folha de cola são alguns dos processos biológicos mais cruciais. Esses ciclos e caminhos mantêm a vida em andamento. Se você entender esses processos, terá uma ideia muito boa sobre como a energia é transmitida e como ela é convertida para permitir que as formas de vida funcionem. A conversão e a transferência de energia de sua fonte original (o Sol) para outro ser vivo e assim por diante, e a emissão de energia a partir de seres vivos na terra é o ciclo da vida. Isso é o que define a vida. Isso é o que sustenta a vida. Isso é o que aconteceu há bilhões de anos e o que continuará a acontecer até que o universo acabe. Os ciclos que usam a energia transferida são as formas detalhadas das quais diferentes seres vivos usam as partículas de energia armazenadas no mundo inteiro.

Fotossíntese

Todo esse processo importante controla a energia do Sol de maneira que é possível ser passada para outros seres vivos. A água e os minerais viajam do centro de uma planta e se espalham nas células das folhas. Quando a luz do Sol atinge as folhas, a reação química da fotossíntese acontece. As plantas também captam dióxido de carbono da atmosfera, que é usado na reação. No final, a fotossíntese permite que as plantas convertam a energia do Sol em alimento para a planta na forma de carboidratos, e isso faz com que elas liberem oxigênio na atmosfera (que os animais precisam). Os carboidratos que uma planta armazena na forma de celulose são transferidos para qualquer animal que a consome. Portanto, a energia do Sol é convertida para abastecer a planta e depois é transferida para outro ser vivo, ou é enviada para o solo caso a planta morra antes que seja consumida por um animal. Veja a reação da fotossíntese (observe que é o contrário do que acontece quando um animal consome o carboidrato durante a respiração aeróbica):

Energia (luz) + 6 H_2O + 6 CO_2 ⟶ $C_6H_{12}O_6$ + 6O_2

O Ciclo do Nitrogênio

Neste ciclo, o nitrogênio (ver o Capítulo 17) passa de sua forma gasosa para uma forma solúvel em água, até a sua forma elementar em terra. A fixação do nitrogênio biológico ocorre quando a planta o pega da água e da terra para que possa ser transferido para os animais; animais e plantas que estão falecendo transferem nitrogênio de volta para a terra. O nitrogênio também é liberado na atmosfera por fontes naturais, como vulcões e iluminação, assim como fontes não naturais, como a queima de combustíveis fósseis. A chuva e a neve transferem o nitrogênio da atmosfera para o solo e para a água.

Copyright © 2008 Editora Alta Books
Rua Viúva Cláudio, 291 – Bairro Industrial do Jacaré
Rio de Janeiro – RJ
CEP: 20970-031
Tels: 21 3278-8069/8419
Email: altabooks@altabooks.com.br
Site: www.altabooks.com.br

Para Leigos: A série de livros para iniciantes que mais vende no mundo.

Biologia para LEIGOS

por Donna Rae Siegfried

ALTA BOOKS
EDITORA
Rio de Janeiro, 2010

Biologia para Leigos, Copyright © 2010 da Starlin Alta Con. Com. Ltda.
ISBN 978-85-7608-464-8

Produção Editorial:
Starlin Alta Con. Com. Ltda

Gerência de Produção:
Maristela Almeida

Coordenação Administrativa:
Anderson Câmara

Tradução:
Elda Couto

Revisão Gramatical:
Fátima Felix
Cristiane Sonovick

Revisão Técnica:
Carla Gallo
Mestre em Ciências pela UERJ

2ª Revisão Técnica:
Mírian de Souza

Diagramação:
Ednei Gonçalves

Fechamento:
Rafael Rosário

Original English language edition Copyright © 2009 by Wiley Publishing, Inc. by James Eade. All rights reserved including the right of reproduction in whole or in part in any form. This translation published by arrangement with Wiley Publishing, Inc

Portuguese language edition Copyright © 2010 da Starlin Alta Con. Com. Ltda. All rights reserved including the right of reproduction in whole or in part in any form. This translation published by arrangement with Wiley Publishing, Inc

"Willey, the Wiley Publishing Logo, for Dummies, the Dummies Man and related trad dress are trademarks or registered trademarks of John Wiley and Sons, Inc. and/or its affiliates in the United States and/or other countries. Used under license.

Todos os direitos reservados e protegidos pela Lei 9.610/98 de 19/02/98. Nenhuma parte deste livro, sem autorização prévia por escrito da editora, poderá ser reproduzida ou transmitida sejam quais forem os meios empregados: eletrônico, mecânico, fotográfico, gravação ou quaisquer outros.

Todo o esforço foi feito para fornecer a mais completa e adequada informação; contudo, a editora e o(s) autor(es) não assumem responsabilidade pelos resultados e usos da informação fornecida.

Erratas e atualizações: Sempre nos esforçamos para entregar ao leitor um livro livre de erros técnicos ou de conteúdo; porém, nem sempre isso é conseguido, seja por motivo de alteração de software, interpretação ou mesmo quando há alguns deslizes que constam na versão original de alguns livros que traduzimos. Sendo assim, criamos em nosso site, www.altabooks.com.br, a seção *Erratas*, onde relataremos, com a devida correção, qualquer erro encontrado em nossos livros.

Avisos e Renúncia de Direitos: Este livro é vendido como está, sem garantia de qualquer tipo, seja expressa ou implícita.

Marcas Registradas: Todos os termos mencionados e reconhecidos como Marca Registrada e/ou comercial são de responsabilidade de seus proprietários. A Editora informa não estar associada a nenhum produto e/ou fornecedor apresentado no livro. No decorrer da obra, imagens, nomes de produtos e fabricantes podem ter sido utilizados, e, desde, já a Editora informa que o uso é apenas ilustrativo e/ou educativo, não visando ao lucro, favorecimento ou desmerecimento do produto/fabricante.

Impresso no Brasil

O código de propriedade intelectual de 1º de julho de 1992 proíbe expressamente o uso coletivo sem autorização dos detentores do direito autoral da obra, bem como a cópia ilegal do original. Esta prática generalizada, nos estabelecimentos de ensino, provoca uma brutal baixa nas vendas dos livros a ponto de impossibilitar os autores de criarem novas obras.

ALTA BOOKS
EDITORA

Rua Viúva Cláudio, 291 - Bairro Industrial do Jacaré
CEP: 20970-031 - Rio de Janeiro – Tel: 21 3278-8069/8419 Fax: 21 3277-1253
www.altabooks.com.br – e-mail: altabooks@altabooks.com.br

Sobre a Autora

Donna Rae Siegfried escreve e publica informações médicas há 14 anos. Ela iniciou os estudos acadêmicos em Moravian College em Bethlehem, Pensilvânia, com o objetivo de estudar Medicina e depois descobriu sua vocação para escrever sobre biologia e medicina. O campo da escrita da ciência foi no período inicial, mas enquanto trabalhava próximo da Universidade Lehigh, ela descobriu a "escrita científica" em um curso na mesma universidade. O caminho para a sua carreira se definiu naquele momento. Ela estudou jornalismo somando a sua formação em biologia, fez os cursos de escrita científica e de ética médica na Lehigh e começou a escrever.

Donna fez estágio em jornalismo na Rodale Press, em Emmaus, Pensilvânia, onde ela trabalhou com o editor de livros de jardinagem. Isso a levou a um trabalho em período integral na revista *Organic Gardening* antes de sua graduação na faculdade. Porém, como Donna adorava publicações e escrever sobre assuntos relacionados à biologia, jardinagem (antes comum em sua casa) não era o seu forte. Donna tornou-se analista de informações da Rodale, onde ela tinha que ler cerca de 500 artigos importantes por mês (mais a sua "praia"), selecionar e resumir artigos importantes para criar arquivos da Rodale, criava boletins informativos duas vezes por semana e escrevia relatórios especiais (do tipo, como o fornecimento de vitamina A para países de terceiro mundo pode diminuir drasticamente a incidência de cegueira nesses países). Ela começou a escrever pequenos textos para a revista *Runner´s World* e depois deixou a Rodale Press devido a uma oportunidade de emprego em uma empresa de publicações médicas, a busca por um diploma de mestrado em ciência e em comunicação técnica, e o início de um casamento.

Donna estudou em Drexel University na Filadélfia e trabalhou para a Williams Wilkins, Inc. in Media, Pensilvânia, que agora é Lippincott/Williams & Wilkins (Filadélfia). Donna trabalhou com uma equipe na Williams & Wilkins como editora de desenvolvimento, trabalhando com autores de livros para adicionar, alterar ou corrigir os seus manuscritos e fazer com que eles se ajustem ao formato dos livros da National Medical Series. Ela viajou para conferências médicas e conduziu grupos de foco de alunos de medicina onde reuniu mais informações sobre como melhorar os livros da NMS e fez mudanças no Exame de Licenciamento Médico dos Estados Unidos (USMLE).

Depois de 5 anos na equipe da Williams & Wilkins, Donna, seu marido e seu filho de 1 ano e meio se mudaram para a pequena vila da Germania (Condado de Potter), Pensilvânia, para tentarem o estilo de trabalho em casa. Lá, Donna iniciou sua carreira e empresa freelance, a Sinergy Publishing Services. Ela desenvolve e edita livros para várias empresas de publicação médica e escreve artigos sobre os remédios Avonex e Copaxone para pessoas com esclerose múltipla, a técnica de cirurgia cardíaca chamada revascularização transmiocárdica a laser e alguns tratamentos médicos alternativos.

Ela publicou dezenas de livros e artigos com base científica e clínica (e milhares de perguntas do tipo da USMLE!). Ao fazer isso, ela teve o privilégio de trabalhar com alguns dos líderes da medicina e com PhDs do país.

Donna também trabalha como instrutora de anatomia e fisiologia no Pennsylvania College of Technology em Wellsboro, Pensilvânia. Ela descobriu que amava absolutamente o ensino da ciência assim como escrever e publicar informações, e estava para iniciar um programa de mestrado em educação quando ela, seu marido, três filhos e dois cães mudaram para o subúrbio de Atlanta em Alpharetta, Georgia. Lá, Donna, é membro das equipes de tênis e flautista em um grupo de instrumentos de sopro. Ela ainda tem planos de realizar seu programa de mestrado em educação e trabalhar para promover a educação e o bem da ciência e tornar a ciência divertida para as crianças para que elas possam escolher uma área da ciência como carreira profissional.

Dedicatória

Este livro é dedicado a todos os jovens cientistas que eu conheço, incluindo minha filha Abby, meu filho Ryan e meu filho Steven e seus amigos da Medlock Bridge Elementary School. Dedico este livro para os alunos que tive quando ensinei anatomia e fisiologia na Pennsylvania College of Technology; Aprendi muito ensinando a eles enquanto eles também aprendiam sendo alunos de biologia. Dedico também ao meu marido, Keith, que certamente é o amor da minha vida, meu melhor amigo e meu desafiador intelectual e físico. (Um dia baterei o seu recorde no Scrabble e no tênis!) Dedico este trabalho também para a minha mãe, Gail Bonstein e ao meu falecido avô, Henry Bonstein, dos quais não somente me concederam talento musical, mas também a habilidade de compreender bem a ciência. Além de suas contribuições genéticas, eles me encorajaram a usar meus talentos e a compartilhá-los com os outros, para aprender, educar e comunicar continuamente. E, não é *exatamente* sobre isso que a vida se trata? Espero poder inspirar outras pessoas a aprenderem com tanto entusiasmo quanto me inspiraram a fazê-lo.

Agradecimentos da Autora

Eu não teria a oportunidade de realizar esse projeto se não fosse por Sue Mellen da YourWriters.com. Sua confiança em minhas habilidades, seu apoio constante e suas atitudes ao ajudar-me a cumprir os prazos nunca serão esquecidos. Também gostaria de agradecer à equipe da Wiley Publishing, Inc., principalmente à editora de compras Susan Decker e à editora Kelly Ewing, por me darem a chance de escrever sobre meus assuntos preferidos e por me darem sugestões ótimas. Donald Sittman, Ph.D, não pode passar sem receber um grande abraço também. Eu editei os seus livros, ele revisou os meus, e eu tenho muita apreciação por seus comentários e sugestões. Gostaria de agradecer também aos professores de biologia que tive na Moravian College – Drs. Frank Kuserk, Karen Kurvink, Donald Hosier e John Bevington – todos me deram uma grande base da biologia. Agradeço também ao Dr. Joel Wingard da Moravian College por descobrir meu talento para escrever sobre ciência, encorajar-me para estudar jornalismo e por me ajudar a encontrar o meu nicho no mundo. Moravian pode não ser uma escola grande, mas todos vocês tiveram um grande impacto em mim. Agradeço também à Kathryn Born por seu excelente trabalho artístico e paciência com as minhas mudanças. E finalmente, mas não menos importante quero agradecer à minha família. Este livro certamente foi um projeto da família no sentido em que meu marido, Keith, agiu sem questionamentos – e meus filhos normalmente eram compreensivos, pacientes e tranquilos – para que eu tivesse mais tempo para trabalhar em meus escritos. Minha família é a minha força. Sem eles, eu não teria feito este livro dentro do tempo esperado. Obrigado, a todos.

Sumário Resumido

Introdução 1

Parte I: Princípios Básicos da Biologia: Organizando a Vida 7

Capítulo 1: Como a Vida é Estudada 9
Capítulo 2: As Unidades Fundamentais da Vida: As Células 25
Capítulo 3: Uma Revisão (Bem) Rápida sobre Química Básica 37
Capítulo 4: Macromoléculas (As grandes) 51

Parte II: Os Seres Vivos Precisam de Energia 69

Capítulo 5: Adquirindo Energia para Abastecer o Reservatório 71
Capítulo 6: Usando Energia para Manter o Motor em Funcionamento 103

Parte III: Os Seres Vivos Precisam se Metabolizar 127

Capítulo 7: Táxi! O Transporte dos Nutrientes 129
Capítulo 8: Respire Fundo:Troca de Gases 151
Capítulo 9: Jogando o Lixo Fora: Eliminando Resíduos para Manter a Homeostase.. 159
Capítulo 10: Vivendo Melhor Entendendo a Biologia 171

Parte IV: Vamos Falar Sobre Sexo e Bebês 199

Capítulo 11: Dividindo-se Para ter Sucesso: Divisão Celular 201
Capítulo 12: Fazendo Mais Plantas 217
Capítulo 13: Fazendo Mais Animais 225
Capítulo 14: Deixando Mendel Orgulhoso: Compreendendo a Genética 243

Parte V: M, M, M, Mudanças: Desenvolvimento e Evolução das Espécies 263

Capítulo 15: Diferenciando a Diferenciaçãoe o Desenvolvimento 265
Capítulo 16: O Mundo Mudando, As Espécies se Desenvolvendo 277

Parte VI: Ecologia e Ecossistemas 293

Capítulo 17: Compartilhando o Globo: Como Convivem os Organismos 295
Capítulo 18: Vivendo com Pequenos Seres: Bactérias, Vírus e Insetos 305

Parte VII: A Parte dos Dez Mais 321

Capítulo 19: As Dez Maiores Descobertas da Biologia 323

Capítulo 20: Os 10 Maiores Web Sites sobre Biologia na 329

Capítulo 21: Os Dez Fatos Mais Interessantes da Biologia 333

Apêndice A 337

Apêndice B 345

Index Remissivo 347

Resumo dos Quadrinhos

De Rich Tennant

página 7

página 263

página 69

página 127

página 199

página 321

página 293

Sumário

Introdução 1

Sobre Este Livro 1
Convenções Utilizadas Neste Livro 1
O Que Você Não Lerá 2
Suposições Tolas 2
Como Este Livro Está Organizado 3
Parte I: Princípios Básicos da Biologia: Organizando a Vida 3
Parte II: Os Seres Vivos Precisam de Energia 4
Parte III: Os Seres Vivos Precisam Metabolizar 4
Parte IV: Vamos Falar de Sexo e de Bebês 4
Parte V: M, M, M, Mudanças: Desenvolvimento das Espécies e Evolução ... 5
Parte VI: Ecologia e Ecossistemas 5
Parte VII: A Parte dos Dez Mais 5
Ícones Utilizados Neste Livro 5
Para Aonde Ir Agora 6

Parte I: Princípios Básicos da Biologia: Organizando a Vida 7

Capítulo 1: Como a Vida é Estudada 9

Então, O Que É Biologia? 9
A Ciência em Ação: Novas Informações, Notícias Conflitantes 10
Relacionando as Áreas da Biologia:A Linguagem da Biologia 10
Um Dia na Vida de Um "...ologista" 11
Cientistas empresariais 11
Cientistas universitários 12
Especialistas 12
Reunindo as Informações 13
Criando experimentos usando o método científico:
O valor das variáveis 13
Claro e simples: Observando a natureza 18
Equipamento Utilizado em Experimentos Básicos 18
Sob o olhar das lentes: Microscópios 18
O que eu faço com isso? Slides, tubos de ensaio e placas de Petri 19
Clareando com cores: Tintas e outros indicadores 20
Cuidado, é afiado: Fórceps, probes e bisturis para dissecação 20
Para misturar: provetas, frascos e bico de Bunsen 21

Biologia Para Leigos

Procurando Informações Científicas..21
    Revistas especializadas apresentam pesquisa, não sonhos registrados...21
    O texto dos livros 22
    Publicação popular: não tão popular entre os cientistas 22

Capítulo 2: As Unidades Fundamentais da Vida: As Células.....................25

As Janelas dos Organismos no Mundo 25
Examinando as Eucariotas 26
Células e Organelas: Não são um Grupo de Cantores Vocais 27
    Colocando Tudo Junto:A membrana do plasmática.............................27
    Controlando o show: O núcleo 31
    A fábrica da célula: O retículo endoplasmático 32
    Preparando-se para a distribuição: O complexo de Golgi 33
    Os lisossomos limpam mesmo 33
    Os peroxissomos separam o peróxido de hidrogênio............................34
    As estações de energia da célula: As mitocôndrias 34

Capítulo 3: Uma Revisão (Bem) Rápida sobre Química Básica.................37

Por que a Matéria É Importante 37
O que é a Matéria..38
    A matéria possui massa...38
    A matéria ocupa espaço...38
    A matéria aparece em três formas 38
    A matéria possui duas categorias 39
Qual é a Diferença? Elementos, Átomos e Isótopos...39
    Os elementos dos elementos 40
    Perturbando-o com os átomos de Bohr 41
    Eu procuro isótopos...43
Moléculas, Compostos e Ligações (ai meu Deus!) 44
    Eletrólitos 44
    De olho nos íons 45
    As moléculas e os compostos...45
Ácidos e Bases (Não, Não se Trata de uma Barra de Metal Pesada).............46
    Compreendendo o ph da escala de pH...47

Capítulo 4: Macromoléculas (As grandes) 51

Organizando os Princípios Básicos da Química Orgânica 51
O Carbono É o Segredo..52
    Longas cadeias de carbono = baixa reatividade 52
    Formando grupos funcionais com base nas propriedades.....................53
Abastecendo-se com os Carboidratos..53
    Compreendendo os monossacarídeos 54
    Dissecando os dissacarídeos 55
    Separando os polissacarídeos 56
Formas de Armazenamento da Glicose 56
    Você o armazena: Glicogênio 57
    Comece, por favor:Armazene glicose das plantas 57

Eliminando a Celulose...58
Criando Organismos: Proteínas...59
   As cadeias de aminoácidos conectam informações para criar proteínas 59
   Acelerando as reações: É enzimático,não automático..........60
   O que eu aprendi sobre colágeno na faculdade...................61
   Em volta da hemoglobina (em menos de 80 dias)...............62
Conexões de Vida: Ácidos Nucleicos..63
   Ácido Desoxirribonucleico (DNA)..64
   Ácido ribonucleico (RNA)..65
As Gorduras Não Estão Proibidas:A Verdade Sobre os Lipídeos 65
Combinações de Três Macromoléculas: Antígenos do Grupo Sanguíneo......68

Parte II: Os Seres Vivos Precisam de Energia...................... 69

Capítulo 5: Adquirindo Energia para Abastecer o Reservatório 71

Como os Animais Obtêm Nutrientes e Oxigênio..........................71
   A busca por comida..71
   Heterótrofos na caça...72
   Você faz parte da cadeia alimentar (por sorte, você está perto do topo).72
Distinguindo o consumo alimentar...74
   Ruminando sobre os ruminantes...74
   A rotina da moela..75
   A verdade sobre os dentes..75
O Que Tem Para Comer? Escolhas Nutritivas e Inteligentes 75
   Contando e cortando calorias...77
   Buscando informações sobre minerais e vitaminas.............81
   Desejando (conhecimento sobre) os carboidratos...............82
   Proteínas: Você absorve suas cadeias; elas criam as suas 83
   Gorduras: Sim, você precisa delas (mas não abuse)............87
Inspirando para Respirar: Como os Animais Respiram................90
   Troca cutânea..91
   Passando pelas brânquias...91
   Sistemas de troca traqueal..93
   Quer saber sobre os pulmões?..93
Como as Plantas Adquirem Energia..96
   Apresentando a estrutura básica das plantas.......................96
   Formando energia a partir da principal fonte de energia.....98
   Passando pelo xilema e pelo floema.....................................99
   Transportando água de célula em célula.............................100
   A inspiração para a transpiração...101
   Minerais importantes e poderosos (para a planta).............101

Capítulo 6: Usando Energia para Manter o Motor em Funcionamento ..103

Tudo para Dentro: Tipos de Digestão.......................................103
   Digestão intracelular...104
   Digestão extracelular...104

Biologia Para Leigos

As Características do Sistema Digestivo 105
    Sistemas digestivos incompletos versus completos 105
    Consumidores contínuos versus descontínuos 106
Uma Olhada por Dentro do Sistema Digestivo Humano 107
    Hmmm... Sua boca é um lugar agitado 107
    Quebrando a cadeia 108
    A longa e movimentada estrada 109
Absorvendo Aquilo Que é Bom, Passando o Que é Ruim Para Frente 110
    Os nutrientes bons permanecem no seu sistema 110
    Requisitando o cólon para depositar os resíduos 111
    De volta para o fígado 112
As Plantas Também Têm Digestão 112
    Como as Plantas Absorvem Nutrientes e Produzem Alimento 113
    Fotossíntese e transpiração 113
    A alegria da fotofosforilação 115
    Dividindo a luz: Fotólise 117
    Produzindo açúcar no escuro: O ciclo de Calvin-Benson 118
A Respiração das Plantas Absorve a Glicose... 121
    Onde isso acontece 121
    Como isso acontece 122

Parte III: Os Seres Vivos Precisam se Metabolizar 127

Capítulo 7: Táxi! O Transporte dos Nutrientes 129

Informações Sobre a Circulação 130
    Sistemas circulatórios abertos 130
    Sistemas circulatórios fechados 130
Viajando Pelas Estradas e Caminhos: Como o Sangue Circula 131
    Você tem que ter coração 131
    O ciclo cardíaco: O caminho do sangue através do coração 133
    O caminho do sangue através do corpo 134
    O que torna uma batida mais forte: Geração do ritmo cardíaco 139
Os Corações Podem ser Partidos: Doença Cardíaca 139
O Que o Sangue Tem a Ver Com Isso?... 140
    Os elementos dos elementos formados 141
    O plasma coloca o "fluxo" na corrente sanguínea 143
    Drenando, lutando e absorvendo: O sistema linfático 143
    Coagulando para evitar perdas de sangue....................................... 144
Transportando Materiais Através das Plantas 145
    Originando-se das sementes 145
    Passando líquidos e minerais através das plantas 147

Capítulo 8: Respire Fundo:Troca de Gases 151

A vida é um gás 151
    Oxigênio do ar versus oxigênio da água.. 152
    Por que o tamanho e a forma do corpo são importantes 153
    O que a taxa metabólica tem a ver com isso? 153

Passando Pelos Ciclos 154
    Respiração aeróbica.. 155
    Onde tudo acontece.. 155
    A teoria quimiosmótica 157

Capítulo 9: Jogando o Lixo Fora: Eliminando Resíduos para Manter a Homeostase 159

O Que Tem nos Resíduos?.. 159
Homeostase... 160
Digerindo: Trabalhos Sobre o Sistema Digestivo 161
    Examinando o cocô... 162
    De volta para a corrente sanguínea 163
Resíduos de Nitrogênio.. 164
    Estrutura e função do rim 164
    Como os outros animais, além dos humanos, excretam seus resíduos... 166
    Descobrir como as plantas excretam resíduos 167

Capítulo 10: Vivendo Melhor Entendendo a Biologia 171

Ativando as Coisas Com as Enzimas.. 171
    Colocando as coisas para funcionar com energia catalisadora e ativação.. 172
    Cofatores e coenzimas: Coexistindo com as enzimas 173
    Controlando as enzimas que controlam você: Controle Alostérico e inibição da resposta.. 174
Hormônios Não se Modificam... 175
    Funções gerais dos hormônios... 176
    Como os hormônios funcionam 177
Ai! Impulsos Nervosos 178
    Apenas dando uma passada: A estrutura do neurônio 179
    Saindo daqui? Últimas paradas para os impulsos 180
    Criando e carregando os impulsos 181
Que Sensação! O Cérebro e os Cinco Sentidos 186
    O cérebro.. 186
    Os cinco sentidos 188
Colocando Tudo para Mexer:Mexendo Os Músculos 193
    Tecido muscular e fisiologia 194
    Observando a contração muscular.. 195
    Movimento em outros organismos 197

Parte IV: Vamos Falar Sobre Sexo e Bebês 199

Capítulo 11: Dividindo-se Para ter Sucesso: Divisão Celular 201

Continue Uma Existência.. 201
A Reprodução e a Vida... 202
O Que É a Divisão Celular? 203

Organizando-se: Interface 204
Mitose: Um para você e um para mim 206
Citocinese 208
Meiose: Tem tudo a ver com sexo e bebês 208
Viva as Diferenças! 213
Mutações 213
"Crossing-over" 213
Segregação 213
Distribuição independente..214
Fertilização...214
Não separação 214
Cromossomos rosa e azul 216

Capítulo 12: Fazendo Mais Plantas 217

Reprodução Assexuada 217
Reprodução Sexuada...218
Ciclos de vida das plantas...219
Plantas que florescem...219
Polinização e fertilização...222
Desenvolvendo o zigoto em um embrião...222
Produção da semente 223

Capítulo 13: Fazendo Mais Animais 225

Reprodução Assexuada:Esse Processo é para Você 225
Reprodução Sexuada – Suas Características 226
Conhecendo os gametas...226
Rituais de copulação e outros preparativos para o grande evento.....228
O ato da copulação: O grande evento 233
Como os Outros Animais Fazem...235
Como os pássaros fazem isso: É uma gema..236
Como as abelhas fazem isso: Partenogênese 237
Desenvolvendo Novos Seres 238
De células individuais aos blastócitos..238
Vai, vai embrião 239
Fetos...241

Capítulo 14: Deixando Mendel Orgulhoso: Compreendendo a Genética ... 243

Saltando para o Campo dos Genes: Para Começar Algumas Definições 243
"Santificando-se" com Ervilhas: A Lei de Mendel.....................................245
Apresentando os Cruzamentos Genéticos 247
Copiando o Seu DNA: Não Posso Esperar para Replicar............................248
Erros podem acontecer 250
Produzindo Proteínas Instantaneamente 252
Reescrevendo a mensagem do DNA: Transcrição 253
Processando o RNA..255
Colocando código na linguagem correta: Tradução.............................256

Explorando o Desconhecido: Pioneirismo Genético e Engenharia Genética....258
    Pioneirismo genético 258
    Mapeando a nós mesmos:O Projeto Genoma Humano 258

Parte V: M, M, M, Mudanças: Desenvolvimento e Evolução das Espécies 263

Capítulo 15: Diferenciando a Diferenciação e o Desenvolvimento 265

Definindo Diferenciação e Desenvolvimento 265
    Equivalência genética do núcleo e da totipotência 268
Fatores que Afetam a Diferenciação e o Desenvolvimento 268
    Indução embrionária..................269
    Fatores citoplasmáticos 269
    Genes homeóticos..................270
    Controle hormonal..................270
Desenvolvendo-se Depois do Nascimento e Ao Longo da Vida 274
    Envelhecendo e Adoecendo: Alterações no Sistema Imunológico 275
    Agravamentos: Câncer e envelhecimento..................275

Capítulo 16: O Mundo Mudando, As Espécies se Desenvolvendo 277

O Que as Pessoas Acreditavam,Acredite Você ou Não..................277
Como Charles Darwin Desafiou o Pensamento da Principal Corrente..................278
    A teoria de Darwin sobre a evolução orgânica..................280
    A evidência de Darwin..................280
Outra Teoria de Darwin: A Sobrevivência do Mais Apto..................281
O DNA Mitrocondrial Tem um Vínculo com o Passado..................283
Então, Quem Foram os Seus Ancestrais? 285
Não Fique para Trás 289
Certo, Como O Mundo Foi Formadono Início de Tudo?..................290

Parte VI: Ecologia e Ecossistemas 293

Capítulo 17: Compartilhando o Globo: Como Convivem os Organismos.....295

As Populações São Populares na Ecologia..................296
    Ecologia de populações..................296
    Os Humanos estão aumentando exponencialmente 298
Ecossistemas, Energia e Eficiência..................299
Decompositores e Os Ciclos Biogeoquímicos 300
    O ciclo hidrológico (água)..................300
    O ciclo do carbono..................301
    O ciclo do fósforo..................301
    O ciclo do nitrogênio 301
Como os Humanos Afetam os Círculos da Vida 303

xviii Biologia Para Leigos

Capítulo 18: Vivendo com Pequenos Seres: Bactérias, Vírus e Insetos...... 305

Bactérias e Vírus: Eles Realmente me deixam Doente!.................................305
Uma Bactéria com Qualquer Outro Nome Ainda Seria um Procariota........306
Os caras do bem...307
Bactérias de preto...309
Os humanos estão perdendo o combate?...310
Uma antiga arma reavaliada..311
Vírus: Aqueles Seres Minúsculos...312
Como um vírus ataca uma célula...313
O vírus da AIDS: Por que tem sido difícil acabar com ele................315
Insetos: Os Insetos Que Você Pode Ver...316
Caramba, como você mudou! Reprodução e metamorfose...............318
Aprendendo a Amar (ou Pelo Menos a Conviver) Com Esses Insetinhos........320

Parte VII: A Parte dos Dez Mais 321

Capítulo 19: As Dez Maiores Descobertas da Biologia 323

Vendo o Que Não Foi Visto...323
Belo Fracassado...323
Erradicando a varíola: Jenner Teve Ajuda...324
As Diversas Descobertas do DNA...324
E Falando do Projeto Genoma Humano...325
Mendel e os Genes: Como Ervilhas dentro da Vagem.............................325
As Ideias Evolucionárias de Darwin..326
A Teoria de Schwann Sobre a Célula...326
O Ciclo de Krebs (Não, Não era uma Harley)..327
A Reputação de Gram Ficou Suja Para Sempre.......................................327

Capítulo 20: OS 10 Maiores Web Sites sobre Biologia 329

TodaBiologia.com..329
SóBiologia.com.br..329
Biomania.com.br..330
TudoSobrePlantas.com.br..330
VisãoQuímica.com.br...330
Cellbio.com (em inglês)...331
Tripod.com (em inglês)..331
Arizona.edu (em inglês)...331
Meer.org (em inglês)..332
Astrobiology.com (em inglês)..332

Capítulo 21: Os Dez Fatos Mais Interessantes da Biologia 333

O Rato Canguru É um Mamífero que Não Precisa Beber..........................333
O Peixe Pulmonado Respira Ar e Pode Ser uma Ligação Evolucionária......334
O Peixe Pode Se Afogar...334
As Plantas Podem Comer Animais...334

O Útero de Uma Mulher Aumenta Mais de Seis Vezes
o Seu Tamanho Normal Durante a Gravidez 334
Os Humanos e os Chimpanzés Têm 99 Por Cento
de Seu Material Genético em Comum 335
Por Mais Avançados Que Sejam os Humanos,
A Descendência Humana É Frágil 335
As Minhocas Podem Ser Estranguladas
Até Morrerem por Parasitas Que Vivem no Solo..336
As Plantas Parecem ser Verdes Porque Refletem
Raios de Luz Verdes do Sol..336
Cortar uma Estrela-do-Mar em Pedaços Não a Mata 336

Apêndice A 337

Reino Monera...337
Reino Protista...337
Reino Fungi..338
Reino Plantae 339
Reino Animalia...340

Apêndice B 345

Comprimento 345
Massa 345
Volume 346
Concentração..346
Constantes, conversões e definições úteis 346

Index Remissivo 347

Introdução

Parabéns por decidir estudar a vida! Fazer isso somente tornará a jornada pela sua própria vida mais fascinante. Os seres vivos são complexos, mas aprender sobre eles não tem que ser assim. A ciência *pode* ser divertida.

Os organismos vivos são obras de arte e máquinas colocadas dentro deles. Um ser vivo pode ser visto superficialmente, ou pode ser estudado com mais detalhes. Pode ser separado e unido novamente figurativamente e literalmente. Pode ser alterado e fixo. Embora aprender biologia pareça com o aprendizado de manutenção e conserto de carros, a biologia possui uma faceta extra. No estudo da biologia, o objetivo é descobrir o que são os seres vivos e como funcionam – não somente como eles funcionam sozinhos, mas como eles compartilham o mundo com outros organismos.

Um carro pode funcionar completamente sozinho: ele não depende de outro carro na estrada ou de um estacionamento para funcionar. (Esqueça a ideia de sair com ele agora). Os seres vivos – sejam eles células ou homens maduros – dependem de outras células ou de organismos vivos para sobreviverem. E essa que é a beleza. Boa sorte em sua passagem pela vida e pelo estudo da biologia. Espero que você descubra o bastante para apreciar a beleza de tudo isso.

Sobre Este Livro

Uma das coisas mais surpreendentes da biologia é que embora os humanos e outros animais pareçam tão confusos, eles podem ser vistos de sistema a sistema. Separar as informações em cada sistema faz com que todos os animais sejam muito semelhantes. Por exemplo, todos os seres vivos precisam fazer as mesmas coisas básicas para sobreviverem: (1) eles precisam consumir alimento, (2) precisam usar energia para funcionarem (3) precisam eliminar resíduos, (4) precisam se reproduzir para continuar suas espécies (seja essa espécie dente-de-leão, uma lesma ou um humano), e (5) precisam viver em um mundo com muitos outros seres vivos. Este livro é dividido dentro dessas necessidades básicas.

Convenções Utilizadas Neste Livro

Em vez de focar nas plantas em uma parte do livro e nos animais na outra, eu organizei este livro a partir de coisas básicas que todos os organismos vivos precisam fazer para sobreviver (por exemplo, comer, respirar e assim por diante). Depois, sobre cada aspecto relacionado à sobrevivência, dou informações que se aplicam às plantas e aos animais (e, sim, os humanos são animais). Além de organizar o texto dessa maneia, que eu espero que facilite o entendimento sobre o funcionamento dos organismos, complementei o texto com muitas tabelas e ilustrações para tornar as informações mais visuais. Os ícones fornecem informações extras ou explicações extras para ajudá-lo também a entender e aumentar o seu conhecimento. Embora este livro foque principalmente nas plantas e nos animais, são dadas informações sobre microorganismos (bactérias, vírus, fungos) sempre que conveniente. As informações dos apêndices também são dirigidas para aumentar a sua compreensão sobre a biologia. No texto você verá poucos nomes de gêneros e espécies. Em vez disso, para aqueles interessados em taxonomia, o Apêndice A lista os nomes dos gêneros e espécies de plantas e animais comuns.

O Que Você Não Lerá

Não se sinta obrigado a ler cada palavra que eu escrevi. Os artigos (textos em cinza), por exemplo, servem para complementar as informações do texto. Eles não precisam ser lidos e não são essenciais para a sua compreensão do restante do material no capítulo.

Suposições Tolas

Suponho que você seja uma dessas três pessoas:

- Um aluno do ensino médio se preparando para realizar um teste em nível avançado ou um exame para entrar na faculdade

- Um aluno de faculdade tentando entender ou revisar a grande quantidade de materiais que você aprendeu durante os seus cursos

- Um adulto fazendo um curso de biologia, pensando em fazer um curso de biologia ou tentando entrar em um curso

É claro, você pode ser simplesmente um organismo vivo que tem paixão pelo conhecimento. Você pode ser o dono orgulhoso de um corpo em funcionamento que quer somente saber como você se relaciona com outros organismos nesse mundo. Talvez você tenha sido uma daquelas crianças que pegava insetos, colocava em um pote e olhava para eles até sentir que explorou cada parte do seu corpo. Talvez você ainda faça isso! Talvez você simplesmente ame explorar a natureza e fique maravilhado com a maneira que os humanos e outros animais funcionam. Talvez você queira somente saber mais. Seja qual for o motivo que o levou a escolher esse livro, eu fiz o melhor para explicar os tópicos da biologia de maneira simples e eficaz. Espero que funcione para você.

Como Este Livro Está Organizado

Veja aqui um "mapa" rápido sobre quais assuntos estão no livro. O livro está separado pelas necessidades básicas dos seres vivos: obtenção de alimento, conversão do alimento em energia utilizável, eliminação de resíduos, reprodução e desenvolvimento e a vida entre outros organismos. Organismos inteiros e células individuais têm necessidades básicas. Muitos dos capítulos apresentam informações em nível celular, mas eu tenho motivos para isso: Todo organismo vivo é composto de muitas células, mas se você aprender o que acontece somente em uma célula, você terá uma compreensão muito boa do que acontece em todo o organismo. Por exemplo, como um organismo inteiro, cada célula deve adquirir energia, usá-la para manter a saúde, livrar-se do resíduo produzido usando a energia e reproduzir. Cada célula também deve sobreviver em um "mundo" (para a célula, o corpo em que ela vive é o seu mundo) cheio de variedades de células e organismos.

Parte I: Princípios Básicos da Biologia: Organizando a Vida

A biologia é o estudo da vida, mas como eu estou certa de que você já sabe, a vida é complexa. Para simplificar, dividi tudo o que envolve a biologia em partes menores, mais agradáveis. Para começar, há uma explicação sobre a maneira que a biologia é estudada. O método científico não diz respeito somente à biologia, mas também à química, à psicologia, à física, à geologia, etc. Saber a maneira que a pesquisa é feita e refeita, desafiada, verificada e verificada novamente facilita a aceitação dos fatos como fatos e não como teorias.

Em seguida, eu destaco a unidade básica da vida: a célula. Cada organismo, seja ele um humano, um cão, uma flor, uma bactéria na garganta inflamada ou uma ameba, tem pelo menos uma célula; a maioria tem milhões delas. A célula é uma fábrica minúscula dentro de si mesma: ela absorve suprimentos (nutrientes), produz energia, elimina os resíduos e produz materiais (como os hormônios) que são usados em todos os lugares. O corpo do organismo pode então ser considerado a "nação industrializada" cheia de "cidades" (órgãos) contendo "fábricas" (células) criando produtos diferentes para serem distribuídos por todo o país.

Depois que você entender como as células são as estações de energia do corpo, eu faço uma revisão dos tipos de moléculas que são importantes para o seu funcionamento. Os alimentos são compostos de carboidratos, proteínas e gorduras: Cada um deles é explicado. Você descobrirá como cada uma dessas moléculas é digerida, usada e armazenada, assim como o que ela faz para o corpo.

Inclui também nessa primeira parte uma revisão em geral temida, mas muito necessária de química básica. O homem separou a ciência em áreas de matérias, como biologia, química e física, mas a Mãe Natureza diz que todas elas funcionam em conjunto e às vezes os limites são ultrapassados. Para aprender biologia, você deve compreender alguns princípios básicos do funcionamento das substâncias químicas. Finalmente, o seu corpo e os corpos de qualquer outro organismo vivo são grandes reservatórios de substâncias químicas. Todo processo que ocorre em seu corpo é gerado por reações químicas. Portanto, a química é muitíssimo essencial para compreender esses processos biológicos.

Parte II: Os Seres Vivos Precisam de Energia

Esta parte começa com o grupo de capítulos dividido em quatro partes que explica os princípios básicos de sobrevivência. A Parte II explica que todos os seres vivos precisam de energia. Os seres humanos adquirem energia comendo. As plantas adquirem energia absorvendo nutrientes do solo e usando a luz do sol. Depois disso, você verá que a maneira que as plantas e os animais utilizam energia é muito semelhante. Os nutrientes são divididos em partes cada vez menores até que possam ser transportados através do sistema circulatório de um animal ou através do talo de uma planta e pelas veias de uma folha em células individuais. Cada célula do organismo absorve os nutrientes e os usa nos processos necessários para o funcionamento adequado, manutenção da saúde e para a produção de quaisquer substâncias compostas pelas células.

Parte III: Os Seres Vivos Precisam Metabolizar

Esta parte explica os processos metabólicos que ocorrem nas plantas e nos animais. Você entrará na troca de gás, eliminação de resíduos e coisas como enzimas, hormônios, transmissão de impulsos nervosos e como os músculos (e, portanto partes do corpo) se movimentam – todas as coisas que requerem íons e substâncias químicas.

Parte IV: Vamos Falar de Sexo e de Bebês

Sexo. Dizem que a palavra sexo realmente chama a atenção das pessoas. Bem, espero que tenha chamado à sua. Os métodos de reprodução sexuada e assexuada e os princípios básicos da genética são explicados nesses capítulos. Finalmente, na vida real, a genética segue imediatamente o primeiro passo na reprodução – a fertilização. E, se a reprodução não tivesse ocorrido quando a vida começou com aquela primeira célula bilhões de anos atrás, o mundo seria um lugar totalmente diferente hoje.

Parte V: M, M, M, Mudanças: Desenvolvimento das Espécies e Evolução

Quando você entender como os organismos são organizados estruturalmente, como eles funcionam e como eles se reproduzem, você poderá começar a aprender como eles se adaptam aos seus ambientes. Antes da reprodução eles podiam sofrer mutações ou durante o desenvolvimento eles podiam mudar ligeiramente. Com o tempo, essas pequenas mudanças somam à evolução de uma espécie.

Parte VI: Ecologia e Ecossistemas

As Partes I até IV focam basicamente em organismos individuais dentro de uma espécie. A Parte V começa explicando como os organismos de uma espécie podem mudar individualmente para contribuir para a evolução das espécies inteiras. Na Parte VI, o foco está longe dos organismos individuais e sim no efeito das espécies nos sistemas ecológicos. Talvez você entenda como os efeitos dos humanos em diferentes comunidades ambientais podem prejudicar a ecologia do mundo inteiro.

Parte VII: A Parte dos Dez Mais

Esta parte dos livros da série Para Leigos contém capítulos curtos contendo listas de dez itens ou algo parecido. Neste livro, eu forneço dez descobertas biológicas interessantes e dez grandes sites da Web.

Ícones Utilizados Neste Livro

São utilizados aqui alguns dos ícones familiares da série *Para Leigos*, mas há um novo que foi acrescentado aqui que é aplicado à biologia. Eles devem ajudá-lo a entender o material do livro ou fornecer novas ideias.

Esse símbolo do alvo permite que você saiba o que fazer para entender o centro da questão rapidamente. Nesses ícones, você encontrará informações que o ajudarão a se lembrar dos fatos que estão sendo discutidos ou uma sugestão que o ajudará a gravá-los na memória. A maioria das informações sobre biologia pode ficar isolada enquanto são aprendidas, mas alguns tópicos não ficam claros até que a estrutura das informações seja criada. Nesses exemplos, as informações que podem ter sido explicadas em um capítulo anterior e que sejam cruciais para a compreensão do tópico no capítulo atual recebem esses ícones.

O jargão utilizado na ciência pode ser decifrado e explicado usando-se palavras comuns. Quando você vir esse símbolo, a linguagem técnica foi traduzida para você. Ao lado desses ícones há informações que dão informações extras, mas não que sejam necessárias para compreender o material do capítulo. Se você preferir aprender biologia em um nível mais alto, incorpore esses parágrafos em sua leitura. Se você quiser saber somente o básico e não quiser se confundir com os detalhes, pule-os.

Em vez de ficar segurando você com reações químicas e equações no texto, qualquer assunto relacionado à química que seja pertinente para compreender as informações que você está lendo é explicado ao lado desses pequenos ícones.

Esse pequeno ícone serve para refrescar a sua memória. Às vezes as informações destacadas aqui servem apenas para apontar informações que eu creio que você deve guardar permanentemente em sua vida biológica. Outras vezes, o ícone faz uma ligação entre o que você está lendo e com informações relacionadas que são discutidas em outras partes do livro. Se você quiser ter uma rápida revisão sobre a biologia, faça uma leitura rápida desses ícones. Não é necessário usar um marcador de texto para realçá-los.

Para Aonde Ir Agora

Cabe a você decidir a partir de onde você quer começar a sua jornada através do estudo da vida. Se você quiser saber somente sobre ecologia e como os organismos vivem juntos nesse imenso mundo, comece na Parte VI. Se você precisar ter uma melhor compreensão sobre o que exatamente a biologia envolve antes de você mergulhar nas informações, leia primeiro o Capítulo 1. Se você tiver uma boa ideia do que seja a biologia, mas precisar aprender os seus princípios básicos, comece na Parte I. Se você compreende claramente que as células são unidades mínimas da vida e sabe como elas funcionam, vá para as Partes II, III, IV e V para descobrir como funcionam organismos inteiros e como cumprem as quatro noções básicas da sobrevivência: captar/gerar energia, utilizar energia, eliminar resíduos e reproduzir. Se você precisar de uma revisão rápida sobre química antes de ler sobre biologia, vá primeiro para a Parte I. E, não se esqueça dessas ferramentas úteis chamadas índice e sumário! Se você estiver interessado em um tópico específico, use o índice para encontrar onde ele é explicado no livro, depois leia todas as discussões que mencionam o tópico. Se você quiser um panorama bem breve sobre os processos biológicos mais importantes, verifique a Folha de Cola logo após a capa.

Se você decidir começar a leitura, espero que permaneça nela tempo o suficiente para atingir os objetivos que você tinha quando comprou este livro.

Parte I
Princípios Básicos da Biologia: Organizando a Vida

A 5ª Onda   Por Rich Tennant

"Eu quero um sanduíche de queijo com aquele bolor interessante no pão e a massa recheada com ricota e fungos e aquele prato bem, bem velho de pudim de pão de baunilha."

Nesta parte...

Antes de você mergulhar em todas as coisas boas e fascinantes que a biologia tem a oferecer a você, você tem que entender um pouco dos seus fundamentos. A biologia trata de seres vivos e as coisas vivas nasceram de uma massa de substâncias químicas há bilhões de anos, por isso você precisa saber um pouco sobre química. Só um pouco, eu prometo. É necessário entender o que é uma célula e como ela funciona, pois todas as partes do livro tratam sobre o que ocorre nas células e, portanto, nos organismos vivos. Em seguida, eu dou algumas informações básicas sobre as moléculas comuns existentes e utilizadas pelos seres vivos. Esses pontos citados são os pontos centrais da biologia.

Depois, se você vir a amar a biologia o quanto eu amo, provavelmente você desejará vê-la em ação. Portanto, eu dou alguns princípios básicos sobre o que os cientistas fazem e como eles fazem. Quem sabe? Talvez você se torne o próximo Darwin, Pasteur ou Mendel? É só querer.

Capítulo 1

Como a Vida é Estudada

Neste Capítulo

▶ Descobrindo os prefixos e sufixos dos campos comuns da biologia

▶ Compreendendo o método científico

▶ Observando o material básico utilizado em experiências básicas

▶ Descobrindo onde encontrar informações científicas

Assim como todos os capítulos deste livro, não importa quando você lerá este. Neste capítulo, eu dou informações que fornecem uma compreensão mais ampla do que as pessoas fazem nas diferentes áreas da biologia e depois ajudo a compreender como eles focam seus estudos. Como resultado, você pode ler este capítulo quando quiser.

Então, O Que É Biologia?

Biologia significa literalmente o estudo da vida, e a vida é altamente complexa. Existem diversos tipos de organismos vivos, muitos tipos diferentes de ambientes, milhões de combinações diferentes de material genético. Todas as informações relacionadas ao estudo de seres vivos entram na biologia, mas um *biólogo* não estuda e nem pode estudar todas as facetas de todos os seres vivos. Simplesmente levaria muito tempo. Portanto, os biólogos se especializam em certas áreas da biologia e focam sua pesquisa. Com cada especialista estudando os detalhes de certas áreas biológicas, as informações podem ser agrupadas (normalmente em grandes conferências) e compartilhadas para tornar a base do conhecimento um pouco mais ampla. E é isso o que é a *ciência*: uma base de conhecimento continuamente crescente focada em seres da natureza sejam eles seres naturais como bananeiras, cangurus, peixe-espada, dinossauros, rochas, gases ou substâncias químicas ou células que compõem todas essas coisas.

A *biologia* é o ramo da ciência que estuda os organismos vivos. A *química* foca nas substâncias químicas que formam a matéria. A *física* foca nas leis que a Mãe Natureza estabeleceu para todas as matérias: vivos e não vivos. Dentro desses três ramos principais da ciência, os mistérios da vida podem ser descobertos e decifrados. Este livro foca no estudo dos seres vivos.

A Ciência em Ação: Novas Informações, Notícias Conflitantes

Quando a mídia relata descobertas conflitantes, isso pode ser um agravante. Afinal, um dia a margarina é melhor para o seu nível de colesterol, e depois no dia seguinte, a margarina produz ácidos graxos prejudiciais que contribuem à doença cardíaca. Porém, quando você ouve essas novas notícias, você está testemunhando a ciência em ação. Por exemplo, anos atrás, quando os cientistas concluíram que os níveis de colesterol contribuíam para a doença cardíaca, eles determinaram corretamente que um produto criado a partir do óleo vegetal em vez da gordura animal – a margarina – era uma escolha mais saudável se você estivesse tentando diminuir o nível do seu colesterol.

Mas os cientistas não deixam as coisas para lá. Eles continuam se preocupando, questionando e ponderando. Eles são pessoas curiosas. Por isso eles continuam a pesquisar a margarina. E, recentemente, eles descobriram que quando a margarina é absorvida, ela libera *ácidos transgordurosos* (ver o Capítulo 4), que descobriram ser prejudiciais para o coração e para os vasos sanguíneos. Sim, isso torna a sua decisão no mercado um pouco mais dura, mas agradeça porque a base do conhecimento está mais ampla. As informações científicas estão se desenvolvendo continuamente, assim como os cientistas que as estão reunindo.

Relacionando as Áreas da Biologia: A Linguagem da Biologia

Quem são exatamente aqueles caras curiosos explorando os mistérios da vida? Embora sejam todos cientistas, normalmente eles são conhecidos por seus nomes especializados. A Figura 1-1 mostra vários prefixos e sufixos diferentes usados na Biologia.

Esses prefixos e sufixos podem ajudá-lo a compreender muitos dos termos da biologia e também podem ajudá-lo a entender o que as pessoas nessas subespecialidades fazem. Por exemplo, *hemato-* é o prefixo que significa "sangue". Portanto, um hematologista é um cientista que estuda o sangue (e *hematócrito* é uma medida para as células sanguíneas).

Compreender qual é o foco de cada subespecialidade o ajudará a relacionar as diferentes áreas no grande guarda-chuva da biologia e lhe dá uma visão mais ampla. Por exemplo, se você tiver uma infecção na corrente sanguínea, um hematologista poderá ajudá-lo. Porém, o hematologista pode precisar trabalhar com um imunologista ("imuno" se refere ao sistema imunológico) e um microbiologista ("micro" e "bio" se referem aos pequenos organismos vivos, como as bactérias ou os vírus) ou com um cardiologista ("cardio" se refere ao coração) para curá-lo completamente. Todas essas especialidades, por lidarem com seres vivos, entram no âmbito da biologia.

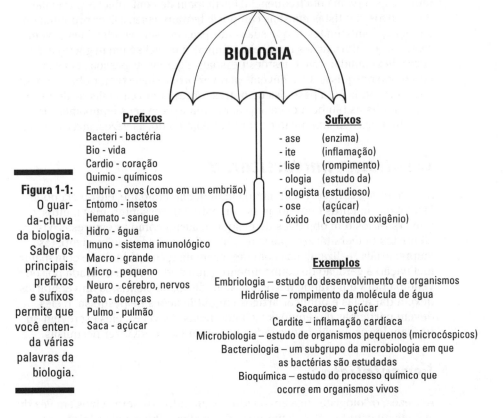

Figura 1-1: O guarda-chuva da biologia. Saber os principais prefixos e sufixos permite que você entenda várias palavras da biologia.

Um Dia na Vida de Um "...ologista"

Os cientistas não somente misturam diferentes substâncias químicas em diferentes tipos de vidros e realizam experimentos em animais. Alguns cientistas, como alunos de graduação, aqueles em programas de pós-doutorado e cursos técnicos, passam a maior parte do seu tempo fazendo experimentos, mas eles também têm muitas outras tarefas, dependendo do tipo de cientista que eles são.

Cientistas empresariais

Se um cientista trabalha para uma empresa de pesquisas, ele ou ela tem que comparecer em reuniões assim como em qualquer outra empresa.

Os cientistas raramente trabalham sozinhos. Um cientista empresarial deve manter os objetivos da empresa em mente e trabalhar com outros a fim de reunir informações relacionadas a esses objetivos. Depois que as informações são reunidas (através de experimentos e leituras de outros estudos do campo), os casos devem ser apresentados. Os cientistas lêem muito e escrevem com frequência. Participam de conferências para falar com outros cientistas em seus campos e tentam desenvolver produtos ou serviços, como um teste, que suas empresas possam vender. Eles devem registrar as informações financeiras (afinal, a ciência é um negócio) e, às vezes, devem lidar com questões pessoais e gerenciar pessoas em sua equipe de pesquisas. Eles devem escrever propostas e tentar obter concessões ou fundos para pesquisa de outras fontes como capitalistas de risco. E, os cientistas também devem tomar cuidado com seus equipamentos, fazer limpeza e manutenção de rotina, assim como, às vezes, fazer reparos.

Cientistas universitários

Se o cientista estiver trabalhando em uma universidade, ele ou ela pode fazer experimentos que são, pessoalmente, interessantes, mas muitos universitários têm objetivos de pesquisa, assim como as empresas. Os cientistas universitários realizam muitas das funções que os cientistas empresariais realizam, mas com menor inclinação aos lucros e com maior inclinação à geração de conhecimento (que pode então ser usada por ou vendida para um grande negócio). Além disso, os cientistas universitários devem dar aulas e publicar artigos em publicações de pesquisa. E eles devem participar de reuniões e conferências. Às vezes, eles escrevem ou revisam livros ou são contratados por empresas para fazer pesquisas.

Especialistas

Às vezes, o "ologista" fica envolvido no cuidado dos seres vivos em vez de apenas no estudo deles. A natureza de seu trabalho é mais clínica – quer dizer, eles aplicam as informações que são reunidas em vez de somente focar em sua reunião. Geralmente, esses "ologistas" trabalham juntos. Por exemplo, um ecologista, que estuda a maneira que os organismos vivem em seus ambientes pode trabalhar junto com um microbiologista para melhorar a qualidade de um rio e os organismos que o chamam de habitat. Um *embriologista*, que estuda o desenvolvimento dos organismos a partir da concepção, pode trabalhar com um *biólogo molecular*, que estuda os organismos no nível celular e foca na genética, para tentar determinar a causa de um defeito congênito. Ou, um *entomologista*, que estuda os insetos, pode trabalhar com um *patologista*, que estuda as células e os tecidos anormais, para criar um pesticida que não cause o risco de câncer.

> **Uma empresa corporativa bem sucedida**
>
> Em 1980, dois cientistas pesquisadores formaram uma empresa chamada Genentech nos primórdios da indústria de engenharia genética. Como cientistas empresariais, eles arrecadaram capital para realizar seu trabalho de desenvolvimento de produtos de DNA recombinantes. O primeiro produto comercial que a Genentech ofereceu foi a insulina projetada geneticamente para pessoas com diabetes. Esse produto do DNA recombinante significou que as pessoas com diabetes não teriam mais que tomar a insulina que era produzida no pâncreas de uma vaca ou de um porco, que poderia causar potencialmente uma reação alérgica. No dia em que a Genentech tornou suas ações públicas, o valor das ações dobrou.

Reunindo as Informações

Como os cientistas sabem o que eles sabem? Como eles entendem? Normalmente, é empregado o *método científico* nas apresentações científicas. O método científico é basicamente um plano que é seguido ao realizar um experimento científico e ao escrever os seus resultados. Não se trata de uma série de instruções somente para um experimento, nem foi projetado somente por uma pessoa. O método científico se desenvolveu com o tempo, depois que muitos cientistas realizaram experimentos e quiseram comunicar os seus resultados para outros cientistas. O método científico permite que os experimentos sejam duplicados e os resultados comunicados uniformemente.

Os cientistas podem usar o método da observação, ou podem criar um experimento que acompanhe o método científico. Realmente, muitas pessoas resolvem problemas e respondem perguntas diariamente da mesma maneira que os experimentos são criados. O formato do método científico é muito lógico. Observar.

Criando experimentos usando o método científico: O valor das variáveis

Ao preparar-se para fazer a pesquisa, um cientista deve formar uma hipótese, que é basicamente uma dedução sensata, sobre um problema ou uma ideia em particular, e depois trabalha para *sustentá-la*, e provar que ela está correta ou *refutá-la* e provar que está errada.

O fato de o cientista estar certo ou errado não é tão importante quanto o fato de ele ou ela criar um experimento que pode ser repetido por outros cientistas, que esperam chegar à mesma conclusão.

Parte I: Princípios Básicos da Biologia: Organizando a Vida

Nem toda ciência é guiada pela hipótese

Enquanto alguns cientistas suspeitam sobre algo e trabalham para provar ou refutar sua suspeita, um projeto mudou o paradigma da pesquisa guiada pela hipótese. O Projeto Genoma Humano teve cientistas trabalhando diligentemente em laboratórios por todo o mundo para adquirirem dados sobre o genoma humano. O genoma humano é a coleção de todos os genes encontrados nos humanos, e os são genes que fornecem informações sobre as características herdadas. O Projeto Genoma Humano foi direcionado a mapear o local em que uma característica específica é encontrada em cada cromossomo humano. As características variam de coisas pequenas, como se a sua língua pode enrolar ou não, até coisas realmente importantes, como se você pode desenvolver câncer de mama ou fibrose cística. Ao descobrir onde os genes estão localizados, os cientistas podem agora voltar a sua atenção ao uso das informações recém-descobertas para desenvolverem hipóteses sobre curas e terapias genéticas. Portanto, o Projeto Genoma Humano tem sido chamado de pesquisa para geração de hipóteses em vez de pesquisa guiada pela hipótese.

Os experimentos devem permitir o idêntico experimento porque as "respostas" com que os cientistas obtiverem (sejam elas para sustentar ou refutar a hipótese original) não pode se tornar parte da base de conhecimento, a não ser que outros cientistas possam realizar exatamente o(s) mesmo(s) experimento(s) e atingir o mesmo resultado; do contrário, o experimento será inútil, tornando quaisquer dados obtidos essencialmente inválidos.

Você deve estar se perguntando "Por que é inútil,"? Bem, existem coisas chamadas *variáveis*. Como é de se esperar, as variáveis variam: Elas mudam, diferem e não são iguais. Um experimento bem projetado precisa ter uma *variável independente* e uma *variável dependente*. A variável independente é o que o cientista manipula no experimento. A variável dependente muda com base na maneira que a variável independente é manipulada. Portanto, a variável dependente fornece os dados para o experimento.

Os experimentos devem conter os quatro passos a seguir para que sejam considerados uma "boa ciência."

1. **Um cientista deve guardar as informações registrando os dados.**

   Os dados devem ser apresentados visualmente, se possível, através de um gráfico ou de uma tabela.

2. **Deve-se utilizar um controle.**

   Dessa forma, os resultados poderão ser comparados com algo.

3. **As conclusões devem ser obtidas a partir dos resultados.**

4. **Os erros devem ser relatados.**

Veja um exemplo: Suponha que você queira saber se é possível correr mais rápido em uma maratona quando você come macarrão na noite anterior ou quando você toma café na manhã da corrida. Sua suposição é que você acha que ao comer macarrão você terá energia para correr mais rápido no dia seguinte. Uma hipótese adequada seria algo assim, "O período de tempo de uma maratona é melhor ao consumir grandes quantidades de carboidratos previamente à corrida." A variável independente é o consumo de macarrão, e a variável dependente é a sua velocidade na corrida.

Pense assim: A velocidade em que você corre depende do macarrão, portanto a velocidade em que você corre é uma variável dependente. Agora, se você comer vários pratos de espaguete às 7 da noite antes da corrida, e levantar na manhã seguinte e tomar dois copos de café antes de ir para a linha de partida, o seu experimento será inútil.

Você deve estar se perguntando novamente "Por que é inútil?" Bem, ao tomar café, você introduz uma segunda variável independente, então você não saberá se o tempo mais rápido da corrida é devido à barriga cheia de macarrão ou à barriga cheia de café. Os experimentos só podem ter uma variável independente. Se você quiser saber o efeito da cafeína (ou do sono extra ou do treinamento aprimorado) no seu tempo de corrida, você teria que criar um segundo experimento (ou terceiro ou quarto). O segundo experimento teria a hipótese de que "Consumir cafeína na manhã de uma maratona de 26 milhas (41 km) melhora o tempo da corrida." Se você quiser saber o efeito do treinamento aprimorado por seis meses antes de uma maratona, você teria que criar um quarto experimento com a hipótese de que "Um período de seis meses de treinamento intensivo aprimorado melhora o tempo de corrida em uma maratona." Deu para entender?

E, é claro, esses experimentos teriam que ser realizados muitas vezes por muitos corredores diferentes para demonstrar qualquer significância estatística válida. A *significância estatística* é uma medida matemática da validez de um experimento. Se um experimento for realizado repetidamente e os resultados estiverem dentro de uma margem próxima, então os resultados são significantes quando medidos utilizando o ramo da matemática chamado estatística. Se os resultados estiverem espalhados, por assim dizer, eles não são significantes, pois não é possível gerar uma conclusão definida a partir dos dados.

Uma vez que um experimento é criado adequadamente, você pode começar a registrar as informações que você reunir através do experimento. No teste de um experimento, se comer macarrão na noite anterior à maratona melhora o tempo da corrida, suponha que você come um prato de espaguete na noite anterior e depois bebe água na manhã da corrida. Você pode marcar os seus tempos a cada milha em uma rota de 26 milhas (41 km) para registrar as informações. Depois, na próxima maratona em que você correr (rapaz, você deve estar em ótima forma), você come somente carne na noite anterior à corrida, e toma três cafés expressos na manhã da corrida. Mais uma vez, você registraria os seus tempos a cada milha da rota.

Assim, o que fazer com as informações que você reunir durante os experimentos? Bem, você pode colocá-las em um gráfico para fazer uma comparação visual dos resultados a partir de dois ou mais experimentos. A variável independente de cada experimento é colocada no *eixo-x* (a que passa horizontalmente), e a variável dependente é colocada no *eixo-y* (a que passa verticalmente. Ao comparar nos experimentos o tempo que levou para correr a maratona depois de comer macarrão na noite anterior, dormir mais, tomar café ou seja qual for a outra variável independente que você possa querer experimentar, seriam marcadas as milhas de 1 a 26 milhas (41 km) no eixo y. O fator que não muda em todos os experimentos é que a maratona tem 26 milhas (41 km) de distância. O tempo que levou para atingir cada milha seria colocado no eixo-x. Esse dado poderia variar com base no que o corredor alterou antes da corrida, como a dieta, o sono ou o treinamento. Você pode colocar diversas variáveis independentes no mesmo gráfico usando cores diferentes ou estilos diferentes de linhas. O seu gráfico pode ficar como na Figura 1-2.

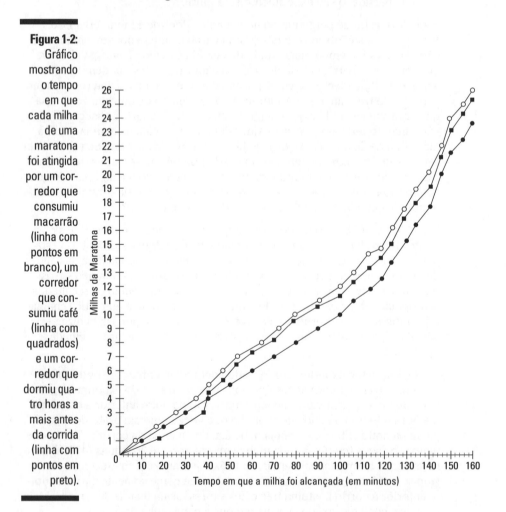

Figura 1-2: Gráfico mostrando o tempo em que cada milha de uma maratona foi atingida por um corredor que consumiu macarrão (linha com pontos em branco), um corredor que consumiu café (linha com quadrados) e um corredor que dormiu quatro horas a mais antes da corrida (linha com pontos em preto).

Como você saberia se os tempos da sua corrida foram aprimorados por comer macarrão ou por beber café? Você teria que correr uma maratona sem comer macarrão na noite anterior ou sem beber café na manhã da

Capítulo 1: Como a Vida É Estudada   *17*

corrida. (Ainda exausto?) Essa maratona seria o seu *controle*. Um controle é um grupo de valores de base com os quais você compara os dados de seus experimentos. Do contrário, você não teria ideia se os seus resultados foram melhores, piores ou iguais.

Certo. Então, talvez tenha levado menos tempo para você atingir cada milha ao longo da rota da maratona depois da noite em que comeu macarrão, mas os tempos da corrida depois de beber café corresponderam aqueles do controle. Isso daria suporte a sua hipótese inicial, mas refutaria a sua segunda hipótese. Não há nada errado com estar errado, desde que as informações sejam úteis. Saber o que não funciona é tão importante quanto saber o que funciona.

Sua *conclusão* a esses dois experimentos seria algo assim: "Consumir macarrão na noite anterior de uma maratona de 26 milhas (41 km) melhora o tempo da corrida, mas o consumo da cafeína não possui efeito."

Porém, em experimentos científicos você tem que confessar os seus erros. Essa confissão permite que outros cientistas saibam o que poderia estar afetando os seus resultados. Então, se eles escolherem repetir o experimento, eles podem buscar corrigir aqueles erros e fornecer informações benéficas adicionais para a base do conhecimento. No experimento macarrão-cafeína-corrida, se você tivesse consumido o macarrão na noite anterior e depois a cafeína na manhã da corrida, o seu principal *erro* seria o de incluir mais de uma variável independente.

O erro de um homem é o ponto inicial de outro homem

No início de 1900, um pesquisador Russo chamado A.I. Ignatowski alimentou coelhos com uma dieta composta por leite e ovos. Ele descobriu que as aortas dos coelhos desenvolveram o mesmo tipo de placas que são formadas nas pessoas com aterosclerose. Ignatowski não foi ignorante, mas ele supôs que a aterosclerose foi causada pelas proteínas do leite e dos ovos. Ele estava errado. Porém, um pesquisador mais jovem que estava trabalhando no mesmo departamento de patologia nesse tempo, um Russo chamado Nikolai Anichkov conhecia o trabalho de Ignatowski. Anichkov e alguns de seus colegas repetiram o estudo de Ignatowski, exceto por separarem os coelhos em três grupos diferentes. O primeiro grupo recebeu um suplemento de líquido muscular, o segundo grupo foi alimentado somente com claras de ovo e o terceiro grupo foi alimentado somente pelas gemas do ovo. Somente os coelhos que comeram a gema do terceiro grupo desenvolveram placas em suas aortas. Os dois jovens pesquisadores repetiram o experimento, dessa vez analisando as placas ateroscleróticas para procurar quaisquer substâncias químicas concentradas. Em 1913, Anichkov e seus colegas descobriram que o colesterol da gema do ovo era responsável pela criação de placas na aorta. E, embora a ligação entre o colesterol e a aterosclerose seja agora conhecida por aproximadamente 90 anos, as pessoas ainda estão comendo alimentos com alto nível de colesterol. Os ovos contêm dez vezes o colesterol de qualquer carne de vaca, peixe ou frango da mesma quantidade. E, as pessoas não somente comem os velhos ovos; elas também consomem muitos alimentos compostos por ovos – molhos, sopas, pão, alimentos assados, massas, sorvete e assim por diante. Talvez o erro de um homem seja o ponto inicial de outro para uma dieta melhor!

Outro erro seria ter uma amostra em pouca quantidade. Uma determinação mais precisa poderia ser feita ao registrar os tempos da corrida a cada milha para muitos corredores sob as mesmas condições (ou seja, orientá-los a comer a mesma quantidade de macarrão na noite anterior da corrida ou consumir a mesma quantidade de cafeína na manhã de uma corrida). É claro, seus tempos de controle individuais sem essas variáveis teriam que ter sido levado em conta. Ciência. O segredo está nos detalhes.

Claro e simples: Observando a natureza

Em comparação a criação de um experimento, a realização de um experimento, o registro dos dados e a percepção de quaisquer erros que você possa ter tido, simplesmente observando um ser vivo parece ser muito fácil. Porém, dependendo do que está sendo estudado, a observação fornece informações úteis ao aprender sobre o comportamento dos animais ou os ciclos da vida. Se um pesquisador não quiser perturbar um habitat, ele ou ela pode usar a observação para aprender sobre a maneira que certo animal vive em seu ambiente natural. Porém, a observação requer paciência e tempo. O cientista deve fazer notas detalhadas em diários ou em livros de registro sobre a rotina dos animais por um longo período de tempo (normalmente anos) para ter certeza de que as observações são precisas.

Equipamento Utilizado em Experimentos Básicos

Você pode não ter uma imagem dos biólogos como sendo trabalhadores braçais, mas eles utilizam ferramentas. Sua rotina diária não envolve um martelo, um serrote, ou um nível, mas inclui alguns dos equipamentos a seguir, assim como algumas peças e computadores de alta tecnologia. O equipamento que eu cito nesta seção é somente o básico principal que você encontraria em qualquer laboratório. Esse equipamento é necessário para fazer o estudo básico da biologia: visualizar as células e as organelas, assim como preparar amostras de células ou líquidos do corpo para teste ou visualização, dissecar espécimes ou misturar substâncias químicas.

Sob o olhar das lentes: Microscópios

Os microscópios são extremamente importantes para o estudo dos seres vivos. Os biólogos usam microscópios de diferentes potências para ver organismos e amostras mais de perto. E, eu não estou falando daqueles simples *microscópios ópticos* que a escola fornecia para você no período do ensino médio, embora eles permitam que você veja as células. Estou falando de um equipamento de alta potência, extremamente caro e com partes sensíveis que podem fazer até mesmo as partes menores de uma única célula ficar visíveis.

Em vez de usar feixes de luz para iluminar o espécime sendo visualizada, como fazem os microscópios ópticos, os *microscópios eletrônicos* usam feixes de elétrons, que são partículas carregadas negativamente. (Discuto sobre os elétrons em mais detalhes no Capítulo 3.) Os feixes de elétrons trazem os detalhes mínimos da célula em foco e pode permitir que as moléculas grandes sejam vistas. (Discuto sobre as moléculas no Capítulo 3, também.)

O menor tamanho que você pode ver a olho nu é 0.2 mm, que é igual a 200 micrometros. Esse tamanho é equivalente a uma faixa em sua impressão digital. Os microscópios ópticos aumentam as células em até 1.000 vezes. Embora as lentes de vidro nesses microscópios possam aumentar com uma potência maior, os raios de luz têm um espectro limitado, ou uma variação de luz, que é visível. Usando o raio de luz mais curto, que permite a resolução maior, os microscópios ópticos podem visualizar coisas tão pequenas quanto a 0.2 micrometros de largura – quer dizer, 0.0002 mm.

Para objetos menores que 0.2 micrometros, deve ser utilizado um microscópio eletrônico. Os microscópios eletrônicos permitem que você veja objetos tão pequenos quanto 0.2 nanômetros (nm), que é igual a 0.000000002 mm. Em comparação a um microscópio óptico que é capaz de aumentar 1.000 vezes, os microscópios eletrônicos podem aumentar os objetos em 200.000 vezes (para aproximadamente 0.2 nm, que traduzido é 0.000000005 mm, cinco bilionésimos de um mm).

A microscopia eletrônica possui dois tipos: microscopia eletrônica de transmissão e microscopia eletrônica de varredura.

- A *microscopia eletrônica de transmissão* depende de um feixe de elétron que atravessa a amostra sendo estudada. A amostra é tratada com metais pesados, como urânio e são usados eletromagnetos para puxar o feixe de elétrons através da amostra. Porém, os elétrons não passam através do metal pesado, portanto as estruturas celulares tratadas com metal pesado aparecem escuras na tela.

- A *microscopia eletrônica de varredura* depende de um feixe de elétrons que atinge a superfície do objeto. A superfície do espécime é coberta por uma camada fina de metal. O feixe de elétron remove os elétrons da camada fina de metal, criando uma imagem na tela da topografia da superfície sendo estudada.

O que eu faço com isso? Slides, tubos de ensaio e placas de Petri

Para examinar um espécime, os biólogos devem colocar uma amostra – seja a amostra sangue, muco, saliva, células epiteliais ou urina – dentro de ou em alguma coisa. Você não pode simplesmente segurar tudo isso na mão.

Se a amostra for visualizada com um microscópio, algumas das células são gentilmente espalhadas em uma placa transparente, tratada com um fixador de maneira que os componentes celulares não se movam e coberta com

20 Parte I: Princípios Básicos da Biologia: Organizando a Vida

uma placa de vidro. Se a amostra precisar ser centrifugada – girada muito rapidamente para separar o líquido e as partículas – ou precisar ter soluções acrescentadas nela, então é mais provável que a amostra seja inserida em um tubo de ensaio. Se uma amostra precisar ser aumentada antes que possa ser identificada (por exemplo, se você tiver uma infecção bacteriana, mas o seu médico não tem certeza de que bactéria tratar e, portanto, não tem certeza de que antibiótico prescrever), a amostra deve ser distribuída em *cultura*.

Para distribuir uma amostra em cultura, uma placa de Petri contendo um meio de cultura – por exemplo, alimento para amostra em um gel nutritivo e solidificado, como o agar nutritivo – é *inoculado*, ou espalhado e pressionado no meio de cultura. Depois, o cientista deve guardar a placa de Petri em temperatura corporal normal para as espécies que estão sendo estudadas (humanos: 37º C) por aproximadamente 24 a 72 horas e esperar que o espécime cresça. Uma série de testes podem então ser realizados no espécime em cultura para determinar que organismo ele é.

Clareando com cores: Tintas e outros indicadores

As tintas são agentes que colorem as estruturas da célula, permitindo que as estruturas sejam visualizadas mais facilmente ao utilizar um microscópio. Em alguns casos, as tinturas ou corantes tornam as estruturas invisíveis visíveis. Algumas tinturas comuns incluem o iodo e o azul de metileno. Se o iodo é colocado em uma amostra que contém amido, como um pedaço de batata, ele transformará a amostra em azul escuro.

Os indicadores são soluções preparadas ou papéis utilizados para determinar as características químicas (como a acidez e a composição). O papel litmus é um exemplo comum. Quando mergulhado em uma solução, o papel litmus ficará vermelho se a solução for ácida e azul se a solução for básica. As faixas do papel de pH têm uma variedade de cores que podem ser combinadas para calcular o pH aproximado de uma solução.

Cuidado, é afiado: Fórceps, probes e bisturis para dissecação

Sim, às vezes os animais são dissecados, ou cortados ordenadamente para descobrir mais sobre a estrutura ou para ensinar a pessoa a fazer a dissecação. E, sim, os cientistas já têm muitas informações sobre a estrutura dos animais, mas a dissecação não ensina somente a estrutura, ela ensina a técnica.

Para fazer uma dissecação, o organismo (que foi morto por eutanásia e preservado com formaldeído) é perfurado em uma bandeja para dissecação: Um *bisturi* é um instrumento com lâminas extremamente afiadas que pode tranquilamente separar e cortar músculos e órgãos. Os *fórceps* são usados para tirar o tecido do caminho ou pegar uma estrutura. Um *probe* pode ser usado para remover tecido conectivo ou para levantar uma estrutura antes que ela seja dissecada.

Para misturar: provetas, frascos e bico de Bunsen

Como você pode ver no Capítulo 3, a química e a biologia, às vezes, são semelhantes. O equipamento que é comum em um laboratório de química geralmente é visto em um laboratório de biologia, também. Os biólogos também misturam soluções e substâncias químicas.

As *provetas* são usadas quando a solução misturada nela será despejada em outra coisa. (Eles adoram despejar.) Os *frascos* tem uma parte estreita que parece um pescoço e são usados quando a solução puder sair de um bico ou quando o recipiente da solução precisar ser injetado em algum ponto do experimento. Os *bicos de Bunsen* são fontes de calor. Basicamente, eles são cilindros ligados a uma linha de gás. Quando a linha de gás é aberta, uma fagulha inicia uma chama no bico de Bunsen, que é usado então para aquecer as soluções. Por que as soluções precisam ser aquecidas? Às vezes, as soluções precisam ser fervidas para liberar gases ou para dissolver um elemento sólido na solução.

Procurando Informações Científicas

Os cientistas devem publicar suas pesquisas. Eles devem mostrar seu trabalho, com erros e tudo, para que todos os outros cientistas vejam. Do contrário, ninguém saberia que o trabalho foi feito. Outros cientistas podem estar trabalhando na mesma coisa e poderiam se beneficiar ao ver alguém se aproximar do problema. Os cientistas precisam ver o trabalho uns dos outros, mas nem todos eles trabalham no mesmo laboratório. Os cientistas precisam de maneiras para se comunicar com outros cientistas ao redor do mundo.

Revistas especializadas apresentam pesquisa, não sonhos registrados

Centenas de revistas científicas explicam todo tópico e nicho inimaginável nos campos da biologia, da química, da física, da engenharia e assim por diante. Algumas organizações profissionais publicam revistas especializadas, algumas universidades ou centros médicos publicam boletins informativos ou revistas, empresas científicas podem publicar boletins e empresas de publicação médica e científica publicam revistas especializadas. Não há limite para a informação.

As revistas especializadas são consideradas a fonte primária da informação científica. Qualquer um pesquisando um tópico seja ele para um artigo da faculdade ou para desenvolver um novo experimento no campo, consulta primeiramente a revista especializada. As revistas especializadas contêm os artigos de pesquisa originais, assim as últimas informações de um campo específico são sempre encontradas nelas. Os artigos de pesquisa são escritos seguindo o estilo científico de um abstract (resumo) da pesquisa; objetivos; descrição dos materiais usados; como o experimento foi criado e realizado; resultados do experimento, incluindo dados brutos, gráficos, tabelas; conclusões; e erros.

Alguns exemplos das principais revistas especializadas são a *Nature, Scienc, The Journal of the American Medical Association*, a *British Medical Journal, The Lancet* e a *New England Journal of Medicine*. As principais revistas são revisadas por colegas, o que significa que antes que um artigo de pesquisa seja aceito para publicação, outros cientistas desse campo revisam a pesquisa para ter certeza de que a ciência por trás dela é precisa e que seus resultados para a base de conhecimento. Se os critérios rigorosos julgarem que os dados não acrescentam novos dados, a pesquisa é rejeitada para publicação, o que significa que ela precisa ser realizada novamente (o que custa dinheiro e tempo).

O texto dos livros

Os livros são considerados fontes secundárias da informação. Embora eles não contenham artigos de pesquisa, geralmente são escritos por especialistas da área. Os livros apresentam a base do conhecimento ou um tópico ou área específica em certo período de tempo, portanto eles são uma boa fonte para serem usados na história de um tópico, fatos básicos sobre certo assunto e resumos de uma pesquisa importante que aumentou o conhecimento sobre o assunto.

Publicação popular: não tão popular entre os cientistas

Se existe uma coisa que os cientistas odeiam é ser citado de forma errada e mal interpretado (Está bem. Duas coisas.) Os cientistas são sempre muito cuidadosos ao planejar sua pesquisa e levam tempo para fazer isso corretamente. Alguns cientistas que trabalham no mesmo campo podem competir de uma forma para ser o primeiro a publicar os resultados de estudos semelhantes. Mas, geralmente, os cientistas não têm pressa para publicar. Normalmente, a pesquisa não pode ser apressada, mesmo que o cientista quisesse.

A Internet não foi direcionada às propagandas

Se você olhar as páginas da Web na Internet hoje, você pode ver as bordas com propagandas, você recebe e-mail com spam e passa por muito lixo. Mas, originalmente, a Internet foi criada como uma maneira de ligar as universidades por todo o mundo para que os pesquisadores pudessem compartilhar suas informações uns com os outros mais rapidamente do que o tempo de uma publicação permite. Uma vez que as possibilidades para tal acesso instantâneo universal foram imaginadas, a Internet se desenvolveu até o seu estado atual. Os pesquisadores universitários ainda usam a Internet para compartilhar informações, mas agora há muito mais tráfego (e poluição com propagandas) na superestrada da informação.

Portanto, quando um jornalista não reserva tempo para verificar os fatos e trabalhar para ter certeza de que as informações não estão mal concebidas, os cientistas ficam frustrados. Se o corpo de sua pesquisa tivesse a intenção de contribuir para a base de conhecimento de certo campo, mas um jornalista chama sua pesquisa de "importante" ou uma "descoberta surpreendente," o(s) cientista(s) fica(m) nervoso(s). E com razão. As descobertas surpreendentes e as pesquisas importantes acontecem muito, muito raramente. Mais frequentemente, a pesquisa acrescenta conhecimento que pode ser utilizado como base para mais pesquisa. Ou, a pesquisa contribui para o desenvolvimento de um produto. Os resultados podem ser "surpreendentes" para o jornalista, mas o cientista não quer ser desrespeitado por seus colegas, de quem ele depende de mais informações.

Os itens da imprensa popular, como a revista de banca, o jornal, a televisão ou o programa de rádio, são considerados fontes terciárias (quer dizer, de terceiro nível). Essas fontes fornecem informações, é claro, mas a veracidade das informações não é tão certa quanto às da pesquisa original. Há sempre a chance de que algo seja mal interpretado pelo jornalista tentando interpretar as informações apresentadas na pesquisa, o que significaria que a apresentação do jornalista pode ter erros. É como aquela velha brincadeira de criança em que as informações passadas para a primeira pessoa normalmente são alteradas até chegar à última pessoa. É melhor ficar com a fonte original.

24 Parte I: Princípios Básicos da Biologia: Organizando a Vida

Capítulo 2

As Unidades Fundamentais da Vida: As Células

Neste Capítulo

▶ Compreendendo porque as células são as unidades básicas da vida

▶ Diferenciando as células procarióticas e eucarióticas

▶ Compreendendo as estruturas da célula

▶ Descobrindo como as células funcionam

Neste capítulo, você explora partes mínimas de si mesmo e de outros seres vivos. Você poderá observar as células – o nível menor de um organismo vivo. O nível celular de um organismo é onde podem ocorrer os processos metabólicos que mantêm o organismo vivo. E é por isso, meu amigo, que a célula é chamada de unidade fundamental da vida.

As Janelas dos Organismos no Mundo

Todo ser vivo possui células. Os menores animais possuem somente uma célula, e ainda assim eles estão vivos como eu e você. O que são exatamente as células? As *células* são estruturas de líquido cercadas por membranas. Dentro do líquido flutuam substâncias químicas e *organelas*, que são estruturas dentro da célula, usadas durante os processos metabólicos. Sim, um organismo contém partes que são menores que uma célula, mas a célula é a menor parte do organismo que retém características do organismo inteiro. Por exemplo, uma célula pode levar combustível, convertê-lo em energia e eliminar resíduos, assim como o organismo como um todo pode fazer. Mas as estruturas dentro da célula não podem realizar essas funções sozinhas, portanto a célula é considerada como a de nível mais baixo.

Cada célula é capaz de converter combustível em energia utilizável. Portanto, as células não somente compõem os seres: elas *são* seres vivos. As células são encontradas em todas as plantas, animais e bactérias. Muitas das estruturas básicas encontradas dentro de todos os tipos de células, assim como a maneira que essas estruturas funcionam, são fundamentalmente muito semelhantes, portanto a célula é conhecida como a unidade fundamental da vida.

No entanto, a característica mais importante de uma célula é que ela pode se reproduzir dividindo-se. (O Capítulo 11 explica a divisão celular.) Se as células não se reproduzissem, você ou qualquer outro ser vivo não continuaria a viver. A divisão celular é o processo pelo qual as células se duplicam e são substituídas. Se você não tivesse uma substituição de células sanguíneas, por exemplo, você teria um tempo de vida igual ao das células sanguíneas – meros 120 dias.

Os vírus (como aqueles que causam gripe, resfriado ou AIDS) são semelhantes às bactérias, mas não são organismos vivos de fato porque falta a eles uma característica crucial: Eles não podem crescer e se dividir por eles mesmos. Os vírus são mais como parasitas no sentido de que eles precisam dominar as células de um animal (um hospedeiro) para se reproduzir.

Os organismos surpreendentemente mais complexos são compostos de grupos de células cada vez mais crescentes (por exemplo, em humanos, os grupos de células compõem cada órgão e tecido muscular), e os organismos sobrevivem com base em produtos que as células produzem. Por exemplo, as células dos pâncreas produzem insulina, que é necessário para garantir que o nível de glicose do sangue não suba. Sem a insulina, a glicose do sangue pode alcançar um nível letal. Portanto, sem esse produto celular, você morreria.

Conforme os cientistas desenvolveram maneiras de estudar as células mais a fundo, eles começaram a entender os mistérios da vida. Sem dúvida, há mais a se aprender. Mas, o que é conhecido já é simplesmente fascinante.

Examinando as Eucariotas

As células apresentam duas categorias principais: eucariotas e procariotas. As *procariotas* são organismos celulares que não têm um núcleo "verdadeiro". Um *núcleo* é o centro de controle de uma célula. Um núcleo contém o material genético distribuído em cromossomos e é associado com outras organelas que funcionam na produção de aminoácidos e proteínas com base no que o material genético dita. As procariotas possuem material genético, mas não é tão organizado como é nas eucariotas. Ainda assim, as procariotas são capazes de se reproduzirem. As bactérias e as algas azul-esverdeadas são exemplos desses organismos. As *eucariotas* são organismos vivos que contêm cromossomos, incluindo as plantas e os animais, assim como os fungos (como os cogumelos), os protozoários e a maioria das algas. As eucariotas possuem as seguintes características:

- Elas têm um núcleo que armazena suas informações genéticas.

- As células animais possuem uma organela chamada de *mitocôndria* que combina efetivamente oxigênio e alimento para converter energia em uma forma utilizável.

- As células das plantas possuem *cloroplastos*, que utilizam energia da luz do sol para criar alimento para a planta.

Capítulo 2: As Unidades Fundamentais da Vida: As Células **27**

- ✔ As células eucarióticas possuem membranas internas, que criam compartimentos dentro das células que possuem funções diferentes.

- ✔ As células das plantas possuem uma membrana celular e uma parede celular, que é rígida; as células animais possuem somente uma membrana celular; que é macia.

- ✔ O citoesqueleto, que reforça o citoplasma da célula, controla os movimentos celulares.

Apesar das bactérias (células procarióticas) serem vistas mais à frente no livro, as discussões sobre a estrutura e função da célula neste capítulo é focada nas células eucarióticas.

Células e Organelas:Não são um Grupo de Cantores Vocais

Você possui órgãos e eles são compostos por células. As células possuem organelas. Você possui sistemas de órgãos que realizam certas funções no seu organismo inteiro. As células possuem organelas que realizam certas funções na célula. E, embora seja necessário milhões e milhões de células para criá-lo, cada célula funciona por conta própria. Uma organela em uma célula não faz o trabalho de outra célula. Cada célula metaboliza individualmente. Esta seção fornece informações sobre todas as organelas que ajudam a célula a metabolizar.

Colocando Tudo Junto: A membrana plasmática

O líquido dentro de uma célula (*líquido intracelular*) é chamado de *plasma* ou *citoplasma* (cito significa célula). A membrana que mantém o líquido da célula é chamada de *membrana plasmática* (ver Figura 2-1), também chamada de membrana celular. As próprias células estão flutuando em um tipo de líquido, chamado *matriz*. A matriz é insolúvel, o que significa que as substâncias não se dissolvem nesse líquido. A matriz somente sustenta as células. O líquido que fica espremido entre cada célula é chamado de *líquido extracelular* porque fica fora da célula. O trabalho da membrana plasmática é separar as reações químicas ocorrendo dentro da célula a partir das substâncias químicas que estão flutuando no líquido extracelular.

Se a membrana plasmática não separar a parte interna e externa da célula, os resíduos expulsos de dentro da célula para fora poderiam voltar para dentro dela.

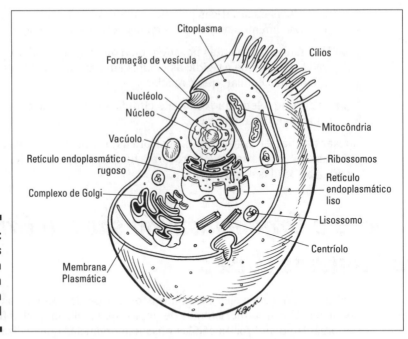

Figura 2-1: Estruturas de uma típica célula animal

O modelo líquido em mosaico da membrana plasmática

A membrana plasmática possui duas camadas (uma bicamada) de fosfolipídios (gorduras com fósforo vinculado), que em temperatura corporal são como o óleo vegetal (líquido). E a estrutura da membrana plasmática sustenta o velho ditado, "Água e óleo não se misturam."

Cada molécula de fosfolipídio possui uma cabeça que é atraída para a água (*hidrofílica: hidro-* = água; *fílica-* = que tem afinidade) e uma cauda que repele a água (*hidrofóbica: hidro-* = água- *fóbica-* = que repele). Ambas as camadas da membrana plasmática possuem as cabeças hidrofílicas que apontam para a parte externa; as caudas hidrofóbicas formam a parte da bicamada (ver Figura 2-2). As células residem em uma solução aquosa (líquido extracelular) e contêm uma solução aquosa dentro delas (citoplasma), por isso a membrana plasmática forma um círculo em volta de cada célula para que as cabeças as quais possuem afinidade pela água fiquem em contato com o líquido e as caudas, as quais repelem a água fiquem protegidas na parte interna.

As proteínas e as substâncias como o colesterol ficam embutidos na bicamada, dando à membrana a aparência de um mosaico. A membrana plasmática possui a consistência do óleo vegetal em temperatura corporal, por isso as proteínas e outras substâncias são capazes de passar por ela. É por isso que a membrana plasmática é descrita utilizando o modelo *líquido* em mosaico.

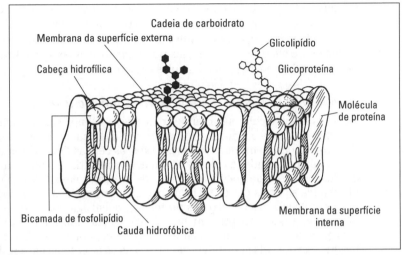

Figura 2-2: O modelo líquido em mosaico das membranas plasmática.

As moléculas embutidas na membrana plasmática também têm um objetivo. Por exemplo, o colesterol que está preso ali torna a membrana mais estável e evita que ela se solidifique quando a sua temperatura corporal estiver baixa. (Isso evita que você congele quando estiver "congelando.") As cadeias de carboidrato se vinculam com a superfície externa da membrana plasmática em cada célula. Esses carboidratos são específicos a cada pessoa e fornecem características como o tipo sanguíneo.

Passando: O transporte através da membrana plasmática

Algumas substâncias precisam se mover do líquido extracelular até a parte interna da célula, e algumas substâncias precisam se mover da parte interna da célula para o líquido externo na membrana plasmática é onde ocorrem essas mudanças.

Algumas das proteínas que ficam presas na membrana plasmática ajudam a formar aberturas (canais) na membrana. Através desses canais, algumas substâncias como os hormônios ou os íons podem passar. Não, as substâncias sortudas não dizem palavras mágicas; elas tanto são "reconhecidas" por um receptor (uma molécula de proteína) dentro da membrana da célula como são vinculadas a uma molécula carregadora, que passa através dos canais. A membrana plasmática é seletiva a respeito de quais substâncias podem passar por ela, por isso ela é conhecida como *seletivamente permeável*.

A permeabilidade descreve a facilidade com que as substâncias podem atravessar uma barreira, como a membrana de uma célula. *Permeável* significa que a maioria das substâncias podem facilmente atravessar a membrana. *Impermeável* significa que a maioria das substâncias não pode atravessar a membrana. *Seletivamente permeável* ou semipermeável significa que somente certas substâncias são capazes de atravessar a membrana.

Parte I: Princípios Básicos da Biologia: Organizando a Vida

O transporte de substâncias através da membrana plasmática pode necessitar que a célula use parte de sua energia para ajudar na passagem da substância pela margem que limita. Se for utilizada energia, o transporte é chamado de *ativo*. Se as moléculas puderem atravessar a membrana do plasma sem utilizar energia, as moléculas estão utilizando o transporte *passivo*.

Ajudando as moléculas a atravessarem: Transporte ativo

Às vezes, as moléculas são grandes demais para simplesmente fluírem através das membranas plasmáticas ou dissolver na água para que possam ser filtradas através das membranas. Nesses casos, as células devem liberar um pouco de energia para ajudar a colocar as moléculas para dentro ou para fora da célula. Lembre-se de que há moléculas de proteínas embutidas na membrana plasmática algumas das quais formam canais através dos quais podem passar outras moléculas. Bem, algumas proteínas podem agir como *carregadoras* – quer dizer, elas são "pagas" em energia para deixar uma molécula se prender nela mesma e depois transportar essa molécula para dentro da célula. É como ter que pagar a balsa de Staten Island. A balsa é a proteína carregadora e você é a grande molécula que precisa de ajuda da corrente sanguínea (Baía de Nova Iorque) para dentro da célula (Cidade de Nova Iorque). A taxa que você pagaria é equivalente às moléculas de energia gastas pela célula.

Passando silenciosamente: Transporte passivo

Uma membrana pode permitir que as moléculas sejam transportadas silenciosamente através dela de três maneiras: difusão, osmose e filtração.

- **Difusão:** Às vezes os organismos precisam passar as moléculas de uma área em que estão altamente concentrados até uma área em que as moléculas estão menos concentradas. Esse transporte é realizado muito mais facilmente do que ao passar as moléculas de uma concentração baixa para uma concentração alta. Para passar de uma concentração alta para uma concentração baixa, em essência as moléculas precisam somente se "espalharem" ou se *difundirem*, através da membrana que separa as áreas de concentração.

  No corpo humano, essa ação ocorre nos pulmões. Você respira ar, e o oxigênio entra nos menores sacos de ar nos pulmões, os *alvéolos*. Os minúsculos vasos sanguíneos (capilares) ficam em volta desses pequenos sacos de ar. Os capilares dos pulmões chamados de capilares pulmonares contêm a concentração mais baixa de oxigênio no corpo, porque no momento em que o sangue chega até os minúsculos vasos sanguíneos, a maior parte do oxigênio foi utilizada por outros órgãos e tecidos. Portanto, os minúsculos sacos de ar dos pulmões possuem uma concentração de oxigênio maior do que os capilares. Isso significa que o oxigênio dos alvéolos dos pulmões podem se espalhar através da membrana entre o saco de ar e o capilar, entrando na corrente sanguínea.

- **Osmose:** Esse termo é utilizado ao falar sobre as moléculas de água se difundindo através de uma membrana. Basicamente, a difusão da água (osmose) funciona conforme descrito no tópico anterior. Porém, com a osmose, a concentração de substâncias na água é considerada. Se uma solução é *isotônica*, isso significa que as concentrações das substâncias (*solutos*) e da água (*solvente*) em ambos os lados da membrana são iguais. Se uma solução é *hipotônica*, há uma concentração menor de

Capítulo 2: As Unidades Fundamentais da Vida: As Células **31**

substâncias (e mais água) nela quando comparada com outra solução. Se uma solução for hipertônica, há uma concentração maior de substâncias nela (e menos água) quando comparada com outra solução.

Por exemplo, o sangue do seu corpo contém certa quantidade de sal. A concentração normal é isotônica. Se de repente houver uma concentração de sal muito alta, o sangue fica hipertônico (muitas moléculas de sal). Esse excesso de sal força a água para fora das células sanguíneas em uma tentativa de ao menos por as coisas para fora. Mas na verdade, o efeito que essa ação tem é o de comprimir as células sanguíneas. (Pense quando você coloca sal em uma lesma – ela encolhe.) Essa compressão de células é chamada de *crenação* (não é cremação). Se houver muito líquido na corrente sanguínea, as células sanguíneas terão poucas moléculas de sal, tornando-as hipotônicas. Então, as células sanguíneas levam água na tentativa de normalizar o sangue e torná-lo isotônico. Porém, se as células sanguíneas precisarem levar muita água de volta a fim de normalizá-las, elas podem aumentar até estourar. Esse estouro de células é chamado de hemólise (hemo- = sangue; -lise = rompimento).

✔ **Filtração:** A última forma de transporte passivo é utilizada com mais frequência nas capilares. As capilares são tão finas (suas membranas tem a espessura de uma célula) que a difusão ocupa o seu lugar facilmente. Mas lembre-se de que os animais têm pressão sanguínea. A pressão com que o sangue flui através dos capilares é uma força suficiente para empurrar água e pequenos solutos se dissolveram na água através da membrana capilar. Portanto, em essência, a membrana capilar age como um filtro de papel, permitindo que um líquido cerque as células do corpo e evite que as moléculas grandes entrem no líquido do tecido.

Controlando o show: O núcleo

Toda célula do todo ser vivo possui um núcleo e todo núcleo de todo ser vivo contém material genético. O material genético direciona a produção de proteínas que compõe todo o funcionamento do organismo; o núcleo organiza todas as funções da célula.

No núcleo das células que não estão se dividindo aparece um conjunto de filamentos de material genético em forma de espiral chamado *cromatina*. Porém, logo antes de uma célula se dividir, a cromatina enrola-se sobre si mesma e forma os em *cromossomos*, que contêm DNA (ácido desoxirribonucleico).

O DNA possui duas partes, cada uma com sequências de base de nitrogênio que formam o *código genético*. O código genético, derivado de bases de nucleotídeo nos genes das partes do DNA, é "interpretado" por uma molécula de ácido ribonucleico (RNA) chamada de *mensageiro* RNA (mRNA). O mRNA usa as informações do código genético para criar aminoácidos – os blocos de construção da proteína – na célula. Os aminoácidos são então levados por RNA de transferência (tRNA) até uma organela chamada ribossomo, onde as proteínas finais são produzidas. (Veja o Capítulo 14 para saber mais sobre genética e síntese da proteína.)

Toda célula de toda eucariota possui um núcleo, e todo núcleo de eucariota contém material genético. No núcleo das células que não estão em divisão celular, há uma massa de material genético em forma de filamento chamado cromatina. A cromatina se refere a todo o DNA da célula e suas proteínas acompanhantes. A cromatina não pode ser vista facilmente antes da divisão celular, quando então se condensa em *cromossomos*.

O DNA das eucariotas é dividido em duas partes. (O DNA das procariotas também é dividido em duas partes. Somente alguns vírus possuem "genomas" com uma só parte, e eles não estão sempre em uma parte.) Cada parte de DNA possui sequências de base de nitrogênio (por exemplo, contendo nitrogênio) que formam o *código genético*. O código é "interpretado," e depois uma molécula de ácido ribonucleico (RNA) chamado de mensageiro RNA (mRNA) é produzida a partir do modelo do DNA. O mRNA usa as informações do código genético para certos aminoácidos na célula, que são então levados por RNA de transferência (tRNA) para um ribossomo, onde as proteínas finais são criadas. Como esse código e lido e convertido para um mensageiro que é carregado para o citoplasma, onde é traduzido para produzir proteína, é discutido no Capítulo 14.

As proteínas ou contribuem para a estrutura da célula ou contribuem para o funcionamento da célula, o que significa que elas são usadas como enzimas nos processos metabólicos. Em ambas as formas, é o material genético armazenado no núcleo que no final controla a estrutura e o funcionamento de cada célula em todos os organismos eucarióticos.

Cada núcleo possui uma massa arredondada dentro dele chamada de nucléolo. O nucléolo produz o terceiro tipo de molécula de RNA – quer, dizer, RNA ribossômico (rRNA). Esse tipo de RNA ajuda a formar *ribossomos*, que são transferidos do núcleo para o citoplasma para ajudar na formação das proteínas.

Em volta de cada núcleo há uma camada dupla formada de proteínas e lipídios que separa o núcleo do citoplasma. Essa estrutura em duas camadas é chamada de *envelope nuclear* ou *membrana nuclear*.

A fábrica da célula: O retículo endoplasmático

Vá até a Figura 2-1. Está vendo a organela que parece com folhas dobradas lembrando um pedaço de um coral? É o *retículo endoplasmático* (RE). O RE é na verdade uma série de canais que conecta o núcleo ao citoplasma da célula. A parte do RE que está pontilhada com ribossomos é chamada de *RE rugoso*; a parte do RE que não possui ribossomos é chamada de *RE liso*. Os ribossomos no RE rugoso servem como o local para síntese das proteínas que são direcionadas pelos genes para que sejam colocadas no RE. (Outras proteínas são colocadas juntas nos ribossomos vinculados a outras organelas ou flutuam livremente no citoplasma.)

Capítulo 2: As Unidades Fundamentais da Vida: As Células **33**

O RE liso contém vesículas transportadoras que enviam produtos celulares do citoplasma para a organela, de organela a organela, ou de uma organela para a membrana plasmática. Além da síntese da proteína, o RE está envolvido no metabolismo dos lipídeos (gorduras).

A principal função do RE é produzir e transportar proteínas. O RE é essencialmente o "útero" nas novas cadeias de proteína. A síntese ou produção da proteína, começa no núcleo, com a molécula de mRNA carregando as informações genéticas como quais aminoácidos (proteínas) devem ser produzidos. As moléculas de tRNA trazem aminoácidos do citoplasma para os ribossomos, que são produzidos pelo rRNA. Nos ribossomos, os aminoácidos são unidos para formar uma proteína e a proteína é armazenada no RE até que ela possa ser movida para o complexo de Golgi. (Para saber mais sobre a síntese da proteína, veja o Capítulo 14.)

Preparando-se para a distribuição: O complexo de Golgi

Na biologia, assim como em outras ciências, as estruturas normalmente são nomeadas pela pessoa que as descobriu. Nesse caso, o cientista Italiano Camillo Golgi se encontra enquadrado. O complexo de Golgi fica muito perto do RE; na Figura 2-1, parece com um labirinto com gotas de água espirrando de dentro dele. As "gotas de água" são vesículas transportadoras trazendo material do RE para o complexo de Golgi.

Dentro do complexo de Golgi, produtos produzidos pela célula, como os hormônios ou as enzimas, são empacotados para exportação para outras organelas ou para fora da célula. O complexo de Golgi cerca o produto para que ele seja escondido em um saco chamado *vesícula*. A vesícula encontra o caminho até a membrana plasmática, onde certas proteínas permitem que um canal seja produzido para que produtos dentro da vesícula possam ser colocados para fora da célula. Uma vez fora da célula, os produtos como hormônios ou enzimas podem entrar na corrente sanguínea e ser transportados através do corpo até onde eles são necessários.

Os lisossomos limpam mesmo

Os *lisossomos* são vesículas especiais formadas pelo complexo de Golgi para "limpar" a célula. Eles são os lixeiros (ou engenheiros sanitários) da célula. Os lisossomos contêm enzimas digestivas, que são usadas para separar os produtos que podem ser prejudiciais para a célula e "cuspi-los" para fora, no líquido extracelular. Os lisossomos também removem organelas mortas cercando-as, separando as proteínas da organela morta e liberando-as para reconstruir uma nova organela. O lisossomo age em sua própria célula, por isso o processo é chamado de *autodigestão*.

Os peroxissomos separam o peróxido de hidrogênio

Os peroxissomos são pequenos sacos de enzimas produzidos por um RE liso para ajudar a proteger a célula de produtos tóxicos. Você sabe o quanto o peróxido de hidrogênio é útil quando você o utiliza para limpar um ferimento porque ele mata as bactérias? Bem, muito peróxido de hidrogênio dentro de você poderia matar. O peróxido de hidrogênio normalmente é produzido em algumas reações metabólicas, portanto ele está dentro de você. Porém, o peróxido de hidrogênio se torna prejudicial às células do corpo se ele for acumulado em grande quantidade, portanto o segredo é continuar quebrando-o para evitar que ele acumule. Os peroxissomos quebram o peróxido de hidrogênio em excesso.

A fórmula química para o peróxido de hidrogênio é o H_2O_2 – muito perto da água, não? Bem, assim que os peroxissomos transformam o peróxido de hidrogênio: água velha mais uma molécula extra de oxigênio, ambos são sempre necessários no corpo e podem ser usados em qualquer célula.

As estações de energia da célula: As mitocôndrias

O RE fornece os produtos, o complexo de Golgi distribui os produtos e as mitocôndrias fornecem a energia para todos esses processos acontecerem.

Quando você recebe a conta de luz, a quantidade de eletricidade utilizada em sua casa no mês passado é medida em quilowatt horas. Dentro de um organismo, a quantidade de energia que uma célula usa é medida nas moléculas de trifosfato de adenosina (ATP). As mitocôndrias produzem o ATP, e para fazer isso, as mitocôndrias utilizam produtos do metabolismo da glicose como combustível.

O alimento como combustível

Tenho certeza de que você já ouviu antes que o alimento é o combustível do corpo. Bem, as mitocôndrias são os conversores; elas convertem o combustível em energia utilizável. Quando o alimento é digerido, ou separado nas menores moléculas e nutrientes e o ar é puxado, ou *inspirado*, as menores moléculas e nutrientes passam pela corrente sanguínea (ver o Capítulo 9). Essas moléculas e nutrientes incluem coisas como a glicose (uma molécula de açúcar derivada dos carboidratos) e o oxigênio. Como os organismos adquirem alimento e oxigênio é explicado no Capítulo 5.

Utilize o alimento como um combustível. Do contrário, você consumirá mais combustível do que é necessário para fazer a máquina chamada corpo funcionar. E você sabe o que acontece com o excesso de combustível? Ele fica armazenado para mais tarde (a máquina fica preparada para os momentos de baixa ingestão de combustível) como gordura.

Definindo a respiração aeróbica

Assim como o fogo queima o oxigênio e libera gás carbônico e água, as mitocôndrias agem como fornalhas quando convertem a glicose em ATP: Elas "queimam" (usam) oxigênio e liberam gás carbônico e água. O processo utiliza oxigênio, por isso diz-se que é *aeróbico* (como no exercício aeróbico). Esse processo químico da respiração ocorre em toda célula, portanto ele é chamado de *respiração celular aeróbica*. Os passos que ocorrem nesse processo são descritos pelo ciclo de Krebs (também chamado de ciclo do ácido tricarboxílico [TCA] e são explicados em detalhes no Capítulo 8. O ciclo de Krebs é um ciclo biológico extremamente importante; é um pilar para entender como as células funcionam.

A respiração celular aeróbica pode ser resumida assim, com cada passo separando os produtos nos passos a seguir:

1. Alimento (ingerido) + Ar (inalado)
2. Carboidrato + Oxigênio e Nitrogênio
3. Glicose + Oxigênio (produtos finais da ingestão e da inalação)
4. ATP (energia) + Gás carbônico (exalado) + Água (exalada e expulsa)

Não se confunda com o termo respiração. A respiração é somente parte da respiração celular. Na verdade, a respiração é o ato de inspirar e expirar (ver o Capítulo 5); a respiração celular é a troca de oxigênio e de gás carbônico entre as células e a atmosfera. Portanto, as pessoas respiram, mas isso ocorre no nível celular.

Parte I: Princípios Básicos da Biologia: Organizando a Vida

Capítulo 3

Uma Revisão (Bem) Rápida sobre Química Básica

. . . .

Neste capítulo

▶ Compreendendo porque a química é importante para a biologia

▶ Compreendendo a diferença entre átomos, moléculas, compostos, isótopos, íons e eletrólitos

▶ Entendendo as ligações iônicas e covalentes

▶ Entendendo os ácidos, as bases e o pH

. . . .

*E*ste capítulo dá um panorama sobre química. Se você nunca estudou química antes, esperamos que este capítulo possa ajudá-lo a entender alguns dos principais conceitos. Se você já a estudou antes, espero que este capítulo dê uma boa revisão dos princípios básicos. A química que eu discuto neste capítulo diz respeito principalmente à variedade inorgânica. A *química inorgânica* estuda um pequeno número de átomos (normalmente de um a três) que são mantidos juntos por ligações iônicas (ou ligações covalentes no caso da água). A *química orgânica*, que estuda as moléculas de carbono, é essencial para todos os organismos vivos e é explicada no Capítulo 4.

Por que a Matéria É Importante

Para entender a biologia, você precisa saber alguns termos e ideias principais da química. Você deve compreender o que é um átomo e como os átomos podem ser ligados para formar compostos ou moléculas. Você deve ter uma compreensão geral de como os íons se ligam e se separam, formando moléculas ou fornecendo energia para as reações. Você deve compreender também como as reações podem formar ácidos ou bases, assim como que efeito isso tem no pH. Por último, você precisa entender como o carbono é essencial para a química orgânica, a qual estuda os organismos vivos.

Ter uma noção geral de química facilitará para que você entenda como os eletrólitos exercem um papel importante nos processos que ocorrem no metabolismo. As Partes II e III estudam como os seres vivos produzem energia a partir da matéria e metabolizam as substâncias para continuarem a viver. As reações químicas ocorrem em todos esses processos. É natural que você entenda um pouco de química para aprender biologia. Por que você tem que fazer isso? Porque a Mãe Natureza diz que você precisa. E você sabe o que acontece quando não ouve a Mãe Natureza!

A *ciência* é um conjunto de conhecimentos adquiridos estudando a natureza. A *biologia* é o estudo dos seres vivos. A *química* é o estudo da matéria, do que é feita, e como a matéria pode reagir ou se ligar. Portanto, devido ao fato de os seres vivos serem compostos por matéria, a química é importante para a biologia.

O que é a Matéria

A *matéria* é qualquer substância que ocupa espaço e possui massa. Ela pode ser sólida, líquida ou gasosa e pode ser uma substância simples ou composta.

A matéria possui massa

Massa é o termo usado para descrever a quantidade de matéria que um corpo (ou substância) possui; quando a quantidade de gravidade é calculada nesse valor, você tem o peso do corpo. Portanto, o *peso* é determinado pela quantidade de força gravitacional agindo em uma substância que possui massa e pela resistência que a substância dá para um movimento.

A matéria ocupa espaço

O espaço é medido em volume. A massa de uma substância não muda (embora seu peso possa mudar), a massa de materiais divergentes pode ser comparada ao determinar a quantidade de espaço (por exemplo, *volume*) que cada material ocupa. Isso é feito usando uma unidade de *massa (m)*, que na química é *grama (g)*. O *volume (v)* normalmente é medido em mililítros (ml). O termo usado para relacionar a massa de um material ao seu volume é chamado *densidade (D)*. A equação para ela é D= m/v, o que significa que a densidade é igual à quantidade de massa por unidade de volume.

A matéria aparece em três formas

A matéria pode ser sólida, líquida ou gasosa. Os *sólidos* têm uma forma e um tamanho definido, como uma pessoa ou um tijolo. Os *líquidos* possuem um volume definido (por exemplo, eles preenchem um recipiente), mas ocupam a forma do recipiente que eles preenchem. Os *gases* não têm uma forma definida ou um volume definido.

Capítulo 3: Uma Revisão (Bem) Rápida sobre Química Básica **39**

O estado de uma matéria é alterado quando a energia é acrescentada na forma de calor. Por exemplo, se você acrescentar calor em um bloco de gelo (um sólido), ele se transforma eventualmente em água (um líquido). Se você continuar a acrescentar calor, a água começa a evaporar na forma de vapor (um gás).

A matéria possui duas categorias

A matéria pode ser uma substância (parecida com um "ingrediente") ou uma mistura, que é uma combinação de diferentes substâncias. As substâncias geralmente são mantidas juntas por meios químicos (como em uma ligação). As misturas geralmente são mantidas juntas por meios físicos, e as substâncias que compõem a mistura podem ser separadas por meios físicos (como a filtração, destilação, decantação ou centrifugação).

São exemplos de substâncias

- Gás de oxigênio
- Sal
- Açúcar

São exemplos de misturas

- Rochas
- Plantas
- Animais
- Concreto

Qual é a Diferença? Elementos, Átomos e Isótopos

Toda matéria é composta por *partículas*. Se você separar a matéria em componentes menores, você fica com partículas elementares. Se você estiver separando uma *molécula* em suas partes menores individuais, você tem partículas do mesmo tipo. Se você estiver separando um composto em partes individuais menores, você fica com partículas de tipos diferentes. (As moléculas e os compostos são explicados na próxima seção principal.) Mas, mesmo as partículas são compostos por alguma coisa: átomos.

Um *átomo* de uma partícula é a "parte" mínima da matéria que pode ser medida. É claro, os átomos são compostos por partículas menores chamadas de *partículas subatômicas*, como, quarks, mésons, léptons e neutrinos. Mas essas partículas subatômicas não podem ser retiradas do átomo sem a destruição do próprio átomo. Portanto, o átomo é o conjunto mínimo, a parte estável de um elemento que ainda possui todas as propriedades desse elemento – quer dizer, pelo menos por enquanto, enfim. Quem sabe, os cientistas podem mergulhar nos átomos e descobrir uma parte mensurável da matéria ainda menor. No entanto, o que importa agora, é que você entenda os conceitos de como essas partes se relacionam.

Se você se interessou pelas partículas subatômicas, vá até o último link da linha cronológica nesse site:

    www.atomictimeline.net/ ou www.fisica.net/quimica/resumo1.htm

Os elementos dos elementos

Ao falar sobre química, o termo elementos não se refere à água, ar, fogo ou terra. Em vez disso, os elementos são as substâncias que compõem a água, o ar, o fogo e a terra. Para ilustrar um elemento para você, eu faço duas analogias com base em duas das minhas paixões: a música e a culinária.

Pense em um acorde básico de Dó na música. A nota Dó fica na parte inferior, a nota Mi fica no meio e a nota Sol fica em cima. Certo. Pense no Dó como um elemento, Mi como um elemento diferente e Sol ainda como outro elemento. Se você pular uma oitava tocando o Dó do meio e a próxima nota Dó mais acima (duas notas iguais), você criou uma molécula – chame-a de molécula Dó. Se você tocar uma oitava com duas notas Mi, você criou uma molécula de Mi. E se você tocar oitava com duas notas Sol, você criou uma molécula de Sol. Agora, se você tocar Dó, Mi e Sol juntos, você criou não somente um belo acorde sonoro, mas também um composto de elementos.

Se a analogia da música não ajudou, tente essa outra. Pense em uma receita de biscoitos com gotas de chocolate. Primeiro você precisa misturar os ingredientes líquidos: a manteiga, o açúcar, os ovos e a baunilha. Considere cada um dos ingredientes como um elemento separado. Você precisa de dois tabletes do elemento manteiga. Quando você combina a manteiga com mais manteiga, você tem uma molécula de manteiga. Antes de acrescentar o elemento ovo, você precisa batê-los. Portanto quando você acrescenta ovo mais ovo em um pratinho, você tem uma molécula de ovos. Quando todos esses ingredientes são misturados, você tem um composto chamado "líquido."

Depois, você precisa juntar e misturar os ingredientes secos: farinha, sal e bicarbonato de sódio. Pense em cada um dos ingredientes como um elemento separado. Quando todos os ingredientes secos são misturados, você tem um composto chamado "seco". Somente quando o composto líquido é misturado com o composto seco é que a reação é suficiente para acrescentar o elemento mais importante: as gotas de chocolate. Espero que esse exemplo o ajude a entender as diferenças entre um elemento, uma molécula e um composto. Se não ajudou, tenho certeza que deixei você com vontade de comer um lanche.

Perturbando-o com os átomos de Bohr

Você pode agradecer o cientista Dinamarquês Neils Bohr por criar o modelo de um átomo que aparece na Figura 3-1. Mas, na verdade, o termo átomo foi utilizado pelos filósofos Gregos já em 450 A.C. Esses filósofos sabiam que a matéria era composta de pequenos blocos estruturais. Mas foi somente há 100 anos que alguém veio com um modelo para explicá-la.

Figura 3-1: (A) O modelo da estrutura de um átomo de Bohr. Observe o centro dos prótons (+) e nêutrons (0) cercado por órbitas de elétrons (-). (B) Um átomo de sódio (íon sódio: Na⁺) unindo um átomo de cloro (íon cloreto: Cl) para criar o composto cloreto de sódio, também conhecido como sal comum. (C) Dois átomos de oxigênio (0) combinando-se para formar uma molécula de gás de oxigênio (0₂).

A. Modelo de um átomo de Bohr: o carbono foi utilizado para exemplificá-lo.

Observe o centro dos prótons (+) e dos neutrons (0) cercado por órbitas de elétrons (-). O carbono possui seis prótons, seis nêutrons e seis elétrons; dois elétrons ficam na órbita interna, quatro ficam na órbita externa.

Também escrito como 6p 6n

B. O sódio e o os íons de cloreto se unindo para formar um sal comum. O íon de sódio possui uma carga positiva porque há um próton a mais do que elétrons, portanto a carga geral é positiva. O íon de cloreto é negativo porque depois que ele aceita o elétron do sódio, ele tem então um elétron a mais em relação aos prótons (18 versus 17), portanto a carga geral é negativa. No entanto, juntos, NaCl é neutro porque a carga "mais 1" é equilibrada pela carga "menos 1".

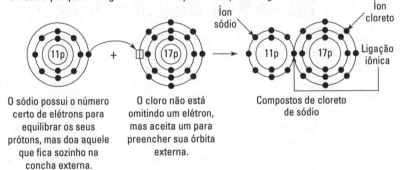

O sódio possui o número certo de elétrons para equilibrar os seus prótons, mas doa aquele que fica sozinho na concha externa.

O cloro não está omitindo um elétron, mas aceita um para preencher sua órbita externa.

Compostos de cloreto de sódio

C. Dois átomos de oxigênio se unindo para formar o gás de oxigênio.

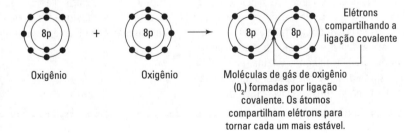

Oxigênio   Oxigênio   Moléculas de gás de oxigênio (0₂) formadas por ligação covalente. Os átomos compartilham elétrons para tornar cada um mais estável.

Dentro do átomo: Prótons e nêutrons

Dentro do *núcleo* (centro) do átomo há dois tipos de *partículas* (partes da matéria). Elas são chamadas de partículas subatômicas porque são menores do que o átomo (*sub* = menor, mais baixo; como em subscrito). Essas partículas subatômicas (partes de um átomo) incluem os *prótons*, que são carregados positivamente, e os *nêutrons*, que são neutros. Os prótons são positivos e os nêutrons não têm carga, por isso o núcleo no centro de um átomo é positivo como um todo.

Embora o núcleo de um átomo seja ilustrado como um círculo, ele não tem uma forma definida, como uma bola. Ele não é como uma célula do corpo. O núcleo de um átomo é simplesmente (ou não tão simplesmente) uma conglomeração de partículas positivas e neutras.

Fora do átomo: Órbitas de elétrons

Os átomos ficam cercados por elétrons (ver Figura 3-1), que são negativamente carregados. Assim como as baterias precisam ter os pólos positivos e negativos juntos para funcionar, um átomo fica junto (para que funcione) pela força entre o seu centro positivo (núcleo) e seus elétrons negativos.

Os átomos podem ter várias órbitas de elétrons ao redor de seu núcleo. Quanto mais perto estiver a órbitas, menos energia o elétron precisa colocar em direção ao núcleo. Porém, se os elétrons quiserem se mover das órbitas internas para as externas, então é necessário ter energia.

A Tabela Periódica dos Elementos

Todos os elementos conhecidos estão listados na Tabela Periódica. A tabela tem esse nome devido ao seu desenho. Cada linha da tabela é chamada de período. Passando horizontalmente pela tabela, você vai dos metais aos não metais, com os metais pesados no meio. O nível de energia dos elétrons na órbita externa do elétron aumenta conforme você lê a tabela da direita para a esquerda. Com mais energia na órbita externa do elétron, há mais força no núcleo do átomo, diminuindo o tamanho do átomo. Ainda passando da esquerda para a direita, a capacidade de os elementos formarem bases diminui e a capacidade de formar ácidos aumenta. O tamanho do átomo aumenta de cima para baixo dentro de cada coluna (chamado de *família* ou grupo).

A lei periódica declara que as propriedades dos elementos são uma função periódica dos seus números atômicos. Cada elemento tem o seu *número atômico* a partir do número de prótons no núcleo de um átomo do elemento. Por exemplo, o carbono possui seis prótons no núcleo de um átomo, portanto o seu número atômico é 6. O número de elétrons em um átomo de um elemento também é igual ao número atômico (porque, em geral, os átomos são neutros: as partículas carregadas positivamente são deslocadas pelas partículas carregadas negativamente uma por uma).

Em alguns casos, um dos átomos possui uma carga mais positiva e o outro possui uma carga mais negativa. Na água, o oxigênio é um pouco mais negativo, e os átomos de hidrogênio são um pouco mais positivos. As cargas opostas forçam os átomos de hidrogênio de uma molécula de água em direção ao átomo de oxigênio de uma molécula de água diferente, criando uma rede de ligações para manter a mistura unida. Essa rede de ligações evita que a água ferva ou congele, o que é importante, pois há muita água em um organismo vivo.

Eu procuro isótopos

Se o número de nêutrons muda – quer dizer, se o núcleo do átomo muda ou perde os nêutrons – então o núcleo do átomo pode diminuir, mas o átomo ainda possui suas propriedades químicas. Porém ele é então chamado de *isótopo* do elemento. Os isótopos do elemento possuem o mesmo número de prótons no núcleo do átomo, mas eles possuem números de nêutrons diferentes.

Por exemplo, se você olhar na Tabela Periódica (ver a Figura 3-2), você verá o número 6, e embaixo e à esquerda o símbolo C. (Para ver uma versão na Web, verifique o site www.rsc.org/education/teachers/learnnet/ptdata/welcome.htm ou www.tabela.oxigenio.com) O número significa que o número atômico e, portanto, o número de prótons do núcleo, do carbono é 6. Então, você verá o número 12.0111para cima e para a esquerda do C, que diz que a massa atômica (ou peso atômico) do carbono é 12. A massa atômica é determinada ao acrescentar o número de prótons com o número de nêutrons que um átomo normalmente contém – quer dizer, quando está mais estável. Portanto, o isótopo mais estável do carbono é o carbono-12 (^{12}C).

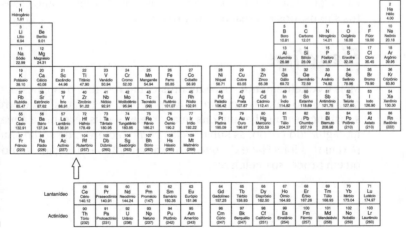

Figura 3-2: A Tabela Periódica dos Elementos.

Datando com carbono-14

O isótopo carbono-14 (que possui 6 prótons e 8 nêutrons) decompõe a radioatividade em um ritmo muito, muito lento, mas constante com o tempo. A taxa de decomposição é constante, por isso se um cientista mede a distância em que o núcleo do átomo é decomposto, ele ou ela pode datar coisas como ossos e fósseis. A *datação* significa que os cientistas podem determinar quanto tempo atrás um organismo viveu. A datação do carbono-14 é usada em campos como a *arqueologia* (estudo da vida humana no passado), a *paleontologia* (estudo de restos geológicos como fósseis) e *ciência forense* (técnicas científicas aplicadas em problemas legais).

Um isótopo de carbono que contém mais nêutrons do que prótons é o carbono-14 (^{14}C). Assim como eu disse no parágrafo anterior, se o número de nêutrons é menor ou maior do que o número de prótons no núcleo do átomo, o núcleo pode se decompor. Essa decomposição é *radiotiva*, o que significa que tem energia mensurável.

Moléculas, Compostos e Ligações (ai meu Deus!)

De todos os elementos da Tabela Periódica, os seres vivos usam somente alguns. Os quatro elementos mais comuns encontrados nos seres vivos são o hidrogênio, o carbono, o nitrogênio e o oxigênio, todos encontrados no ar, nas plantas e na água. Portanto, vários outros elementos existem em quantidades menores em organismos vivos, incluindo o sódio, o potássio e o cálcio. Você pode ver em capítulos mais à frente como esses elementos são usados em reações dentro do corpo.

Eletrólitos

Mais frequentemente, os elementos como o sódio, o magnésio, o cloro, o potássio e o cálcio circulam no corpo como eletrólitos. Os eletrólitos são substâncias que liberam íons quando eles se dispersam na água. Quando na "água" do corpo, as substâncias como o cloreto de sódio (NaCI) se separam nos íons Na^+ e CI^-, que são usados então em órgãos como o coração ou em processos celulares.

De olho nos íons

O que é um íon? Você pergunta. Os íons são partículas carregadas – quer dizer, os átomos com uma carga positiva ou negativa. Lembre-se que dentro dos átomos existem prótons (que são positivos) e os nêutrons (que são neutros), assim como os elétrons (que são negativos) fora dele. Os íons são positivos (+) quando eles possuem mais prótons do que os elétrons; eles são negativos (-) quando possuem mais elétrons do que prótons.

Assim como em qualquer relacionamento que está terminando, alguém tem um novo parceiro, e o outro fica sozinho. Quando uma molécula de água se divide (quer dizer, ioniza), um átomo de hidrogênio é deixado para trás, e o outro átomo de hidrogênio fica com o oxigênio. Porém, essa situação realmente é a situação mais igualitária. O H_2O composto não se divide em H + H + 0. Ele se divide em H (íon de hidrogênio) e OH (íon de hidróxido): um íon positivo e um íon negativo. O íon de hidrogênio ajuda a formar ácidos, e o íon de hidróxido ajuda a formar bases.

As moléculas e os compostos

Quando os átomos do mesmo elemento se combinam, eles formam moléculas. Por exemplo, quando dois átomos de oxigênio se juntam, o resultado é uma molécula de gás de oxigênio (O_2).

Os compostos são formados quando as moléculas de dois ou mais átomos são unidos. Por exemplo, a água é uma combinação de dois elementos diferentes (hidrogênio e oxigênio), por isso ela é considerada um composto. Outro exemplo de um composto é a glicose $(C_6H_{12}O_6)$, que combina vários átomos de carbono, hidrogênio e oxigênio.

Por que a água é tão importante

As ligações covalentes mantêm o hidrogênio e o oxigênio juntos em uma molécula de água. Nas reações covalentes, os átomos possuem uma carga elétrica (por exemplo, positiva ou negativa), mas não dão ou fornecem elétrons. Em vez disso, os átomos compartilham elétrons, que essencialmente fazem com que um dos átomos tenha uma carga mais positiva e que a outra tenha uma carga mais negativa. Na água, o oxigênio é um pouco mais negativo, e os átomos de hidrogênio são um pouco mais positivos. As cargas opostas fazem com que os átomos de hidrogênio de uma molécula de água sejam empurrados em direção ao átomo de oxigênio de outras moléculas de água próximas, criando uma forte ligação não covalente para manter o composto junto. Essa forte ligação, que é chamada de ligação do hidrogênio dificulta que a água ferva ou congele, o que é importante, pois um organismo vivo contém muita água. A força da ligação covalente significa que a água é uma molécula estável; é muito difícil colocar oxigênio e hidrogênio de uma molécula de água nos átomos. Embora a água contenha ligações covalentes, as características da água fervendo e congelando se devem a sua rede de ligações de hidrogênio, não de suas ligações covalentes.

Tanto as moléculas quanto os compostos são mantidos juntos por ligações, e as ligações podem ser tanto *iônicas* quanto *covalentes*.

✓ **Ligações iônicas:** As ligações iônicas mantêm os átomos juntos em uma reação iônica. As reações iônicas ocorrem quando os íons se combinam e os átomos envolvidos perdem ou ganham elétrons. Um simples exemplo de uma reação iônica é a que fica entre o sódio (Na⁺) e cloro (Cl⁻) para formal o sal comum.

O íon do sódio é escrito como Na⁺, o que significa que *Na* é o símbolo para o elemento sódio, e um íon de sódio possui um próton a mais do que elétrons. Portanto, é um íon positivo com uma carga "mais 1". Lembre-se que os opostos se atraem; portanto, um íon com uma carga positiva é naturalmente atraído para um íon com uma carga negativa. Um íon de cloro (um íon do elemento cloro) é escrito como Cl⁻; o que significa que *Cl* é o símbolo para o elemento cloro, e o íon cloreto possui um próton a menos do que os elétrons. Portanto, é um íon negativo com uma carga "menos 1". (Observe que o número não está escrito; os íons com mais 2 ou mais ou menos 2 ou cargas maiores possuem números incluídos). Quando o íon sódio e o íon cloreto ficam juntos, forma-se uma ligação iônica, e as cargas positiva e negativa em ambos os íons são equilibradas quando o sódio "cede" um elétron para o cloro. É por isso que o sal comum é escrito como NaCl, sem sinal de mais ou menos.

✓ **Ligações covalentes:** As ligações covalentes são formadas quando os átomos compartilham elétrons em uma reação covalente. O termo *covalência* se refere ao número de pares de elétron que um átomo compartilha com outro átomo. Quanto mais pares de elétron um átomo compartilhar com um átomo, mais estáveis eles serão. E ter átomos estáveis é bom. As ligações que se formam entre os átomos que compartilham os elétrons são chamadas de ligações covalentes.

A palavra covalência indica o compartilhamento da valência, que vem da palavra Latina que significa que tem força. Os átomos compartilham a força uns dos outros, que em essência torna suas ligações ainda mais fortes. Anteriormente, o *número de valência* indicava quantas ligações cada átomo de um elemento faz com outros átomos. Mas agora, o termo número de valência é utilizado para denotar não somente quantas ligações um átomo pode formar, mas também a carga de uma molécula composta por um ou mais átomos.

Ácidos e Bases (Não, Não se Trata de uma Barra de Metal Pesada)

Quando a água se divide (o que não acontece em toda molécula de água o tempo inteiro), são criados os íons hidrogênio e hidróxido. O íon hidrogênio (H⁺) pode se combinar com elementos carregados negativamente para formar ácidos. Os *ácidos* são substâncias que podem se dividir na água e liberar íons de hidrogênio. Um exemplo comum é o ácido clorídrico (HCl). Quando o HCl em solução aquosa, sofre dissociação iônica em H^+ e Cl^-. Aumentando o número de íons de hidrogênio na solução de água-HCl.

As *bases* são substâncias que podem se dissociar em solução aquosa e liberar íon hidróxido. O exemplo mais comum é o hidróxido de sódio (NaOH). NaOH em solução aquosa, ele se dissocia em Na^+ e OH^-. Os íons hidróxidos podem se combinar com íons hidrogênio (portanto, diminui o número de íons de hidrogênio na solução) para formar mais água. Os princípios de como os ácidos e as bases reagem em solução aquosa formam a base da escala de pH.

Compreendendo o ph da escala de pH

O termo pH simboliza a concentração do íon hidrogênio em uma solução (por exemplo, que proporção de uma solução contém íons de hidrogênio). Descrever isso em detalhes envolve a explicação de logaritmos, portanto explico assim: a escala pH vai de 1-14. Um pH de 7 é neutro, o que significa que a quantidade de íons hidrogênio e íons hidróxido em uma solução é igual. Por exemplo, a água possui um pH de 7 porque quando a água se separa, a divisão é equivalente em um íon hidrogênio para cada íon hidróxido.

Se uma solução contém mais íons hidrogênio do que íons hidróxido, ela é ácida e o pH da solução é menor que 7. O motivo de ela ser ácida é devido as propriedades dos ácidos que eu explico na seção anterior. Lembre-se que se uma molécula libera íons hidrogênio em solução aquosa, ela é ácida. Quanto mais íons hidrogênio ela liberar, mais forte será a acidez e mais baixo o valor do pH. A tabela 3-1 mostra o pH de algumas substâncias comuns e visualmente ajuda a exibir uma escala de pH

A situação é contrária para as bases. Se uma solução contém mais íon hidróxido do que íon hidrogênio, ela é básica, e seu pH é maior que 7. Não se esqueça que as bases se dissociam (separam) em íons hidróxido (OH) e um íon positivo. Os íons hidróxido podem se combinar com H+ para criar água. Os íons hidrogênio são utilizados, por isso o número de íons hidrogênio na solução diminui, tornando a solução menos ácida e, portanto mais básica. Portanto, quanto mais íons hidróxidos uma molécula liberar (ou quanto mais íons hidrogênio ela tiver), mais básica ela é.

Tabela 3-1   O pH de Algumas Substâncias Comuns

pH Crescente (Acidez decrescente)	Substâncias
0 (mais ácido)	Ácido clorídrico (HCl)
1	Ácidez estomacal
2	Suco de limão
3	Cola, cerveja, vinagre

(continua)

Tabela 3-1	O pH de Algumas Substâncias Comuns
pH Crescente (Acidez decrescente)	**Substâncias**
4	Tomates
4.5	O peixe morre se a água tiver esta acidez
5	Café
5.5	Água de chuva normal
6	Urina
6.5	Saliva
7 (neutro)	Água, lágrimas
7.5	Sangue humano
8	Água do mar
9	Bicarbonato de sódio, antiácidos
10	O Grande Lago Salgado
11	Amônia
12	Bicarbonato de sódio
13	Limpador de forno
14(mais básico)	Hidróxido de sódio (NaOH)

Analisando com os analisadores

Nos organismos vivos, o sangue ou o citoplasma são "soluções" em que os íons necessários (por exemplo, os eletrólitos) estão flutuando. É por isso que a maioria das substâncias do corpo fica entre o pH neutro de 7. Porém, o corpo possui um sistema de recuperação caso as coisas fiquem mal. Existe um *sistema tampão* para ajudar a neutralizar o sangue se houver íons hidrogênio ou hidróxido sendo produzidos em excesso. Os analisadores ajudam a manter o pH na variação normal "atraindo" (combinando com) os íons hidrogênio e hidróxido em excesso. Se algo estiver errado no sistema analisador, um organismo como você, pode desenvolver *acidose* se o pH cair ficando muito baixo (o sangue fica muito ácido) ou *alcalose* se o pH ficar muito alto (o sangue fica muito básico).

Uma reação importante da homeostase

A reação entre o íon bicarbonato e o íon hidrogênio resulta em (dá, produz) ácido carbônico. A reação que produz ácido carbônico também funciona ao contrário, é por isso que as setas estão apontando para a direita e para a esquerda. O ácido carbônico pode separar íons hidrogênio quando o pH do sangue estiver muito alto (o que significa que ele é menos ácido, muito básico.)

$$CO_2 + H_2O \leftrightarrow H_2CO_3$$
$$H_2CO_3 + HCO_3 \leftrightarrow H+$$

Os tampões mais comuns no corpo são *íon bicarbonato* (HCO_3) e o *ácido carbônico* (H_2CO_3). O íon bicarbonato é prevalente na corrente sanguínea. Ele carrega gás carbônico através da corrente sanguínea para os pulmões para que ele possa ser exalado (ver o Capítulo 5). Ele também combina com o íon hidrogênio em excesso para manter o pH do sangue na variável normal. Quando o íon bicarbonato ocupa os íons hidrogênio a mais, ele forma ácido carbônico, o que ajuda a manter o pH do sangue para que não fique muito baixo. Porém, se o pH do sangue ficar alto demais, o ácido carbônico se separa para liberar íons hidrogênio, equilibrando o pH novamente. O pH do corpo é ajustado conforme as ações dos rins. (Veja o Capítulo 9 para ler uma explicação sobre a homeostase e a estrutura e função do rim.)

Parte I: Princípios Básicos da Biologia: Organizando a Vida

Capítulo 4

Macromoléculas (As grandes)

• •

Neste Capítulo

▶ Compreendendo o que a química orgânica envolve
▶ Compreendendo a estrutura e função das principais macromoléculas
▶ Entendendo como os açúcares, as proteínas e o os ácidos nucleicos são feitos
▶ Acreditando que nem todas as gorduras são ruins

• •

*Q*uando você começar a explorar a biologia, você descobrirá que muitos, muitos processos estão ocorrendo constantemente nos organismos vivos. A capacidade de converter combustível em energia utilizável é o que diferencia um organismo vivo de um morto. O combustível ingerido contém uma variedade de grandes moléculas (macromoléculas) que é separada sempre que possível. Quando as macromoléculas são separadas em suas partes menores, elas podem entrar nas células, que contêm mais macromoléculas, que estão envolvidas em mais processos. (Você está lembrado do fato de que a vida é uma continuação de ciclos?)

Este capítulo apresenta algumas das principais macromoléculas encontradas nos seres vivos. Você encontra essas grandes moléculas importantes sempre que os ciclos e os processos celulares são discutidos. Portanto, dê um firme aperto de mão neles, sente-se e conheça esses grandes e adoráveis grupos.

Organizando os Princípios Básicos da Química Orgânica

Na química orgânica, o foco está no elemento carbono. O carbono é central nos organismos vivos; porém, milhares de seres não vivos (como remédios, plásticos e tintas) são feitos de compostos de carbono. Os diamantes são átomos de carbono em uma estrutura de cristal. Os diamantes são muito duros porque os átomos de carbono estão ligados na forma de cristal. A mesma capacidade de deixar tudo junto torna o carbono um elemento estrutural excelente também em suas outras formas.

Um átomo de carbono pode se combinar com até quatro outros átomos. Portanto, os compostos orgânicos normalmente são grandes e podem ter vários átomos e moléculas ligados. (O Capítulo 3 explica os átomos, as moléculas e as ligações.) As moléculas orgânicas podem ser grandes e constituem os componentes estruturais dos organismos vivos: os carboidratos, as proteínas, os ácidos nucleicos e os lipídios.

Neste capítulo, eu explico alguns dos conceitos básicos da química orgânica e dou informações sobre a estrutura e função das moléculas estruturais: os carboidratos, as proteínas, os ácidos nucleicos e os lipídios.

O Carbono É o Segredo

Em suas órbitas externas, os átomos de carbono possuem quatro elétrons que podem ser ligados com outros átomos. Quando o carbono é ligado com o hidrogênio (o que é comum nas moléculas orgânicas), o átomo de carbono compartilha um elétron com o hidrogênio, e o hidrogênio da mesma forma compartilha um elétron como carbono. As moléculas de carbono-hidrogênio são conhecidas como *hidrocarbonetos*. O nitrogênio, o enxofre e o oxigênio também são geralmente ligados por carbono nos organismos vivos.

Longas cadeias de carbono = baixa reatividade

Quando os átomos de carbono são ligados por uma linha reta ou em anéis, grandes moléculas são formadas. Quanto mais longa a cadeia de carbono, menos reativo quimicamente o composto é. Porém, na biologia, são usadas outras medidas de reatividade. Um exemplo é a atividade enzimática, que se refere a quanto mais rapidamente certa molécula pode permitir que uma reação ocorra.

Um segredo para saber que um composto é menos reativo é que seus pontos de derretimento e de fervura são altos. Geralmente, quanto mais baixos os pontos de derretimento e de fervura, mas reativo ele é. Por exemplo, o metano de hidrocarboneto, que é o componente primário do gás natural, possui somente um átomo de carbono e quatro de hidrogênio (CH_4). Ele é o composto de carbono mais baixo, por isso possui o ponto de fervura mais baixo (-162° C) e é um gás em temperatura ambiente. Ele é altamente reativo.

Por outro lado, um composto feito de uma cadeia de carbono extremamente longa possui um ponto de fervura de 174° C (comparado com a água, que possui um ponto de fervura de 100° C). Ele leva mais tempo para ferver, por isso ele é muito menos reativo e não é gasoso em temperatura ambiente.

Sorte sua, pois são cadeias de carbono geralmente não reativas que compõem o seu corpo. Portanto, mesmo que você sinta que está chegando ao seu "ponto de fervura," são apenas suas emoções. Na verdade você não ferverá. E não derreterá no sol em um dia quente de verão.

Formando grupos funcionais com base nas propriedades

Em química orgânica, as moléculas que possuem propriedades semelhantes (sejam elas propriedades químicas ou físicas) estão agrupadas. O motivo para que elas tenham propriedades semelhantes é porque elas possuem grupos semelhantes de átomos; esses grupos de átomos são chamados de *grupos funcionais*.

As *propriedades químicas* envolvem uma substância que muda para outra substância. Um exemplo de uma propriedade química é a capacidade de o gás de cloro reagir explosivamente ao ser misturado com o sódio. A reação química cria uma nova substância, o cloreto de sódio (o sal de cozinha). As *propriedades físicas* se referem às diferentes formas de uma substância, mas a substância permanece igual; sem que ocorra uma reação química ou mudança em uma nova substância. Um exemplo das propriedades físicas é o gelo sendo uma forma física alternada de H_2O. O H_2O pode passar da forma sólida (gelo), para a líquida (água), ou gasosa (vapor), mas é H_2O de qualquer forma.

Algumas das propriedades que os grupos funcionais fornecem incluem a polaridade e a acidez. Por exemplo, o grupo funcional chamado carboxílico (-COOH) é um ácido fraco. A *polaridade* se refere à extremidade de uma molécula tendo uma carga (polar), e à outra extremidade não tendo carga (não polar). Por exemplo, a membrana plasmática possui cabeças hidrofílicas na parte externa que são polares, e as caudas hidrofóbicas (que são não polares) formam a parte interna da membrana plasmática. O grupo funcional hidroxil (-OH) é polar e hidrofílico; os grupos metil (-CH_3) são hidrofóbicos.

Abastecendo-se com os Carboidratos

Os *carboidratos*, como o nome implica, são constituídos de carbono, hidrogênio e oxigênio (hidrato = água, hidrogênio e oxigênio). A fórmula básica do carboidrato é o CH_2O, o que significa que há um átomo de carbono, dois átomos de hidrogênio e um átomo de oxigênio como a estrutura central de um carboidrato. A fórmula pode ser multiplicada; por exemplo, a glicose possui a fórmula $C_6H_{12}O_6$, que é seis vezes a quantidade, mas ainda a mesma fórmula básica.

Mas o que é um carboidrato? Os carboidratos são grupos compostos de energia. Eles são separados pelos organismos rapidamente, dando energia a eles rapidamente. Porém, a energia fornecida pelos carboidratos não dura muito tempo. Portanto, os t (reservas) de carboidrato no corpo devem ser preenchidos novamente com frequência, motivo pelo qual as pessoas ficam com fome a cada quatro horas ou mais. Embora os carboidratos sejam absorvidos rapidamente pelos organismos, eles também servem como elementos estruturais (como as paredes e as membranas das células).

Os carboidratos podem ser monossacarídeos, dissacarídeos, ou polissacarídeos (ver a Figura 4-1). O tipo de um composto depende de quantos átomos de carbono ele tem. Por exemplo, os *monossacarídeos* são açúcares simples que se constituem de três a sete átomos de carbono. Os dissacarídeos são duas moléculas de monossacarídeo ligadas; portanto, eles possuem de seis a 14 átomos de carbono. Os *oligossacarídeos* possuem mais do que dois, mas poucos monossacarídeos ligados (*oligo* significa "poucos"). Os *polissacarídeos* descrevem os carboidratos formados por um grande número de monossacarídeos; os polissacarídeos são cadeias bem longas de moléculas de carboidratos menores ligados. Algumas de suas ramificações são enormes.

Observe que a maioria dos nomes dos carboidratos termina por –*ose*. Glicose, frutose, ribose, sacarose, maltose – todos eles são açúcares. Um *açúcar* é um carboidrato que dissolve na água (hidrossolúvel é o termo técnico), com gosto doce e que pode formar cristais. É como, digamos, o açúcar em seu pote de açúcar.

Compreendendo os monossacarídeos

O monossacarídeo mais comum é a glicose, é por isso que eu a estou usando aqui para representar todos os monossacarídeos. (Outros monossacarídeos incluem a frutose e a galactose.) A glicose, com a fórmula $C_6H_{12}O_6$, é chamada de *hexose* (um açúcar de seis carbonos) porque possui seis átomos de carbono (*hex* = seis). Há também a *triose* (três carbonos), a *tetrose* (quatro carbonos) e a *pentose*, que possui cinco átomos de carbono (penta = cinco).

Embora a glicose seja uma hexose possuindo seis carbonos, existem outras hexoses. Outros compostos que possuem o mesmo número de carbonos, mas estruturas diferentes são chamadas de *isômeros*. A glicose possui três isômeros – quer dizer, três fórmulas estruturais diferentes da mesma fórmula química. Esses isômeros diferentes se conectam para formar dissacarídeos. A explicação sobre como isso acontece é dada na seção sobre dissacarídeos.

Outro nome dado para a glicose é dextrose porque na química, *dextro*- significa direito, e glicose é uma molécula "voltada para o lado direito". (Não explico o porquê neste livro.) A frutose (o açúcar da fruta) também é uma molécula de açúcar com seis carbonos e também é conhecida pelo nome levulose (*levu*- significa esquerdo) porque é uma molécula "voltada para o lado esquerdo". A diferença entre esses dois isômeros é a aplicação de duas ligações. Ainda que a glicose não precise ser digerida e a frutose deva ser convertida para glicose, ela pode ser usada no corpo. Além disso, comparado com o açúcar de mesa comum, a glicose não é tão doce e a frutose é mais doce. Ambas as diferenças de propriedade encontram-se na diferença estrutural entre as duas moléculas porque a fórmula química tanto da glicose quanto da frutose é exatamente a mesma.

A glicose pode ser um todo composto em cadeia, ou ela pode existir como duas estruturas diferentes em anel que se diferem pela colocação do grupo hidroxila no primeiro carbono (ver a Figura 4-1). Esses compostos possuem a mesma fórmula química, mas podem não ter as mesmas propriedades devido à maneira que os átomos são orientados no espaço.

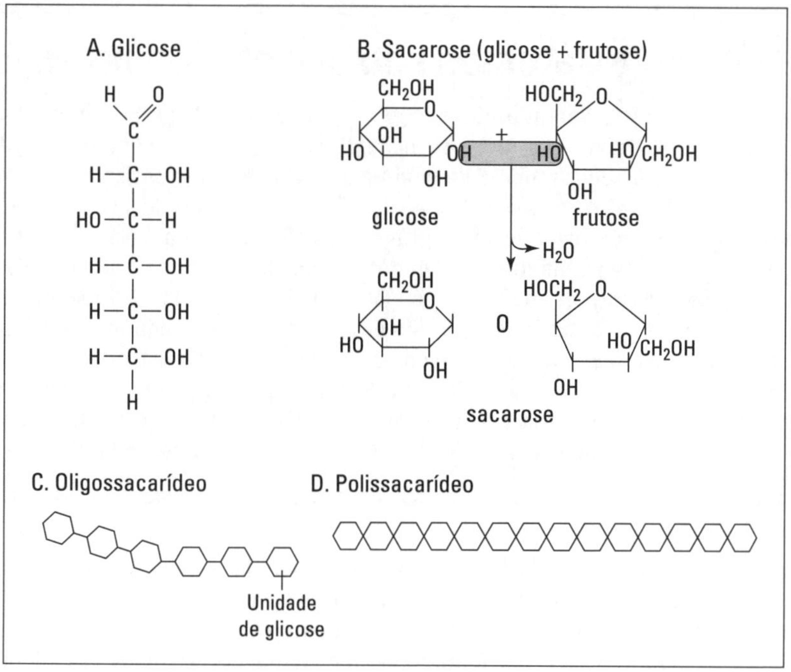

Capítulo 4: Macromoléculas (As grandes) 55

Figura 4-1: Moléculas de carboidrato. (A) A glicose monossacarídeo. (B) A sacarose dissacarídeo. (C) Um oligossacarídeo. (D) Um polissacarídeo.

Dissecando os dissacarídeos

Os *dissacarídeos* são moléculas de carboidrato formadas quando dois monossacarídeos são ligados. Os dissacarídeos comuns incluem a sacarose (açúcar de mesa), a lactose (no leite) e a maltose. A sacarose é formada quando a glicose e a frutose são ligadas em uma reação conhecida como *reação de desidratação* (também chamada de *reação de condensação*). A lactose é formada quando a glicose e a galactose se ligam no mesmo tipo de reação enquanto a maltose se trata de duas moléculas de glicose ligadas.

O termo reação de desidratação pode parecer muito técnico, mas pense no que as palavras desidratação e síntese significam. Desidratação, como eu tenho certeza que você sabe, é o que acontece quando você não bebe água o suficiente. Você fica desidratado porque a água foi removida (mas não completamente) de algumas células, como as da sua língua, para garantir que células mais importantes, como as células sanguíneas, do coração e do cérebro continuem a funcionar. E, *reação* significa "fazer algo". Se você pensar nisso, em uma reação de desidratação, algo deve acontecer quando a água é removida. Isso é exatamente o que acontece. Quando a glicose e a frutose ficam juntas, uma molécula de água é cedida (removida dos monossacarídeos) na reação como um *subproduto*.

Como os átomos são orientados no espaço

O que significa "orientado no espaço"? Bem, pode rir de mim agora, faça o seguinte: Coloque os seus dedos juntos de modo a fazer uma "tenda" com as suas mãos. Depois, cruze os dedos para que eles formem Xs nas segundas juntas dos seus dedos. Agora, deixe escorregar os dedos da mão esquerda para as juntas da articulação da sua mão direita (ou vice-versa). Todos os seus dez dedos estão nesse "composto de dedos". A "fórmula" seria dois polegares + dois dedos indicadores + dois dedos do meio + dois dedos anelares + dois mínimos. Mas, quando você escorrega os dedos, você está mudando o posicionamento deles. Você está mudando o local ou o espaço que eles estão ocupando. Portanto, embora existam dez dedos juntos e a "fórmula" de quais dedos (pense nos seus dedos como átomos por enquanto) não foi mudada, a maneira que os dedos existem (estão orientados) no espaço varia. Esse tipo de diferença simples pode fazer com que as substâncias químicas reajam diferentemente.

Uma reação *hidrólise* separa uma molécula dissacarídeo em seus monossacarídeos originais. Quando algo passa pela hidrólise, isso significa que uma molécula de água divide um composto (*hidro-* = água; *lise-* = rompimento). Quando a sacarose é adicionada na água, ela se divide em glicose e frutose.

Separando os polissacarídeos

O termo polissacarídeo significa literalmente "muitos açúcares". Os polissacarídeos são loooooongas cadeias de monossacarídeos ligadas através do processo de síntese por desidratação que foi descrito na seção anterior. Quando eu digo que esses novos produtos são enormes, quero dizer que alguns deles possuem milhares de moléculas de monossacarídeos ligadas. O amido e o glicogênio, que servem como meio de armazenar carboidratos em plantas e animais, respectivamente, são exemplos de polissacarídeos.

Formas de Armazenamento da Glicose

Os carboidratos estão em aproximadamente todos os alimentos, não somente no pão ou nas massas, que são conhecidos como "fontes ricas em carboidrato". As frutas, as verduras e as carnes também contêm carboidratos. Qualquer alimento que contenha açúcar possui carboidratos. E, a maioria dos alimentos é convertida em açúcares quando são digeridos. Portanto, quando os carboidratos dos alimentos que você consome são digeridos, a glicose é a menor molécula em que um carboidrato pode ser dividido. As moléculas de glicose são absorvidas a partir das células intestinais até a corrente sanguínea. A corrente sanguínea carrega então as moléculas de glicose através de todo o corpo. A glicose entra em cada célula do corpo e é usada pela mitocôndria da célula (as organelas de células animais são discutidas no Capítulo 2) como combustível. Os processos que convertem glicose em energia são glicólises (ver o Capítulo 6), o *ciclo de Krebs* (ver o capítulo 8), e fosforilação oxidativa (ver o Capítulo 6).

Uma vez que o organismo consumiu alimento, o alimento é digerido e é necessário que sejam enviados nutrientes através da corrente sanguínea. Quando o organismo usou todos os nutrientes que ele precisa para manter o funcionamento apropriado, os nutrientes que sobraram são excretados ou armazenados.

Você o armazena: Glicogênio

Os animais (incluindo os humanos) armazenam glicose nas células para que fique disponível para uma alta carga de energia. A glicose em excesso fica armazenada no fígado assim como um grande composto chamado *glicogênio*. O glicogênio é um polissacarídeo de glicose, mas sua estrutura permite que ele fique armazenado compactamente, assim, seu armazenado será maior nas células para ser usado mais tarde. Mas, você sabe, se você consumir muitos carboidratos extras e o seu corpo armazenar mais e mais glicose, todo o seu glicogênio pode ficar estruturado compactamente, mas você não usará mais.

Comece, por favor: Armazene glicose das plantas

A forma de armazenamento da glicose das plantas é o *amido*. O amido é um polissacarídeo. As folhas de uma planta produzem açúcar durante o processo da *fotossíntese*. A fotossíntese ocorre com a luz (*foto-* = luz), como quando o sol está brilhando. A energia que vem da luz do sol é usada para produzir energia para a planta. Portanto, quando as plantas estão produzindo açúcar (para o combustível, energia) em um dia de sol, elas armazenam parte dele como amido. Quando os açúcares simples precisam ser recuperados para uso, o amido é separado em seus componentes menores. Eles literalmente economizam energia para um dia chuvoso!

Uma reação da hidrólise separa a sacarose

As moléculas de dissacarídeo podem ser separadas em suas moléculas de monossacarídeo por meio desse simples experimento: Misture 1 xícara de açúcar de mesa em 3 litros e meio de água até que o açúcar dissolva. Ferva a solução de açúcar.

O composto da sacarose possui moléculas de água nele, portanto ao fazer isso a sacarose se separa em glicose e frutose. A equação química é a que está a seguir. (O contrário dessa equação ilustra a síntese de desidratação que ocorre quando a sacarose é formada.)

$$C_{12}H_{22}O_{11} + H_2O \rightarrow C_6H_{12}O_6 + C_6H_{12}O_6$$

E, você sabia que quando o amido de uma batata é separado em açúcares, o "açúcar" de uma batata na verdade aumentará e acelerará o açúcar no sangue comparado ao açúcar de um sorvete? Agora, não estou dizendo para comer sorvete em vez de comer batatas. As batatas são uma boa fonte de vitaminas e minerais, e as cascas fornecem uma boa dose de fibra. Mas, espera aí, e o sorvete, ele não tem todo aquele cálcio? Hmmm.

Eliminando a Celulose

A *celulose* é um polissacarídeo que possui um papel estrutural em vez de um papel de armazenamento. Nas plantas, a celulose é o composto que dá rigidez às células. As ligações entre cada molécula de celulose são muito fortes, o que deixa a celulose muito dura para ser digerida.

A maioria dos animais não consegue digerir a celulose porque é difícil de digerir. Os animais que comem somente plantas (herbívoros) possuem zonas especializadas em seu sistema digestivo para ajudar a digerir a celulose. (Eu falo sobre isso no Capítulo 5).

Os humanos também não conseguem digerir a celulose. (A prova disso é quando você vai ao banheiro um dia depois que comeu milho, por exemplo). A celulose atravessa o seu trato digestivo virtualmente intocado, por esse motivo ela ajuda a manter a saúde dos intestinos. Uma forma em que a celulose ajuda os intestinos é que ela limpa os materiais das paredes intestinais, mantendo-as limpas, o que pode ajudar a prevenir o câncer de cólon. A celulose é a *fibra* da qual a sua caixa de cereal informa que você precisa comer mais.

Os animais possuem somente membranas em volta de suas células. As plantas possuem paredes em volta delas. As paredes das células contêm celulose, e celulose com sua estrutura rígida dá "crocância" às verduras quando você as corta ou morde. Pense no aipo.

Existem algumas outras formas estruturais de carboidratos, mas normalmente elas são combinadas com proteínas.

Cargas de celulose

Existem muitas plantas no mundo (pense em todas as flores, árvores, ervas daninhas, gramas, vinhedos e arbustos), por isso a celulose, que é encontrada em toda célula de toda planta, é o composto orgânico mais abundante na terra.

Capítulo 4: Macromoléculas (As grandes) **59**

Criando Organismos: Proteínas

Sem as proteínas, os seres vivos não existiriam. As proteínas estão envolvidas em todo aspecto de todo ser vivo. Muitas fornecem estrutura para as células; outras ligam e carregam moléculas importantes através de todo o corpo. Algumas proteínas estão envolvidas em reações no corpo quando servem como enzimas. Ainda há outras envolvidas na contração muscular ou em respostas imunes. As proteínas também são tão diversas que provavelmente eu não conseguirei falar de todas elas. Esta seção dá os princípios básicos de sua estrutura e a maioria das funções mais importantes.

As cadeias de aminoácidos conectam informações para criar proteínas

Todas as proteínas são compostas de *aminoácidos* (Figura 4-2). Pense nos aminoácidos como vagões de trem que compõem um trem inteiro chamado proteína. As proteínas são formadas por aminoácidos, que são produzidos com base na informação genética de uma célula. Então, os aminoácidos que são criados na célula são ligados em uma determinada ordem. Cada proteína é composta por um único número e ordem dos aminoácidos. A proteína que é criada possui uma função específica a fazer ou um tecido específico (como o tecido muscular) para criar.

A estrutura dos aminoácidos é bem simples. Cada aminoácido possui um grupo amina como seu centro com um grupo carboxílico e uma cadeia lateral vinculada. A cadeia lateral (um composto químico) que é vinculado determina que aminoácido ele é (ver a Figura 4-2).

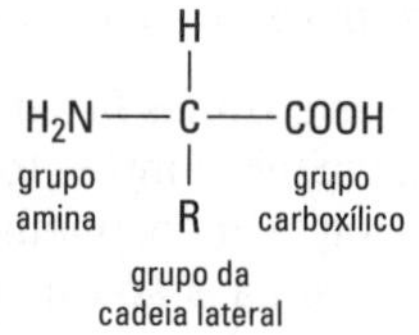

Figura 4-2:
Estrutura
do
aminoácido

O átomo de carbono central está cercado por um grupo amina e um grupo carboxílico. O nome do aminoácido que depende de cada um dos 20 grupos de cadeia lateral está no R. Por exemplo, se estivesse em R, o aminoácido seria ácido aspártico. As proteínas são aminoácidos unidos por ligações de peptídeo. As proteínas específicas são criadas com base na ordem dos aminoácidos ligados. A ordem de aminoácidos é determinada pelo código genético, que é discutido no Capítulo 14.

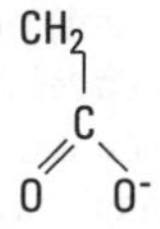

Acelerando as reações: É enzimático, não automático

Uma *enzima* é uma proteína usada para aumentar a velocidade de uma reação química. As enzimas regulam a velocidade de reações químicas, por isso elas também são chamadas de *catalisadores*. Existem muitos, muitos, muitos tipos diferentes de enzimas, porque para cada reação química que ocorre, deve ser criada uma enzima específica para essa reação. Os processos metabólicos não acontecem automaticamente; eles precisam de enzimas. E, um motivo para você precisar consumir proteína é porque você pode formar mais enzimas para que os seus processos ocorram. Embora você não veja toda reação que ocorre no corpo aqui neste livro, você deve ter uma noção do fato de que as reações químicas controlam o metabolismo e a vida dos seres vivos (que explica porque um capítulo sobre química aparece em um livro de biologia!).

As proteínas são longas cadeias de polipeptídeos e, portanto, também são enzimas. Porém, algumas enzimas contêm partes que não são compostas de proteínas, mas assistem a enzima em sua função. Elas são chamadas de *coenzimas*. As vitaminas geralmente agem como coenzimas. O nome de uma enzima normalmente reflete o nome da substância química em que a enzima atua (quer dizer, o substrato químico). Por exemplo, uma enzima que atua em uma gordura (gordura sendo substrato é chamada de lipase (lembre-se, *lip-*=gordura).

Para agir em um substrato, uma enzima deve conter um *sítio ativo*. O sítio ativo é a área da enzima que permite que o substrato e a enzima se liguem (como peças de um quebra cabeça). A maneira que as enzimas e os substratos se juntam geralmente é comparada à maneira que uma chave se encaixa em uma trava; a maneira que as enzimas iniciam as reações geralmente é conhecida como o *modelo chave-fechadura*. Uma vez que o substrato e a enzima estão ligados (todo o conjunto agora é chamado de *complexo de enzima-substrato*), a enzima começa a trabalhar.

Portanto, o que é que as enzimas fazem? Bem, quando o seu carro está sendo ligado na garagem, ele contém todas as coisas necessárias para fazê-lo funcionar – motor, gasolina, óleo, pneus e assim por diante – mesmo assim ele ainda fica ali até que uma ação específica ocorra. Quando você liga a ignição (com a chave que cabe adequadamente), uma faísca de um plugue de faísca queima o combustível, permitindo que o carro seja movido. Uma enzima é semelhante à chave. Uma vez que a "complexo chave-fechadura" é formado, a reação (faísca no combustível) pode ocorrer para que o resultado final desejado seja alcançado (combustível fluindo através do motor). No final, o plugue de faísca solta uma faísca e o combustível é utilizado, mas a chave permanece do mesmo jeito. É assim que as enzimas funcionam.

Durante uma reação enzimática, o substrato é alterado, e são formados novos produtos, mas a enzima sai de tudo isso inalterada. Então, a enzima deixa a reação para formar um complexo com um substrato diferente e catalisar outra reação. Os produtos da reação continuam em seu caminho. As enzimas podem catalisar a reação após reação milhões de vezes antes

Capítulo 4: Macromoléculas (As grandes) **61**

que comecem a ser consumidas. Depois, o corpo cria mais enzimas sintetizando as cadeias de proteína adequadas dos aminoácidos corretos. E, os ciclos continuam. Assim é a vida.

Mas as enzimas podem ser afetadas por certas condições. Bem, a enzima em si não é afetada na mesma proporção em que ela atua. Se houver mudanças de temperatura na célula, concentrações de enzima ou substrato na célula, ou pH da célula, então a reação pode ficar lenta ou acelerar. Se um organismo ficar frio demais, as enzimas funcionam pouco. Se o organismo ficar quente demais, as enzimas podem ficar *desnaturadas*, o que significa que elas estão desorganizadas e são incapazes de catalisar quaisquer outras reações.

Nos humanos, as enzimas funcionam melhor em – surpresa! – temperatura corporal normal – 37° C. Se uma pessoa estiver hipotérmica (se ela cai em um lago congelado e não é resgatada a tempo), então os processos metabólicos começam a parar. Por quê? Porque as enzimas dizem, "Desculpe, não podemos trabalhar nessas condições!" É como se as enzimas entrassem em greve. A mesma coisa acontece em pessoas com hipertemia (a temperatura corporal está alta demais), circunstância na qual as enzimas que podem parar completamente (e não são tentadas pela promessa de melhor pagamento e benefícios).

Eu incluí mais informações sobre as enzimas no Capítulo 10.

O que eu aprendi sobre colágeno na faculdade

O *colágeno* é a proteína mais abundante nos animais com uma coluna vertebral (quer dizer, animais vertebrados). Ele é uma proteína fibrosa (estrutural) encontrada no *tecido conjuntivo*, que é todo o tecido que une os músculos com os ossos para permitir movimento e também forma a camada que protege o tecido muscular. O tecido conjuntivo inclui ligamentos, tendões, cartilagem, tecido ósseo e até mesmo a córnea do olho. Ele fornece suporte ao corpo e possui uma grande capacidade de ser flexível e resistente para esticar (até um ponto, como eu tenho certeza que aqueles que romperam a cartilagem ou um ligamento sabem muito bem disso).

A camada mais baixa da pele (chamada de *derme*) é composta principalmente de colágeno. Quando a pele de um animal é removida (pense na remoção da pele de um peito de frango) o colágeno permite que a pele seja retirada sem rasgar o tecido muscular que está por baixo. O colágeno (e outras proteínas fibrosas) é distribuído em longas cadeias de polipeptídeo que formam lâminas. Se você olhar as fibras de colágeno com um microscópio eletrônico, ele quase parece com aquelas barras de metal com um formato em espiral usadas em construções para unir as paredes de concreto.

Assim como essas barras de metal fornecem suporte e força para as construções, o colágeno faz o mesmo entre as células e nos tecidos do seu corpo. E você é carregado de colágeno. Cerca de 25% a 33% do seu peso corporal é composto por colágeno.

Parte I: Princípios Básicos da Biologia: Organizando a Vida

Em volta da hemoglobina (em menos de 80 dias)

A hemoglobina é um exemplo do outro tipo maior de proteínas: as proteínas globulares. As *proteínas globulares* servem uma variedade de funções maiores em relação às proteínas fibrosas. Por exemplo, as proteínas globulares incluem essas proteínas úteis como as enzimas, os anticorpos e as proteínas transportadoras.

Essas proteínas, como o seu nome implica, são globulares. E, os glóbulos pareciam ser mais flexíveis (mais macios) do que as fibras, você não acha? Bem, você está certo. Muitas proteínas globulares podem mudar sua forma para caber em áreas bem pequenas (como um anticorpo teria que fazer atrás de um vírus), atravessar membranas celulares (como uma proteína transportadora teria que fazer), e serem envolvidas no nível celular em reações químicas (como uma enzima seria).

A *hemoglobina* é uma proteína transportadora encontrada em células sanguíneas vermelhas: Ela carrega oxigênio pelo corpo. Aqui você tem algumas informações sobre a sua estrutura para que você entenda como ela realiza a sua função. A molécula da hemoglobina tem o formato parecido com o de um trevo de quatro folhas em 3-D sem o talo. Cada folha do trevo representa uma determinada cadeia de proteína. No centro do trevo, mas tocando cada cadeia de proteína, fica um grupo heme. Bem no centro de um grupo heme há um átomo de ferro.

Quando ocorre troca de gás entre os pulmões e uma célula sanguínea (você pode ver os detalhes sobre isso nos Capítulos 5 e 7), é o ferro que liga (vincula) o oxigênio. Então, os complexos de ferro-oxigênio se soltam da molécula de hemoglobina até a célula sanguínea vermelha para que o oxigênio possa atravessar as membranas da célula e entrar em qualquer célula do corpo. Porém, o átomo de ferro e a hemoglobina não são usados somente uma vez. O ferro e a hemoglobina normalmente carregam gás carbônico de volta para os pulmões e depositam o CO_2 ali para que ele possa ser exalado (ver o Capítulo 7). A hemoglobina permanece na mesma célula sanguínea vermelha por sua "vida" inteira. Quando a célula sanguínea vermelha que ela chama de casa estiver pronta para morrer, o ferro é tanto reciclado quanto é pego por outra célula sanguínea vermelha para ser incorporada em outra molécula de hemoglobina, ou é excretada como resíduo celular e dá cor às fezes. Mas isso é outra história que você terá que ir até o Capítulo 9 para saber.

Sendo globulares, as moléculas de hemoglobina mudam de forma. Em pessoas com *anemia falciforme*, que é uma doença hereditária, as células sanguíneas vermelhas ficam no formato de uma foice (quer dizer, finas e curvas) em vez de redondas como as células sanguíneas normais. A mudança no formato ocorre depois que as moléculas de hemoglobina defeituosas perdem oxigênio (mas não o ferro) e polimerizam – quer dizer, juntam-se com outras moléculas para formar uma molécula maior. As pessoas com essa doença têm células sanguíneas vermelhas que possuem formato diferente, por isso suas células sanguíneas não podem atravessar seus vasos sanguíneos com muita facilidade. Quando o sangue e o oxigênio não conseguem chegar até certas áreas do corpo a pessoa sente dor extrema, e também como resultado, os tecidos são danificados ou morrem.

Capítulo 4: Macromoléculas (As grandes) **63**

A anemia falciforme é provocada por um único aminoácido que sofreu mutação nas cadeias de proteína que compõem a hemoglobina. Um aminoácido! E, você sabe o que faz com que esse aminoácido mude? Um gene. Rapaz, o poder está nos genes! Mas os genes são compostos de nucleotídeos nos ácidos nucléicos, portanto o poder está realmente em um nível com um minuto a mais. E esses nucleotídeos afetam tudo na vida (ver os Capítulos 11 e 14).

Conexões de Vida: Ácidos Nucleicos

Até tão recentemente, em 1940, os cientistas pensavam que as informações genéticas eram carregadas nas proteínas do corpo. Eles pensavam que os ácidos nucleicos, que eram então uma nova descoberta, eram pequenos demais para ser significante. Então, James Watson e Francis Crick compreenderam a estrutura de um ácido nucleico, e os cientistas eventualmente descobriram que eles estavam no caminho contrário: Os ácidos nucleicos criavam as proteínas!

Os *ácidos nucleicos* são grandes moléculas que carregam toneladas de pequenos detalhes: todas as informações genéticas. Os ácidos nucleicos são encontrados em todo ser vivo – plantas, animais, bactérias, vírus, fungos – que usa e converte energia. Pense nisso por um instante. É realmente incrível quando você percebe que todo ser vivo possui algo em comum. As pessoas, os animais, as plantas e mais estão conectados por material genético. Todo ser vivo pode parecer diferente e agir diferente, mas no fundo – e eu quero dizer bem no fundo dos núcleos das células – os seres vivos contêm os mesmos "ingredientes" químicos compondo material genético muito semelhante.

Existem dois tipos de ácidos nucleicos. *DNA* (que significa ácido desoxirribonucleico) e *RNA* (que significa ácido ribonucleico). Os ácidos nucleicos são compostos de cadeias de *nucleotídeos*, que são compostos por uma base que contém nitrogênio (chamada de *base nitrogenada*), um açúcar que contém cinco moléculas de carbono e um ácido fosfórico. É isso. Toda a sua composição genética, a personalidade, talvez até a inteligência seja determinada nas moléculas que contêm um composto de nitrogênio, açúcar e um ácido.

As *bases nitrogenadas* são moléculas chamadas de *purinas* ou *pirimidinas*.

As purinas incluem

- ✔ Adenina
- ✔ Guanina

As pirimidinas incluem

- ✔ Citosina
- ✔ Timina (no DNA)
- ✔ Uracila (no RNA)

Ácido Desoxirribonucleico (DNA)

O DNA contém duas cadeias de nucleotídeos dispostas de uma maneira que faz com que ele pareça uma escada em caracol (chamada de *dupla hélice*). A Figura 4-3 mostra como é uma molécula de DNA.

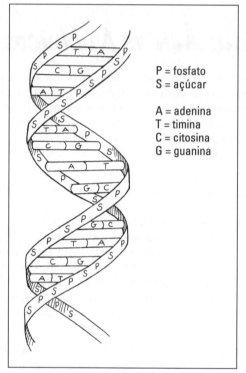

P = fosfato
S = açúcar

A = adenina
T = timina
C = citosina
G = guanina

Figura 4-3: Modelo da escada em caracol da dupla hélice de um DNA.

As bases de nitrogênio em que o DNA cria em sua dupla hélice são adenina (A), guanina (G), citosina (C) e timina (T). O açúcar que fica na composição do DNA é o 2-desoxirribose.

Se você olhar na Figura 4-3, você poderá ver que a adenina está sempre junto com a timina (A-T) e a guanina está sempre junto com a citosina (G-C). Essas bases são colocadas juntas por ligações de hidrogênio, que formam os "degraus" da "escada em caracol". Os lados da escada são feitos das moléculas de açúcar e fosfato.

Certas sequências das bases nitrogenadas junto com a cadeia de DNA formam um *gene*. Um gene é uma unidade que contém as informações genéticas ou códigos para um produto particular e transmite as informações hereditárias para a próxima geração. Mas os genes não são encontrados somente em células reprodutivas. Toda célula em um organismo contém DNA (e, portanto genes) porque o DNA também codifica as proteínas que o

Capítulo 4: Macromoléculas (As grandes) **65**

organismo produz. E as proteínas controlam a função da célula e fornecem a estrutura. Portanto, a base da vida acontece em toda célula. Sempre que uma nova célula é criada em um organismo, o material genético é reproduzido e colocado em uma nova célula. (Você pode ver os detalhes sobre isso no Capítulo 11). A nova célula pode produzir então proteínas dentro dela e também passar informações genéticas para a próxima nova célula.

A ordem das bases nitrogenadas em uma cadeia de DNA (ou em uma sequência do DNA que compõe um gene) determina qual aminoácido é produzido. E a ordem em que os aminoácidos são encadeados determina que proteína é produzida. A proteína que é produzida determina que elemento estrutural é produzido dentro do seu corpo (como tecido muscular, pele ou cabelo) ou que função pode ser realizada (como se a hemoglobina está sendo produzida para transportar oxigênio para todas as células.).

Todo processo celular e todo aspecto do metabolismo é baseado nas informações genéticas e a produção das proteínas adequadas. Se a proteína errada for produzida (como na anemia falciforme), então a doença ocorre. (Eu dou exemplos no Capítulo 14.)

Ácido ribonucleico (RNA)

As bases nitrogenadas que o RNA usa são a adenina, a guanina, a citosina e uracila (em vez de timina). E, o açúcar no RNA é a ribose (em vez de a 2-desoxirribose). Essas são as principais diferenças entre o DNA e o RNA.

Na maioria dos animais, o RNA não é o principal material genético. Muitos vírus – como o vírus da imunodeficiência humana (HIV) que causa a AIDS – contém RNA como seu material genético. Porém, nos animais, o RNA funciona junto com o DNA para produzir as proteínas necessárias em todo o corpo.

Por exemplo, o RNA possui três subtipos principais: o RNA mensageiro (mRNA), o RNA transportador e o RNA ribossômico (rRNA). Todos esses três subtipos estão envolvidos na síntese da proteína. (Veja os detalhes no Capítulo 14.)

As Gorduras Não Estão Proibidas: A Verdade Sobre os Lipídeos

Além dos carboidratos, proteínas e ácidos nucleicos, você precisa de mais um tipo de molécula grande para sobreviver. Além disso, se você é como a maioria das pessoas, você tenta evitá-los em sua dieta. Gorduras. Ou, se você as chama pelo nome técnico – lipídeos. Os lipídeos são moléculas não polares, que significa que suas pontas não são carregadas (como uma molécula de água é – você sabe como a água consegue carregar eletricidade?). Elas são não polares e a água é polar, por isso os lipídeos não são solúveis na água. Isso significa que as moléculas de lipídeo e as molécu-

Parte I: Princípios Básicos da Biologia: Organizando a Vida

las de água não ligam ou compartilham elétrons de maneira alguma. Os lipídeos simplesmente flutuam na água sem misturar-se com ela. Tenho certeza que você já ouviu falar sobre o velho ditado, "água e óleo não se misturam". Bem, o óleo é um lipídeo líquido. A manteiga e a banha são exemplos de lipídeos sólidos.

Existem três tipos principais de moléculas de lipídeo.

- **Fosfolipídeos:** Esses lipídeos são compostos de dois ácidos graxos e um grupo de fosfato. Esses são os tipos de lipídeos usados nas membranas de todas as células em todos os animais. Esses lipídeos possuem funções estruturais. Eles não são o tipo que fica flutuando na corrente sanguínea e obstruindo as artérias.

- **Esteróides:** Esses lipídeos possuem quatro anéis de carbono que se ligam e um grupo funcional que determina que molécula de esteróide ele é. Esses compostos de lipídeo geralmente criam hormônios, como a testosterona e o estrogênio. (Veja o Capítulo 10 para saber mais detalhes.) Portanto, sim, para uma vida sexual saudável e outras funções importantes, você precisa de colesterol. Mas o colesterol é transportado no corpo por outros lipídeos. Se você tiver muito colesterol flutuando em sua corrente sanguínea, isso significa que há um excesso de gorduras o carregando através de sua corrente sanguínea e isso pode causar problemas. As moléculas de gordura e de colesterol podem ficar presas nos vasos sanguíneos, levando a bloqueios que provocam ataques cardíacos ou derrames. Eu falo disso em mais detalhes no Capítulo 5.

- **Triglicérides:** Os triglicérides são compostos de três (-tri) moléculas de ácido graxo e uma molécula de glicerol. Essas são as típicas moléculas de gordura. Elas são formadas a partir de um excesso de glicose; depois o fígado armazena toda a glicose que ele pode como glicogênio, o que sobra é transformado em triglicérides, independente do que seja. O triglicérides flutua na corrente sanguínea para ser depositado no tecido adiposo. O tecido adiposo é a gordura macia, esponjosa, visível que você pode ver no seu corpo. O tecido adiposo é composto de muitas, muitas moléculas de gordura. E, quanto mais moléculas de gordura são acrescentadas no tecido adiposo, maior o tecido adiposo (e o local do seu corpo que o contém).

Quando você usa toda a sua glicose armazenada (não é preciso muito tempo, os açúcares "queimam" rapidamente em condições aeróbicas), o seu corpo começa a separar o glicogênio, que é primeiramente armazenado no fígado e no músculo. Os armazenamentos de glicogênio do fígado podem durar, em geral, 12 horas ou mais. Depois disso, o seu corpo começa a separar o tecido adiposo para recuperar parte da energia armazenada. É por isso que o exercício aeróbico (e o exercício suficiente para usar mais calorias do que você consumiu naquele dia) é a melhor maneira de perder peso. Veja que eu não disse "quilos" aqui. Os quilos medem tudo na composição do seu corpo: tecido gorduroso, tecido muscular, e ossos junto com a água, os órgãos, a pele e alguma outra coisa não essencial.

Capítulo 4: Macromoléculas (As grandes)

É possível transformar gordura em músculo? Não!

As pessoas não "transformam gordura em músculo". Essa afirmação é um mito, ou mais provavelmente um mal entendido da parte das pessoas que dizem isso. A gordura e o músculo, como você agora sabe, são dois tipos diferentes de tecidos. O tecido gorduroso (adiposo) é feito de moléculas de lipídeos; o tecido muscular é feito de proteínas. Quando você "perde peso", você não sabe com exatidão se está perdendo proteínas do tecido muscular ou dos ossos, ou se está perdendo tecido gorduroso. Você pode ter uma ideia com base na forma que as suas roupas se ajustam ou na maneira que você se sente. Porém, o tecido muscular é muito mais denso do que o tecido adiposo; ele pesa mais do que a gordura. Portanto, quando você começa um programa de exercícios, teoricamente você pode estar perdendo gordura, e não criando tecido muscular (que incidentalmente queima gordura, também) e não ver um movimento na balança (ou ficar frustrado com um aumento!). Em geral, a mudança que está ocorrendo é algo saudável, mas leva um tempo até que o seu corpo se ajuste. Depois de um tempo você percebe o número do seu peso caindo, quando o novo tecido muscular começa a queimar melhor a gordura a soma do novo tecido muscular diminui, e a perda de tecido adiposo continua.

Levantar peso (ou fazer qualquer exercício anaeróbico) para "emagrecer" pode ajudar a criar tecido muscular, o que ajuda a queimar algumas gorduras, mas sem o exercício aeróbico, o processo para usar a gordura corporal armazenada é longo. Se você diminuir a quantidade de calorias que você consome e realizar exercício aeróbico para queimar glicose em excesso (para que não fique armazenado como gordura) além de usar gordura que já está armazenada e você incluir treinamento de peso para criar tecido muscular a fim de ajudar para que as gorduras sejam usadas com mais eficiência, você verá os resultados. Tenha paciência.

Porém, o mais importante, é ter certeza que o seu objetivo é realista e saudável. Por exemplo, o gráfico de peso de uma empresa de convênio de saúde diz que eu deveria pesar por volta de 60 kg (eu tenho 1,67 de altura). Porém, recentemente eu fui ao nutricionista que determinou que a minha massa corporal por meio de *impedância elétrica*. Durante esse procedimento tão rápido (menos do que 5 minutos), você deita em uma mesa, colocam-se eletrodos em vários lugares do seu corpo (o pé é um dos lugares que eu me lembro) e depois uma corrente elétrica bem pequena é enviada para todo o seu corpo (tão pequena que você nem sente). A corrente "atinge" as partes e tecidos do seu corpo (na verdade as partes do seu corpo *impedem* o fluxo da corrente elétrica, que dá o nome ao procedimento), e as informações resgatadas são relacionadas a quantidade de peso de osso e de músculo que você tem. No meu corpo, há 58 quilos de osso e músculo (Eu sou densa, quero dizer, no sentido físico), portanto um peso de 60 quilos é bem irreal para mim. Que alívio saber que eu nunca serei capaz de pesar o que eu pesava no ensino médio ou na faculdade; Eu havia buscado um objetivo inalcançável! Agora (depois de ter três filhos e na verdade crescer alguns centímetros quando adulta), o meu corpo é diferente, e eu posso buscar um peso mais realista que seja saudável para mim nesta altura da minha vida – 74 quilos. Isso é que é peso!

Não se esqueça. O conselho final, caso você esteja reunindo todas essas informações sobre nutrição e o que faz o quê no seu corpo, e planejando uma maneira de melhorar a sua saúde, você deve primeiro se consultar com o seu médico antes de iniciar qualquer programa.

Combinações de Três Macromoléculas: Antígenos do Grupo Sanguíneo

Os antígenos do grupo sanguíneo são carboidratos vinculados às proteínas ou lipídeos. Um *antígeno* é uma substância estranha no corpo que provoca uma resposta imune. Uma *resposta imune* ocorre quando os anticorpos, que são proteínas em seu sistema imunológico, são chamados para atacar um antígeno.

Quando você diz que é do *tipo sanguíneo A*, o que você está dizendo para as pessoas é que as células do seu corpo criam anticorpos somente para os antígenos do tipo B. Os antígenos da superfície tipo A das células não são reconhecidos. Esses antígenos da superfície podem ser ligados à superfície das suas células sanguíneas (mais especificamente a membrana plasmática que cerca as células) ou às proteínas ou lipídeos em qualquer lugar do seu corpo. Isso significa que o seu corpo cria anticorpos contra os antígenos do tipo B. (Se o seu tipo sanguíneo é positivo ou negativo, isso diz respeito ao fator Rh.) Portanto, em essência, o seu corpo destrói as células que contêm antígenos tipo B, permitindo que o tipo A seja dominante. Você pode receber o sangue tipo A ou o sangue tipo O e pode doar sangue para as pessoas com tipo A ou tipo AB.

Se você é do *tipo sanguíneo B*, a situação é contrária. As suas células possuem antígenos tipo B vinculados, portanto o seu corpo cria anticorpos somente contra o tipo A. Quando os antígenos do tipo A são guardados, as suas células sanguíneas "mostram" o tipo B como o tipo dominante. Você pode receber o sangue tipo B ou tipo O, e pode doar para as pessoas com sangue tipo B ou tipo AB.

Se você é do *tipo sanguíneo AB*, as suas células não criam anticorpos contra os antígenos da superfície tipo A ou tipo B. Portanto, você pode receber sangue de um doador com qualquer tipo sanguíneo (*receptor universal*), mas pode doar sangue somente para outras pessoas com sangue tipo AB.

Se você é do *tipo sanguíneo O*, suas células criam anticorpos contra os antígenos tipo A e tipo B. Isso significa que se você precisar de sangue, você pode receber somente mais sangue do tipo O. Mas, você pode doar o seu sangue para qualquer um; assim, você é um *doador universal*.

Por favor, doe sangue

O sangue tipo O é o mais comum. Nos Estados Unidos, 49% dos Afro-americanos possuem sangue tipo O, os Brancos são 45%, os Asiáticos 40% e os Nativo-americanos 79%. Portanto, a maioria possui sangue tipo O; por favor, se você for do tipo O, compartilhe-o com os demais. Os abastecimentos de sangue estão baixos. Vocês são doadores universais – vocês deveriam doar!!

Parte II
Os Seres Vivos Precisam de Energia

Nesta parte...

Os seres vivos são como pequenos motores. Os motores precisam de combustível, precisam queimá-lo e produzir resíduos. Os seres vivos também. Esse é um dos fatores importantes que determinam se um organismo é vivo ou não. Esta parte do livro mostra como as plantas e os animais adquirem o combustível que precisam para ficar vivos. Depois, você verá uma boa análise do que eles fazem com ele.

Nesses capítulos, você descobrirá tudo sobre respiração e como ela se difere da respiração celular; porque o seu corpo precisa de carboidratos, proteínas e gorduras; e como as plantas criam seu próprio combustível a partir dos minerais, da água e da luz solar. Você verá a estrutura das plantas e como elas se movem desde a água até os seus talos para obter nutrientes para as suas células. Você entenderá também o que na verdade está acontecendo em seu intestino para que aqueles pequenos nutrientes que existem naquele lanche que você está mastigando possam ser eliminados.

Capítulo 5

Adquirindo Energia para Abastecer o Reservatório

Neste Capítulo

▶ Descobrindo como os animais obtêm seus alimentos

▶ Observando as cadeias alimentares

▶ Observando como os animais separam a comida mecanicamente

▶ Adquirindo a nutrição adequada

▶ Decifrando a digestão química

▶ Compreendendo como a digestão funciona

Assim como você precisa colocar gasolina no motor do seu carro e ar nos pneus para que o seu carro possa andar, você precisa colocar comida e oxigênio em seu corpo para que ele funcione. E você não está só. Todo ser humano assim como todo organismo vivo precisa "abastecer seus reservatórios". Dentro do corpo do organismo, o alimento é transformado em nutrientes. Os nutrientes são convertidos em energia, que sustenta a vida. Os animais ingerem seu alimento e respiram oxigênio; as plantas absorvem seu alimento e possuem uma forma especial de "respirar". Este capítulo explica como isso acontece.

Como os Animais Obtêm Nutrientes e Oxigênio

Os seres humanos podem pensar que têm somente que dirigir até o supermercado, parar na janela do drive-in ou parar na porta da frente e esperar uma pessoa da entrega "trazer a comida". Isso pode ser verdade no sentido literal, mas nos termos da biologia, adquirir nutrientes é um processo bioquímico, assim como a respiração.

A busca por comida

Todo o processo bioquímico começa com um sinal do seu estômago vazio. Esse sinal para o seu cérebro faz com que você inicie a busca por comida. Milhões de anos atrás, os primeiros humanos saíam para caçar animais a fim de obter sua carne ou para colher castanhas, frutas e sementes. Eles andavam todos os dias em busca do alimento, assim como os rebanhos de animais fazem. Eles caçavam por muitos dias e festejavam quando matavam um animal para comer a sua carne. Quando as tribos nômades começavam a se estabelecer em um lugar, a caçada continuava e nascia a agricultura. As pessoas começavam a plantar sua própria comida, que necessitava do cultivo, do arado, da plantação e da escavação – em outras palavras, do trabalho. As pessoas gastam energia ao adquirir o alimento para ter energia.

Agora, as conveniências diminuíram bastante a energia que as pessoas gastam para obter o alimento. Porém, muitos seres humanos estão consumindo mais comida do que precisam, o que traz resultados devastadores. As pessoas não são mais nômades. Elas não saem em busca do alimento. Elas não derrubam e atacam os animais regularmente (algumas talvez somente uma ou duas vezes ao ano, e não fazem isso sem uma licença). Outros animais (com a exceção dos cachorros, gatos e outros animais que também esperam pela conveniência) ainda batalham para conseguir o alimento.

Heterótrofos na caça

Os *heterótrofos* são animais que essencialmente se alimentam de outros organismos vivos. Os *organismos heterotróficos* são o oposto dos organismos autotróficos, que podem simplesmente usar substâncias inorgânicas e a luz do sol para produzir os compostos orgânicos que eles precisam para sobreviver. As plantas são um exemplo de autótrofos.

Os heterótrofos não podem criar seus próprios compostos orgânicos. Eles devem obter compostos orgânicos de outros seres vivos que contêm compostos orgânicos. Existem três classes de organismos que fazem isso:

- Os *herbívoros* consomem somente plantas e obtêm seus compostos orgânicos das plantas. São exemplos desses animais o veado, as vacas e outros animais que se alimentam do pasto.

- Os *carnívoros* comem somente outros animais. Os animais que eles comem já comeram plantas, portanto os carnívoros adquirem seus compostos orgânicos do tecido animal e do material da planta digerida dentro de animais sem sorte. Os leões e os tigres são exemplos desses animais.

- Os *onívoros* comem de tudo. Esses animais (incluindo você, eu e todos os outros humanos) consomem plantas e outros animais. Os vegetarianos que consomem alimentos com base somente em plantas precisam de proteínas encontradas somente nos tecidos animais. Outros onívoros incluem os ursos, que comem materiais com base nas plantas, assim como peixe ou animais menores.

Você faz parte da cadeia alimentar (por sorte, você está perto do topo)

As *cadeias alimentares* fornecem um exemplo visual de como a energia é transferida por todo o universo. Eu digo "universo" aqui em vez de mundo, porque o sol está envolvido. O sol é o ponto inicial de energia nas cadeias

Capítulo 5: Adquirindo Energia para Abastecer o Reservatório

alimentares porque o sol fornece energia que é usada pelas plantas quando elas produzem alimento para elas mesmas (lembre-se, elas são autotróficas). Porém, as plantas não somente fornecem energia para elas mesmas como também para alguns heterótrofos. Assim inicia-se uma cadeia alimentar.

Em uma cadeia alimentar simples, um *produtor* produz o "alimento" que fornece a energia, e um *consumidor* o usa. Por exemplo, quando os herbívoros e os onívoros consomem plantas, eles adquirem o alimento que foi produzido pelas plantas, e que as plantas tinham adquirido energia do sol. Isso parece com a sátira de "A casa que Jack construiu"?

Em uma cadeia alimentar mais complexa, vários produtores de energia podem estar na cadeia, assim como vários níveis de consumidores. Quando um onívoro ou carnívoro consome outro onívoro ou carnívoro, a energia de dentro de uma presa (o animal que foi comido) é obtida dos onívoros, carnívoros ou herbívoros menores e passada para o predador (o animal que comeu).

Porém, o consumidor não adquire toda a energia do alimento que o produtor criou. Quando o alimento é digerido por um produtor (digamos, você), parte do material que você consumiu é convertida em energia usada dentro do corpo. O excesso é excretado como fezes (vá em frente, diga "credo"). O resíduo excretado não é energia perdida; a energia é somente outra forma que é utilizável por organismos diferentes (como as bactérias, as minhocas, besouros rola-bosta e assim por diante). Mas, não é utilizável pelo próximo nível mais alto na cadeia alimentar. Na realidade, quanto mais longa uma cadeia alimentar, menos energia os consumidores mais altos adquirem, esse é o motivo para as cadeias alimentares não serem tão longas. Você está vendo, todas as reações não são 100% eficientes e muita energia é perdida como calor também.

Vamos supor que você está em um safári na África. Você e os seus colegas viajantes assam um antílope em uma fogueira para jantar. Você vai dormir com a barriga cheia de carne de antílope, mas acorda no meio da noite com os sons de um leão comendo um dos seus colegas acampantes. (Vá em frente, diga "credo" novamente.) Antes de ir dormir, o acampante infeliz usou as instalações do banheiro da tenda para excretar as fezes (e talvez tenha feito uma cruzadinha). Parte dta energia que ele consumiu, assim como parte da energia que ele produziu, saiu de seu corpo como fezes; parte também saiu por meio do calor e do suor (provavelmente quando ele viu o leão se aproximando). Portanto, quando leão o comeu, ele não obteve toda a quantidade de energia que estava em seu sistema antes de seu destino final.

Porém, a energia nas fezes, assim como a energia que ele perdeu por meio do calor e da transpiração, não se perdeu no universo. A energia permanece no universo; ela só não foi consumida pelo leão. Em vez disso, as fezes (e os restos do acampante morto) fornecem energia para os organismos microscópicos que as decompõe, e o material orgânico apodrecido entra na terra, que fornece energia de volta para as plantas. E o ciclo continua; o círculo da vida continua.

As cadeias alimentares são discutidas novamente na parte do livro que trata sobre ecologia e ecossistemas (Capítulo 17).

Exemplo de cadeias alimentares

As cadeias alimentares podem ser simples, somente com um produtor e um consumidor, ou podem ser complexas. Porém, as cadeias alimentares normalmente não contêm mais do que quatro ou cinco "vínculos" na cadeia. Se elas tivessem, as fontes de energia se tornariam muito escassas para sustentar os organismos maiores. A luz do sol é a fornecedora primária de energia. As plantas são as conversoras primárias dessa energia para o alimento orgânico, e os herbívoros normalmente são os consumidores primários. Quanto mais complexas as cadeias alimentares, possuem dois ou mais consumidores.

Cadeia alimentar simples:

Luz do sol ---> Gramas (produtoras) ---> Vacas (consumidoras)

Cadeia alimentar complexa:

Luz do sol ---> Árvore (produtora) ---> Girafa (consumidor 1 come as folhas da árvore) ---> Leão (consumidor 2 come a girafa) ---> Hiena (consumidor 3 come o leão quando ele está velho e morrendo)

Distinguindo o consumo alimentar

Diferentes grupos de animais comem diferentes alimentos, mas o que os animais fazem fisicamente com o alimento que eles consomem? Todos os diferentes métodos compõem a *digestão mecânica*, que ocorre a partir do momento em que o animal consome o alimento até que ele entre no estômago. Ele é oposto à *digestão química*, que é o que acontece quando o alimento mastigado ou moído é preenchido com enzimas e ácidos para digeri-lo depois.

Ruminando sobre os ruminantes

Os *ruminantes* são mamíferos que podem digerir a celulose. Os humanos possuem um estômago que contém ácido clorídrico e enzimas para ajudar a digerir o alimento. Os ruminantes, como as vacas, possuem um estômago com vários compartimentos. As vacas são usadas como modelo aqui para ajudá-lo a entender como os ruminantes digerem a comida.

As vacas, assim como todos os herbívoros, comem gramas e outros materiais das plantas. As plantas contêm celulose, que é muito difícil de digerir (mesmo para um herbívoro). Portanto, quando uma vaca engole grama, a grama mastigada entra primeiro no compartimento do estômago chamado *rúmen*. O rúmen contém uma solução salgada e bactérias que ajudam a digerir a celulose. As vacas então regurgitam (expulsam) o material do rúmen, chamado *alimento ruminado*, de volta para a boca. Eles "mastigam o alimento ruminado" para ajudar a digerir a celulose ainda mais. O alimento ruminado é engolido novamente e entra mais uma vez no rúmen. Esse ciclo se repete conforme a necessidade até que o material seja mastigado o bastante para ser digerido e processado e depois passado para o estômago verdadeiro. A partir dali, a digestão continua através dos intestinos e do sistema excretor da vaca. E, tenho certeza que você já teve a experiência de ver o resultado final de todo o processo – gás metano e estrume de vaca.

A rotina da moela

As *moelas* são estruturas parecidas com uma bolsa nos animais que ajudam a digerir o alimento. Muitos animais possuem dentes para ajudar a partir ou mastigar o alimento. Mas alguns animais não mastigam. As galinhas têm dentes? Não. Os patos têm dentes? Não. Os pássaros geralmente engolem as coisas inteiras, incluindo as pedras. Sim, pedras. As pedras que são engolidas acabam na moela para ajudar a triturar os outros alimentos que o pássaro come. As paredes da moela são extremamente musculares e quando as paredes da moela se esfregam, o conteúdo da moela é moído. As minhocas também têm moelas.

A verdade sobre os dentes

Nem todos os dentes servem para mastigar, mas todos os dentes servem para maceração. A *maceração* é a ação de quebrar fisicamente o alimento em pedaços. A mastigação é uma ação de trituração que somente os herbívoros e os onívoros fazem.

Os dentes enormes e afiados de um leão são feitos para matar um animal e despedaçar a sua carne. O leão então engole os pedaços de carne inteiros. A mastigação não está envolvida. Os leões em geral, não mastigam, por isso, eles não têm muitos dentes para trituração (como os molares). Os herbívoros, por outro lado, possuem muito dentes para trituração, que são retos, assim como os incisivos (pense nas tesouras), que podem cortar gramas e plantas. Os humanos e outros onívoros têm uma combinação desses tipos de dentes: os dentes caninos para rasgar o alimento, os incisivos para morder os pedaços e os molares para triturá-lo.

O Que Tem Para Comer? Escolhas Nutritivas e Inteligentes

É uma vergonha os humanos possuírem esses pontos de paladar sensíveis. Se os humanos não tivessem um sentido do paladar tão desenvolvido, talvez seriam como os outros animais e só comeriam o que faz parte de sua dieta natural e somente quando estivessem realmente com fome. Mas, infelizmente, a comida tem um cheiro bom, e os humanos geralmente são tentados a colocar um combustível bem barato em seus sistemas. Você faria isso em seu carro normalmente? Ou, você usa o melhor para ter certeza que o motor do carro não estragará?

Se você quiser evitar que os sistemas do seu corpo fiquem comprometidos, siga as recomendações feitas pelo Departamento de Agricultura dos Estados Unidos (USDA) na Pirâmide Alimentar da Figura 5-1. A Pirâmide Alimentar serve como uma maneira de visualizar a proporção de itens dos diferentes grupos alimentares que devem compor a sua dieta. A Tabela 5-1 dá uma ideia do que exatamente deve ser uma porção de alguns alimentos.

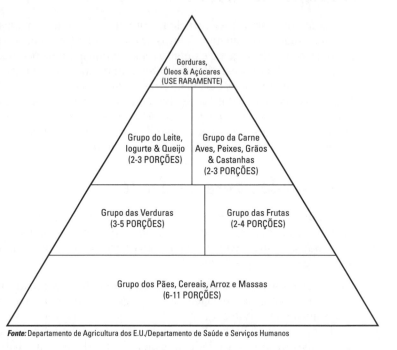

Figura 5-1: A Pirâmide Alimentar da USDA.

Fonte: Departamento de Agricultura dos E.U./Departamento de Saúde e Serviços Humanos

Tabela 5-1	Afinal, O Que É uma Porção?
Grupo Alimentar (da Pirâmide Alimentar)	*Tamanho recomendado da porção*
Pão	1 fatia
Cereal ½ xícara de cereal cozido	28 gramas de cereal pronto
Arroz, massa	½ xícara de arroz ou massa
Verduras ½ xícara de verduras cruas e picadas ½ xícara de verduras cozidas e picadas ¼ xícara de suco de verduras	1 xícara de verduras folhosas
Frutas banana, laranja, pêssego) ½ xícara de fruta cozida ou enlatada, cortada ½ xícara de suco de frutas	1 pedaço médio de fruta fresca (maçã,

(continua)

Capítulo 5: Adquirindo Energia para Abastecer o Reservatório

Grupo Alimentar (da Pirâmide Alimentar)	Tamanho recomendado da porção
Produtos derivados do leite 1 xícara de iogurte 20 gramas de queijo natural 56 gramas de queijo processado	1 xícara de leite
Carne	56 a 84 gramas de carne magra cozida
Peixe	56 a 84 gramas de peixe cozido
Ave e cozida	56 a 84 gramas de carne de ave magra
Grãos	½ xícara de grãos cozidos
Ovos	1 ovo
Castanhas, sementes amendoim	2 colheres de sopa de pasta de
Gorduras, óleos, doces use muito pouco	Não há uma quantidade específica,

Fonte: A Pirâmide Alimentar (Washington D.C.: Fundação do Conselho Internacional de Informações sobre Alimentos, Departamento de Agricultura dos E.U., Instituto de Marketing de Alimentos, 1995).

Contando e cortando calorias

Pode haver quatro grupos alimentares, mas todos os alimentos consistem de três grupos principais de nutrientes: carboidratos, proteínas e gorduras. Cada um deles é convertido em energia utilizável, que é medida em *calorias*. As calorias são basicamente uma unidade para medir a energia do calor. É necessário 1 caloria para aumentar a temperatura de 1 grama de água em 1 grau Celsius (diferente de Farenheit). Porém, as calorias que você conta são chamadas de *quilocalorias*. *Quilo-* significa 1.000, portanto quilocalorias são unidades maiores que as calorias. É necessário 1 quilocaloria para aumentar a temperatura de 1 quilograma (1.000 g) de água em 1 grau Celsius. A energia de um 1 quilocaloria é usada para medir a quantidade de energia que pode ser fornecida pelos alimentos. No entanto, a partir daqui eu usarei o termo caloria em vez de quilocaloria para manter o que você está acostumado a ler nos rótulos dos alimentos.

Cada grama de carboidrato contribui com 4 calorias, assim como cada grama de proteína. Mas cada grama de gordura é duas vezes mais densa e possui mais que o dobro de calorias: 1 grama de gordura contribui com 9 calorias. Parece muito óbvio que se você come poucas gramas de gordura, você consome menos calorias. Mas, para a saúde de maneira geral, você precisa de carboidratos, proteínas e gorduras nas proporções certas. A orientação é de 60% das suas calorias dos carboidratos, 30% das suas calorias das gorduras e 10% das suas calorias das proteínas.

Pesquisando sobre caloria e nutrientes

Há muitos gráficos e livros disponíveis que listam o conteúdo da caloria e do nutriente de alimentos específicos. Veja *Nutrition For Dummies*, 2ª Edição, de Carol Ann Rinzler (Hungry Minds, Inc.), que explica em mais detalhes porque você precisa dos principais nutrientes e depois fornece várias páginas de dados sobre os nutrientes dos alimentos comuns ao final do livro. A Associação Americana de Diabetes faz um gráfico na hora. Mesmo os restaurantes de fast-food normalmente têm um pôster com as informações nutricionais grudadas em seus balcões atualmente. Se você quiser começar a ter certeza se o alimento que coloca em seu corpo é bom, pergunte ao seu médico, nutricionista ou até para um farmacêutico se ele ou ela tem uma listagem do conteúdo das calorias e dos nutrientes. Ou, se tiver acesso mais facilmente a um computador, em vez de a um profissional da saúde, você pode pesquisar no Banco de dados nutricional da USDA em www.nal.usda.gov/fnic/cgi-bin/nut_search.pl (inglês. Anotou?

O número adequado de calorias que precisa para manter um peso saudável é baseado na quantidade de energia que você precisa quando está em repouso e na quantidade de energia que você usa quando está em ação. Essa quantidade varia entre as pessoas de diferentes sexos, idades, níveis de atividade e pesos. Você pode determinar a quantidade de calorias que precisa somente para cobrir o básico do que o seu corpo faz durante todo o dia (respiração, batimentos cardíacos, digestão, processos celulares, etc.) Essa quantidade é chamada de *taxa metabólica basal* (TMB). Para determinar a sua TMB, coloque o seu peso (em quilos) na equação de acordo com o sexo e a idade da Tabela 5-2 para determinar a sua TMB. Lembre-se, esse número não conta para o seu nível de atividade (como se você se exercita duas vezes por semana ou seis dias por semana, faz caminhadas por lazer pela vizinhança de vez em quando, corre em maratonas, limpa o jardim, joga tênis regularmente ou se simplesmente deita em uma rede para ler livros de biologia).

Tabela 5-2 Algumas Equações para Determinar a Taxa Metabólica Basal

Homens	Equação
10-18 anos de idade	(17.5 x peso em kg) + 651
18-30 anos de idade	(15.3 x peso em kg) + 679
30-60 anos de idade	(11.6 x peso em kg) + 879
>60 anos de idade	(13.5 x peso em kg) + 487

Capítulo 5: Adquirindo Energia para Abastecer o Reservatório

Mulheres	Equação
10-18 anos de idade	(12.2 x peso em kg) + 746
18-30 anos de idade	(14.7 x peso em kg) + 496
30-60 anos de idade	(8.7 x peso em kg) + 829
>60 anos de idade	(10.5 x peso em kg) + 596

Fonte: Conselho de Pesquisa Nacional, Permissões dietéticas recomendadas (Washington, D.C: National Academy Press, 1989).

Portanto, se o seu corpo necessita de 2.000 calorias por dia, isso significa que essas 2.000 calorias fornecem energia suficiente para todas as funções metabólicas que ocorrem para mantê-lo vivo e funcionando bem. Porém, se você ingerir 3.000 calorias, as 1.000 calorias extras são armazenadas como gordura em seu tecido adiposo. Mas, se ingerir algumas centenas de calorias a menos por dia, você perderá 500 g a cada 3.500 calorias que não consumir.

Se precisa emagrecer você se baseia mais em seu índice de massa corporal (IMC). Para determinar o seu IMC, primeiro divida o seu peso (em quilogramas) pela sua altura (em metros) ao quadrado. O valor em que você chegar é o seu IMC. Um valor de aproximadamente 21 é um ótimo objetivo. Se o seu valor estiver maior que 28, você tem definitivamente um risco aumentado de doenças como diabetes e doenças cardíacas e deve considerar diminuir o seu peso (uma vez que você não pode aumentar sua altura para diminuir o IMC).

Depois de milhões de anos não tendo comida prontamente disponível 24 horas por dia, os humanos desenvolveram um mecanismo para armazenar energia que pode ser usada durante os períodos de baixa ingestão alimentar. Portanto, o seu corpo não abandona a energia extrapotencial facilmente. Ele guarda a gordura rica em energia em seus quadris, coxas, abdômen e nádegas. Se você continuar a ingerir mais calorias do que usa, você ganhará peso. É muito mais fácil o seu corpo produzir gordura do que usá-la.

Cada 3.500 calorias extras é igual a 500 gramas de gordura. Portanto, se você precisar emagrecer 9 quilos para ficar com o seu peso ideal, isso significa que precisa queimar (usar) 70.000 calorias de energia. Uma vez que a maioria dos exercícios usa de 350 a 500 calorias por hora, isso corresponde a um tempo de 8 a 10 horas de exercício a cada 500 gramas. E, enquanto está se exercitando para usar essas calorias extras, você não pode estar ingerindo mais do que precisa, senão o seu peso permanecerá igual. Se você preferir fazer exercício, pode ingerir menos comida (menos calorias) do que precisa, para que o seu corpo use parte de sua energia armazenada (livrando-se assim das 70.000 calorias extras em que está sentado).

80 Parte II: Os Seres Vivos Precisam de Energia

Os organismos vivos seguem as regras da física e da química, e o corpo humano não é uma exceção. Tudo no universo (incluindo você e suas calorias) é governado por duas leis da termodinâmica. A *termodinâmica* é um campo de estudo especializado que foca nas trocas entre calor e energia (*termo-* = calor; *dinâmica* = troca).

✔ **A primeira lei da termodinâmica: a energia não pode ser criada ou destruída.** Essa lei se aplica aos processos químicos, incluindo aqueles que controlam o seu metabolismo. Isso significa que a energia total de um sistema (como o seu corpo) e seu exterior permanece constante, embora a forma de energia possa mudar, ou o sistema ganhar ou perder energia para a parte externa. Portanto, se você tem calorias em excesso para queimar, a energia dessas calorias pode produzir energia de calor dentro de você (fazendo você suar enquanto se exercita), que você libera para a parte externa. Mas, de maneira geral, a quantidade de calor entre você e a sua parte externa permanece igual. Quando você está tentando emagrecer, está só tentando mover a energia que está armazenada dentro de você para a parte externa.

✔ **A segunda lei da termodinâmica: A *entropia* o estado da matéria que é uma medida de aleatoriedade e a aleatoriedade do universo aumenta quando é possível.** Essa lei significa que as moléculas continuarão a se mover até que alcancem uma condição estável. Existe um experimento clássico envolvendo gás em dois cilindros. As moléculas de gás continuam se movendo de um cilindro para o outro, até que a quantidade de gás entre os dois cilindros seja igual. Isso indica simplesmente que os organismos, as células, as moléculas e os átomos – tudo desse universo – querem estar equilibrado e não parar de tentar alcançar o equilíbrio, mesmo que isso signifique que as coisas estejam caóticas (aleatórias) por um momento.

Toda essa matemática e física deve deixar uma coisa clara: O segredo para emagrecer é simplesmente usar mais energia do que você consome. Não é necessário fazer uma nova dieta. Você pode comer o que você quiser, desde que os números estejam certos ao final do dia. Porém, para uma boa saúde, você não deve consumir as suas 2.000 calorias necessárias com dez donnuts e depois contá-los em um só dia. O seu corpo precisa de certos nutrientes para funcionar adequadamente. Os carboidratos, as proteínas e as gorduras fornecem moléculas orgânicas necessárias para converter ou criar energia. A Tabela 5-3 lista as vitaminas e os minerais necessários que você precisa.

Tabela 5-3	Vitaminas e Minerais Necessários para o Corpo	
Vitaminas	*Minerais*	*Oligoelementos*
Solúvel em água	Principais minerais	Zinco
Vitamina B	Potássio	Cromo
Vitamina C	Cálcio	Selênio

Capítulo 5: Adquirindo Energia para Abastecer o Reservatório

Vitaminas	Minerais	Oligoelementos
Solúvel em gordura	Sódio	Ferro
Vitamina A	Cloreto	Cobre
Vitamina D	Enxofre	Iodo
Vitamina E	Magnésio	Manganês
Vitamina K	Fósforo	Fluor
	Chumbo	

Buscando informações sobre minerais e vitaminas

Os *minerais* são moléculas inorgânicas que fazem parte da terra. As plantas crescem na terra, por isso alguns minerais ficam nas plantas também. E devido ao fato de os animais comerem plantas, os animais têm minerais em seus sistemas também, mas em quantidades muito pequenas.

As *vitaminas* são moléculas orgânicas que ocorrem em todos os seres vivos naturalmente. (Realmente, as vitaminas não vêm somente na forma de comprimidos).

Minerais poderosos

O corpo não precisa de todos os minerais, mas alguns são essenciais para o funcionamento adequado do seu corpo. Esses minerais essenciais são chamados *principais minerais*. Esses minerais são necessários somente em quantidades muito pequenas, são chamados de *oligoelementos*.

Se você olhar na Tabela Periódica dos Elementos no Capítulo 3, você encontrará os principais minerais e os oligoelementos nesse gráfico. Estes elementos são substâncias sem vida encontradas na terra ou na atmosfera da terra e, portanto, nos seres vivos. Os elementos como o carbono, oxigênio, nitrogênio e o hidrogênio compõem a maioria dos compostos orgânicos como os carboidratos, as proteínas e as gorduras. Mas alguns dos compostos orgânicos como os elementos "inorgânicos" exercem papéis importantes no corpo também.

Por exemplo, o fósforo pode ser encontrado nas ligações mantendo faixas de DNA em todos os seres vivos. O potássio, o sódio, o magnésio e o cálcio ajudam a regular funções muito importantes como as batidas cardíacas, o equilíbrio dos líquidos e a contração muscular.

Vitaminas vitais

As vitaminas são os pequenos relógios do corpo. Elas regulam a organização de tecidos e células, ajudam no metabolismo e promovem a cura e a prevenção de doenças. Elas permitem que os detalhes do corpo sejam concluídos. As vitaminas são compostas das mesmas substâncias químicas dos carboidratos, das proteínas e das gorduras, mas não precisam ser separadas para ser usadas. Elas não fornecem energia. As vitaminas são extremamente pequenas, portanto algumas moléculas de proteína (que são grandes) normalmente as carregam pelo corpo para garantir que suas funções importantes serão realizadas.

As *vitaminas solúveis em gordura* (vitaminas A, D, E e K) precisam ser "dissolvidas" em moléculas de gordura (fosfolipídeos para ser exato) para que as células possam usá-las. Os fosfolipídeos carregam as vitaminas através da corrente sanguínea e nas células. As vitaminas solúveis em água (as vitaminas B e a vitamina C) geralmente agem como ou com as enzimas, que aceleram as reações. As vitaminas A, C e E também são consideradas antioxidantes (ver o capítulo 15).

Desejando (conhecimento sobre) os carboidratos

Os carboidratos são compostos de carbono, hidrogênio e oxigênio que rapidamente fornecem energia para o corpo. As moléculas de carboidrato, como os açúcares, "queimam" rápido. Você já segurou marshmallow em uma fogueira por muito tempo para ver a velocidade que ele é consumido pelas chamas? Isso acontece porque a glicose é rapidamente convertida em energia e o fogo é uma forma muito visível de energia (ela fornece energia em calor e luz).

A glicose e outros carboidratos fornecem energia em curto prazo e rapidamente. A gordura que é criada para armazenar moléculas extras de glicose fornece energia em longo prazo, que é o motivo pelo qual você não começa a "queimar gordura" em até 20 minutos ou mais em um exercício aeróbico. Primeiro, o seu corpo precisa queimar a glicose que está disponível em suas células. Depois, ele começa a separar as moléculas de gordura e a convertê-las em glicose para ser usada como combustível.

A glicose é a molécula de carboidrato mais importante. Você pode obter glicose diretamente a partir dos alimentos que contêm carboidratos (como pães, massas, doces e frutas). Porém, o seu corpo também cria glicose quando separa as proteínas e as gorduras. (Não se preocupe, eu explico como no Capítulo 6.)

A glicose é convertida em energia utilizável pelo processo metabólico chamado glicólise, o produto final do qual o piruvato é composto. O piruvato entra no ciclo de Krebs, que produz o composto de energia trifosfato de adenosina (ATP). Esse processo acontece nas mitocôndrias de cada célula do seu corpo. (As mitocôndrias são explicadas no Capítulo 2; os detalhes do ciclo de Krebs estão disponíveis do Capítulo 8). Portanto, a energia que a glicose cria é medida nas moléculas de ATP, que é a "moeda" dos organismos vivos. A ATP é "gasta" quando você está usando energia e é criada a partir do combustível que você colocou no seu corpo.

Capítulo 5: Adquirindo Energia para Abastecer o Reservatório 83

Quando há mais combustível do que é necessário para atender as necessidades atuais de energia, o seu corpo armazena combustível do carboidrato sob a forma de glicogênio. As plantas armazenam combustível extra como amido ou criam moléculas estruturais de celulose. O glicogênio, o amido e a celulose, todos eles são cadeias longas de moléculas de glicose (e outro açúcar) chamadas polissacarídeos.

Proteínas: Você absorve suas cadeias; elas criam as suas

Os organismos vivos são compostos de proteínas, portanto, eles devem adquirir proteínas para completar seu combustível. Todo músculo, membrana celular e enzima são compostos de proteínas. Portanto, para criar mais fibras musculares, novas células e outros elementos que ajudam o seu corpo a funcionar, você precisa consumir proteína. Em essência, você precisa de proteína para produzir proteína.

As proteínas são compostas de aminoácidos. Nove aminoácidos devem ser obtidos dos alimentos que você come, portanto eles são chamados de aminoácidos essenciais. (É essencial que você consuma alimentos que contêm esses nove aminoácidos.) Os humanos são capazes de sintetizar 11 aminoácidos de uma variedade de compostos iniciais que não são necessariamente derivados dos aminoácidos. (Eles são formados no corpo, por isso eles são chamados de aminoácidos não essenciais porque não é essencial que você consuma alimentos que os contêm.)

Quando você pensa nas fontes de proteína, provavelmente pensa na carne. Há uma boa razão para isso. Suas fibras musculares são compostas de proteína, certo? Bem, os músculos de todos os animais também são. E, quando come carne, você está consumindo o tecido muscular de outro animal. Seja carne de vaca, frango, peru, porco ou peixe, o tecido muscular contém proteína. O feijão, as castanhas e a soja são boas fontes de proteína, mas a proteína é proteína vegetal, não proteína animal.

Estrutura da proteína: Um aminoácido tem uma onda de agitação

Qual é a diferença entre a proteína vegetal e animal? A resposta está na estrutura da proteína.

Uma *proteína* é uma longa cadeia de polipeptídeo, que é criada quando os aminoácidos são unidos por uma ligação de peptídeo. Imagine um colar de pérolas desatado estirado em uma linha reta. Cada pérola representa um aminoácido e a sequência entre cada pérola representa a ligação de peptídeo. O colar inteiro representa a proteína inteira. Quando as proteínas são quebradas pela digestão para aminoácidos, não há uma diferença significativa entre a proteína vegetal e animal.

Polipeptídeos

Polipeptídeos significa "muitos peptídeos" (*poli-* = muitos). Mas o que é um peptídeo? Uma onda de agitação? Não. Um peptídeo é formado quando dois ou mais aminoácidos se juntam. Um dipeptídeo é formado quando duas moléculas de aminoácidos se juntam. Um tripeptídeo, como é de se esperar, é uma cadeia de três aminoácidos. As ligações de peptídeo ligam aminoácidos quando uma reação de condensação (uma reação em que a água é produzida) ocorre entre o grupo de aminoácido (NH_2) e um grupo carboxila (COOH).

Os *aminoácidos* são compostos orgânicos que consistem de um grupo amino (NH_2), um grupo carboxila (COOH) e uma cadeia lateral específica. As cadeias laterais são certas combinações de átomos que possuem diferentes propriedades químicas. Juntos, existem 20 cadeias laterais diferentes, que criam 20 aminoácidos diferentes (ver o Capítulo 4). O aminoácido que é produzido depende do lado em que a cadeia une os grupos amino e carboxila.

Os 20 diferentes aminoácidos podem ser combinados de várias maneiras para produzir proteínas diferentes. Você sabe o que designa qual aminoácido deve ser produzido e em que combinação os aminoácidos devem ser unidos? Os seus genes. As informações contidas em seu material genético fornecem a "receita" para as proteínas que as suas células estão para produzir em certos locais do seu corpo em determinados períodos. Eu explico como no Capítulo 4. Por enquanto, basta entender que a ordem dos aminoácidos no polipeptídeo determina o objetivo da proteína.

As plantas produzem todos os aminoácidos que elas precisam, enquanto os seres humanos produzem somente 11 dos 20 aminoácidos. O motivo para isso é que as plantas estão enraizadas – elas não saem andando por aí. Elas não caçam. Elas não dirigem até o mercado. Elas precisam ter a capacidade de produzir (sintetizar) todos os aminoácidos necessários para a sua síntese da proteína porque elas não possuem fontes externas de proteína (e, portanto, aminoácidos). Porém, os humanos (e outros animais) podem ter outras fontes de proteína; portanto, você e eu adquirimos aminoácidos absorvendo-os de fontes dietéticas e também da produção de algumas proteínas.

Os aminoácidos que o corpo humano pode sintetizar por ele mesmo são chamados de *aminoácidos não essenciais*. Aqueles que os humanos precisam adquirir dos alimentos são chamados de *aminoácidos essenciais*, porque é essencial que os humanos os adquiram através da dieta para que todas as proteínas necessárias possam ser sintetizadas (ver a Tabela 5-4). Portanto, se você estiver em uma loja de alimentos naturais, não saia comprando qualquer aminoácido da coluna direita; o seu corpo precisa sintetizal-os. E se você comer uma dieta onívora (com ênfase definida na palavra "equilibrada"), você deve obter os aminoácidos da coluna esquerda.

Capítulo 5: Adquirindo Energia para Abastecer o Reservatório 85

Tabela 5-4 Aminoácidos Essenciais e Não Essenciais para os Seres Humanos

Aminoácidos Essenciais	Aminoácidos Não Essenciais
Arginina*	Alanina
Histidina	Asparagina
Isoleucina	Aspartato
Lisina	Glutamato
Metionina	Glutamina
Fenilalanina	Glicina
Treonina	Prolina
Triptofano	Serina
Valina	Tirosina

*A arginina é um aminoácido não essencial sintetizado do glutamato. Porém, os seres humanos não produzem arginina suficiente para o crescimento, por isso, às vezes, ele é considerado um aminoácido essencial. Esse fato da arginina explica porque, às vezes, você pode ver dez aminoácidos não essenciais listados e outras vezes 11.

Portanto, a resposta para "Qual é a diferença entre a proteína vegetal e animal?" é: Os animais adquirem aminoácidos essenciais e produzem seus próprios aminoácidos não essenciais, por isso, a proteína animal é *completa*. Porém, as proteínas vegetais são chamadas de *incompletas* porque elas não contêm aminoácidos suficientes que os humanos precisam. É por isso que os vegetarianos combinam certos alimentos. Por exemplo, o feijão contém baixas quantidades do aminoácido metionina. O arroz contém baixas quantidades do aminoácido lisina. Mas, se você comer arroz e feijão juntos, você aumenta o conteúdo de aminoácido e torna a proteína mais completa.

Funções da proteína que fazem você funcionar

As proteínas funcionam em quase todo processo metabólico do seu corpo, e são parte da estrutura de cada célula do seu corpo. Veja alguns exemplos.

Externamente, a proteína queratina compõe as camadas externas da sua pele (sua epiderme), suas unhas e seu cabelo. Um motivo para você precisar consumir proteína diariamente é porque essas estruturas externas nunca param de crescer. Enquanto os humanos armazenam gordura e glicose em seus corpos, o corpo não tem proteína em excesso. Portanto, quando há uma baixa na quantidade de proteína devido ao fato de a proteína ser constantemente necessária, ela é removida dos locais que não a estão utilizando. Por exemplo, pessoas que não consomem alimento suficiente, podem eventualmente começar a quebrar as fibras musculares como as do coração para obter a proteína necessária.

Parte II: Os Seres Vivos Precisam de Energia

Internamente, o tecido muscular é carregado de proteína e os ossos contêm proteína também. As células vermelhas sanguíneas contêm hemoglobina, que é um composto feito de *hemo* (contém ferro e carrega oxigênio) e *globina* (uma proteína). As *imunoglobulinas* são estruturas de proteína criadas pelo seu sistema imunológico que servem como anticorpos para lutar contra invasões bacterianas e virais dentro do seu corpo.

As proteínas também combinam com outras substâncias no corpo para realizar funções específicas.

- As *lipoproteínas* são uma combinação de lipídeos (gorduras) e proteínas que carregam colesterol por todo o corpo.

- As *glicoproteínas* são uma combinação de carboidratos (açúcares) e proteínas que são encontrados nas membranas celulares e na mucosa do trato digestivo, assim como na matriz extracelular (ver o Capítulo 2). Eles também têm papéis na determinação do tipo sanguíneo e do reconhecimento da célula, que é importante para o desenvolvimento de um embrião.

- As *fosfoproteínas* são uma combinação de ácido fosfórico e proteínas que criam a proteína principal do leite: caseína. A fosforilação das proteínas, especialmente das enzimas, é a principal forma de regular sua atividade.

Porém, uma das funções mais importantes das proteínas é quando elas agem como enzimas.

As *enzimas* são proteínas que servem nos processos químicos, como aquelas que ocorrem durante a digestão. As enzimas servem como catalisadores – quer dizer, elas ajudam a acelerar uma reação, mas não são usadas ou alteradas durante a reação. Existem seis tipos principais de enzimas:

- *Ligases*, que unem duas moléculas

- *Liases*, que separam duas moléculas

- *Hidrolases*, que separam duas moléculas quando a água é adicionada

- *Isomerases*, que criam isômeros (estruturas químicas diferentes que possuem a mesma fórmula química)

- *Oxidoredutases*, que catalisam as reações de oxidação (é doado um elétron) e as reações de redução (é aceito um elétron).

- *Transferases*, que transferem grupos químicos de um composto para outro.

Você pode encontrar mais informações sobre a estrutura e função das enzimas no Capítulo 4 e no Capítulo 10.

Capítulo 5: Adquirindo Energia para Abastecer o Reservatório

Gorduras: Sim, você precisa delas (mas não abuse)

Esta seção sobre escolhas nutricionais inteligentes não estaria completa sem a inclusão de informações sobre gorduras. Embora a gordura pareça ser um tabu atualmente, não é a gordura que deixa as pessoas gordas. Consumir mais combustível do que queimar leva à produção e depósito de tecido gorduroso, independente se o combustível vem de gorduras, proteínas ou carboidratos. Uma pessoa pode "ficar gorda" comendo somente alimentos "livres de gordura", que podem ter alta quantidade de calorias devido à substituição da gordura por açúcar. Se você consumir mais calorias do que usa em um dia, e fizer isso dia após dia, você acrescentará gordura em seu corpo independente do que você comer.

No entanto, o seu corpo precisa de gorduras, acredite ou não. As gorduras são usadas para criar tecidos e hormônios e as gorduras isolam os seus nervos (assim como os fios são isolados – você já ouviu a expressão de que a pessoa ficou com os nervos à flor da pele?).

A gordura é uma fonte de energia armazenada, ela dá forma ao corpo, reduz a perda de calor ao isolar os seus órgãos e os músculos e protege o seu corpo e os órgãos (muito semelhante a um amortecedor). Ela também ajuda a manter os seus tecidos úmidos, as juntas lubrificadas e evita que o seu corpo aumente de tamanho quando é molhado. Você sabe que água e óleo não se misturam, não sabe? Bem, o óleo é uma gordura líquida e os óleos que a sua pele produz saem pelos seus poros para cobri-la. Os óleos que cobrem a sua pele servem como uma barreira hidratante: ela evita que você desidrate em um dia seco, com muita ventania (quando a água da sua pele seria levada para a atmosfera) e evita que a hidratação em excesso entre nas suas células. Imagine se todas as vezes que tomasse banho, a água com que você se lavou entrasse na sua pele e em suas células! As gorduras ajudam a evitar que você vire um balão de água.

Cada membrana da célula contém gorduras (lipídeos), que ajudam a separar o que está acontecendo metabolicamente dentro da célula do líquido extracelular. E, às vezes, o que está acontecendo dentro da célula envolve as gorduras também. Os *hormônios* são produtos feitos durante um processo metabólico que ocorre dentro das células. Por exemplo, o hormônio da insulina, que controla o nível de glicose em seu sangue, é produzido por células dos pâncreas. E as moléculas de lipídeo são parte dos hormônios.

As gorduras são combinações de ácidos graxos e de moléculas de glicerol. Os ácidos graxos são cadeias de carbono-hidrogênio com um ácido ao final; o glicerol é um carbono-hidrogênio contendo grupos hidroxil (-OH).

Sim, as gorduras são nutrientes importantes em seu corpo, mas há gorduras boas e gorduras ruins. Os alimentos possuem três tipos importantes de gorduras: triglicérides, fosfolipídeos e esteróis. O corpo também cria um composto da proteína e das gorduras, chamado lipoproteína, que é envolvido no transporte de colesterol através do corpo.

Triglicérides

Como o seu nome implica, *triglicéride* é uma combinação de três moléculas de ácidos graxos e uma molécula de glicerol. Esse é o tipo mais comum de gordura; é a forma que viaja pela sua corrente sanguínea. Triglicérides são o que você queima como combustível depois que as suas reservas de carboidrato são usadas, o que você usa para armazenar energia como tecido adiposo e o que o seu médico pode medir durante um exame de sangue. Basicamente, um nível elevado de triglicérides indica que você está ingerindo combustível em excesso, ou carboidratos (açúcares), e que o seu corpo criou mais triglicérides, que estão a ponto (por meio da sua corrente sanguínea) de ser armazenados como gordura.

Quando uma molécula de triglicéride está sendo formada, são concedidas três moléculas de água: cada uma para o ácido graxo que combina com os grupos hidroxil de glicerol. Esse tipo de reação é chamada de síntese por desidratação porque a água é removida dos "ingredientes" da reação (desidratação) quando outro composto é criado (síntese). Quando os triglicérides são separados para produzir energia, a água é levada para a reação a fim de separar os triglicérides em três moléculas de ácido graxo e glicerol. Esse tipo de reação é chamado de reação *hidrólise* porque a água separa as moléculas (*hidro*-= água; -*lise* = rompimento).

Fosfolipídeos

Essas moléculas são compostas de lipídeos e fosfato (íons de fósforo) e carregam hormônios e vitaminas através da sua corrente sanguínea, assim como dentro e fora das células. As vitaminas que elas carregam (vitaminas A, D, E e K) são chamadas de vitaminas solúveis em água porque elas se misturam e são carregadas por esse tipo de gordura. Eu explico como os hormônios são criados e o que eles fazem no Capítulo 10.

Esteróis

Tenho certeza de que você já ouviu falar no colesterol. Bem, colesterol é uma molécula de esterol – surpreso? Esses tipos de gordura são compostos de lipídeos e álcool. Eles não contêm calorias porque não produzem energia. Em vez disso, essas moléculas são usadas para criar outras moléculas, como os hormônios e as vitaminas. O colesterol é um composto inicial dos quais os hormônios esteroides – quer dizer, os hormônios sexuais estrogênio e testosterona são sintetizados. O colesterol também ajuda os seus nervos a enviar impulsos ao seu cérebro e a receber mensagens dele. O colesterol é parte da membrana de lipídeo composta por duas camadas que fica em volta de toda célula.

Portanto, você *precisa* de colesterol; ele possui várias funções necessárias no corpo. Porém, você sendo o animal que é, produz a maior parte do colesterol que o seu corpo precisa. O colesterol é produzido nos fígados dos animais (incluindo o seu). É por isso que somente produtos animais contêm colesterol e não produtos vegetais. Eu sempre acho engraçado quando vejo um saco de batatas fritas anunciando "Sem colesterol" ou "Livre de colesterol!" Para começar, as batatas não têm colesterol. Mas se o óleo em que são fritas tem base animal (como banha), elas têm muito colesterol. Se o fabricante da batata usasse óleos vegetais (como óleo de amendoim, óleo de milho e assim por diante) para fritar as batatas, então elas permaneceriam livres de colesterol (mas longe de livre de gordura). No entanto, isso não significa que o fabricante da batata fez de tudo para remover o colesterol para você.

Se você passar por um exame de sangue e o seu colesterol for medido e o seu resultado for 215, isso significa que há 215 miligramas (mg) de colesterol em cada décimo de litro de sangue (um decilitro; dl). Você sabe como é uma garrafa de um litro, então se você dividir essa quantidade por 10, você terá a quantidade de sangue que estou falando. Então, 1.000 mg é igual a 1 grama, portanto 215 mg é aproximadamente um quarto de uma grama. (Se você precisar de ajuda com as conversões padrão métricas, veja o Apêndice B.) Se o seu nível de colesterol for maior que 250mg/dl, provavelmente você precisa fazer algo para diminuí-lo. Porém, os níveis dos tipos de gordura que carregam colesterol pela sua corrente sanguínea dizem mais sobre uma doença cardíaca do que o real nível de colesterol.

As lipoproteínas e o seu risco para a doença cardíaca

As lipoproteínas são compostos feitos de uma gordura (*lipo-* = gordura, como no lipídeo) e proteína. Sua função é carregar colesterol pelo corpo através da corrente sanguínea. O seu corpo pode produzir quatro tipos de lipoproteínas:

- Lipoproteínas de alta densidade (HDLs)
- Lipoproteínas de baixa densidade (LDLs)
- Lipoproteínas de muito baixa densidade (VLDLs)
- Quilomícrons

Às vezes, você lê no jornal ou ouve falar sobre o HDL sendo o colesterol "bom" e o LDL sendo o colesterol "ruim". Porém, HDL e LDL, como você sabe agora, são lipoproteínas e não moléculas de colesterol. Eles simplesmente vinculam e transportam o colesterol. Veja agora o que é "bom" e "ruim" sobre as lipoproteínas.

Os quilomícrons são lipoproteínas muito pequenas recém-criadas que entram na categoria VLDL. As VLDLs possuem muito pouca proteína e muita gordura. (A gordura é menos densa do que a proteína, assim como a gordura "pesa" menos que o músculo.) As VLDLs viajam através da sua corrente sanguínea, perdem lipídeos, pegam o colesterol e se transformam em LDLs. As LDLs fornecem colesterol para as células do seu corpo que precisam dele, mas ao longo do caminho, as VLDLs e as LDLs podem se apertar através das paredes dos vasos sanguíneos. Ao fazer isso, o colesterol pode ficar preso na parede do vaso sanguíneo, fazendo com que sejam formados depósitos (placas). Se houver uma quantidade considerável de colesterol presa, uma artéria pode ficar entupida, o que significa que o sangue não pode fluir através dela. Se isso acontecer, é possível que ocorra um ataque cardíaco ou um derrame. Portanto, embora as LDLs ajudem o corpo transportando colesterol, se você tiver muitas delas, o colesterol pode começar a bloquear os vasos sanguíneos, o que aumenta o risco de doença cardíaca, ataque cardíaco e derrame.

Diferenciando o ataque cardíaco e o derrame

Um ataque cardíaco (o nome técnico é *infarto do miocárdio*, *mio-* = músculo, *cardio-* = coração) ocorre quando o sangue que flui através de um vaso sanguíneo no coração é bloqueado. Isso faz com que uma pequena área de tecido cardíaco morra (um *infarto*); um forte ataque cardíaco faz com que uma área maior de tecido cardíaco morra, o que pode ser fatal.

Um *derrame* ocorre quando o sangue que flui através de vasos sanguíneos no cérebro é bloqueado. Isso provoca falta de oxigênio em certa área do cérebro, danificando o tecido cerebral. Os sintomas que ocorrem durante um derrame dependem de qual área do cérebro foi prejudicada. Algumas pessoas perdem a capacidade de falar fluentemente, outras têm paralisia em um lado do corpo e outras ainda ficam com pouquíssimas funções.

Por outro lado, as HDLs são as lipoproteínas que contêm mais proteínas do que lipídeos, o que faz com que elas fiquem mais densas e recebam esse nome. Elas são mais densas, por isso, não podem se apertar pelas paredes dos vasos sanguíneos, portanto, enviam colesterol para fora do corpo. Elas não são capazes de depositar colesterol nos vasos sanguíneos, porque não podem entrar neles, portanto, não aumentam o risco de doença cardíaca, ataque cardíaco ou derrame. Idealmente, você quer ter mais desses pequenos seres densos flutuando em seu sangue do que as LDLs ou as VLDLS.

Inspirando para Respirar: Como os Animais Respiram

Certo. Pare de ler um pouco e foque em sua respiração. Você inspira e os ombros se levantam e o seu tórax aumenta. Você expira e os seus ombros e peitos vão para baixo e para dentro. Certo. Volte a ler novamente. Mas observe que você não tem que pensar em mover os ombros e peito para colocar e expulsar o ar do seu corpo. Ainda está acontecendo, não está? Nessa seção, eu explico porque os animais têm que respirar e como eles reagem com isso. Respire fundo agora.

Todos os animais devem trocar gases entre eles mesmos e com seu ambiente continuamente a todo o momento de suas vidas. Em animais simples, o processo de troca de gás é simples; ele pode ocorrer entre a superfície do animal e do ambiente. Mas em animais mais complexos, há sistemas de trocas de gás complexos e desenvolvidos; o ar do meio ambiente deve ser processado no sistema respiratório.

Capítulo 5: Adquirindo Energia para Abastecer o Reservatório 91

A *inspiração celular* é todo o processo de colocar ar para dentro do sistema, trocar gases necessários por gases desnecessários, usando os gases necessários e soltando a forma restante dos gases. Em animais mais complexos, a inspiração abrange o primeiro estágio da respiração. A *respiração* é a ação física de puxar ar para o sistema e liberar restos gasosos.

Existem quatro tipos de sistemas de troca de gás:

- *Troca cutânea*, que ocorre através da pele
- *Brânquias*, que troca gases nos ambientes aquosos
- *Sistemas traqueais*, que são usados pelos insetos
- *Pulmões*, que são encontrados em animais terrestres

Troca cutânea

Cútis é a pele ou a superfície de um animal. Essa pele pode não ser como a que eu e você temos, mas é a membrana externa de um animal. Os animais muito pequenos e alguns animais muito grandes em ambientes úmidos usam esse tipo de troca de gás. As minhocas são um exemplo.

As minhocas possuem capilares logo abaixo de sua "pele". Conforme as minhocas se movem pelo solo, elas abrem o solo, criando bolsas de ar. As minhocas pegam o oxigênio das bolsas de ar e liberam gás carbônico através da superfície externa. Porém, para poder trocar gases diretamente com seu ambiente, as minhocas devem ficar úmidas.

Sabe quando as minhocas são tiradas do chão quando chove e acabam ficando na entrada da garagem e na calçada? Bem, elas voltam para o solo assim que possível (e não somente porque são alimentos para os pássaros em potencial). Do contrário, sua superfície externa se seca e elas não conseguem mais adquirir oxigênio e se livrar do gás carbônico. Se isso acontecer, elas morrem. (Essa também é a hipótese por trás do que acontece quando você joga sal em uma lesma. O sal desidrata sua membrana externa e inviabiliza a troca gasosa quando ela para em seu caminho viscoso.)

Passando pelas brânquias

Os animais que vivem na água possuem *brânquias*, que são extensões de suas membranas externas (ver a Figura 5-2). As membranas das brânquias são muito finas (normalmente tem somente a espessura de uma célula), o que permite a troca de gases entre a água que flui por elas. Os capilares conectam as células nas brânquias para que os gases possam ser tirados da água e passados pela corrente sanguínea do animal aquático. Além disso, o resto gasoso pode se difundir do capilar nas células da brânquia e ser passado para o ambiente aquoso.

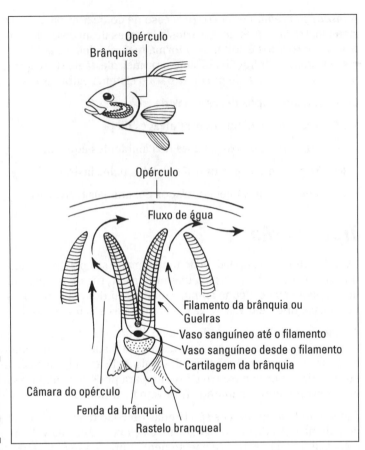

Figura 5-2: Estrutura e função da brânquia.

As brânquias podem parecer diferentes na grande variedade de vida marinha, mas elas funcionam essencialmente iguais. As brânquias dos peixes podem ser as mais familiares, mas seres como as lagostas e a estrela do mar também têm brânquias. As brânquias de uma lagosta são ramificações; as de uma estrela do mar cercam as projeções acidentadas na parte inferior de sua superfície. As brânquias são muito delicadas e devem ser protegidas. As coberturas protetoras das brânquias em organismos aquáticos são tão diversificadas quanto os animais.

No peixe, as brânquias são filamentos de membrana cobertos por uma aba chamada *opérculo*. O peixe abre e fecha a fenda protegendo as brânquias abrindo e fechando sua boca. Depois que a água entra na boca, a água é forçada pelas brânquias e depois é colocada para fora do opérculo. Conforme a água passa pelas brânquias em uma direção, o sangue dos capilares dentro das brânquias está se movendo na direção oposta. O oxigênio da água se espalha pelos capilares nas brânquias; o gás carbônico se espalha para fora dos capilares nas brânquias. Uma vez que o oxigênio está nos capilares, ele pode ser transportado pelo corpo do peixe para que todas as células em seu corpo adquiram gás necessário.

Capítulo 5: Adquirindo Energia para Abastecer o Reservatório

Sistemas de troca traqueal

Alguns insetos possuem tubos de ar que se abrem para fora do seu corpo. Essa rede de tubos é chamada de *traqueia*; os orifícios que se abrem para a superfície externa são chamados de *espiráculos*. (Nos humanos, a traqueia é um tubo que carrega ar para dentro dos pulmões.)

Em um sistema de troca traqueal, o oxigênio se espalha diretamente na traqueia e o gás carbônico vai para fora através dos espiráculos. O oxigênio e o gás carbônico não precisam ser carregados através de um sistema circulatório, porque o sistema traqueal atinge todas as partes do corpo de um inseto. As células do corpo trocam ar diretamente com o sistema traqueal. Seria como se você tivesse narizes por todo o corpo (semelhante aos espiráculos) e a sua traqueia tivesse o comprimento do seu corpo com brânquias alcançando toda a sua área interna. Não restaria muito espaço para os órgãos e os músculos dentro de você, restaria? Acredito que se os humanos pudessem voar, a história seria bem diferente.

As minhocas, os peixes e alguns insetos recebem oxigênio por difusão ao invés do processo respiratório. Porém, alguns insetos (como as abelhas e os gafanhotos) combinam o processo respiratório com o sistema traqueal. As abelhas e os gafanhotos contraem os músculos para bombear ar para dentro e para fora dos seus sistemas traqueais. Um gafanhoto tem bolsas de ar em alguns dos tubos de ar em seu sistema traqueal. A bolsa "bombeia" (como os bramidos de uma lareira) depois que uma pressão dos músculos é aplicada. Parece com o que acontece em animais terrestres maiores, não parece? Isso pode ser considerado uma ligação evolucionária. (Eu explico as ligações evolucionárias no Capítulo 16.)

Quer saber sobre os pulmões?

Bem, vamos lá. Você sabe o que são os pulmões? Eles são o contrário das brânquias. As brânquias se estendem para fora de um organismo (chamada de *protuberância*), e os pulmões são extensões internas da superfície do corpo (também chamadas de *invaginação*). Para os animais que vivem na água, as brânquias são suficientes por que o ambiente é úmido. Porém, para os animais que vivem na terra (e respiram no ar), os pulmões ficam dentro do corpo para que eles possam se manter úmidos. É por isso que as aberturas externas do seu sistema respiratório são o seu nariz e a sua boca – ambos são pequenos comparados com o resto do seu corpo. Com as aberturas do sistema respiratório são pequenas, isso diminui a chance de a água evaporar do sistema. (Você lembra como o seu nariz fica seco no inverno quando o ar é muito seco? Imagine se os seus pulmões secassem; você não seria capaz de trocar gases.)

Os pulmões podem ter diferentes formas e tamanhos em vários animais terrestres, mas eles funcionam essencialmente da mesma maneira que funcionam nos humanos. Usarei os humanos como modelo para explicar a mecânica dos pulmões para que você possa compreender melhor a si mesmo.

Os seres humanos possuem um par de pulmões que ficam na cavidade torácica (Figura 5-3); um pulmão fica do lado esquerdo da traqueia e o outro fica do lado direito. A traqueia é o tubo que liga a boca e o nariz aos pulmões. Dentro dos pulmões, a traqueia se divide em *brônquios*, que se dividem em *bronquíolos*. (Se você virar o sistema respiratório de cabeça para baixo, ele parece uma árvore.) Há também um músculo que fica embaixo dos pulmões chamado *diafragma*. As costelas ficam em volta da cavidade torácica para proteger os pulmões (e o coração) e para auxiliar nos movimentos respiratórios.

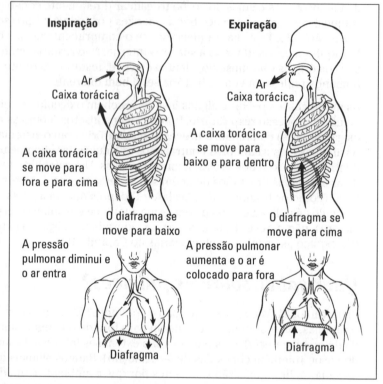

Figura 5-3: O processo respiratório nos humanos: inspiração e expiração.

Quando você inala (inspira), o ar entra pelas narinas (as aberturas do nariz), e flui através da cavidade nasal. Dentro da cavidade nasal, o pelo, e o muco prendem as partículas de pó e sujeira, purificando o ar que entra nos pulmões. Ocasionalmente, você deve tossir e expulsar ou engolir as partículas presas da sua garganta. Se você engolir sujeira e ela entrar em seu estômago, ela é simplesmente digerida e excretada.

O outro movimento que acontece quando você respira é que o músculo do diafragma se contrai (fica menor e se desloca para baixo), o que permite que a sua caixa torácica se mova para cima e para fora. Os pulmões têm mais espaço quando o tórax está aumentado, por isso eles abrem. (Pense

Capítulo 5: Adquirindo Energia para Abastecer o Reservatório

em um balão enchendo) A abertura dos pulmões significa que há mais espaço nos pulmões, portanto o ar entra (ou é sugado) para preencher o espaço. Quando os seus pulmões são preenchidos, o ar passa por todas as divisões dos brônquios nas menores bolsas de ar, que são chamados de *alvéolos*. Os alvéolos são as estruturas onde o oxigênio e o gás carbônico são trocados.

Os alvéolos têm a espessura de uma célula. Os capilares ficam em volta dos alvéolos, portanto, a difusão é um processo bem simples e uma viagem bem curta para as moléculas de gás através das duas membranas da célula. Quando o sangue passa pelo corpo, o sangue oxigenado fica nas artérias e nas arteríolas e o sangue desoxigenado é carregado de volta para os pulmões (para pegar mais oxigênio e liberar gás carbônico) nas veias e nas vênulas. Os capilares são os vasos sanguíneos que unem o espaço entre as arteríolas e as vênulas.

Os vasos sanguíneos em ordem decrescente de conteúdo de oxigênio são artérias, arteríolas, capilares, vênulas e veias.

Em cada 300 milhões de alvéolos dos pulmões, o oxigênio fica em uma concentração mais alta do que nos capilares que os cercam. Nos capilares há mais gás carbônico do que oxigênio. Portanto, você se lembra que a difusão ocorre de uma área de concentração maior para uma concentração menor (um tipo de tentativa de ajustar as coisas)? O que você acha que acontece? O oxigênio dos alvéolos se espalha pela membrana dos alvéolos, na membrana do capilar e no capilar. O gás carbônico se espalha pela membrana do capilar e a membrana dos alvéolos no pulmão.

Uma vez que o oxigênio está no capilar, ele é capturado pela hemoglobina e os glóbulos vermelhos transportam oxigênio por todo o corpo. (O sangue de suas artérias é vermelho claro devido à combinação de oxigênio e hemoglobina.)

Toda célula do seu corpo precisa de oxigênio para os seus processos metabólicos, portanto, o oxigênio é vital para o funcionamento adequado. Sem isso, você morre. Portanto, respire fundo e certifique-se de que esses glóbulos vermelhos o levam para todo o seu corpo.

Quando os glóbulos vermelhos liberam oxigênio pelo corpo, e pegam gás carbônico simultaneamente sendo excretada pelas células nos tecidos pelo corpo. A hemoglobina também carrega gás carbônico, mas a combinação entre as duas cria uma cor arroxeada escura que você pode ver nas veias próximo dos punhos.

Nos alvéolos, os compostos de hemoglobina nos glóbulos vermelhos liberam gás carbônico. Isso deixa a hemoglobina pronta para pegar o oxigênio e permite que o gás carbônico seja excretado durante a *exalação* (expiração).

Quando você expira, o músculo do diafragma relaxa e volta para cima. Essa ação faz com que a caixa torácica vá para baixo e para dentro, diminuindo o tamanho dos pulmões. Esse movimento com um tipo de ruído aumenta a pressão dentro dos pulmões agora menores, que força (ou puxa) o ar para fora dos pulmões. No ar exalado fica o gás carbônico que foi depositado pelos glóbulos vermelhos.

Como as Plantas Adquirem Energia

Enquanto os animais ingerem alimento e bebem líquidos, as plantas devem colocar alimento em seus sistemas para continuar a viver. As plantas geram energia para os animais usarem, portanto, elas devem reabastecer os seus nutrientes. E as plantas respiram, de certa forma. Elas não têm espiráculos, brânquias ou pulmões, mas trocam gases. Em vez de as plantas pegarem oxigênio e liberarem gás carbônico, elas fazem o contrário. Elas pegam o gás carbônico que todos os animais expiram e liberam oxigênio para todos os animais usarem. Muito legal, não é?

Apresentando a estrutura básica das plantas

Antes de falar como as plantas obtêm os seus nutrientes, eu dou algumas informações sobre a estrutura das plantas. Do contrário, você poderia não saber do que eu estou falando. E eu odiaria isso.

Basicamente, as plantas possuem um sistema em raiz, um caule ou tronco, ramos, folhas e estruturas reprodutivas (às vezes flores, às vezes cones ou sementes e assim por diante). A Figura 5-4 mostra as estruturas básicas. A maioria das plantas é *vascular*, o que significa que elas têm um sistema de canais dentro delas que carregam nutrientes pelas plantas, assim como o seu sistema vascular (ou sistema cardiovascular se você incluir o coração) possui artérias, veias e capilares. As plantas vasculares são diferenciadas das plantas como as algas, que não têm sistema vascular. A maioria das plantas vasculares são as *plantas com sementes*, e as plantas com sementes são com mais frequência o modelo usado nos livros de biologia e botânica e o tipo de planta com o qual você deve estar mais familiarizado.

Existem dois tipos principais de plantas com sementes: *gimnospermas* (coníferas, que produzem pinhas) e *angiospermas* (plantas com flores). Das 500.000 espécies diferentes de plantas, mais de 300.000 são plantas com flores. As plantas com flores são divididas pela quantidade de cotilédone que elas possuem. As *cotilédones* são os tecidos que fornecem sustento para uma plântula em desenvolvimento. As plantas com flores podem ser *monocotiledôneas*, que significa que elas possuem um cotilédone ou *dicotiledôneas*, ou seja, dois cotilédones.

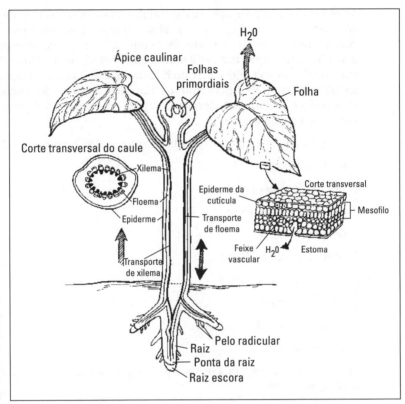

Figura 5-4: Estruturas básicas de uma planta vascular.

Existem três tipos de tecidos de plantas:

- *Tecido vascular*, que consiste de *xilema* e *floema* – os principais tubos através do qual os nutrientes são transportados.

- *Tecido dérmico*, que inclui as células externas (epiderme), células guardiãs que ficam em volta de um estoma e células especiais encontradas na superfície externa das plantas, como as células capilares (sim, algumas plantas têm pelos) ou células que causam uma sensação ardente (já encostou em uma urtiga?)

- *Tecido básico*, que consiste de três tipos de células:

  - As *células do parênquima* são as células básicas mais comuns. Elas estão envolvidas em muitas funções celulares básicas incluindo o armazenamento, a fotossíntese e a secreção.

  - As *células do colênquima* possuem paredes grossas e estão envolvidas no suporte mecânico.

  - As *células do esclerênquima* são semelhantes às células do colênquima, mas suas paredes são ainda mais grossas.

As células vegetais se diferem das células animais no sentido de que elas possuem uma parede celular. As células animais possuem uma membrana celular como a membrana externa de uma célula; as células vegetais também têm uma membrana celular, mas elas têm a parece celular adicional mais rígida em volta dela. Eu dou detalhes sobre as organelas nas células animais no Capítulo 2, mas aqui tem uma lista do que você encontraria em uma típica célula animal. Depois, compare com o que você encontraria em uma típica célula vegetal.

As células animais possuem essas estruturas de organelas e suborganelas:

- Centríolos
- Membrana celular
- Núcleo e nucléolo
- Mitocôndrias
- Complexo de Golgi
- Pequenos vacúolos
- Lisossomos
- Retículo endoplasmático
- Ribossomos

Todas as células vegetais possuem as organelas que uma célula animal possui, além de:

- Parede celular (a celulose da parede celular fornece estrutura e rigidez)
- Grande vacúolo (para armazenamento de grandes moléculas de amido)
- Cloropastos, que contêm clorofila (o pigmento verde das plantas)

O motivo de as células vegetais terem as estruturas extras é que as plantas controlam e armazenam a sua energia de maneira diferente dos animais. Primeiro; você se lembra que as plantas recebem sua energia do sol, e que o início da cadeia alimentar é uma planta? Os animais não conseguem controlar a energia do sol diretamente. As plantas controlam a energia do sol usando cloropastos e armazenam a energia que elas convertem em moléculas de carboidrato na parede da célula e nos vacúolos.

Formando energia a partir da principal fonte de energia

A *fotossíntese* é o processo pelo qual as plantas convertem energia do sol. É o processo que permite que os vegetais produzam moléculas orgânicas que usam como combustível (você se lembra que as plantas são autotróficas, quer dizer "se alimentam por si mesmas"?) Veja como isso funciona.

Capítulo 5: Adquirindo Energia para Abastecer o Reservatório

As moléculas da clorofila contidas nos cloropastos (que são distribuídas em toda célula) absorvem energia na forma de luz solar. Algumas plantas precisam de mais luz solar do que outras, mas todas precisam pelo menos de um pouco.

Em vez de pegar oxigênio e expirar gás carbônico como os animais fazem, as plantas captam o gás carbônico da atmosfera. As plantas absorvem água do chão através das suas raízes – Tenho certeza que você já viu os efeitos de pouquíssima água e luz solar em uma planta caseira. Durante a fotossíntese, a energia do sol divide as moléculas de água em hidrogênio e oxigênio. As moléculas de oxigênio são liberadas pela planta e lançadas na atmosfera, para que você e eu possamos respirar e produzir energia. As moléculas de ATP são criadas dentro da célula da planta. Essas reações são chamadas de *reações fotoquímicas* ou *claras* porque elas necessitam de luz.

As enzimas dentro da planta catalisam então a combinação de hidrogênio e gás carbônico para produzir um composto de carbono chamado *intermediário*. Um intermediário é um composto usado para continuar um processo de criação de um composto diferente. Nas plantas, o intermediário é chamado *fosfogliceraldeído* (deve ser mais fácil se lembrar como PGAL). O PGAL acontece no processo de produção da glicose, que a planta usa como combustível para sobreviver. Essas reações são chamadas de *reações de fixação do carbono* (ou *fase escura* para diferenciar da fase clara acima) porque os átomos de carbono são "fixados"; quer dizer, eles são colocados em compostos comuns que podem ser usados propositalmente em vez de somente flutuar pela célula sem objetivo.

Quando a planta cria mais glicose do que ela precisa para sustentar a vida, ela combina moléculas de glicose em moléculas de carboidrato maiores chamadas de amido. As moléculas de amido ficam armazenadas dentro de grandes vacúolos nas células das plantas. Quando necessário, a planta pode quebrar as moléculas de amido para recuperar a glicose e obter energia ou para criar outros compostos, como as proteínas (as plantas usam proteínas para carregar elétrons usados na fotossíntese), os ácidos nucleicos (para criar DNA) ou gorduras.

Passando pelo xilema e pelo floema

As plantas passam pela fotossíntese para produzir energia para elas mesmas (e finalmente para os humanos). A luz e a água são necessárias para realizar esse processo. Mas, como as plantas recebem água e luz em suas células? Eu vou dizer.

Os tecidos chamados xilema e floema normalmente são encontrados juntos no que são chamados *feixes vasculares*. Os dois tipos de tecido conduzem substâncias pela raiz e pelo caule de uma planta. No xilema circulam água e minerais do solo; o floema "conduz" moléculas de açúcar.

Fotossíntese

A equação usada para explicar a fotossíntese é essencialmente o contrário das reações que ocorrem nos animais durante a glicólise. A glicólise é a separação da glicose pela água para produzir dióxido de carbono e energia; a fotossíntese é a separação da água pela energia para produzir glicose a partir do dióxido de carbono com oxigênio liberado.

6 H2O + 6 CO2 + luz → C6H12O6 + 6 CO2

água + dióxido de carbono + luz → glicose + água + oxigênio

Todas as células das plantas possuem uma parece celular, mas as células do xilema possuem uma parede celular adicional para dar uma força extra para elas (ajuda a evitar perda de água pelo caule). Os *elementos vasculares* são células especializadas do xilema que formam troncos chamados *vasos*. A água passa pelos microporos ao final de cada elemento do vaso e continua através do tronco inteiro.

O tecido do floema contém células chamadas *elementos de tubo crivoso*, que se ligam nas colunas chamadas *tubos crivosos*. Cada elemento de tubo crivoso possui um poro ao final dele, através do qual o citoplasma de um elemento do tubo crivoso pode "estabelecer a ligação" do citoplasma do próximo elemento do tubo crivoso. Essa estrutura permite que o combustível que a planta produz nas folhas passe e sustente o restante da planta. Esse processo é chamado de *translocação* – veja detalhes sobre ele no Capítulo 6.

Transportando água de célula em célula

As plantas têm duas maneiras de transferir a água de fora para dentro da raiz e da raiz para o tecido do xilema e do floema. A água pode fluir entre as paredes celulares de células adjacentes. Pense nessa área como uma entrada. Ou a água pode fluir entre as células através de tubos que conectam o citoplasma de cada célula, muito semelhante às pessoas que podem atravessar portas de ambientes interligados.

A água passa por essas áreas por um desses três mecanismos:

- A *ação capilar* faz com que os líquidos subam para os tubos no xilema das plantas. A ação é resultado da *adesão*, que é provocada pela atração entre as moléculas de água e as paredes do tubo estreito. Você se lembra que sempre ficam algumas gotas de líquido ao longo das paredes de um canudo? Isso é provocado pela adesão entre as duas *substâncias diferentes* de água e plástico. As forças da adesão fazem com que a água seja puxada para a coluna de elementos de vaso no xilema e nos túbulos da parede celular.

Capítulo 5: Adquirindo Energia para Abastecer o Reservatório **101**

✔ A _osmose_ é responsável por levar água do solo para as células do xilema na raiz. A ação decorre de duas forças. Primeiro, com o xilema movendo continuamente água para fora da raiz a pressão na raiz é alta, especialmente em plantas pequenas que ficam próximas do chão (como a grama). Essa força é evidente na grama logo de manhã quando você vê pequenas gotinhas de água na ponta das folhas. (Isso não é orvalho; o orvalho é causado quando a mistura de ar quente e úmido é condensada quando a temperatura cai à noite e fica por toda a grama.) A segunda força envolvida nesse processo é a alta concentração de minerais dentro da raiz diferente do que está no chão. Em uma tentativa de igualar a concentração, a planta passa os minerais através do xilema, que força a água para cima também.

✔ A _teoria da tensão-coesão_ descreve como a maior parte da água passa pelas plantas. A _coesão_ é semelhante à adesão, exceto por envolver substâncias _semelhantes_ em vez de substâncias diferentes. A coesão faz com que as moléculas de água sejam atraídas umas para as outras em uma coluna (como se fosse um bar de solteiros para H_2Os "livres"). Uma vez que as moléculas de água estão ligadas, elas preenchem a coluna do xilema e agem como uma única molécula enorme de água. Conforme a água evapora da planta (um processo chamado _transpiração_), parte da água é "puxada" para fora da planta. Bem, como a água é uma coluna grande, o restante da água é puxado também. E necessário que seja puxada mais água para dentro da planta. Esse mecanismo é chamado de "fluxo de água."

A inspiração para a transpiração

A _transpiração_ é o termo técnico para a evaporação da água das plantas. Conforme a água evapora das folhas (ou qualquer parte da planta exposta ao ar), ela cria uma tensão nas folhas e nos tecidos do xilema. As plantas perdem água através de aberturas nas folhas chamadas _estômatos_ (singular = estoma), por isso, elas devem recuperar a água. Portanto, a inspiração para a transpiração é a perda de água. O comprometimento do meio que conduz os minerais necessários influencia a planta para puxar mais água do chão.

Minerais importantes e poderosos (para a planta)

Você já deve ter lido que os minerais passam pela água que está sendo puxada por uma planta. Você já se perguntou que minerais eles são? Bem, para satisfazer a sua curiosidade, desenvolvi uma tabela útil de quais minerais as plantas precisam e o que acontece se as plantas não os tiverem (Tabela 5-5). Você deve pendurar essa tabela, grudar em sua carteira e ficar com ela o tempo inteiro (é claro que estou brincando). Depois, descubra o que as plantas fazem com os seus minerais e como elas digerem seus nutrientes no Capítulo 6.

Parte II: Os Seres Vivos Precisam de Energia

Tabela 5-5	Minerais Importantes para as Plantas
Mineral	*Efeito da deficiência*
Boro	As pontas das folhas morrem e caem cedo; o crescimento da planta é atrofiado; normalmente não são produzidas flores e sementes
Cálcio	As folhas se torcem e enrolam, as raízes têm desenvolvimento ruim e pode parecer gelatinosa
Cloro (um gás)	As pontas das folhas murcham e ficam escuras
Cobre	As ramificações terminais murcham e morrem; a cor das folhas fica apagada
Ferro	Marcas brancas nas nervuras; embranquecimento das folhas, as pontas das folhas ficam queimadas
Magnésio	As nervuras ficam verdes, mas o tecido da folha fica branco ou amarelo, quebradiças; as folhas podem murchar, cair ou morrer
Manganês	Semelhante ao magnésio, mas os talos ficam amarelo esverdeado e geralmente duros
Chumbo	As folhas ficam amarelo claro e podem não crescer
Nitrogênio (gás)	O crescimento é atrofiado, as folhas ficam verde clara, depois amarelas, então secam e caem.
Fósforo	O crescimento é atrofiado; às vezes, as folhas ficam arroxeadas; os talos ficam finos
Enxofre	As folhas ficam de verde claro a amarelo; os talos ficam finos
Zinco	As folhas morrem; aparecem riscas brancas entre as nervuras de folhas mais velhas

Capítulo 6

Usando Energia para Manter o Motor em Funcionamento

Neste Capítulo

▶ Observando os sistemas digestivos em diferentes animais

▶ Passando pelo sistema digestivo humano

▶ Vendo como as plantas absorvem a glicose e também como usam e produzem energia

▶ Acompanhando as reações da fotossíntese, da fosforilação e da fotólise

▶ Passando pelo processo glicolítico

Quando um organismo ingere (ou absorve) comida, o sistema digestivo imediatamente começa a absorver o alimento para liberar os nutrientes. Neste capítulo, você pode encontrar informações sobre o sistema digestivo dos humanos e de outros animais, assim como a maneira que as plantas formam e absorvem a glicose começando pela energia da luz solar.

Tudo para Dentro: Tipos de Digestão

Isso é para você digerir: tipos diferentes de sistemas. Eu começo com uma projeção mais simples e trabalho para chegar até o complexo sistema humano. Você está pronto?

O menor sistema digestivo pode ser encontrado em organismos compostos por várias células. Porém, o sistema em que há células especializadas em volta da cavidade digestiva (intestinos), se encarrega do trabalho. As células adquirem nutrientes que as outras células do organismo podem usar para os processos que mantêm o organismo vivo.

Conforme os organismos aumentam em complexidade, eles consomem mais energia e, portanto, requerem mais nutrientes. Para manter seu metabolismo mais complexo, seus sistemas digestivos são mais complexos.

Porém, o processo de obtenção de nutrientes para o organismo inteiro acontece em nível celular; quer dizer, as células que ficam alinhadas no trato digestivo são responsáveis por levar os nutrientes e passá-los para o restante do corpo, independente do tamanho do corpo. Os ratos digerem e os elefantes também. O processo nos dois é bem semelhante.

Digestão intracelular

As substâncias podem entrar nas células de quatro maneiras diferentes. Esses são os métodos de *digestão intracelular* (o que significa que a digestão ocorre no interior da célula).

- *Transporte ativo*: Esse método requer que a energia (na forma de trifosfato de adenosina, ATP) seja usada para passar os nutrientes das membranas do plasma separando as células do sistema digestivo e as outras células do organismo.

- *Difusão*: Esse método depende de movimentos simples das moléculas de onde a concentração dos nutrientes é alta (como no ambiente composto por muitas bactérias) para uma área de concentração mais baixa de nutrientes (como dentro das bactérias)

- *Fagocitose*: Esse método envolve um organismo (ou uma célula) englobando nutrientes sólidos. A célula fica em volta do material englobando as partículas sólidas e formando um *vacúolo alimentar*. O vacúolo alimentar é ligado a uma organela celular especializada chamada *lisossomo*. O lisossomo contém enzimas que podem digerir o material sólido no vacúolo alimentar. Os nutrientes são liberados do material sólido e depois absorvidos através da membrana do vacúolo alimentar e passando depois para o citoplasma.

- *Pinocitose*: Esse método é semelhante à fagocitose, exceto pelo fato de que em vez de absorver material sólido, gotículas líquidas são levadas de dentro da célula, por meio de pequenas vesículas (em vez de um vacúolo alimentar).

A palavra fagocitose significa "células que comem" (*fago-*=comer; *cito-*=células). Você se lembra do jogo Come-Come? *Pinocitose* significa "células que englobam substâncias em estado líquido".

Digestão extracelular

Em alguns organismos, a digestão ocorre fora das células do sistema digestivo; quando isso acontece, ela é chamada de *digestão extracelular*. Os fungos e os parasitas são alguns dos organismos que se "alimentam" dessa maneira. Alguns desses organismos digerem organismos que já estão mortos e em decomposição; alguns se alimentam de organismos vivos.

Você já fez um passeio pela floresta e percebeu uma árvore morta com um fungo crescendo nela? O fungo está se "alimentando" da árvore, assim como as bactérias ajudam a decompor animais mortos. (Tenho certeza que você já sentiu o odor de algo morto na estrada em um dia quente de verão quando você abriu as janelas do carro.) As plantas (especificamente os fungos) que sobrevivem se alimentando de matéria orgânica em decomposição são chamadas de *saprófitas* (*sapro-*= podre; *fitas-*= planta).

E como um fungo "digere" uma planta? Ele secreta enzimas que absorvem a celulose da casca da árvore. No entanto, essa forma de digestão ocorre fora do fungo, portanto ela é extracelular. Os nutrientes liberados quando a casca é decomposta são absorvidos e usados pelo fungo.

Embora um fungo seja classificado como uma planta em vez de um animal, ele não tem a capacidade que as plantas têm de produzir seu próprio material orgânico para ter alimento. Os fungos têm que obter seus nutrientes de fontes externas. Às vezes o fungo fica fora da fonte, e às vezes ele cresce dentro de um organismo.

As Características do Sistema Digestivo

Animais de médio e grande porte (em comparação aqueles organismos multicelulares) possuem sistemas digestivos em tamanho mais apropriado para os seus corpos. Esta seção analisa alguns tipos diferentes de sistemas digestivos e como eles funcionam ao transformar o alimento em nutrientes que são necessários pelo animal.

Sistemas digestivos incompletos versus completos

Dos animais que você pode ver sem um microscópio, aqueles com sistema digestivo mais primitivo são os animais que têm intestinos com uma abertura apenas que serve tanto como boca quanto ânus (eca!). Um exemplo de um animal com esse tipo de trato digestivo incompleto é a medusa.

Os animais com maior complexidade são aqueles que têm tubo digestivo, onde os alimentos são digeridos e os nutrientes absorvidos, com uma boca na extremidade e um ânus na outra extremidade. Embora simples esse tipo de sistema é completo. Um exemplo de um animal com esse tipo de sistema é a minhoca.

Portanto, qual é o benefício de um sistema digestivo completo? Bem, para uma coisa, a boca não serve como ânus! Falando sério, um sistema "com fluxo contínuo" permite que o alimento que foi *ingerido* (engolido) seja *digerido* (absorvido) antes que seja *eliminado* (excretado) junto com os materiais ingeridos antes. Um organismo com um sistema completo não tem que levar comida constantemente para substituir o alimento que foi eliminado antes que os nutrientes possam ser adquiridos.

Consumidores contínuos versus descontínuos

Os animais que devem "comer" constantemente porque a comida é ingerida e depois expulsa logo em seguida são chamados de *consumidores contínuos*. A maioria desses animais está tanto vinculada permanentemente a alguma coisa (como os moluscos ou os mexilhões) quanto possui movimento lento.

Os moluscos também representam um grupo de animais chamado *consumidores com filtro*. Esses animais captam água e filtram as partículas do alimento usando suas duas válvulas. Devido a esse recurso, eles também são chamados de *bivalves*; *bi-* significando "duplicado" e, bem, *valva* significando porta de duas folhas. (Certo, portanto um molusco é um consumidor contínuo com filtro bivalve. Você está lembrado de que os cientistas *adoram* categorizar as coisas? Se esse tipo de organização chama a sua atenção, vá até o Apêndice A!) Uma valva se abre para captar o alimento da água, e depois a outra valva abre para liberar a água filtrada. Isso acontece continuamente por toda a vida do organismo – é como a respiração para mim e para você.

Os animais que são *consumidores descontínuos* consomem refeições maiores e armazenam o alimento para outra digestão. Esses animais geralmente são mais ativos e um tanto nômades. A capacidade de "comer e correr" serve bem um carnívoro. Do contrário, um animal como o leão precisaria comer e caçar constantemente, o que cansaria o leão e também faria com que ele ficasse exposto a savana aberta por mais tempo, dando a chance de se tornar uma presa para outro predador. (Sim, os leões têm predadores também. Embora eles estejam perto do topo da cadeia alimentar, não há um animal que esteja no topo de todos. Assim como eu e você estamos no topo, existe a possibilidade de durante uma linda escalada nas montanhas, um urso pardo faminto com seus filhotes vindo atrás fique no lugar mais alto e quebre a ligação na cadeia alimentar!)

Embora você possa comer e beliscar comida durante o dia todo, você é um consumidor descontínuo (ou deveria ser). Isso significa que você pode consumir comida rapidamente, mas digeri-la gradualmente e depois (na teoria) não ter que comer novamente por várias horas.

Porém, você e todos os outros animais que são consumidores descontínuos devem ter um lugar no corpo para armazenar a comida. Nos humanos esse órgão é o *estômago*. Nos pássaros, esse órgão é chamado de *papo*. Nos roedores, o alimento é armazenado em bolsas em sua *face*, pequenas bochechas.

Uma Olhada por Dentro do Sistema Digestivo Humano

Você sabe que a boca é onde você coloca o seu alimento, mas você percebeu que era parte do seu sistema digestivo? Bem, é. O ato de mastigar (o termo técnico para isso é *mastigação*) é o primeiro passo da digestão. O seu corpo deve dividir a comida em pedaços cada vez menores para que os nutrientes que estão no alimento possam ser liberados e usados pelo seu corpo. Afinal, o objetivo verdadeiro da alimentação e da digestão é ganhar nutrientes para manter o seu corpo funcionando.

Hmmm... Sua boca é um lugar agitado

Durante a digestão mecânica, os dentes começam a rasgar o alimento em pedaços pequenos, mas o restante da sua boca também está envolvido. As papilas gustativas detectam as substâncias químicas que compõem o alimento que você está comendo – como o carboidrato, a proteína e a gordura – para que as enzimas apropriadas sejam produzidas e secretadas pelo sistema digestivo.

Sua saliva contém uma enzima que começa a separar as longas moléculas de carboidrato assim que você coloca o alimento na sua boca. A *amilase salivar* é a enzima que começa a separar as ligações entre as moléculas de glicose em uma longa cadeia de amido. Sabe quando você saliva antes de comer algo? Esse é o efeito dos seus olhos e do seu nariz percebendo algo delicioso, enviando a mensagem ao cérebro que você abrirá a boca e dará uma mordida, e o jeito de a sua boca ficar pronta produzindo saliva que contém amilase salivar. Tente prestar atenção nisso acontecendo da próxima vez que você comer. Ou, você pode descobrir que isso está acontecendo agora mesmo, simplesmente porque você está *lendo* sobre salivação. (Ei, o seu cérebro ainda está recebendo a mensagem da "salivação!")

A boca também secreta na saliva uma enzima potente chamada *amilase salivar*. Ela é secretada continuamente e fica acumulada no estômago entre as refeições. Entre 10 a 30 por cento da gordura dietética é hidrolisada no estômago por essa enzima.

Depois que os seus dentes mastigaram, suas papilas gustativas enviaram informações sobre o que você está comendo, e a enzima em sua saliva começa a decompor amidos, provavelmente você está pronto para engolir. Sua língua empurra o alimento mastigado para trás da sua garganta e você engole o alimento e o coloca no esôfago. A saliva também facilita muito esse processo.

Aprenda a manobra de Heimlich!

Se você já "engoliu algo errado" e começou a tossir e engasgou, foi porque a comida engolida entrou na *traqueia* em vez do esôfago. A traqueia também é conhecida como tubulação de ar e carrega o ar que você respira através do nariz até os seus pulmões. Tanto a traqueia quanto o esôfago são tubos em sua faringe (garganta). O esôfago se conecta ao seu estômago. Se a comida chegar até a traqueia por engano (quer dizer, "entrar na tubulação de ar"), a reação natural do seu corpo é tossir a comida para colocá-la para fora. O alimento que bloqueia a traqueia ou entra no pulmão (chamado de alimento *aspirado*) pode impedir que os pulmões funcionem adequadamente e fazem com que a pessoa se sufoque. A falta de oxigênio por alguns minutos pode levar a lesão cerebral ou morte. Portanto, mastigue bem e engula com cuidado! E, aprenda a *manobra de Heimlich* para que você possa ajudar alguém que possa ficar engasgado. Nunca se sabe. Alguém que esteja lendo esse livro pode saber e *ajudá-lo* algum dia.

Ploft. A comida que você engoliu entrou no seu estômago. E agora? A amilase salivar para de decompor as moléculas de amido, e as enzimas do estômago passam a assumir o controle.

Quebrando a cadeia

A enzima pepsina começa a decompor as proteínas em cadeias muito menores de aminoácidos (os blocos de construção das proteínas) quando o alimento cai no estômago. Quando a pepsina começa a agir nas proteínas do alimento engolido, ocorre uma reação da hidrólise, que separa as longas cadeias de proteína (polipeptídeos) em pedaços menores (dipeptídeos ou peptídeos).

Mas aqui fica uma pergunta: Se a pepsina decompõe as proteínas, porque ela não destrói as proteínas que compõem os tecidos do seu trato digestivo?

Bem, quando a pepsina é secretada, ela fica na forma inativa chamada *pepsinogênio*. Ela está inativa, por isso não danifica as células que a compõem. Quando ela está na cavidade do estômago, o pepsinogênio é convertido para a sua forma ativa, a pepsina, perdendo algumas dezenas de seus aminoácidos. O revestimento do estômago não é afetado pela pepsina porque ela age somente nas proteínas (principalmente colágeno, encontrado nos tecidos animais), e o estômago é coberto com muco (uma substância feita de gordura) que protege os tecidos que contêm proteína – quer dizer, a menos que você tenha úlcera no estômago. (Leia o artigo "Úlceras do estômago.")

Úlceras do estômago

O revestimento do estômago pode ser corroído pelas enzimas digestivas. Essa condição é chamada de úlcera. Cerca de 20 anos atrás, a comunidade médica pensou que as úlceras do estômago fossem causadas principalmente por stress, preocupação, frustração e outras emoções negativas. Porém, vários anos atrás, uma bactéria chamada *Helicobacter pylori* foi encontrada por causar uma infecção no revestimento do estômago. O revestimento do muco estomacal é inflamado pelas bactérias, os ácidos estomacais e as enzimas secretadas durante a digestão são capazes de digerir as proteínas do tecido da parede estomacal. As úlceras podem ser dolorosas e se elas sangram ou fazem uma lesão (perfuração) através da parede do estômago, elas podem se tornar uma emergência médica. Por sorte, como a maioria das úlceras é na verdade provocada pela *H. pylori*, os médicos geralmente podem tratar a condição com um antibiótico em vez de uma cirurgia, como era comum não muito tempo atrás.

Uma vez no estômago as partículas de comida continuam a ser agitadas, e o ácido estomacal começa a quebrar as ligações de peptídeo das proteínas, toda a substância é injetada então no início dos intestinos. A *válvula pilórica*, que é o "passagem" entre o estômago e o intestino delgado é aberta, ocasionalmente, pelo músculo esfíncter pilórico para permitir que um pouco do conteúdo estomacal vá para o duodeno do intestino delgado.

A longa e movimentada estrada

Não deixe a palavra "delgado" enganar você. O intestino delgado é muito maior do que parece (3 metros de comprimento) do que o intestino grosso (1,5 metros). O termo intestino delgado se refere ao fato de que essa parte dos intestinos é estreita em seu diâmetro, o intestino grosso é mais largo em diâmetro, mas menor no comprimento.

Quando a comida parcialmente digerida entra no intestino delgado, ela é misturada com a *bile* e com o *suco pancreático*. Essas substâncias são secretadas pelo fígado e pelo pâncreas, respectivamente, dentro do intestino delgado para ajudar a digerir as gorduras e os carboidratos. Os sais da bile misturam as gorduras; isso significa que eles ajudam a dissolver as gorduras. A lípase, uma enzima que é parte do suco pancreático, transforma as moléculas de gordura em ácidos graxos e glicerol. A *amilase pancreática*, também no suco pancreático, continua a transformar os carboidratos em dissacarídeos. As enzimas chamadas de – anote isso – *dissacarídase* transformam as moléculas de dissacarídeo em monossacarídeos que podem ser absorvidas através das células que revestem o intestino delgado.

Portanto, nesta altura da digestão, os carboidratos e as gorduras do seu alimento são absorvidas nas formas mais simples no intestino delgado. Somente as proteínas precisam ser absorvidas depois.

Existem mais duas enzimas no suco pancreático que ajudam a digerir as proteínas. Como a pepsina, suas formas inativas são secretadas e elas são ativadas na cavidade do intestino delgado. As formas inativas são *tripsinogênio* e *quimotripsinogênio*. A tripsina e a quimotripsina são as formas ativas que fazem o trabalho de separar os fragmentos de peptídeo. Uma vez que os peptídeos estão separados em pequenas cadeias, os *aminopeptidases* os finalizam separando os peptídeos em aminoácidos individuais, absorvíveis.

Finalmente, depois de várias horas no sistema digestivo, os carboidratos, as gorduras e as proteínas estão todos em seus menores componentes: monossacarídeos (como a glicose), ácidos graxos e glicerol e aminoácidos. Agora eles podem ser usados pelo corpo. Mas para serem usados pelo corpo inteiro, eles têm que deixar o sistema digestivo.

Absorvendo Aquilo Que é Bom, Passando o Que é Ruim Para Frente

Os nutrientes que o corpo pode usar são absorvidos no revestimento das células do intestino delgado. O restante do material que não pode ser digerido ou usado mais tarde vai para o intestino grosso.

Os nutrientes bons permanecem no seu sistema

Os açúcares como a glicose, formados a partir dos carboidratos, assim como os aminoácidos que anteriormente compunham as proteínas da sua comida, passam diretamente para as células do intestino delgado pelo transporte ativo. Lembre-se, isso significa que a energia – na forma de moléculas de trifosfato de adenosina (ATP) – é usada para passar o açúcar e os aminoácidos para as células intestinais. Os capilares, que são os vasos sanguíneos de menor tipo, ficam em volta da parte externa do intestino delgado.

Através da *troca capilar*, os açúcares e os aminoácidos entram na corrente sanguínea. A troca capilar serve como um sistema de troca. O intestino delgado envia os nutrientes benéficos para os capilares do sistema circulatório e os capilares jogam o lixo celular coletado de todo o corpo (por exemplo, células sanguíneas mortas) para dentro do intestino delgado a fim de que eles possam continuar a passar para o sistema excretor.

Os açúcares e os aminoácidos que agora estão dentro dos capilares são enviados através da corrente sanguínea para o fígado. Porém, os produtos da digestão de gordura ficam cobertos com proteína e são então chamados de *quilomícrons* (ver o Capítulo 5).

Em vez de serem carregados pela corrente sanguínea, os quilomícrons são transportados através do sistema linfático, que deposita o líquido linfático nas veias próximas do coração.

Requisitando o cólon para depositar os resíduos

Uma vez que os nutrientes passaram pelo intestino delgado, sejam quais forem os resíduos materiais eles continuam a passar pelo intestino grosso (o cólon). Aqui, a maioria da água contida no material que restou é reabsorvida pelo corpo. Um erro na absorção resulta tanto na constipação (muita água é absorvida) ou diarreia (não foi absorvida muita água). Depois que a água foi reabsorvida o material restante é compactado na forma sólida (fezes).

O intestino grosso absorve íons (como o sódio) em suas células do material que passa por ele. Os íons de sódio são necessários em muitos processos celulares, como o transporte ativo de materiais nas membranas das células. O intestino grosso também coleta (da corrente sanguínea) íons para serem excretados, ajudando a regular a quantidade de íons no corpo. Se a quantidade de íons em seu corpo (também chamados de eletrólitos) não estiver em sua taxa normal, podem ocorrer sérios efeitos. Por exemplo, se o seu nível de eletrólitos de sódio e potássio estiver anormal, a capacidade de os músculos se contraírem adequadamente ou de os nervos enviarem impulsos corretamente é afetada, e isso pode afetar seus batimentos cardíacos, causando possivelmente um ataque cardíaco.

Por que você deve lavar as mãos

Embora as bactérias que produzem vitamina K em seus intestinos estejam ajudando-o a manter-se saudável, elas podem ser extremamente prejudiciais se estiverem em qualquer outro lugar do seu corpo que não seja os intestinos. Uma das bactérias que fica em seu cólon é *Escherichia coli (E. coli)*. Houve numerosos relatórios nos últimos anos sobre mortes e doenças relacionadas a alimentos contaminados com *E. coli*, mas esses problemas foram causados por um tipo de *E. coli* (chamado O157:H7) que normalmente não fica nos intestinos. Porém, qualquer tipo de *E. coli* ingerido pode causar diarreia e vômito. A contaminação séria de *E. coli* também pode contribuir para sepse (bactérias na corrente sanguínea, passando pelo seu corpo causando infecções por todo lugar), que pode levar ao coma e a morte. A maneira no 1 que a *E. coli* entra no alimento é a partir de mãos sujas. Quando você se limpa depois de defecar, algumas das bactérias que foram excretadas com as suas fezes podem facilmente ficar em suas mãos. Se você não lavar as mãos para remover as bactérias (*E. coli* não é a única bactéria que fica em seus intestinos!), e depois colocar as mãos na comida e comê-la, você pode ingerir as bactérias e ficar doente. Se você não lavar as mãos e depois tocar em alguma coisa (ou na comida de alguém), você pode deixá-los doentes. Por isso, *por favor*, lave as suas mãos depois de ir ao banheiro; se não por você, então pelo menos pelos outros!!

112 Parte II: Os Seres Vivos Precisam de Energia

Vários tipos de bactéria consideram o intestino grosso de casa. Durante a digestão, algumas das bactérias produzem vitamina K, que os humanos precisam, mas não podem produzir. Esse produto necessário dessas pequenas bactérias benéficas é absorvido através do revestimento do intestino grosso.

Quando a digestão e a absorção são concluídas, o corpo tem o que ele necessita (o que ele tem para trabalhar no momento) e as fezes passam pelo cólon até o reto. O reto é como um tanque reservatório. Quando ele está cheio, você sente necessidade de defecar (quer dizer, remover o material fecal). Essa função, indica o final do processo digestivo, e é realizada através do ânus.

De volta para o fígado

Os açúcares e os aminoácidos são transportados para o fígado por um motivo muito específico. O fígado é como o departamento de controle de qualidade nessa fábrica chamada de corpo. O sangue flui através do fígado, que pode detectar quaisquer anormalidades nos níveis sanguíneos de várias substâncias e começar a corrigi-las.

Por exemplo, o fígado pode detectar o nível de glicose do sangue. Se o nível estiver muito alto (hiperglicemia), o fígado remove parte da glicose do sangue e a transforma em glicogênio para armazená-la. Se a glicose em excesso ainda estiver no sangue depois que o fígado produziu glicogênio o suficiente, o fígado inverte o seu processo metabólico para armazenar glicose extra como gordura. As moléculas de gordura são então carregadas pela corrente sanguínea e depositadas pelo corpo. (Você sabe onde elas estão!)

Se o nível de glicose no sangue estiver muito baixo, o fígado quebra parte de seu glicogênio libera glicose e a coloca no sangue. Se todos os estoques de glicogênio são usados, o fígado começa a absorver parte das gorduras armazenadas para ter glicose. Porém, se as reservas de gordura são usadas (como durante um período de fome), o corpo começa a absorver os aminoácidos para ter moléculas de carbono-oxigênio-hidrogênio que o corpo necessita tão desesperadamente. Porém, para receber os aminoácidos, as proteínas do corpo (como nos músculos) são absorvidas. Lembre-se que o coração é um músculo, portanto a fome eventualmente leva a morte.

Embora o açúcar pareça ser um mal (devido ao excesso dele ser armazenado como a temida gordura), somente a quantidade certa de glicose precisa estar na corrente sanguínea. Por quê? Porque a glicose é o nutriente principal do seu cérebro, e eu mostro a importância do seu cérebro no Capítulo 10.

As Plantas Também Têm Digestão

Se você não faz ideia do que os animais fazem com os alimentos que eles ingerem, eu vou dizer o que plantas fazem antes que seja hora de *ir*. Eu posso cortar esse tipo de humor pela raiz, se você quiser. Mas esses troca-

Capítulo 6: Usando Energia para Manter o Motor em Funcionamento **113**

dilhos foram gerados da mãe, e ela pode virar uma flor... Certo, plantarei as sementes do saber para você (não se esqueça de regá-las e deixa-las tomar sol o suficiente!)

Como as Plantas Absorvem Nutrientes e Produzem Alimento

As plantas possuem raízes que fixam-se na terra. As raízes absorvem água, que possui nutrientes dissolvidos nela, do solo até em cima. (O Capítulo 5 traz mais informações sobre isso se você precisar). Algumas forças especiais fazem com que a água passe pelo caule da planta até o tecido especializado chamado xilema.

- **Osmose:** A *osmose* usa a diferença na concentração de nutrientes entre o solo e a raiz para passar água (e nutrientes) para a planta. Existem mais minerais e nutrientes no centro da raiz, que é uma área chamada *estelo* ou *cilindro central* (maior concentração), do que os que estão na parte externa da raiz (menor concentração). Um motivo para isso é porque a água e os nutrientes continuam indo em direção ao centro da raiz do xilema, que é um tubo que envia água e nutrientes da raiz para o caule. Durante a osmose, a água passa de uma área de menor concentração para uma área de maior concentração.

- **Ação capilar (adesão):** Quando a água e os nutrientes estão dentro do xilema, a adesão e a coesão continuam a passar água através da planta. A adesão ocorre quando as moléculas de água se unem ao tecido do xilema (algo do tipo "os opostos se atraem"). A adesão fornece a força para puxar a água até os lados do tubo no xilema.

- **Coesão-tensão:** A *coesão* ocorre quando as moléculas de água ficam umas junto com as outras. A coesão faz com que a água no tubo da raiz e do caule se torne uma coluna longa de líquido e nutrientes. Conforme a água evapora da planta para a atmosfera (chamado de *transpiração* nas plantas, mas *respiração* nos animais), a coluna de água continua a passar para preencher o espaço deixado pelas moléculas de água que foram "absorvidas" das folhas com a evaporação. Essa força da água evaporando das folhas é chamada de *fluxo de massa*, e é provocada pela energia do sol. Por quê? Porque o sol aquece a água dentro das folhas, fazendo com que a água evapore (assim como uma panela com água em um fogão produz vapor conforme a água evapora – você não vê o vapor saindo das plantas).

Fotossíntese e transpiração

Quando o sol aquece a água nas folhas das plantas, o resultado não é somente a transpiração, mas a fotossíntese ocorre também.

A fotossíntese é o processo bioquímico de energia do sol separando as moléculas de água dentro da planta e combinando com moléculas de gás carbônico para que ocorra a reação da hidrólise, criando moléculas de glicose que a planta pode consumir como fonte de energia e oxigênio que os animais podem usar em seus corpos.

A energia do sol é energia "transformada" dentro da planta. (Então, a energia da planta é transferida para o animal que a come, e assim por diante. Veja as informações sobre as cadeias alimentares no Capítulo 5.)

A equação da fotossíntese é assim:

$$\text{Luz} + 6\,H_2O + 6\,CO_2 \rightarrow C_6H_{12}O_6 + 6\,O_2$$

Eu expliquei os princípios básicos da fotossíntese no capítulo 5, mas darei mais detalhes aqui sobre como esse processo acontece. O processo da fotossíntese é um processo importante porque ele é a base de todas as cadeias alimentares. Se as plantas não realizassem a fotossíntese, os animais não seriam capazes de explorar a energia do universo ou obter oxigênio para respirar.

A devastação das florestas tropicais é um problema porque sem essas árvores e plantas trabalhando como uma fábrica de oxigênio virtual, os humanos não terão uma substância importante para a sua sobrevivência, assim como para a sobrevivência de outros animais. A energia e o oxigênio que as plantas fornecem para os animais não podem vir de outro lugar.

As plantas e os animais trabalham juntos: Os animais em decomposição e as fezes fornecem matéria orgânica para o solo que as plantas precisam, e as plantas fornecem carboidratos e oxigênio que os animais precisam.

Detalhando a clorofila

Para ir mais fundo na fotossíntese, você tem que vestir o seu chapéu da química por um momento. Pronto? Dentro das células de uma folha ficam as moléculas da clorofila, que é um pigmento. Um pigmento fornece cor porque ele absorve luz em cada extensão de onda, exceto a cor certa que você pode ver. Você se lembra do mnemônico em Inglês "ROY G. BIV" ou "VIBGYOR" das aulas de ciências? Essas ferramentas para a memória dão as cores em um espectro de luz completo: red (vermelho), orange (laranja), yellow (amarelo), green (verde), blue (azul), índigo (anil), Violet (violeta).

Nas plantas, você vê principalmente o verde. A molécula de pigmento *clorofila a* absorve toda onda de luz, exceto o verde. Os raios de luz verde são refletidos fora da folha e captados por seus olhos, permitindo que você veja o verde. (Está começando a ver a luz?) Mas, no outono, quando as moléculas da *clorofila a* são usadas, você começa a ver as folhas em uma nova luz, por assim dizer. A molécula de pigmento *clorofila b* absorve toda onda de luz, exceto no vermelho, laranja e amarelo, assim são essas as cores que você vê quando a *clorofila b* está absorvendo os raios de luz do sol.

Dançando na cadeia de transporte de elétron

Quando eu digo que uma folha absorve energia na forma de luz do sol, o que eu quero dizer é que a energia é absorvida pelos elétrons nos átomos da molécula de clorofila. Esses minúsculos elétrons estão tão agitados para ser parte da planta que eles pulam para todos os lugares. (Imagine uma criancinha que fica sabendo que irá a uma loja de brinquedos e poderá escolher o que quiser.)

Ao fazer a dança feliz, os elétrons fornecem energia e depois vão para outra molécula de pigmento, onde eles são incorporados e agitados novamente até o ponto em que concedem mais energia. Esse ciclo é chamado de *cadeia de transporte de elétron*, e continua até os elétrons atingirem os "agitadores": clorofila a P_{680} e P_{700}. Esses "agitadores" não gostam de pequenos elétrons perturbadores na danceteria, portanto eles os restringem: quer dizer, a clorofila P_{700} absorve os elétrons no sistema *fotossistema I*; a clorofila P_{680} absorve os elétrons no *fotossistema II*.

A alegria da fotofosforilação

A fotofosforilação (eu sei, é comprida) é o nome do processo químico que ocorre quando as plantas fazem aquele composto de energia familiar ATP da molécula de adenosina difosfato (ADP) e uma molécula de fosfato inorgânico (P_i) – a parte da *-fosforilação* (adição de fósforo) – mais energia da luz (a parte da *foto-*). A fotofosforilação descreve as reações da fotossíntese que usa energia adquirida da absorção de luz (seja a luz do sol ou uma lâmpada florescente em sua cozinha) e converte em energia que é usada mais tarde nas reações escuras (chamadas ciclo Calvin-Benson); veja a seção chamada, "Produzindo açúcar no escuro").

Essas reações não ocorrem em um ciclo circular, mas você pode começar (e terminar) no fotossistema II. Veja a Figura 6-1 para acompanhar as reações.

Reações de oxidação-redução

As equações de oxidação-redução descrevem a transferência de energia entre os átomos. Na maioria das reações químicas, a energia é transferida. Algumas moléculas perdem elétrons, outras ganham elétrons. No capítulo 2, eu explico como os elétrons tentam preencher a camada externa de um átomo. Se a camada externa não estiver preenchida, o átomo é carregado porque ela está, de forma simplista, criando energia ao procurar um elétron para preencher a sua camada externa. Quanto mais energia um átomo tem (mais elétrons ele está perdendo), maior é o seu número de valência (quer dizer, +1, +2, etc.)

Uma substância que ganha elétrons diminui o seu número de valência, portanto dizemos que ele é *reduzido*. A substância que perde elétrons é oxidada e o seu número de valência aumenta. Em uma reação de redução-oxidação, a substância que ganha elétrons é o agente oxidante. A substância que perde os elétrons é o agente redutor.

Parte II: Os Seres Vivos Precisam de Energia

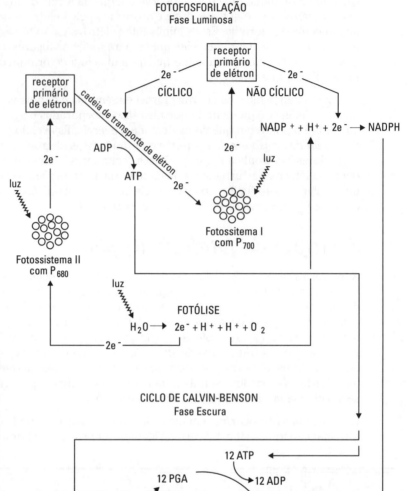

Figura 6-1: Os processos da fotólise e das fases clara e escura da fotossíntese – todos criam energia para as plantas usarem ou passarem para os animais que as comem.

Capítulo 6: Usando Energia para Manter o Motor em Funcionamento *117*

✔ Quando a luz atinge as moléculas de clorofila no fotossistema II, dois elétrons são energizados e enviados para o receptor primário de elétron.

✔ O receptor primário de elétron recebe os minúsculos elétrons de braços abertos – quer dizer, os aceita – e os envia para a cadeia de transporte de elétron.

✔ Os elétrons passam de uma proteína transportadora para outra na cadeia de transporte de elétron. Algumas das proteínas transportadoras contêm o metal ferro, como o citocromo e a ferredoxina.

✔ Os dois elétrons originais perdem energia conforme passam a cadeia de transporte de elétron. (Pense em como os bebês ficam desarrumados quando passa de pessoa para pessoa). A energia que eles perdem é usada para *fosforilar* (quer dizer, acrescentar a molécula de fosfato ADP) a reação que cria a ADP. (Observação: Esse processo é a maneira que as plantas "utilizam" a energia da luz do sol. A energia que captam da luz é transformada em energia [ATP] que elas podem usar para criar sua energia [glicose]. O processo da fotofosforilação é o primeiro passo para a produção dessa energia).

✔ Ao final da cadeia de transporte de elétron fica o fotossistema I. Quando a energia da luz atinge as moléculas de clorofila no fotossistema I, os elétrons são enviados para um segundo receptor primário de elétron. (Não se confunda, embora eu entenda completamente se você perguntar o porquê de eles não o chamarem de receptor *secundário* de elétron! Desculpe. Estou apenas narrando sobre esse caminho; eu não inventei isso).

✔ O segundo receptor primário novamente recebe os elétrons agitados de braços abertos e envia dois deles através de outra cadeia de transporte de elétron.

✔ Ao final dessa pequena cadeia de transporte de elétron, os dois elétrons possuem mais energia do que depois de passar pela primeira cadeia de transporte. Portanto, eles se ligam com um íon de hidrogênio (H^+) e uma molécula de nicotinamida adenina dinucleotídio fosfato (NADP) *oxidada* para formar nicotinamida adenina dinucleotídio fosfato (NADPH) reduzida.

✔ A NADPH é uma coenzima junto com várias outras energias. Portanto, embora o NADPH receba sua energia ao pegar os dois elétrons que começaram no início desse processo, a NADPH passa essa energia quando é usada para iniciar as reações do ciclo Calvin-Benson. (Veja a seção "Produzindo açúcar no escuro: O ciclo de Calvin-Benson," mais à frente neste capítulo).

Dividindo a luz: Fotólise

Você sabe que as plantas precisam de água. As moléculas de água que uma planta consome são divididas pela energia da luz para permitir que a reação que produza a glicose ocorra. A reação é uma reação da hidrólise (separação de água), mas a fotólise (separação pela luz) também faz parte da equação.

Não afogue as suas plantas!

As plantas consomem dióxido de carbono e fornecem oxigênio. Mas as plantas precisam de oxigênio. Elas precisam dele no solo em volta de suas raízes. O oxigênio mantém o solo oxigenado, o que permite que os minerais sejam dissolvidos na água e absorvidos através dos pelos radiculares. Se o solo estiver alagado – o que acontece se você colocar muita água na planta – as moléculas de água substituem as moléculas de oxigênio, e o solo se compacta. Isso significa que fica muito pesado para os nutrientes passarem e entrarem nas raízes. Isso danifica ou mata a planta. O processo é muito semelhante à maneira como as pessoas se afogam, se você fosse mergulhar em um lago e batesse sua cabeça, ficando inconsciente de maneira que não pudesse voltar para a superfície, a água em que você estivesse substituiria o oxigênio dos seus pulmões, evitando que você fosse capaz de respirar ou receber oxigênio em seu cérebro e nas células do corpo. Isso o prejudica ou mata da mesma maneira que as plantas regadas em excesso são afogadas em seus próprios vasos. Portanto, seja gentil com as suas plantas e não as regue demais. Ah, sim, e não mergulhe em águas desconhecidas, certo?

O que acontece é o seguinte: A energia do sol (assim como o sol) separa uma molécula de água em dois íons de hidrogênio e em metade de uma molécula de oxigênio (O_2). A criação desses íons libera dois elétrons. E são esses dois elétrons que iniciam todo o processo da fosforilação. Você não se perguntou de onde o fotossistema II recebeu os dois elétrons inicialmente?

Você também não se perguntou por que esses dois elétrons vão para o fotossistema II primeiro em vez de no fotossistema I? Boa pergunta. Bem, a clorofila no fotossistema II absorve luz em 680nm, por isso faria sentido que os elétrons fossem para o local mais baixo no espectro de luz. Deve ser porque o fotossistema I em 700nm foi descoberto primeiro, apesar de não ser esse o primeiro lugar que os elétrons vão.

Então, agora você deve estar começando a ver como a água e a clorofila – ambos estando na parte interna das folhas – se misturam com luz solar para criar combustível para a planta. Mas espere, tem mais. Nesta altura a planta criou a molécula rica em energia NADPH, mas ainda não criou glicose (a última molécula de energia). Isso acontece nas reações escuras. (Misterioso, não?)

Produzindo açúcar no escuro: O ciclo de Calvin-Benson

O ciclo Calvin-Benson, (também conhecido como fotossíntese C_3), é uma série de reações que ocorre durante a fotossíntese, mas não são iniciadas pela luz. Essas reações usam a energia criada durante a fotólise e a fotofosforilação.

Capítulo 6: Usando Energia para Manter o Motor em Funcionamento **119**

Depois que esse ciclo é realizado seis vezes, uma molécula de glicose é produzida. Veja como isso acontece. Você pode voltar na Figura 6-1 também para acompanhar o ciclo, que é separado nos seguintes tipos de reações:

- Carboxilação
- Redução
- Regeneração
- Síntese de carboidrato

De maneira geral, todo o ciclo de Calvin-Benson pode ser colocado em uma equação:

$$6CO_2 + 18 \text{ ATP} + 12\text{NADPH} + H^+ \rightarrow 18 \text{ ADP} + 18P_1 + 12 \text{ NADP+} + 2 \text{ glicose}$$

Mas, não se preocupe. Nas seções a seguir eu separo essa equação para você em blocos menores.

Carboxilação: Concertando o gás carbônico

Uma reação de *carboxilação* é aquela que usa o gás carbônico, que é uma molécula inorgânica não reativa para criar uma molécula orgânica que é envolvida nas reações metabólicas.

Nas plantas, o gás carbônico é aproveitado do ar e através de uma série de reações no ciclo Calvin-Benson, usado para produzir glicose. Especificamente, uma molécula de gás carbônico é combinada com uma molécula de ribulose bifosfato (uma molécula de açúcar-fosfato abreviado RuBP) para criar duas moléculas de *fosfoglicerato* (PGA), que é uma molécula que contém três átomos de carbono. O fato de uma molécula de três-carbonos ser produzida explica porque o ciclo de Calvin-Benson também é chamado de fotossíntese C_3: C_3 significa três carbonos. Todo esse processo precisa ocorrer seis vezes, portanto a equação geral é:

$$6 CO_2 + 6 \text{ RuBP} \rightarrow 12 \text{ PGA}$$

Redução: Comprimindo a energia

Você se lembra das moléculas de ATP e NADPH que foram produzidas durante a fotofosforilação? Bem, essa parte do ciclo é onde elas entram durante a fotossíntese. Esse passo também explica porque essas são as reações "escuras". A ATP e NADPH trazem energia para as reações da fotossíntese; a energia da luz não é usada diretamente aqui – ela já foi convertida para as moléculas de ATP e NADPH!

Nesta altura da fotossíntese (depois de seis voltas do ciclo Calvin-Benson), as moléculas 12 PGA da reação da carboxilação se combinam com 12 moléculas de ATP (de 12 fotofosforilações) e 12 moléculas de NADPH (de 12 reações de fotólise e fotofosforilação). O que todas essas moléculas criam é uma grande molécula densa de energia chamada *fosfogliceraldeído* (PGAL).

A energia para produzir o PGAL é absorvida das moléculas de ATP e NADPH. Lembre-se que o ATP é formado de ADP e Pi; o NADPH é formado do $NADP^+$ e H^+. Portanto, quando o ATP e o NADPH são separados para li-

120 Parte II: Os Seres Vivos Precisam de Energia

berar energia, eles também liberam ADP, Pi e NADP+. Mas não se preocupe. A Mãe Natureza não permitiria que a energia fosse para o lixo. O ADP, Pi e NADP+ são reciclados através das etapas da fotofosforilação.

Regeneração: Usando o segundo produto para produzir o primeiro

Voltando para a reação da carboxilação do ciclo Calvin-Benson, RuBP é usado para produzir PGA. Depois, na reação de redução, o PGAL é formado. Nessa reação de regeneração, o PGAL é convertido para RuBP para que todo o processo da fotossíntese possa continuar acontecendo. Eu disse que a Mãe Natureza não permitiria que a energia fosse para o lixo. Você não pode ficar muito mais eficiente do que o organismo que produz o seu próprio alimento, assim como os produtos dos quais ele produz a energia! Você pode imaginar o quanto o motor do seu carro seria eficiente se ele não usasse somente gasolina, mas também usasse produtos criados quando ela fosse consumida para ser novamente formada? Você nunca teria que ir para as bombas de combustível (e os aumentos de preço não seriam um problema)!

Para que essa reação da regeneração ocorra, é usado mais energia na forma de ATP. A equação geral é:

10 PGAL + 6 ATP → 6 RuBP

Exatamente agora, você deve estar se perguntando o que aconteceu com as outras duas moléculas de ATP.

Síntese do carboidrato: Finalmente, produzindo açúcar

Se você estivesse acompanhando de perto e controlando os números, você veria que na reação da redução um total de 12 moléculas de PGAL foi produzida (depois de seis ciclos Calvin-Benson, é claro). Depois, na reação da regeneração, somente dez moléculas de PGAL foram usadas para produzir RuBP. O que aconteceu com as outras duas moléculas de PGAL?

Não farei mais suspense. Olhe a Figura 6-1. Está vendo o ponto no círculo onde está escrito 12 PGAL? Uma seta separa o círculo intitulado 2 PGAL e ela possui uma seta apontando em direção a glicose. Isso significa que esse é o ponto na fotossíntese onde a glicose é produzida! Sim! Finalmente!

O ciclo de Calvin-Benson também é chamado de fotossíntese C_3 porque uma molécula contendo três átomos de carbono foi produzida? (É chamada de PGA.) Bem, eventualmente o PGAL é produzido, mas ele também contém somente três átomos de carbono. E se você colocar duas dessas moléculas juntas com três carbonos, você produz uma molécula com seis carbonos, certo? Certo. E a glicose é uma molécula com seis carbonos.

Nas plantas, outros monossacarídeos com seis carbonos como a frutose também podem ser formados nessa etapa. Então, os monossacarídeos podem se ligar para formar os dissacarídeos como a sacarose ou os polissacarídeos como o amido e a celulose.

Capítulo 6: Usando Energia para Manter o Motor em Funcionamento **121**

A Respiração das Plantas Absorve a Glicose

As plantas não possuem sistemas digestivos como os animais. Mas elas absorvem (assimilam) nutrientes para produzir energia utilizável como os animais fazem. Por quê? Você pergunta. Bem, para crescer, as plantas precisam produzir mais células. É necessário energia para fazer isso. A energia também é necessária na maior parte dos processos metabólicos básicos de uma planta, como para gerar as reações da fotossíntese continuamente, que ironicamente, produzem mais energia. Os nutrientes encontrados nos açúcares, como a glicose, a frutose, a sacarose e o amido, são usados durante toda a vida da planta, e também nas gorduras das sementes, que são usadas para ajudar a planta em seu crescimento.

Você sabe por que os animais não ingerem somente alimentos e água, mas também oxigênio para sobreviver? Nos animais, o processo de uso de oxigênio e concessão de gás carbônico e água é chamado de *respiração*. As plantas passam pela respiração também, exceto pelo fato de que elas captam gás carbônico e liberam oxigênio e água.

O processo inteiro da *fotossíntese* (incluindo tanto as fases claras e escuras) é resumido assim:

Energia (luz) + 6 H_2O + 6 CO_2 → $C_6H_{12}O_6$ + 6 O_2

Todo o processo da respiração pode ser resumido assim:

$C_6H_{12}O_6$ + 6 O_2 → 6 CO_2 + 6 H_2O + energia

Percebeu alguma coisa aqui? Viu como a respiração é o contrário da fotossíntese? E realmente é. Nas plantas, a produção da glicose e a absorção da glicose acontecem continuamente, e os dois processos principais acontecem em toda célula. Não existem sistemas de órgãos nas plantas, portanto, a absorção de combustível não é separada de onde ela é usada. Essa projeção elimina a necessidade de um sistema circulatório, por si só, assim como a necessidade de uma bomba circulatória como um coração. E elimina a necessidade de um sistema excretor. As plantas são projetadas com muita eficiência, por isso elas não criam muitos resíduos. Seu "lixo" contem oxigênio e água, que eles liberam como produtos de todo esse processo de respiração.

Onde isso acontece

Nas plantas, as etapas da respiração são bem semelhantes à respiração dos animais (veja o Capítulo 5). As etapas incluem a glicólise, o ciclo de Krebs – que também é chamado de ciclo do ácido tricarboxílico (TCA) ou ciclo do ácido cítrico – e a cadeia respiratória.

A *glicólise* é o processo de separação da glicose. Esse processo ocorre no citoplasma da célula. Nas plantas, a glicólise ocorre através do fluxo glico-

Parte II: Os Seres Vivos Precisam de Energia

lítico (mais frequentemente) ou do fluxo oxidativo da pentose fosfato. O fluxo glicolítico é importante porque ao longo dele, as substâncias que são produzidas (chamadas intermediárias porque estão entre a substância original sendo degradada – glicose – e o produto final, que é o ácido pirúvico) são usadas então para formar outras sustâncias estruturais da planta.

Quando o ácido pirúvico é criado, ele atravessa as mitocôndrias da planta e inicia o ciclo de Krebs. O restante do processo da respiração ocorre nas mitocôndrias também. Depois que o ciclo de Krebs está completo e as moléculas de alta energia são criadas, a energia passa através de uma cadeia de eventos chamada cadeia respiratória. Ao final dessa cadeia, o oxigênio e a água são liberados.

Como isso acontece

Vá devagar nessas etapas. Fique a vontade para reler se for necessário. Ninguém está atrás de você ameaçando-o com direção perigosa na estrada. E, não se esqueça de olhar a Figura 6-2 para acompanhar o que está acontecendo.

Fluxo glicolítico (glicólise)

Esse fluxo transforma uma molécula de glicose em duas moléculas de ácido pirúvico, duas moléculas de NADH e duas moléculas de ATP. (Sim, se você olhar a Figura 6-2 você vê quatro moléculas de ATP. Mas se você olhar bem de perto poderá ver que essa parte da respiração também usa duas moléculas de ATP.) Há um total de dez reações químicas nessa reação. Eu decidi deixar os detalhes aqui. Mas é importante observar que algumas das reações desse fluxo são *reversíveis*. Isso significa que uma planta pode produzir glicose passando por esse mesmo processo ao fundo.

Ciclo de Krebs

Esse processo é um grande ciclo biológico porque ele ocorre tanto nas plantas como nos animais, o que justifica você ver isso sendo mencionado com tanta frequência em um livro de biologia. Se o seu objetivo é aprender somente um pouco de bioquímica, posso sugerir esse ciclo?

O ciclo de Krebs é parte da respiração aeróbica. No início da respiração aeróbica, o ácido pirúvico criado da glicose no caminho glicolítico possui uma molécula de NAD (um carregador de elétron) acrescentada nele para fazer as coisas se mexerem. A reação provoca a liberação de gás carbônico e da molécula de alta energia NADH, e depois o produto da reação é formado – acetil coenzima A (acetil CoA). Nesse caso, o acetil CoA é uma molécula de carboidrato que começa a movimentar o ciclo de Krebs.

Veja como ele funciona:

Com a adição de água e acetil CoA, o ácido oxaloacético é convertido para ácido cítrico. Com a perda de água, o ácido cítrico muda para ácido *cis*-aconítico. Quanto mais água é adicionada, mais o ácido *cis*-aconítico fica ácido *iso*cítrico.

Capítulo 6: Usando Energia para Manter o Motor em Funcionamento

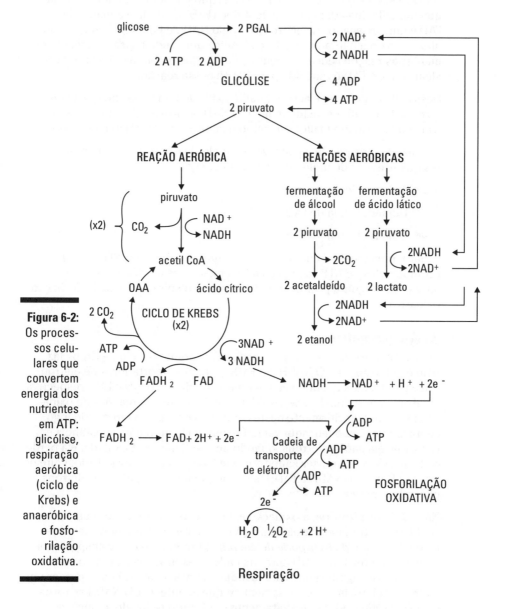

Figura 6-2: Os processos celulares que convertem energia dos nutrientes em ATP: glicólise, respiração aeróbica (ciclo de Krebs) e anaeróbica e fosforilação oxidativa.

Nesta altura, NAD se liga, convertendo o ácido *iso*-cítrico em – α-ketoglutarato; a reação fornece gás carbônico e NADH. O α-ketoglutarato converte em sucinil-coenzima A quando NAD e a coenzima A são adicionados. O gás carbônico e o NADH são liberados nessa reação. O sucinil CoA liga-se a guanosina difosfato (GDP) e uma molécula de fosfato inorgânico (Pi) para formar o ácido sucínico. A coenzima A e a guanosina trifosfato (GTP) são liberados.

O ácido sucínico (ou sucinato) é convertido em ácido fumárico (fumarato) quando a flavina-adenina dinucleotídeo (FAD) oxidada é adicionada. A FAD é um carregador de elétrons como o NAD+, e também é considerada uma coenzima não protéica. Isso significa que ajuda passar energia para manter as reações em andamento a fim de que o objetivo final possa ser alcançado. A FAD é reduzida para $FADH_2$ nessa reação.

Nessa altura do ciclo é acrescentada mais água no fumarato que transforma o fumarato em ácido málico. O NAD+ liga-se ao ciclo novamente e transforma o ácido málico em ácido oxaloacético. O NADH é liberado.

Ao final de uma passagem através do ciclo de Krebs, você tem as seguintes quantidades de moléculas ricas em energia:

- Três moléculas de NADH
- Uma molécula de $FADH_2$
- Uma molécula de ATP

É claro, uma molécula de ATP é igual a uma molécula de ATP. Mas quantas moléculas de ATP são iguais a três moléculas de NADH? A resposta para essa pergunta profunda está na cadeia respiratória e na fosforilação oxidativa.

Cadeia respiratória

Cada transportador de elétron produzido durante o ciclo de Krebs faz bem o seu trabalho. O NADH e o $FADH_2$ – os transportadores de elétron – são produzidos quando seus parceiros oxidados (NAD e FAD, respectivamente) ficam reduzidos. Se você leu o artigo sobre as reações de oxidação-redução anteriormente neste capítulo, você está na frente do jogo agora. Se você não leu, aqui vai um resumo: Quando uma substância é reduzida, ela ganha elétrons, quando uma substância é oxidada, ela perde elétrons. (Se você quiser saber por que isso parece contraditório, volte no artigo.) Por isso, NADH e $FADH_2$ são compostos que ganharam elétrons, e portanto, energia.

Na cadeia respiratória, a oxidação e a redução ocorrem continuamente. O objetivo é transportar elétrons. (A cadeia respiratória pode ser chamada de *cadeia de transporte de elétrons*.) Por exemplo, o transportador de elétron reduzido NADH entra na cadeia respiratória e adota o estado oxidado. Isso significa que está disponível para ficar oxidado e perder um elétron. É claro, isso é precisamente o que acontece, e o NADH se torna o NAD+. O NAD+ adota imediatamente um estado reduzido, o que significa que ele é capaz de pegar um elétron e ficar reduzido. Ele "pega" um elétron, por isso ele é chamado de transportador de elétron. O elétron que foi pego é passado para o segundo transportador de elétron e o processo continua repetidamente até que o transportador de elétron final seja atingido. Ao final da cadeia respiratória, o oxigênio é o receptor final de elétron e fica reduzido na água.

Capítulo 6: Usando Energia para Manter o Motor em Funcionamento 125

Fosforilação oxidativa

Assim como o NADH e o $FADH_2$ são transportados pela cadeia respiratória, os elétrons transportados, eles mesmos perdem energia. Acredito que ao carregar elétrons a energia é sugada para fora deles! A energia que eles perdem é usada para acrescentar fósforo em ADP para produzir ATP. E produzir ATP é o objetivo final ao consumir combustível para gerar energia.

Para cada molécula de NADH que foi produzida no ciclo de Krebs, três moléculas de ATP podem ser geradas. Para cada molécula de $FADH_2$ que é produzida no ciclo de Krebs, são compostas duas moléculas de ATP.

Mas lembre-se que duas moléculas de NADH são produzidas quando o piruvato é convertido para acetil CoA bem antes que o ciclo de Krebs comece. Essas moléculas de NADH são equivalentes a três moléculas de ATP.

São produzidas duas moléculas de NADH no caminho glicolítico. Essas moléculas de NADH são equivalentes a duas moléculas de ATP.

Portanto, de maneira geral, uma molécula de glicose passando por todo o processo da respiração aeróbica pode produzir 36 moléculas de ATP. Mas o que acontece se a respiração for anaeróbica?

Se não houver oxigênio: *Respiração anaeróbica*

Às vezes os animais têm baixa quantidade de oxigênio (depois de fortes exercícios físicos, longas corridas), mas o metabolismo nunca para. As células estão usando e criando energia continuamente para manter o corpo em funcionamento. Durante essa situação, a respiração anaeróbica ocorre para dar energia suficiente ao organismo a fim de que ele adquira mais oxigênio. A respiração anaeróbica dos animais resulta no processo de *fermentação lática*. Nas plantas, a respiração anaeróbica resulta no processo de *fermentação alcoólica*.

O objetivo da fermentação lática e da fermentação alcoólica é produzir NAD^+ para que o ciclo glicolítico possa continuar. Se a produção de NAD^+ se esgota, a glicólise não pode ocorrer, e o ATP não pode ser gerado.

Fermentação alcoólica

Normalmente os humanos gostam muito quando as plantas não podem mais passar pela glicólise. Pois, ao invés, de absorver açúcares no processo glicolítico normal, o material da planta é fermentado. O álcool que eles produzem durante a fermentação é a fonte de álcool da cerveja (cevada fermentada) e do vinho (uvas fermentadas).

Veja o que acontece normalmente: a molécula de piruvato é convertida para acetil CoA no início do ciclo de Krebs durante a respiração aeróbica. Em vez de produzir acetaldeído e gás carbônico (bolhas no champagne e na cerveja). O acetaldeído usa NADH para produzir etanol (o álcool). O NADH é usado porque esse processo está acontecendo em condições anaeróbicas. Sem oxigênio, a cadeia respiratória não pode funcionar, e o NADH + não pode ser produzido.

No processo da fermentação alcoólica, o NAD^+ é liberado quando o etanol é produzido, e o NAD^+ pode ser usado para permitir que a glicólise continue. Infelizmente, se a fermentação alcoólica continua por muito tempo (quer dizer, se o oxigênio não é disponibilizado), o álcool que é produzido mata a planta e a glicólise não tem necessidade de continuar.

Fermentação de ácido lático

Nos animais, se o oxigênio não é disponibilizado, ocorre fermentação ácido lática para permitir que a glicólise continue. Para gerar NAD^+ que seja colocado no processo glicolítico, o piruvato (do início do ciclo) é convertido em ácido lático quando o NADH é adicionado na reação. O ácido lático é armazenado no tecido muscular até que o oxigênio fique disponível. (O ácido lático também causa a dor que você sente normalmente dois dias depois de levantar peso fazendo dezenas de abdominais ou ao forçar um grupo muscular). Quando o oxigênio fica disponível, o ácido lático é absorvido para liberar energia, embora ele forneça menos energia do que a produzida pela respiração aeróbica.

O ácido lático é armazenado até que o oxigênio fique disponível, por isso o animal fica fraco, por assim dizer, quando consegue oxigênio. Portanto, a fermentação do ácido lático cria débito de oxigênio porque quando o oxigênio é disponibilizado ele deve ser usado para absorver ácido lático antes que ele possa ser usado na respiração aeróbica.

Parte III
Os Seres Vivos Precisam Metabolizar

Nesta parte...

Se um organismo fosse capaz de ingerir comida e oxigênio, mas o seu corpo não pudesse fazer nada com o alimento, o organismo ainda assim morreria. Os organismos precisam processar o alimento e levá-lo a todas as suas células. Os nutrientes devem ser extraídos da comida e os nutrientes e o oxigênio devem ser transportados para as células. No nível celular, os processos ocorrem para obter nutrientes e oxigênio através das membranas da célula. Todos esses processos necessitam de energia, e quando qualquer tipo de energia é usada, são criados resíduos. Os resíduos também devem ser removidos do organismo ou seu ambiente interno vira um depósito de resíduos tóxicos.

Você leu sobre como os animais e as plantas levam nutrientes para cada uma de suas células. Aqui, você encontrará informações sobre o sistema circulatório e a troca capilar dos animais, assim como a translocação e a transpiração das plantas. Depois, você examina como os organismos se livram dos resíduos. Você também faz um passeio pelo sistema digestivo e vê como os resíduos são excretados pelos humanos, peixe, minhocas, insetos e plantas. É melhor tirar essa roupa de plástico e essas luvas de borracha!

Capítulo 7

Táxi! O Transporte dos Nutrientes

Neste Capítulo

▶ Montando um esquema de como a corrente sanguínea carrega os nutrientes pelo corpo

▶ Traçando a rota do sangue através do coração e dos vasos sanguíneos

▶ Compreendendo como os capilares e as células trocam nutrientes e produtos residuais

▶ Vendo como as plantas transportam água e nutrientes

*J*á imaginou se você continuasse a consumir alimentos e substâncias, mas nunca jogasse nada fora? Sua casa logo pareceria um depósito de lixo. O cheiro seria terrível, e a condição seria anti-higiênica.

Já imaginou se você e seus vizinhos colocassem o lixo em sacos de lixo, mas o lixeiro nunca viesse e os pegasse? O lixo seria alimento para vermes e se infiltraria no chão. A região onde se vive ficaria desagradável, para não dizer outra coisa, e o odor de matéria orgânica apodrecida, e contaminaria toda a área. Eca. Nada higiênico, certo? Certo.

Já imaginou se você e os seus vizinhos fossem totalmente incapazes de maneira que nenhum de vocês pudesse ir até o armazém buscar comida, nem pudesse entrar em contato com alguém para trazê-la para você? Quando você consumisse toda a comida da sua casa, você ficaria ao léu e com fome. Não haveria mais comida disponível para você nem perspectiva de que ela viria no futuro.

Pense em um organismo como uma vizinhança, e cada célula do seu corpo como uma única residência cheia de vizinhos. Se o "alimento" (nutrientes) não puderem ser entregues em cada casa da vizinhança, os "vizinhos" (as células) acabariam morrendo. Ou, se os nutrientes ficassem disponíveis, mas não houvesse serviço de coleta de lixo, as condições de cada "casa" (célula) e por fim toda a "vizinhança" (organismo) ficaria sem higiene e nada saudável. É por isso que um organismo precisa se certificar que toda célula da qual é feito seja capaz de absorver os nutrientes e eliminar os resíduos. Os sistemas circulatórios providenciam para que os serviços básicos de entrega e saída sejam protegidos.

Depois que um organismo ingere a comida, ele a separa nas menores moléculas possíveis, que servem como nutrientes. Porém, esses nutrientes não podem simplesmente ficar no sistema digestivo, ou o restante do corpo ficaria

Parte III: Os Seres Vivos Precisam se Metabolizar

com fome. Os nutrientes selecionados do alimento que o organismo ingere devem ser transportados pelo corpo para cada célula. Neste capítulo, você explora a maneira que o transporte acontece em organismos diferentes.

Informações Sobre a Circulação

O *sistema circulatório* é o método de transporte das plantas e dos animais. Os animais devem fazer com que os nutrientes e o oxigênio cheguem a cada célula do seu corpo. As plantas devem fazer com que os nutrientes e o gás carbônico cheguem a cada célula do seu "corpo". E, tanto as plantas quanto os animais devem ter os seus produtos residuais removidos dos seus sistemas. O sistema circulatório é a maneira pela qual estas substâncias são transportadas no organismo vivo. Os animais podem ter um dos dois tipos de sistemas circulatórios: aberto ou fechado.

Sistemas circulatórios abertos

Esse tipo de sistema é encontrado em animais como os insetos e em alguns moluscos (lesmas, mariscos). Dentro desses animais fica uma cavidade aberta chamada *hemocelo* na qual um líquido parecido com sangue chamado *hemolinfa* é bombeado (*hemo-* = sangue). Um coração faz o bombeamento e possui orifícios chamados *ostíolos* (aberturas) através do qual a hemolinfa é bombeada. A hemolinfa carrega o oxigênio e os nutrientes, e quanto ele preenche o hemocelo, os tecidos do organismo são cobertos de líquido. Não há vasos segurando o líquido aqui. Simples, porém eficaz.

Sistemas circulatórios fechados

Esse é o tipo de sistema com que você está pessoalmente familiarizado. Os sistemas fechados são conhecidos por esta denominação, pois eles têm vasos que contêm o líquido – nesses animais, sangue. Em animais pequenos, como os insetos, o líquido preenchido com nutriente e oxigênio não tem que percorrer tanto para ser levado à todos os tecidos do organismo. Mas em animais maiores, os organismos são grandes demais para que a difusão ocorra de uma cavidade cheia de líquido para todos os tecidos e células.

Você não tem uma cavidade aberta dentro do seu corpo que é preenchida com sangue toda vez que o seu coração bombeia. Você tem uma rede de "vias" que realiza o transporte e evita que o sangue vaze. Nos animais, cada vaso sanguíneo da rede é responsável pelo transporte de nutrientes e oxigênio até as células e também por remover resíduos e gás carbônico das células. Os vasos sanguíneos são as artérias. As arteríolas, os capilares, as vênulas e as veias. Além dos humanos, todos os outros vertebrados possuem sistemas circulatórios fechados, assim como os pássaros e alguns invertebrados, como as minhocas e as lulas.

Viajando Pelas Estradas e Caminhos: Como o Sangue Circula

O conceito de circulação seria muito fácil de ser explicado se fosse fácil fazer uma batida cardíaca parar. Mas, como você bem sabe (embora, subconscientemente), o coração bate continuamente durante a vida toda. Se ele parar, você tem uma parada cardíaca e é considerado morto. Portanto, embora eu desencoraje fortemente alguém que deseja parar as batidas cardíacas, neste capítulo eu preciso que você imagine que o coração na verdade não está bombeando continuamente. Considere cada passo que eu digo como uma foto instantânea do que está acontecendo no seu corpo em questão de milisegundos.

Você tem que ter coração

Os corações podem ter tamanhos e formas diferentes, mas sua função permanece igual nos organismos que os têm: Eles bombeiam líquido por todo o sistema circulatório.

O coração de um inseto

Você pode não ser capaz de ouvir a batida cardíaca de um gafanhoto ou de um grilo, mas tenha certeza, o coração está lá. Os insetos possuem sistemas circulatórios abertos (veja a seção anterior neste capítulo).

O coração de uma minhoca

Embora você pense que as minhocas sejam insetos, elas não são. Tecnicamente, elas são chamadas de *anelídeos*. Esses pequenos seres possuem sistemas circulatórios fechados. Assim como as pessoas, o sangue das minhocas é vermelho porque ele contém hemoglobina, que é a molécula que contém ferro que carrega oxigênio. O fato das minhocas possuírem um sistema circulatório fechado e sangue vermelho contendo hemoglobina explica porque você teve que dissecar uma no ensino fundamental. Porém, as minhocas são um pouco mais simples em sua organização do que os humanos. (Está bem, muito mais simples).

Nos humanos, há hemoglobina nas células vermelhas; nas minhocas, a hemoglobina simplesmente flutua no plasma. O plasma é a base líquida em que as células vermelhas dos humanos flutuam; ele serve como um meio líquido de transporte. Nos humanos, os vasos sanguíneos incluem artérias, arteríolas, capilares, vênulas e veias, todas atravessam todo o corpo. Porém, nas minhocas há um vaso sanguíneo dorsal (lado superior; pense na barbatana dorsal de um tubarão – você sabe, aquela que fica para fora da água), um vaso sanguíneo ventral (lado inferior) e uma rede de capilares. O coração de uma minhoca apresenta uma série de anéis musculares que fica próximo da sua extremidade mais grossa. O coração da minhoca bombeia sangue desde o coração até o vaso sanguíneo ventral. A partir dali, ele passa por todos os capilares até alcançar todas as células da minhoca, e depois viaja para o coração através do vaso sanguíneo dorsal.

Tem algo errado com esse coração

Os peixes têm coração também, embora o sistema onde são mantidos seja bem simples. O sangue de um peixe dá uma única volta pelo corpo do peixe – como se fosse somente uma volta em uma corrida comparada com um conjunto de vias.

Um peixe possui um grande vaso chamado aorta central, através do qual o sangue sai do coração quando ele bombeia. A aorta ventral carrega o sangue das *brânquias*, e o sangue passa então através dos capilares ao longo das brânquias para pegar oxigênio. Quando o sangue pega o oxigênio ele é então *oxigenado*. A partir das brânquias, o sangue oxigenado flui imediatamente para a aorta dorsal, que carrega o sangue oxigenado para o resto dos capilares do peixe. Essa parte da volta é chamada de *circulação sistêmica*. Uma vez que a circulação sistêmica foi completada, o sangue retorna para o coração. O sistema circulatório de um peixe é simples e eficaz, mas devido ao sangue nunca retornar para o coração depois de ser oxigenado nas brânquias, a pressão sanguínea de um peixe é bem baixa. Uma batida do coração deve mover o sangue através de todo o sistema. O sangue precisa ficar oxigenado, fornecer nutrientes e pegar os resíduos tudo em uma batida. Isso funciona no peixe, mas não em todos os animais vertebrados maiores, que geralmente possuem necessidades metabólicas maiores e, portanto, transformam o alimento em nutrientes e produzem resíduos muito mais rapidamente.

Tum-tum, Tum-tum: A batida de um coração humano

Os corações humanos, assim como os corações e os sistemas circulatórios de alguns outros mamíferos são complexos. Esses animais são maiores, por isso eles precisam ter uma pressão sanguínea maior para que o sangue seja circulado por todo o corpo. A pressão sanguínea é uma força que envia o sangue através do sistema circulatório.

Os humanos e outros mamíferos possuem *sistemas circulatórios com dois circuitos*: um circuito é para a *circulação pulmonar* (circulação para os pulmões; (*pulmo-* = pulmões), e o outro circuito é para a *circulação sistêmica* (o restante do corpo). A circulação pulmonar permite que o sangue pegue oxigênio dos pulmões (e descarte gás carbônico). Mas então o sangue oxigenado precisa voltar para o coração a fim de que seja bombeado através do restante do corpo por meio da circulação sistêmica. Mais especificamente, a circulação pulmonar fornece sangue desoxigenado para os pulmões para que ele possa ficar oxigenado e depois forneça sangue oxigenado de volta para o coração. Quando o sangue oxigenado volta para o coração, ele é bombeado através do sistema circulatório sistêmico, que carrega sangue para todas as células do corpo.

O coração humano (Figura 7-1) possui *quatro câmaras*: dois ventrículos, cada um é uma câmara muscular que aperta o sangue para fora do coração e para dentro dos vasos sanguíneos, e *dois átrios*, cada um é uma câmara muscular que drena e depois aperta o sangue para os ventrículos. Os dois átrios ficam na parte superior do coração: os dois ventrículos ficam na parte inferior. E o coração é dividido em metade esquerda e metade direita, portanto, há um átrio esquerdo e um ventrículo esquerdo, assim como um átrio direito e um ventrículo direito.

O motivo para o coração ser dividido em metades é devido ao sistema de dois circuitos. O lado direito do coração pode bombear sangue para os pulmões, enquanto o lado esquerdo do coração bombeia sangue para o restante do corpo. O sangue vai para as duas direções em cada batida.

O ciclo cardíaco: O caminho do sangue através do coração

Em cada minuto de sua vida, o seu coração bate cerca de 70 vezes. Em cada minuto de sua vida, o seu coração bombeia toda a quantidade de sangue que está no corpo – 5 litros, que é equivalente a 2 ½ garrafas grandes de refrigerante. E o coração é do tamanho de um punho fechado de um adulto! Ele é pequeno, mas é forte. E ele nunca para de trabalhar desde o momento em que ele começa a bater quando os humanos são apenas pequenos embriões nos úteros de suas mães até o momento em que morrem. A batida do coração não dura nem um segundo inteiro. Ele bate continuamente a cada 0.8 segundos de sua vida e "descansa" somente 0.4 segundos entre cada batida.

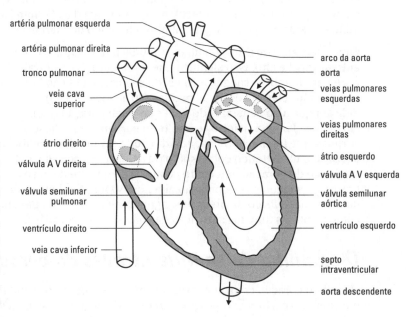

Figura 7-1: As estruturas do coração humano e o fluxo de sangue através dele.

Os $^8/_{10}$ de segundo que um coração bate é chamado de ciclo cardíaco. Durante esse período de 0.8 segundos, o coração força o sangue nos vasos sanguíneos além de ter um rápido descanso. Veja o que acontece nesses 0.8 segundos.

- ✔ Os átrios esquerdo e direito se contraem.
- ✔ Os ventrículos esquerdo e direito se contraem.
- ✔ Os átrios e os ventrículos descansam.

Quando os átrios e os ventrículos estão descansando, as fibras musculares dentro deles não estão contraindo ou apertando. Portanto, os átrios relaxados permitem que o sangue dentro deles seja drenado para os ventrículos localizado logo abaixo deles. Esse período de relaxamento do músculo do coração é chamado de *diástole*.

Com a maior parte do sangue dos átrios agora nos ventrículos, os átrios se contraem para expelir qualquer sangue remanescente para os ventrículos. Então, os ventrículos contraem imediatamente para forçar o sangue para os vasos sanguíneos. Esse período de contração no músculo do coração é chamado de *sístole*.

Se o termo sístole e diástole parecem familiares, provavelmente é porque você já ouviu os termos pressão sanguínea sistólica e pressão sanguínea diastólica. Em uma leitura da pressão sanguínea, como o valor normal de 120/80 mg Hg, 120 é a pressão sistólica, ou a pressão em que o sangue é impulsionado dos ventrículos para as artérias quando os ventrículos contraem; 80 é a pressão sanguínea diastólica, a pressão nos vasos sanguíneos quando as fibras musculares estão relaxadas. O "mm Hg" significa milímetros de mercúrio (Hg é o símbolo químico do mercúrio).

Enfim, se a sua pressão sanguínea é 140/90 mm Hg, que é o valor limite entre normal e alto, isso significa que o seu coração está trabalhando mais duro para bombear sangue através do seu corpo (140 ao invés de 120) e não fica tão relaxado entre as batidas (90 ao invés de 80). Essas leituras indicam que algo está fazendo com que o seu coração tenha que trabalhar em um nível muito maior o tempo todo para manter o fluxo sanguíneo pelo corpo, o que força o coração. A razão pode ser um desequilíbrio hormonal, um problema dietético como sódio ou cafeína em excesso, um problema mecânico do coração, um efeito colateral de uma medicação ou obstruções nos vasos sanguíneos. A pressão alta nos "vasos" também pode levar a danos. O dano físico da pressão sanguínea alta é parte de uma hipótese de como as placas fibrosas são formadas nas artérias coronárias.

O caminho do sangue através do corpo

Quando o coração contrai e força o sangue para os vasos sanguíneos, há um caminho certo que o sangue percorre. O sangue passa pela circulação pulmonar e depois continua através da circulação sistêmica. O pulmonar e o sistêmico são os dois circuitos, pertencente a uma circulação coração-pulmão-coração de animais maiores com sistemas circulatórios fechados (Figura 7-2).

Esfigmo ma o quê?

Um esfigmomanômetro (es-fig-mo-ma-nô-me-tro) é o aparelho usado para medir a pressão sanguínea. Assim como a temperatura é medida em um termômetro cheio de mercúrio, as leituras da pressão sanguínea usam um sistema de mercúrio para medir a pressão.

O ciclo cardíaco, que descreve a contração e o relaxamento rítmico do músculo do coração, coincide com o que eu vou explicar. Conforme cada átrio e ventrículo se contraem, o sangue é bombeado para os principais vasos sanguíneos, e a seguir continua através do sistema circulatório.

O sangue em que falta oxigênio é chamado de desoxigenado. Esse sangue trocou oxigênio por gás carbônico através das membranas da célula e agora contém principalmente gás carbônico.

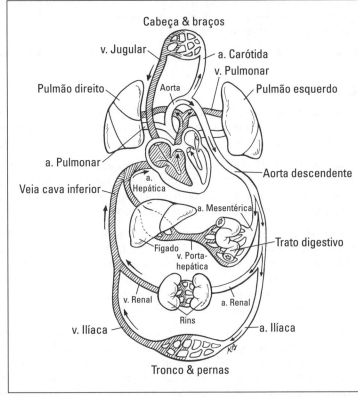

Figura 7-2: Os caminhos do sistema circulatório interligados: a circulação pulmonar e a circulação sistêmica trabalham juntas.

Entenda o coração com arte

Nos desenhos coloridos, as artérias são representadas como sendo vermelhas, e as veias são representadas como sendo azuis. Há uma razão fisiológica para essa diferenciação.

O sangue das artérias é sangue *oxigenado* – quer dizer, ele está cheio de oxigênio. Quando o oxigênio é ligado com a hemoglobina, a molécula que carrega oxigênio nas células vermelhas sanguíneas, ele produz a cor vermelho brilhante que você vê vazando em um corte. É quase o mesmo efeito quando algo é feito de ferro – um carro antigo ou um móvel em uma área descoberta – fica do lado de fora por um longo período de tempo. O ferro reage com ar e forma crostas, que tem uma cor avermelhada. A hemoglobina contém ferro, e o ferro é o que "mantém" o oxigênio nas células vermelhas sanguíneas.

O sangue nas veias é o sangue *desoxigenado* – quer dizer, ele é baixo em oxigênio e cheio de gás carbônico. Portanto, ele não é vermelho claro, mas possui um matiz mais arroxeado. Para reforçar o caminho do sangue através do coração, eu sugiro que você procure giz de cera, lápis coloridos ou marcadores para colorir as artérias de vermelho e as veias de azul. "Vena" significa veias, portanto na Figura 7-1, a veia cava superior e inferior são veias. As duas exceções são que a artéria pulmonar deve ser colorida de azul porque ela contém sangue desoxigenado e as veias pulmonares devem ser coloridas de vermelho porque elas contêm sangue oxigenado.

Circulação pulmonar

O sangue desoxigenado entra no *átrio direito* através da veia cava superior e da veia cava inferior. A veia cava superior fica na parte superior do átrio direito e a veia cava inferior localiza-se na parte inferior do átrio direito.

Observe que na Figura 7-1, anteriormente neste capítulo, parece que o átrio direito está do lado esquerdo. Faça de conta que você está procurando o coração no peito de alguém. O seu átrio direito fica do lado direito do corpo dele, portanto do seu lado esquerdo.

Do átrio direito, o sangue desoxigenado drena no ventrículo direito através da *válvula atrioventricular* (AV) direita, que é chamada assim porque fica entre o átrio e o ventrículo. Essa válvula também é chamada de válvula tricúspide porque ela possui três cúspides em sua estrutura. Quando os ventrículos se contraem, a válvula AV fecha a abertura entre o ventrículo e o átrio para que o sangue não retorne para o átrio.

Conforme o ventrículo direito se contrai, ele força o sangue desoxigenado através da *válvula semilunar pulmonar* e da *artéria pulmonar. Semilunar* significa meia lua e se refere ao formato da válvula. Note que essa é a única artéria no corpo que contém sangue desoxigenado; todas as outras artérias contêm sangue oxigenado. A válvula semilunar evita que o sangue volte para o ventrículo direito quando está na artéria pulmonar.

Capítulo 7: Táxi! O Transporte dos Nutrientes **137**

A artéria pulmonar carrega o sangue que está com baixa quantidade de oxigênio para os pulmões, onde ele fica oxigenado.

Circulação sistêmica

O *sangue* que acabou de ser *oxigenado* retorna para o coração através das *veias pulmonares*. Note que elas são as únicas veias do corpo que contêm sangue oxigenado; todas as outras veias contêm sangue desoxigenado.

As veias pulmonares entram no *átrio esquerdo*. Quando o átrio esquerdo relaxa, o sangue oxigenado drena para o *ventrículo esquerdo* através da válvula AV esquerda. Essa válvula também é chamada de *válvula bicúspide* porque ela possui somente duas cúspides em sua estrutura.

Agora o coração realmente está apertado. Conforme o ventrículo esquerdo contrai, o sangue oxigenado é bombeado para a artéria principal do corpo – a *aorta*. Para chegar até a aorta, o sangue passa através da *válvula semilunar aórtica*, que serve para manter o sangue fluindo da aorta de volta para o ventrículo esquerdo.

A aorta se ramifica em outras artérias, que depois se ramificam em artérias menores. As arteríolas se encontram então com os capilares, que são os vasos sanguíneos onde o oxigênio é trocado por gás carbônico.

Trocando o bom e o mal: Troca capilar

Os capilares ligam as menores artérias e as menores veias. Próximo da ponta arterial, os capilares liberam os materiais essenciais para manter a saúde das células difundidas (água, glicose, oxigênio e aminoácidos). Porém, para manter a saúde celular também é necessário que os capilares transportem resíduos e gás carbônico para lugares do corpo que possam descartá-los. Os produtos residuais entram próximo a ponta venosa do capilar. A água é difundida dentro e fora dos capilares para manter o volume de sangue, que é ajustado para atingir a homeostase.

Os capilares são os vasos sanguíneos mais jovens. Eles têm a espessura de uma célula, portanto, o conteúdo dentro das células pode passar facilmente o capilar difundindo-se através da membrana capilar. A membrana capilar se une a membrana de outras células por todo o corpo, por isso o conteúdo do capilar pode continuar facilmente através da união da membrana da célula e entrar na célula vizinha.

O processo da troca capilar é a maneira que o oxigênio sai das células sanguíneas vermelhas na corrente sanguínea e entra em todas as outras células do corpo. A troca capilar também permite que os nutrientes se difundam fora da corrente sanguínea e em outras células. Ao mesmo tempo, as outras células expulsam os produtos residuais que entram nos capilares, e o gás carbônico de difunde fora das células do corpo e nos capilares. Veja um exemplo disso na Figura 7-3.

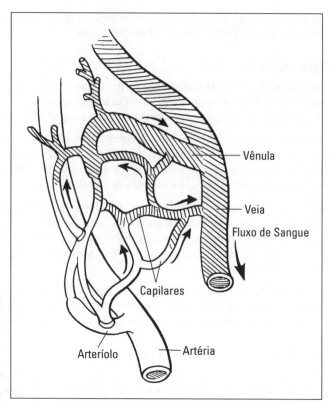

Figura 7-3: Como funciona a troca capilar

Depois que os capilares "pegam" o lixo das outras células, eles carregam os resíduos e o gás carbônico através do sangue desoxigenado até as menores veias, que são chamadas *vênulas*. As vênulas entram nos vasos maiores chamados *veias*. As veias carregam então o sangue desoxigenado rumo à veia principal, que é a *veia cava*. As duas ramificações da veia cava entram no átrio direito, que é onde começa a circulação pulmonar.

A pressão criada quando os ventrículos se contraem é o que força o sangue através das artérias. Porém, essa pressão diminui conforme o sangue vai para mais longe do coração até os capilares. A pressão sanguínea não força o sangue através das veias como faz através das artérias. O que faz o sangue viajar através das veias são as contrações dos músculos esqueléticos. Conforme os seus membros e tronco se movem, o sangue desoxigenado é enviado mais à frente das vênulas e das veias, voltando finalmente para o coração. O movimento dos músculos esqueléticos é necessário para forçar o sangue através das veias, que é a razão das pessoas incapazes ou as pessoas em comas precisarem ser viradas e movidas. Sem movimento, o sangue para nas veias, criando circulação deficiente.

O que torna uma batida mais forte: Geração do ritmo cardíaco

Você já perguntou o que faz com que o coração bata? O que o mantém funcionando, funcionando e funcionando como aqueles pequenos coelhinhos rosa com bateria? Bem, eu vou satisfazer a sua curiosidade.

O coração contém *nódulos*, que são áreas especiais cheias de tecido nervoso. O nódulo mais importante é o *nódulo sinoatrial (SA)*, que é o *marcapasso*. Sim, o seu coração já contém um marcapasso. As pessoas que tem marcapassos "instalados" por meio de cirurgia o têm porque o seu marcapasso original parou de trabalhar corretamente.

O nódulo S.A contrai espontaneamente o átrio esquerdo e direito e depois envia um impulso através dos nervos do nódulo que faz com que o próximo nódulo entre em ação. Esse próximo nódulo é o *nódulo atrioventricular (AV)*.

O nódulo AV fica localizado na parte mais baixa do átrio direito, e isso gera um impulso que estimula uma área de tecido chamada de *feixe de His* (pronuncia-se como "hiss"). O feixe de His fica entre os ventrículos direito e esquerdo e é conectado com fibras especializadas chamadas *fibras de Purkinje*. Quando o impulso atinge as fibras de Purkinje, isso faz com que os ventrículos se contraiam. E a batida cardíaca se completa.

O som que o coração produz – descrito como Tum-tum, Tum-tum – é atribuído ao fechar das válvulas cardíacas. O primeiro som do coração – o primeiro Tum – é provocado pelo fechamento das válvulas AV para evitar que o fluxo volte dos ventrículos para os átrios. A segunda batida cardíaca – o segundo Tum – ocorre quando as válvulas semilunares se fecham para evitar que o sangue da aorta flua de volta para o ventrículo esquerdo.

Os Corações Podem ser Partidos: Doença Cardíaca

Os corações podem ser partidos. Não somente por amantes que traem, amigos que traem a confiança, parentes que morrem ou por animais de estimação que se perdem. Os corações e seus sistemas circulatórios podem ser partidos – quer dizer lesados ou danificados – não somente por um trauma, mas também por uma predisposição genética, vírus e opções no estilo de vida.

A doença cardíaca é a causa Nº 1 de morte nos Estados Unidos. Talvez isso aconteça porque existem muitas facetas sobre a doença cardíaca, diferente das mortes por choque entre aviões, que obviamente são causadas por colisões entre aviões. As mortes por doença cardíaca são atribuídas aos ataques cardíacos, mas os ataques cardíacos podem ser provocados por vários fatores: *aterosclerose* (bloqueios nas artérias), *isquemia* (falta de oxigênio) *tromboembolismo* (coágulos de sangue que viajam pela corrente sanguínea e bloqueiam os vasos sanguíneos em qualquer lugar no corpo), ou *hipertensão* (pressão sanguínea alta).

A aterosclerose ocorre quando as gorduras, principalmente o colesterol, são acumuladas no revestimento das artérias. O colesterol faz parte do sistema de transporte da gordura através da corrente sanguínea, e é necessário como o precursor da síntese de esteroide. Mas, quando há colesterol demais no corpo – o que pode ser causado pela dieta ou por fatores genéticos – ele começa a grudar nos vasos em vez de passar por eles. Os depósitos gordurosos são chamados de *placas*. Conforme as placas aumentam de tamanho, elas obstruam cada vez mais a artéria, afetando finalmente o fluxo sanguíneo.

Se as artérias estiverem parcialmente bloqueadas, pode ocorrer *doença cardíaca isquêmica*. As pessoas com doença isquêmico de coração têm dificuldade para respirar durante o exercício ou em momentos de stress porque as artérias bloqueadas diminuem o fluxo sanguíneo, dificultando que haja oxigênio suficiente para ser fornecido para os tecidos dos músculos do coração. A falta de oxigênio pode provocar dor no peito que se espalha para o braço esquerdo. Essa dor é chamada de *angina pectoris* (pectoris se refere ao peito, como nos músculos peitorais).

Se uma artéria é bloqueada por uma placa, as células sanguíneas podem grudar na placa, formando então um coágulo sanguíneo. Um coágulo sanguíneo aderido a um vaso sanguíneo é chamado de *trombo*. Se o trombo fica livre e se move pela corrente sanguínea, denomina-se *embolismo*. Um *tromboembolismo* é um coágulo sanguíneo que fica livre do local onde foi formado, percorre a corrente sanguínea e bloqueia outro local em um vaso sanguíneo.

Embora o coração se encha com sangue para bombear o restante do corpo, ele também necessita de nutrientes e oxigênio para os tecidos que o formam. O seu coração é composto de células e tecidos vivos, por isso ele precisa ter vasos sanguíneos passando através dele para que os nutrientes e o oxigênio possam ser fornecidos para as células que compõe o coração. As artérias que trazem sangue para os tecidos e para as células do coração são chamadas de *artérias coronárias*.

Se um coágulo ou placa bloquear uma artéria coronária, o oxigênio não pode ser fornecido para o músculo do coração e ocorre um *ataque cardíaco*. O tecido na área do coração onde o ataque ocorre geralmente morre devido à falta de oxigênio. O termo técnico para ataque cardíaco é *infarto do miocárdio*. *Mio-* significa músculo, *cardio-* significa coração e um *infarto* se refere a um tecido morto.

O Que o Sangue Tem a Ver Com Isso?

O sangue é um líquido que sustenta a vida. Algumas células sanguíneas carregam oxigênio, que é necessário para as reações metabólicas, algumas células sanguíneas lutam contra substâncias invasoras que poderiam destruir as suas células e outros tipos de células ajudam a formar coágulos, o que evita que o seu corpo perca muito desse líquido precioso e ajude a curar feridas. A parte líquida do sangue carrega nutrientes necessários para abastecer cada célula do corpo. Ele também envia resíduos que precisam ser transportados para o sistema excretor e colocados para fora do corpo e gás carbônico que precisa ser transportado para os pulmões a fim de ser liberado. Portanto, embora o coração e os vasos sanguíneos formem o sistema circulatório, eles seriam totalmente desnecessários sem o sangue.

Os elementos dos elementos formados

Os elementos formados do sangue consistem das partes "sólidas". Eu uso a palavra sólida para diferenciar da parte líquida do sangue. As células definitivamente não são duras nem sólidas, ou elas não seriam capazes de se comprimirem através dos capilares.

Células sanguíneas vermelhas

As células sanguíneas vermelhas, que também são chamadas de eritrócitos (*eritro-* significa vermelho; *citos-*= células) têm a importante responsabilidade de carregar oxigênio por todo o corpo. A hemoglobina, a molécula que contém ferro que controla o oxigênio, esta presente nas células vermelhas sanguíneas. A hemoglobina não somente liga o oxigênio e transporta para os capilares, como também transporta gás carbônico dos capilares de volta para os pulmões para ser liberado.

Transportando oxigênio e hemoglobina, o sangue é uma parte extremamente importante da homeostase. A homeostase é a maneira pela qual seu corpo tenta constantemente alcançar e manter o equilíbrio. A homeostase é um conglomerado de processos que permitem que o seu corpo se ajuste às mudanças de temperatura externa e aos níveis hormonais. Mas, muitos dos processos que ocorrem para ajudar o seu corpo a se ajustar as mudanças não poderiam acontecer sem o sangue transportar certos hormônios, nutrientes, oxigênio ou eletrólitos.

Se uma pessoa tem poucas células vermelhas sanguíneas, o que pode ser detectado em uma contagem, ou se não há hemoglobina suficiente na célula vermelha, é diagnosticada *anemia*. A anemia geralmente faz com que as pessoas fiquem cansadas, porque a hemoglobina carrega o oxigênio. A anemia pode ser provocada por deficiências na dieta, distúrbios metabólicos, condições hereditárias ou danos na medula óssea. A Tabela 7-1 compara os diferentes tipos de anemia.

As células sanguíneas vermelhas são formadas na medula óssea vermelha. Elas vivem cerca de 120 dias enviando oxigênio e gás carbônico e depois são destruídas no fígado e no baço por células sanguíneas brancas. Conforme as células vermelhas são destruídas, o ferro que elas contêm é reciclado na medula óssea vermelha para ser usado nas novas células. O restante do material das células vermelhas velhas é degradado e transportado para o sistema digestivo, onde grande parte dele é eliminado no material fecal.

Parte III: Os Seres Vivos Precisam se Metabolizar

Tabela 7-1	Causas e efeitos dos diferentes tipos de anemia	
Tipo de anemia	*Causa*	*Efeito*
Anemia aplástica por radiação ou substâncias químicas	Medula óssea danificada produzir células sanguíneas vermelhas (RBCs)	A medula óssea não pode
Anemia hemolítica destruídas	RBCs prematuramente na corrente sanguínea	Baixo número de RBCs
Anemia por deficiência de ferro	Deficiência dietética	Fadiga
Anemia perniciosa pode absorver vitamina B_{12}, que é necessário para formar RBCs adequadamente	O sistema digestivo não quantidade de RBCs maduros funcionando adequadamente	Muitos RBCs imaturos na corrente sanguínea, não há

Células sanguíneas brancas

As células brancas, que também são chamadas de leucócitos (*leuco-*= branco), estão envolvidas nas funções controladas pelo *sistema imunológico*. O sistema imunológico é responsável por lutar contra as infecções. Se uma pessoa tem uma contagem baixa de células brancas, isso significa que o sistema imunológico não está funcionando adequadamente. Se a contagem de célula branca estiver muito alta, isso indica que a pessoa possui algum tipo de infecção.

Existem cinco tipos importantes de células brancas:

✔ Os *basófilos* liberam histaminas. As histaminas são aquelas pequenas moléculas químicas irritantes que fazem com que você inche com urticárias, se coce como louco, espirre, fique com a respiração difícil e os olhos avermelhados quando está perto de algo do qual você é alérgico. Você pode se perguntar que benefício exatamente algo como a histamina tem. É o seguinte: Todas essas reações provocam inflamação, que necessitam da ajuda de outras células brancas mais fortes. Além disso, espirrar e ficar com os olhos vermelhos são reações fisiológicas para ajudar a limpar o alérgeno ofensivo as suas membranas mucosas.

✔ Os *eosinófilos* "digerem" outras células. O termo técnico para o consumo de outra célula é fagocitose, portanto, os eosinófilos são conhecidos por fagocitarem complexos formados entre os antígenos (o ofensor que invade) e os anticorpos (um defensor da "equipe da casa".)

✔ Os *linfócitos* matam as células que contêm vírus. Eles são McAfees e Nortons da estrutura de um computador que varrem o corpo procurando por vírus. Existem dois tipos de linfócitos: células B e células T. As células T são o tipo de caçadoras de vírus medidas em uma pessoa com síndrome da imunodeficiência adquirida (AIDS). Se a contagem da célula T diminui, isso indica que o vírus da imunodeficiência humana que causa a AIDS está vencendo a guerra no corpo da pessoa infectada.

Capítulo 7: Táxi! O Transporte dos Nutrientes **143**

▶ Os *monócitos* são os precursores para os macrófagos, que significa "grande comedor." Os macrófagos digerem bactérias e vírus.

▶ Os *neutrófilos* são as células brancas mais abundantes no corpo. essas células fagocitam a bactéria e ao fazer isso evitam que o seu organismo seja invadido por todo germe que tiver contato.

Plaquetas

As plaquetas são pedaços das células que funcionam para formar coágulos de sangue. O processo de coagulação é explicado na seção chamada, "Coagulando para evitar perdas de sangue."

O plasma coloca o "fluxo" na corrente sanguínea

Se as células vermelhas, as células bancas e as plaquetas são a parte "sólida" do sangue, o plasma é a parte "líquida". Quando o sangue é colocado em um tubo de ensaio e girado em uma *centrífuga* – uma máquina que separa as células sanguíneas do plasma – os elementos formados gravitam para o fundo do tubo (e ficam vermelhos devido às células vermelhas), e o plasma forma uma camada limpa na parte superior. Dentro dos vasos sanguíneos, os elementos formados fluem no plasma. Pense no plasma como um rio e nas células sanguíneas e nas plaquetas como folhas flutuando nele. O plasma é o "fluxo" na corrente sanguínea.

O plasma contém muitas proteínas importantes, sem as quais você morreria. Duas proteínas principais que o plasma contém são a gama globulina (também chamadas de imunoglobulina) e o fibrinogênio. A gama globulina é um termo amplo para uma classe de proteínas que compõe os diferentes tipos de anticorpos. A produção de anticorpos, que ajudam a lutar contra as infecções, é controlada pelo sistema imunológico. O fibrinogênio é uma proteína envolvida na coagulação do sangue que é explicada na seção "Coagulando para evitar perdas de sangue."

Drenando, lutando e absorvendo: O sistema linfático

O sistema linfático funciona junto com o sistema circulatório. Quando os tecidos contêm muito líquido, a homeostase pode falhar. Para remover o líquido em excesso do corpo, ele deve ser transportado para o sistema excretor. Para chegar até o sistema excretor, o líquido deve entrar no sistema circulatório para que o sangue possa transporta-lo para os órgãos excretores. Os capilares linfáticos são interligados com os capilares do sistema circulatório. O líquido dos vasos linfáticos, chamado *linfa*, se difunde através da membrana dos dois tipos de capilares.

Pense no seu sangue como um trem que viaja pelo sistema de "trilhos" (vasos sanguíneos) através do seu corpo. Então, a linfa é o táxi que viaja pelas estradas (os vasos linfáticos) para chegar até a estação de trem – os dutos linfáticos que drenam nas veias subclávias (*sub-* = embaixo; *clavia* se refere à clavícula, que também é chamada de osso da clavícula).

O sistema linfático também ajuda a lutar contra infecções servindo como sistema de transporte para as células que lutam contra invasões de bactérias ou vírus. O baço é um órgão envolvido na produção de células sanguíneas e de células do sistema imunológico; porém, sua estrutura é muito semelhante à de um linfonado. É como se o baço ligasse o espaço entre os sistemas circulatório e linfático. O baço tem muitos linfócitos – uma célula branca que luta contra a infecção – por isso, ele "limpa" o sangue, filtrando-o, matando quaisquer organismos invasores e enviando os resíduos de volta para a corrente sanguínea para ser removido do corpo.

Uma terceira função importante do sistema linfático é que os capilares linfáticos absorvem as gorduras dos intestinos. Os vasos linfáticos transportam as gorduras para a corrente sanguínea. Algumas dessas moléculas de gordura que viajam pela corrente sanguínea acabam sendo depositadas no tecido adiposo, criando camadas de gordura no corpo. Essa função realmente é necessária, mas pode parecer desagradável para algumas pessoas.

Coagulando para evitar perdas de sangue

Quando você corta o seu dedo cortando cenouras ou em um pedaço de vidro, o seu corpo passa por uma série de eventos para ter certeza de que você não sangrará até morrer.

Depois de gritar de dor ou de pronunciar algumas palavras, o vaso sanguíneo se comprime. A compressão reduz o fluxo sanguíneo para o vaso lesado, o que limita a perda de sangue. Os torniquetes ajudam a comprimir o fluxo sanguíneo de maneira semelhante quando os principais vasos sanguíneos são danificados.

Com o vaso sanguíneo comprimido, as plaquetas presentes no sangue que está passando através dele começam a grudar nas fibras de colágeno que fazem parte da parede do vaso sanguíneo. Eventualmente, é formado um tampão com plaquetas, e ele se enche com pequenas gotas no vaso sanguíneo.

Uma vez que o tampão de plaquetas é formado, uma cadeia de eventos é iniciada para formar um coágulo. As reações que ocorrem são catalisadas por enzimas chamadas *fatores de coagulação*. Existem 12 fatores de coagulação e o mecanismo que ocorre é muito complexo. Portanto, eu destaco os pontos principais do que acontece.

- Depois que o tampão de plaquetas é formado, começa a fase da coagulação, que envolve uma cascata de ativações da enzima que levam à conversão da protrombina para trombina. É necessário cálcio para que essa reação ocorra.

- A trombina por si só age como uma enzima e provoca o fibrinogênio – uma das duas proteínas principais do plasma – para formar longas cadeias de fibrina.

Capítulo 7: Táxi! O Transporte dos Nutrientes **145**

- ✔ As cadeias de fibrina ligam o tampão de plaquetas que flui em direção a ele, formando um coágulo.

- ✔ As células vermelhas ficam emaranhadas na rede, por isso parece que os coágulos são vermelhos. Como as células vermelhas colocadas na superfície externa secam, a cor fica vermelho amarronzada e é formada uma casca.

Transportando Materiais Através das Plantas

As plantas podem não se cortar e precisar da formação de coágulos, mas elas precisam obter materiais do chão através de seus caules para as partes que ficam acima do nível do chão. Por quê? As plantas absorvem nutrientes e água através de suas raízes, mas a fotossíntese – o processo pelo qual as plantas criam o seu combustível – não ocorre nas raízes. A fotossíntese ocorre nas folhas, que não estão debaixo do chão e a fotossíntese necessita de luz para começar.

Assim como os animais têm tecidos vasculares – nos animais, vasos sanguíneos – as plantas também têm tecidos vasculares. Os tecidos vasculares de uma planta são o *xilema*, que transporta água e minerais desde a raiz até as folhas e o *floema*, que transporta moléculas de açúcar, aminoácidos e hormônios tanto para cima quanto para baixo da planta.

As folhas das plantas contêm nervuras, através dos quais os nutrientes e os hormônios percorrem para alcançar as células através da folha. As nervuras são fáceis de ver nas bordas das folhas das árvores; em algumas plantas é difícil ver as nervuras, mas elas estão lá.

Originando-se das sementes

O caule de uma planta é vital para a sua sobrevivência. Em algumas plantas, como aquelas que sobrevivem por uma ou duas estações do ano – quer dizer, anuais ou bienais – os caules são flexíveis. Esses caules são o contrário dos caules de *árvores* que vivem ano após ano – as plantas *perenes*. Os caules em plantas anuais e bienais não são amadeirados, por isso, eles são chamados de caules herbáceos (*herba-* é igual a plantas verdes e flexíveis como gramas e ervas.)

A estrutura do caule de uma planta depende da estrutura da semente de onde a planta brotou. Se você já olhou um broto de feijão, você já deve ter notado o tecido em forma de rim de onde o feijão brota. Aqueles tecidos em forma de rim fazem parte da semente e são chamados de *cotilédones*. As plantas com flores com um cotilédone são chamadas de monocotiledôneas; as plantas com flores com dois cotilédones são chamadas de dicotiledôneas. As monocotiledôneas e as dicotiledôneas possuem diferentes tipos de caule, assim como algumas outras grandes diferenças estruturais. A Tabela 7-2 destaca essas diferenças.

Parte III: Os Seres Vivos Precisam se Metabolizar

Tabela 7-2	Características das Monocotiledôneas e Dicotiledôneas	
Característica	**Monocotiledôneas**	**Dicotiledôneas**
Cotilédones nas sementes	Um	Dois
Feixes vasculares as partes	Distribuídos por todas	Padrão definido em anel
Xilema e floema	Caule	Dentro do caule
Veias das folhas paralelamente	Apresentam-se	Forma um padrão em rede
Partes das flores	Em três e múltiplos de três de quatro e cinco	em quatro e cinco e múltiplos

Nos caules de dicotiledôneas, o centro do caule consiste de uma medula, que possui muitas células com paredes finas chamadas *células parênquimais*. As paredes finas permitem a difusão de nutrientes e água entre as células. Em volta da medula fica o anel com feixes vasculares, que contém o xilema e o floema, com uma camada fina de *câmbio vascular* entre o xilema e o floema. Fora do anel de feixe vascular fica o *córtex* do caule. O córtex contém uma camada de endoderme, mais algumas células parênquimas e tecido mecânico, que suporta o peso da planta e mantém o caule virado para cima. Na superfície do caule fica a epiderme e a cutícula.

Os caules de árvores são muito diferentes dos caules das herbáceas. Os caules das árvores – e isso inclui os ramos – desenvolvem botões para que haja um novo crescimento. As árvores não ficam maiores porque o tronco cresce; elas ficam mais altas porque os ramos são alongados.

Em caules de plantas, existem duas áreas do xilema e do floema: as áreas de crescimento primária e secundária com um anel de tecido de câmbio no meio. Conforme o caule das árvores cresce, um novo tecido é adicionado ao tecido de câmbio, criando anéis dentro do caule da árvore. A cada ano eles são anéis de crescimento anual que permitem a você contar dentro de uma árvore para dizer a sua idade. Conforme esses anéis do xilema se acumulam ano após ano, a circunferência do caule da árvore aumenta. As células do xilema recém criado transportam água e minerais através do caule. Essa parte do caule da árvore é chamada de *condutora*. O tecido mais antigo do xilema é preenchido com material do tipo goma e resina. Essa parte do caule das árvores é chamada de *cerne*.

O floema das árvores é colocado para fora conforme o tecido do xilema aumenta de tamanho ano após ano. Por fim, o floema é compactado na casca da árvore. Porém, nas árvores, o floema fica realmente ativo somente durante o primeiro ano de vida da planta. O único floema que serve para transportar materiais pela árvore é o floema que foi recém formado durante a última estação.

Capítulo 7: Táxi! O Transporte dos Nutrientes *147*

Passando líquidos e minerais através das plantas

A *seiva* é a mistura de água e minerais que passam através do xilema. Os carboidratos passam através do floema. Existem vários "modos de transporte" diferentes através do xilema e do floema; sua função principal é manter todas as células da planta hidratadas e nutridas.

Você sabe o que é gutação? Dica: Não é orvalho

Dentro das células da raiz, há uma concentração maior de minerais do que no solo em volta da planta, o que faz sentido porque a raiz abrange uma área muito menor, enquanto o solo é uma área muito maior. Isso cria uma pressão osmótica, também chamada de *pressão de raiz*, que força a água para fora da raiz através do xilema conforme mais água e minerais do solo são "absorvidos" pela raiz e entram nas células através da osmose. Essa força resulta na *gutação*, que é a formação de gotículas nas pontas das folhas ou da grama de manhã cedo. O motivo para as gotículas serem vistas de manhã é devido à transpiração – a perda de água das folhas – não ocorre à noite, portanto, a pressão é criada até de manhã. Essas gotículas não são somente água, elas são a seiva. E, essas gotículas da seiva são a prova de que a água e os minerais são puxados do solo e transportados através de toda a planta.

A gutação pode funcionar bem em plantas pequenas, através das quais a água e os minerais não têm que ser transportados para muito longe, mas e as plantas altas? A gravidade funciona contra o movimento para cima através da planta, portanto os processos mais ativos estão envolvidos.

O movimento através do xilema: Transpiração

Conforme a água evapora de uma folha, a água é puxada para fora das células na superfície da folha. Essa ação é chamada de transpiração. Porém, há uma teoria que diz que as moléculas de água são coesivas – quer dizer, elas ficam juntas e se tornam uma única e grande molécula de água. Portanto, conforme a evaporação do "topo" da grande molécula de água acontece, é criada uma tensão que passa através dessa grande molécula de água – todo o caminho até as raízes. Essa tensão puxa a água das raízes até o tecido do xilema. Nem mesmo as bolhas de ar param essa ação que puxa a transpiração. A água move as bolhas de ar através de pequenos orifícios nas paredes das células do xilema para manter a coluna de água constante. Veja o Capítulo 9 para saber mais sobre como o estômato da folha pode abrir e fechar para controlar a transpiração.

Transporte através do floema: Translocação

O movimento através do floema é um pouco mais complicado do que através do xilema. O floema contém tubos crivados, cujos elementos são dispostos em uma linha vertical através de toda a extensão do floema. Cada elemento de tubo crivado possui orifícios em suas paredes celulares através dos quais o material pode passar. Esses orifícios assemelham-se a pequenos crivos, e parecem filtrar o material que passa por ali. O citoplasma passa através desses pequenos orifícios e serve como um líquido conector entre cada elemento de tubo crivado.

Os afídeos sugam

Os afídeos, aqueles pequenos insetos que podem destruir suas plantações quando você não está vendo, vivem na seiva fluindo através do floema de uma planta. Os afídeos possuem acoplamentos longos e pontudos chamados *estiletes* – pense em uma palha – que eles inserem no floema de uma planta. Imagine um pássaro sugando o néctar de uma flor. Não é a inserção desse estilete que danifica a planta. Na realidade, os afídeos conseguem ir direto para o tubo crivado sem que a planta "sinta" qualquer coisa. Por isso, um afídeo pode ficar preso em uma planta por horas, sugando a seiva. É a perda da seiva – e o efeito acumulativo de muitos, muitos afídeos em uma planta – que causa danos a ela. O afídeo se abastece, enquanto a planta é ressecada ficando sem a sua mistura de água e mineral.

Quando os elementos de tubo crivado se tornam elementos de tubo crivado, eles perdem seus núcleos. Sem os núcleos, eles são incapazes de funcionar como células "regulares" e têm os seus processos controlados geneticamente. Em vez disso, cada elemento de tubo crivado possui uma célula acompanhante (que fofo). A célula acompanhante contém um núcleo e outras organelas necessárias para a função normal da célula. Diz-se que a célula acompanhante exerce algum controle sobre como o tubo crivado funciona.

O floema é responsável não somente por transportar os minerais através das plantas, mas também por distribuir carboidratos produzidos em certas células para o restante das células da planta. O xilema carrega água somente para cima; o floema carrega os açúcares para cima e para baixo. A *hipótese do fluxo de massa* é, até então, a melhor descrição de como ocorre a translocação no floema. Essa teoria, proposta em 1927, funciona na premissa de que as substâncias passam de uma *fonte* para um *dreno*, e isso acontece assim:

✔ Os carboidratos feitos em um tecido são transportados ativamente para os elementos de tubo crivado. A concentração de solutos – os carboidratos recém produzidos – é a mais alta na *fonte* de produção e a mais baixa em um "dreno," que é uma área das células do floema que possui uma baixa concentração de carboidratos.

✔ A água passa de uma área de maior concentração para uma de menor concentração – o movimento da água acompanha o movimento dos solutos. Os carboidratos são transportados ativamente para os elementos de tubo crivado, mas a água se difunde ativamente nos elementos de tubo crivado.

✔ Cria-se pressão na fonte – Nos elementos de tubo crivado – porque as paredes celulares não são flexíveis e não se distendem para acomodar o volume de água que aumentou. Esse aumento de pressão provoca movimentos de água e carboidratos nos elementos de tubo

Capítulo 7: Táxi! O Transporte dos Nutrientes **149**

crivados em um dreno. (Pense em como você enche uma forma de gelo com água, quando um quadrado está cheio, a água transborda – ou é drenada – para o próximo quadrado. Essa é a premissa por trás do modelo da fonte e do dreno.) O movimento ocorre através de pequenos orifícios nos elementos de tubo crivados e continua através do tubo crivado: da fonte para o dreno, da fonte para o dreno.

✔ Conforme o dreno recebe água e carboidrato, forma-se pressão no dreno. Mas antes de ir para a fonte, os carboidratos de um dreno são ativamente transportados para fora do dreno para as células da planta que estão necessitadas. Conforme os carboidratos são removidos, a água segue então os solutos e é difundida na célula, aliviando a pressão.

O amido – um carboidrato complexo – é insolúvel na água, portanto, ele age como uma molécula de armazenamento de carboidrato. Portanto, sempre que a planta precisa de energia – como à noite ou no inverno quando a fotossíntese não ocorre tão bem – os amidos podem ser transformados em carboidratos simples. Isso permite que um tecido que normalmente seria drenado se torne uma fonte. E, qualquer célula da planta é um dreno potencial. Quando uma célula leva esses carboidratos simples do citoplasma que passa através dos tubos crivados, ela está recebendo energia. As células podem agir tanto como dreno como quanto fonte, e o transporte de floema vai tanto para cima quanto para baixo, por isso as plantas são muito boas para "espalhar a riqueza" dos carboidratos e líquido para onde forem necessários. Enquanto uma planta tiver uma fonte de fornecimento de nutrientes, água e luz entrando constantemente, ela pode se virar sozinha.

Parte III: Os Seres Vivos Precisam se Metabolizar

Capítulo 8

Respire Fundo: Troca de Gases

• •

Neste Capítulo

▶ Entendendo o que acontece nas células depois que os animais absorvem o oxigênio e liberam gás carbônico

▶ Compreendendo a diferença entre respiração celular e respiração

▶ Entendendo a teoria quimiosmótica

• •

*E*ste capítulo é curto e gentil. A respiração celular é uma função importante para a sobrevivência, por isso ela é mencionada em vários capítulos. O processo da respiração celular é a chave como as plantas produzem energia e como os animais recebem oxigênio em seus sistemas, por isso eu a expliquei em detalhes no Capítulo 5.

Além disso, a respiração celular contém algumas das reações metabólicas que ocorrem nos organismos, portanto alguns desses ciclos – principalmente o ciclo de Krebs – têm sido apresentados várias vezes no livro.

Mas eu quero relacionar os processos para você. Os seres vivos precisam de energia; é sobre isso que trata a Parte II deste livro. Uma maneira de como a energia é produzida e convertida é através da respiração. As reações respiratórias são os mesmos processos que ocorrem durante a separação de nutrientes. Portanto, esses ciclos foram explicados no capítulo 6. Mas aqui na Parte III, você está observando como os seres vivos metabolizam. A troca de gás é um componente importante nestes processos.

A vida é um gás

A partir do momento que o caldo prenutivo começou a borbulhar, havia gases na atmosfera. As moléculas inorgânicas foram atingidas por raios de luz ultravioletas do sol, assim como pela iluminação e bum! as moléculas orgânicas complexas foram formadas. Logo no início as células começaram a usar essas moléculas orgânicas como alimento, elas liberavam oxigênio assim como as plantas fazem agora. Conforme o oxigênio é formado na atmosfera, outros gases são liberados.

Os gases e os elementos têm feito parte dessa terra por mais tempo que as plantas ou os animais. A vida na terra começou com os elementos e os gases. Como resultado, a vida na terra é impossível sem eles. As plantas e os animais foram formados de células usando esses materiais quando a terra estava se formando. Os elementos e os gases são parte de todo organismo vivo na terra. Você e seus organismos companheiros podem sobreviver sem comida ou água muito mais tempo do que você pode sobreviver sem oxigênio.

Assim, como os organismos vivos lidam com os gases? Bem, basicamente isso depende do organismo. Alguns fatores precisam ser levados em conta antes que a natureza decida quais mecanismos da respiração os organismos devem usar.

Primeiro; como é o ambiente do organismo? O organismo vive na terra (e tem oxigênio disponível no ar) ou ele vive na água? O tamanho e a forma do organismo também importam, assim como o seu metabolismo basal (e em que velocidade ele respira) e se ele tem uma maneira de transportar gases dentro de si mesmos.

Oxigênio do ar versus oxigênio da água

Se você nada, e especialmente se você não nada, você sabe que há muito menos oxigênio disponível na água do que no ar. Afinal, a diferença entre os dois é o que faz com que você tenha que ir para a superfície regularmente enquanto está fazendo nado de peito.

O ar tem três vezes mais oxigênio do que a água, e ele é muito menos denso. Não há bolsas de ar sem oxigênio – exceto talvez dentro de uma caverna – mas pode haver bolsas de água que possuem pouco ou nenhum oxigênio. Como resultado, se você precisar é mais fácil receber oxigênio do ar do que da água.

Um peixe gasta 25 por cento de sua energia total somente movendo-se na água com as suas brânquias. A água é mais densa, e ela precisa passar pelas brânquias para receber uma boa quantidade de oxigênio de fora, por isso é necessário mais energia. Os humanos, porém, gastam somente 1 a 2 por cento de sua energia total na respiração – deixando energia para que os humanos gastem em outras coisas, como no trabalho e estudando ciências.

Um aspecto da água que é mais vantajoso do que o ar, no entanto, é que o oxigênio é carregado melhor na água. O oxigênio e a água formam uma solução. Nos animais terrestres, o oxigênio deve "entrar em uma solução" antes que possa ser difundido nas células. Portanto, as membranas da superfície onde acontece a troca de gás – quer dizer, onde o oxigênio é levado para o corpo e o gás carbônico é liberado do corpo – deve permanecer úmido. E é por isso meus amigos que a sua boca, suas narinas e pulmões sempre estão úmidos.

Os gases são trocados em toda célula do seu corpo também, não somente em seu sistema respiratório. Se você tirasse a sua pele, o seu corpo seria extremamente úmido. Ele não ficaria dessa maneira por muito tempo, porque a água evapora das superfíces úmidas do corpo muito rapidamente. A sua

Capítulo 8: Respire Fundo: Troca de Gases

pele, e a pele de outros animais é uma barreira protetora. A pele evita que a troca de gás ocorra muito rapidamente. Evita que os organismos que vivem na terra morram.

Por que o tamanho e a forma do corpo são importantes

O oxigênio se encontra em uma solução com água, mas uma vez na água, ele se difunde muito lentamente. Por isso, o oxigênio deve ser tranportado a maioria dos organismos. Somente os animais menores, mais simples não têm mecanismos de transporte do oxigênio. As planárias são um exemplo. Essas minhocas são tão pequenas e planas (por isso o seu nome) que todas as suas células ficam próximas de uma superfície para troca de gás. O oxigênio pode entrar, e o gás carbônico pode sair conforme for necessário. Esse método de troca também limita o tamanho do organismo.

A maioria dos animais maiores, mais completos que vivem na terra possui sistemas circulatórios que enviam oxigênio para todas as partes de seus corpos. Nos humanos, o oxigênio é carregado pelas células vermelhas através de vasos sanguíneos e depois ele se difunde completamente nas células através da troca capilar. Esse processo é descrito em mais detalhes no Capítulo 7.

O Capítulo 7 também dá informações sobre os quatro tipos de sistemas de troca de gás. A troca tegumentar ocorre através da pele. As brânquias são usadas para trocar os gases em ambientes aquáticos. Os sistemas traqueais são encontrados nos insetos e os pulmões são usados por animais terrestres.

O que a taxa metabólica tem a ver com isso?

Se você somasse os resultados de tudo o que você colocou em seu corpo – todo o alimento, oxigênio, água – e resumisse toda reação que ocorreu, você teria a sua taxa metabólica. Considerando que a maioria das reações que ocorre no corpo é aeróbica (elas requerem oxigênio), uma maneira de determinar a taxa metabólica é medir a quantidade de oxigênio que é utilizada pelo organismo em uma unidade de tempo (por exemplo, 1 litro de oxigênio por hora).

Vários fatores são considerados ao se determinar a taxa metabólica de um organismo tais como seu tamanho, peso espécie e o ambiente em que vive. Normalmente a taxa metabólica é medida quando o organismo está em seu estado normal (em repouso, mas não dormindo) simplesmente passando pelos processos metabólicos normais que sustentam a vida; isso é chamado de *metabolismo basal*.

A temperatura porém exerce um papel no metabolismo dos animais heterotérmicos. Os *animais heterotérmicos*, como o peixe e os insetos, passam por mudanças na temperatura de seu corpo quando a temperatura do ambiente muda. As taxas metabólicas basais aumentam quando a temperatura aumenta e diminuem quando está frio. Eles têm pouco isolamento em seus corpos. Quando a sua taxa metabólica está muito baixa – quer dizer, quando as temperaturas estão muito baixas – eles são extremamente inativas. Essa característica explica porque você não vê muitos insetos ao ar livre durante o inverno ou de manhã cedo. Os heterotérmicos têm regulação parcial da temperatura corporal; poiquilotérmicos (animais de sangue frio), como as cobras, não podem regular a temperatura ou metabolismo do seu corpo.

Os *animais homeotérmicos*, como os pássaros e os mamíferos, mantêm uma temperatura estável do corpo, embora ela seja alta. Os mamíferos homeotérmicos, como você, possuem taxas metabólicas mais altas porque as reações metabólicas estão ocorrendo mais rapidamente, e seus corpos produzem mais energia. A energia é liberada na forma de calor. Mas, para manter o equilíbrio entre o calor do corpo e o calor perdido, eles pegam mais oxigênio do que os animais heterotérmicos.

Os animais homeotérmicos como você também têm duas maneiras de se proteger contra a perda de calor em excesso. Esses animais têm isolamento na forma de penas ou pelo e a gordura do corpo os mantêm aquecidos. (Você, às vezes, gostaria de ter penas em vez de gordura?) A segunda medida protetora é o homeostase.

A homeostase é um processo especial que mantém um equilíbrio dentro do corpo de coisas como o nível de pH, nível de glicose, temperatura corporal, etc. Os cérebros desses animais sentem alterações na temperatura corporal normal e estimulam a resposta apropriada para trazer a temperatura de volta dos valores normal: tremendo ou suando.

Passando Pelos Ciclos

A respiração celular é diferente de respiração. A *respiração* é o ato físico de inspirar e expirar. A respiração é o mecanismo que os animais da terra (terrestres) usam para trazer oxigênio e remover gás carbônica de seus corpos.

No entanto, a *respiração celular* é um grande termo que envolve vários processos metabólicos. A respiração celular é o processo geral de produção de energia na forma de adenosina trifosfato (ATP) do alimento e do oxigênio que um organismo adquire.

A *respiração aeróbica* ocorre quando o oxigênio está disponível. Nos humanos, essa é a primeira escolha para o metabolismo de nutrientes e para a produção de ATP.

A *respiração anaeróbica* – metabolismo sem oxigênio – é usada como um sistema de defesa durante os momentos em que não há oxigênio disponível. Os caminhos metabólicos da respiração anaeróbica entram somente para evitar que as células morram. Porque, sem a respiração aeróbica produzindo moléculas receptoras de elétrons, todos os ciclos respiratórios param. Quando isso acontece, o ATP não é produzido; se o ATP não é produzido, célula logo morre. Toda célula necessita de um abastecimento constante de ATP para passar através dos ciclos respiratórios. Os caminhos anaeróbicos que ocorrem nas plantas – fermentação alcoólica – e nos animais – fermentação de ácido lático – são explicados no Capítulo 6.

Respiração aeróbica

A respiração aeróbica tem três etapas: a *glicólise*, o *ciclo de Krebs* e a *fosforilação oxidativa*.

- ✔ A **glicólise** é o processo em que a glicose é separada e convertida em piruvato (ver o capítulo 6).

- ✔ No **ciclo de Krebs** o piruvato e colocado em uma série de reações que resultam na produção das coenzimas NADH e $FADH_2$, assim como uma molécula de ATP e gás carbônico. (ver o Capítulo 6).

- ✔ A **fosforilação oxidativa** é o processo que leva o NADH e o $FADH_2$ e os passa através de uma cadeia de transporte de elétron até que o ATP seja produzido (ver o Capítulo 6).

Portanto, ao final de todo o processo da respiração celular – quer dizer, depois que todas as três etapas foram completadas – o resultado é 36 moléculas de ATP para você gastar como quiser. Quanto mais você a usar, mais você a produzirá, portanto não seja mesquinho com a sua energia.

Onde tudo acontece

O ciclo de Krebs ocorre na parte líquida (a *matriz*) das mitocôndrias. As mitocôndrias são as "usinas de força" da célula. Elas são organelas com uma história e uma função muito importante.

As mitocôndrias são conhecidas por terem sido células primitivas que foram incorporadas em células primitivas maiores do memso modo que as da evolução animal. O mesmo é verdade para os cloroplastos, exceto que as organelas equivalentes das mitocôndrias foram engolidas pelas células primitivas que se desenvolveram em plantas. O que é surpreendente é que as mitocôndrias e os cloropastos parecem e funcionam de forma muito semelhante.

As mitocôndrias têm uma membrana torcida dentro delas – chamadas *cristas* – que as divide em dois compartimentos: interno e externo. Os compartimentos internos das mitocôndrias contêm a matriz. As cristas armazenam as cadeias de proteína transportadas de elétron.

Os cloropastos também têm uma membrana dentro deles que cria compartimentos internos e externos. A membrana interna de um cloropasto é chamada de membrana tilacoide e é onde as proteínas transportadoras de elétron ficam localizadas.

Esmiuçando o ciclo de Krebs

O Dr. Hans Krebs junto com outros cientistas notáveis, realizou experimentos com células musculares e descobriu que elas metabolizam rapidamente a glicose junto com um composto chamado *piruvato*. O piruvato é um composto de três carbonos que se torna um grupo acetil de dois carbonos ligado a um composto chamado coenzima A no início do ciclo de Krebs. Os cientistas descobriram que se eles acrescentassem vários ácidos orgânicos diferentes nas células musculares com as quais eles estavam fazendo experiências, o metabolismo dos carboidratos aumentava. Eles determinaram que o processo ocorria em um ciclo, quase continuamente (diferente de uma série de etapas que começa e depois termina completamente).

Adicionando a coenzima A para produzir acetil coenzima A

O primeiro passo no ciclo de Krebs é a adição da coenzima A (CoA) em piruvato para criar a acetil coenzima A. Parece confuso? Lembre-se que isso é um ciclo. Portanto, os produtos das reações também são usados na reação. Quando a coenzima A é adicionada na molécula de piruvato com três carbonos, o dióxido de carbono (CO_2) é cedido. Há um átomo de carbono no dióxido de carbono, portanto a perda desse átomo de carbono justifica por que o composto resultante nessa etapa é uma molécula de dois carbonos, acetil coenzima A (acetil CoA).

O acetil CoA entra então no ciclo. A Coenzima A é cedida e o composto resultante é o citrato. O citrato é convertido em isocitrato (um isômero de citrato). Neste ponto do ciclo, entra uma molécula doadora de elétron. Essa molécula é chamada de nicotinamida adenina dinucleotídeo (NAD) e ela tem uma carga positiva (NAD^+). O NAD^+ entra no ciclo de Krebs em três pontos. A adição de NAD^+ em isocitrato resulta na perda de uma molécula de dióxido de carbono, assim como na perda de NAD reduzido (que é escrito como NADH, pois levou um íon de hidrogênio e, portanto um elétron, do NAD^+). Não se preocupe, o NADH devolve o elétron. Se ele não devolvesse, não haveria NAD^+ disponível para continuar o ciclo, e não seria produzida energia, enviabilizando, dessa forma, a célula.

O ponto mais agitado do ciclo de Krebs

O composto que resulta da reação de isocitrato é o α-cetoglutarato, que é uma molécula de cinco carbonos. (Lembre-se que o ciclo de Krebs começa com uma molécula de seis carbonos, mas um carbono foi perdido quando o dióxido de carbono foi cedido na reação de isocitrato.) Nessa etapa do ciclo, são acrescentados três compostos, e três compostos são cedidos. O NAD^+ é cedido, resultando no NADH sendo cedido. A água é adicionada e o dióxido de carbono (perda de outro carbono!) é cedido. A guanosina difosfato (GDP) e um fosfato inorgânico (Pi) também são adicionados nessa etapa. A combinação de uma molécula de dois fosfatos – guanosina difosfato – (*di-* = dois) mais o fosfato inorgânico é igual a uma molécula de três carbonos: guanosina trifosfato (GTP). *Tri-* significa três e a GTP é cedida nessa etapa. Ao final dessa etapa, a molécula α-cetoglutarato (cinco carbonos) é convertida para o sucinato, uma molécula de quatro carbonos.

A partir do sucinato através das três etapas remanescentes do ciclo de Krebs, todos os compostos têm quatro carbonos. Depois que o sucinato foi produzido, o fumarato, o malato e o oxaloacetato são produzidos. Seguindo a produção de oxaloacetato, o acetil CoA é adicionado, e o ciclo começa novamente. Por fim, uma molécula de glicose fornece 36 moléculas de adenosina trifosfato (ATP; a unidade que mede a energia de um organismo vivo). Se você precisar de uma análise diferente sobre o ciclo de Krebs, vá para o Capítulo 6.

A teoria quimiosmótica

O último passo da respiração celular é a fosforilação oxidativa. Nesse passo, as coenzimas são convertidas em ATP, pois o ATP é uma forma de energia muito mais eficiente.

O que acontece durante a fosforilação oxidativa é que as coenzimas NADH e FADH$_2$ são transferidas de um elétron de doadores eletrônicos para outro através de uma cadeia de transporte de elétron. Pense em uma fila de bombeiros passando baldes de água para apagar o fogo que funciona quando o bombeiro joga a água de um balde que está cheio para o balde do bombeiro ao lado. Os baldes são os "doadores electrônicos" e a água dentro dos baldes representa as coenzimas.

Ao final da cadeia de transporte de elétron, as coenzimas deixaram a energia para que as moléculas de fosfato possam ser adicionadas na adenosina difosfato (ADP) para criar ATP. A *teoria quimiosmótica* descreve todo o processo, que é ilustrado na Figura 8-1.

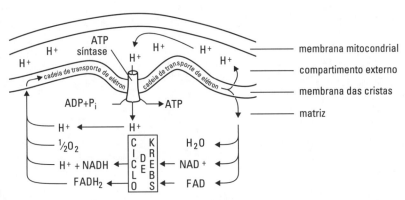

Figura 8-1: Os eventos acontecendo dentro das mitocôndrias, conforme a descrição da teoria quimiosmótica.

A teoria quimiosmótica começa com o ciclo de Krebs ocorrendo na matriz das mitocôndrias. Durante o ciclo de Krebs, NADH, FADH$_2$ e íons de hidrogênio (H$^+$) estão sendo produzidos e são então enviados através da cadeia de transporte de elétron, junto com o oxigênio.

O ciclo de Krebs é um processo aeróbico; é por isso que é necessário que haja oxigênio.

Quando o NADH e o FADH$_2$ estão em movimento através da cadeia de transporte de elétron, os íons de hidrogênio são enviados para fora da matriz, atravessam as cristas e entram no compartimento externo. Os íons de hidrogênio se reúnem no compartimento externo das mitocôndrias – quer dizer, fora das cristas – que cria um gradiente de próton e um gradiente de elétron. Um gradiente é um acúmulo de energia potencial. Portanto, os prótons, que são os íons de gradiente, são mantidos no compartimento externo até que sejam necessários. Da mesma forma, a energia da cadeia de transporte de elétron é formada até que seja necessária.

Há proteínas nas cristas que permitem que os íons de hidrogênio fluam de volta para a matriz. O fluxo de H$^+$ flui através das cristas através de pequenas aberturas chamadas canais, portanto as proteínas são chamadas de canal proteico. Na realidade, elas são síntases de ATP. Uma síntase é uma enzima que inicia a produção (síntese) de uma substância – nesse caso, ATP.

Conforme os íons de hidrogênio vão e voltam através dos canais, eles criam energia. Essa energia é suficiente para iniciar rapidamente a produção de ATP.

Quando o ATP está formado, ele é rapidamente consumido pelas células para que todo o processo possa continuar. De fato, a vida é um ciclo.

Capítulo 9

Jogando o Lixo Fora: Eliminando Resíduos para Manter a Homeostase

Neste Capítulo

▶ Compreendendo o conceito da homeostase

▶ Esclarecendo o processo digestivo

▶ Definindo os resíduos de nitrogênio e os líquidos do corpo

▶ Entendendo porque e como os organismos e as plantas eliminam produtos residuais

Como você sabe, este capítulo aborda com que maneira os organismos vivos se livram dos resíduos. Como a homeostase é aplicada? A homeostase é um conceito-chave na biologia. É a descrição de como as condições internas dos organismos vivos (por exemplo, a temperatura e os níveis de coisas como a glicose, o cálcio ou o potássio) permanecem estáveis (dentro de uma variável normal), independente do que está acontecendo no ambiente externo. Portanto, se o lixo criado dentro de cada célula acumulasse, o corpo se tornaria um depósito de lixo. Seriam formadas toxinas e os níveis de coisas como os eletrólitos poderiam ser alterados (por exemplo, os íons de sódio, o potássio e o cálcio). A homeostase tenta manter o seu sistema em uma variável normal; se fossem formadas toxinas, a homeostase seria interrompida e você ficaria muito doente. Portanto, neste capítulo, eu descrevo o que constitui o lixo celular e explico a homeostase mais além. Depois eu ajudo a entender o que os organismos fazem com esse lixo explorando os sistemas digestivo e excretor.

O Que Tem nos Resíduos?

Cada célula do seu corpo está ativamente envolvida no metabolismo, que é basicamente o processo de usar os nutrientes do alimento para fornecer energia para os processos celulares. O metabolismo é como um fogão a lenha que aquece uma casa (o seu corpo). O alimento é como os gravetos que são jogados no fogo. Quando os gravetos queimam formam-se cinzas. As cinzas são como os resíduos criados ao usar energia. Se a cinza não for removida da lareira, o fogo pode não queimar mais. Quando o alimento é absorvido, a maior parte possível dos nutrientes é usada para abastecer o corpo. Depois que a maior parte possível de energia é extraída do alimento através da digestão e do metabolismo, o restante é excretado ou removido.

Homeostase

Imagine que está muito, muito frio lá fora – está até nevando – e você sai correndo até a caixa do correio somente de camisa de manga curta. Enquanto você está lá fora, um vizinho vem conversar com você. O seu corpo quer manter sua temperatura corporal por volta de 37° C. A sua pele sente as condições de frio do lado de fora, e os impulsos nervosos são enviados dos receptores em sua pele para o seu cérebro que diz, "Ei, Está muito frio aqui fora!!"

Em uma tentativa de ficar por volta de 37° C, o seu corpo faz ajustes automaticamente. Sua pele fica arrepiada, que na verdade são os folículos pilosos apertando-se para fazer com que os pelos do seu corpo fiquem de pé para ajudá-lo a se proteger. Se isso não ajudar a manter a temperatura normal, você começa a tremer. O tremor é uma tentativa do seu corpo criar calor através do movimento.

Se o seu vizinho tagarela ainda continuar conversando e o tremor não ajudar a mantê-lo aquecido, o "termostato" do seu corpo começará a cair (se ele for longe demais, começa a hipotermia) e o seu "forno" começará a criar calor internamente para que ocorra a homeostase mantendo os valores relativamente normais.

A doença ocorre quando a homeostase não pode ser alcançada. Imagine que o seu vizinho tagarela passou o vírus da gripe para você quando espirrou durante a conversa. O seu corpo precisa lutar contra o vírus invasor, que gosta de ficar em temperatura corporal normal. Em 37° C, o vírus pode se reproduzir muito bem, deixando-o cada vez mais doente. O seu corpo quer estar na homeostase, mas se ele mantivesse a sua temperatura corporal normal, o vírus ocuparia todo o seu corpo. Na defesa contra o vírus, a sua temperatura corporal aumenta (febre), o que torna o seu corpo um local muito desagradável para o vírus se manter. O vírus começa a desacelerar em temperatura mais quente, o que permite que as células do seu sistema imunológico o ataque. Mas, o fato de a temperatura do seu corpo ir acima do normal (febre) significa que a homeostase foi interrompida, e isso indica doença (gripe). Uma vez que o seu corpo sufocou o ataque viral, a febre "cessa", e a temperatura retorna ao normal. O estado da doença acaba e a homeostase retorna.

Lembre-se que a febre é um processo natural, saudável. Se você desenvolver uma febre, deixe que ela faça o seu trabalho de tornar o seu corpo um local desfavorável para um vírus ou bactéria. Não reduza a febre com aspirina, ibuprofeno ou acetaminofeno imediatamente. Se a febre continuar por alguns dias, no entanto, você deve ir ao médico. Uma febre causada por um vírus normalmente cessa sozinha conforme o seu corpo luta contra o vírus. Porém, uma infecção causada por uma bactéria requer um antibiótico para ajudar o seu corpo a lutar. A febre associada a uma infecção bacteriana normalmente é maior e dura mais tempo que uma febre causada por um vírus.

Digerindo: Trabalhos Sobre o Sistema Digestivo

Imagine você mordendo um grande cheeseburger suculento. Você salivou ao pensar nele? Se sim, o seu corpo está preparado para que você dê uma mordida de verdade. A enzima em sua saliva – a amilase salivar – está ali para começar a digerir os carboidratos, principalmente aqueles do pão. Vá em frente e dê uma mordida. Mastigue devagar para que os seus dentes possam triturar esse alimento. Engula e preste atenção na sensação dos pedaços de comida sendo comprimidos em seu esôfago até o seu estômago. Essa ação é chamada de peristalse e ocorre por todo o seu trato digestivo (ver a Figura 9-1).

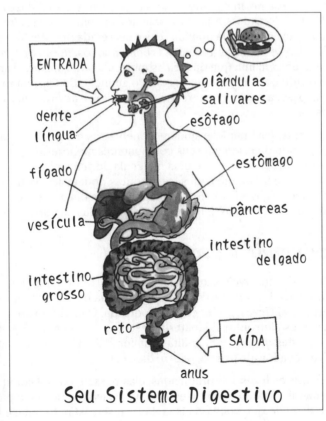

Figura 9-1: O sistema digestivo humano.

Quando os pedaços de cheeseburger estão no seu estômago, eles são conhecidos como *bolo alimentar*. O bolo é coberto de suco gástrico, que é composto da enzima pepsina e de ácido hidroclorídrico (HCl).

Se você comer demais, o seu estômago produz mais ácido, e o conteúdo do estômago completamente cheio pode ser forçado de volta para o esôfago, que passa em frente ao coração, causando azia.

A enzima e o ácido agem para absorver o alimento e liberar os nutrientes. Por exemplo, o pão de hambúrguer contém principalmente carboidratos, pouquíssima proteína, e uma pequena quantidade de gordura. A carne contém pouquíssimo carboidrato e grandes quantidades de proteína e gordura. O mesmo é verdade para o queijo. Esses carboidratos, proteína e gordura são todos importantes para uma nutrição adequada (os seus excessos é que são um problema!), mas eles devem estar nas menores formas para serem usados por cada célula. Esse estágio final da digestão ocorre no intestino delgado.

O alimento digerido do estômago é enviado para o intestino delgado, que é coberto por um líquido e enzimas do fígado (bile) e do pâncreas. (amilase pancreática, tripsina e lipase).

Esse sufixo *–ase* normalmente denota uma enzima. As amilases quebram as moléculas do amido. A amilase salivar é encontrada na saliva; a amilase pancreática é formada no pâncreas e secretada no intestino delgado. O prefixo *lip-* se refere às gorduras (como lipídeos, lipólise). Portanto, a lipase é uma enzima que quebra as moléculas de gordura. *Trip-* é um prefixo usado com as proteínas (como o aminoácido triptofano). Mas em vez da tripase, a enzima pancreática que absorve as proteínas é chamada de tripsina.

Essas substâncias químicas ajudam a quebrar as moléculas do alimento que está sendo digerido em seus componentes menores. A forma menor de carboidrato é a glicose, que é uma molécula de açúcar. As proteínas podem ser reduzidas para aminoácidos; as gorduras podem ser reduzidas para ácidos graxos e glicerol. As formas menores dos nutrientes passam através das paredes do intestino delgado e são absorvidas na corrente sanguínea.

Examinando o cocô

Os nutrientes utilizáveis são absorvidos na corrente sanguínea a partir do intestino delgado. O material restante continua no intestino grosso, onde a matéria fecal (fezes, ou "cocô") é produzida. O intestino grosso absorve água e alguns eletrólitos do material restante, e a água volta para o corpo para evitar desidratação. Se muita água for absorvida, ocorre constipação; se pouca água for absorvida, ocorre diarreia.

Uma vez que as fezes são produzidas, elas passam para o cólon, onde são armazenadas. Quando o cólon está cheio, é enviado um sinal para o seu cérebro dizendo que você precisa relaxar o seu esfíncter anal e liberar as fezes.

Porque o cocô é marrom e as outras informações são mal cheirosas

Você já se perguntou por que o coco é marrom? Os pigmentos da bile (amarelo e verde) são parte do material fecal restante. Além disso, células sanguíneas vermelhas que foram substituídas por células vermelhas frescas, novas e saudáveis acabam no intestino grosso. Combine amarelo, verde e vermelho e você terá marrom.

Já que estamos falando do assunto, aposto que você está se perguntando por que o cocô tem um cheiro, assim... você sabe. Uma variedade de bactérias fica no intestino grosso. *Escherichia coli (E. coli)* é a bactéria intestinal mais comum e *E. coli* sobrevive alimentando-se de parte do material que forma as fezes. Quando as bactérias digerem parte do material deixado, elas liberam o odor das fezes. Como as bactérias que ficam no seu intestino beneficiam você? Conforme as bactérias degradam os seus resíduos, elas produzem vitamina K, algumas vitaminas B e aminoácidos. Todos esses produtos são absorvidos através do revestimento do intestino grosso para a sua corrente sanguínea, que as transporta no corpo para usos benéficos. Por exemplo, a vitamina K é necessária para a coagulação adequada do sangue.

De volta para a corrente sanguínea

Moléculas importantes e úteis passam através das paredes do intestino delgado para a corrente sanguínea. A corrente sanguínea carrega essas moléculas por todo o corpo. Cada canto seu é abastecido por capilares sanguíneos, portanto cada canto recebe nutrientes do alimento que você digeriu.

As paredes dos capilares são muito, muito finas. Somente fora das paredes do capilar há um líquido chamado *líquido intersticial*. Esse líquido preenche cada espaço entre cada célula do corpo, enchendo e hidratando as células e servindo como parte da "matriz" através da qual os nutrientes e os resíduos passam. Os nutrientes obtidos do alimento digerido se difundem através das paredes capilares, pelo líquido intersticial e são absorvidos pelas células. Ao mesmo tempo, o resíduo produzido pelos processos metabólicos da célula se difunde para fora da célula, pelo líquido intersticial e no capilar, onde ele pode ser carregado para o rim para ser excretado.

Sessenta por cento do peso corporal humano é composto de líquido. Desses 60 por cento, 20 por cento é líquido extracelular ou líquido que existe fora das células. Esse líquido extracelular é composto principalmente de líquido intersticial (16 por cento) e (sangue) plasma (4 por cento). O líquido intersticial é o líquido que existe entre e em volta de toda célula do corpo. Ele fornece o meio para difusão dos nutrientes e dos resíduos e também ajuda a preencher as células. O plasma é o líquido em que as células sanguíneas fluem. Dos 60 por cento originais, 40 por cento vem do líquido intracelular ou líquido que existe dentro das células do corpo.

Resíduos de Nitrogênio

Os resíduos de nitrogênio são materiais desnecessários e excesso de materiais que contem nitrogênio e nitrogênio em excesso não é saudável para o corpo. Os compostos com nitrogênio são biprodutos do metabolismo. Eles incluem ureia, ácido úrico, creatinina, e amônia.

As proteínas são compostas de aminoácidos. Quando as proteínas são digeridas, elas são separadas em cadeias de aminoácidos. Quando os aminoácidos em excesso são degradados, forma-se ureia no fígado. O ácido úrico é formado quanto os nucleotídeos são separados (os nucleotídeos compõem o DNA e o RNA). Quando você usa os seus músculos, você usa alguns compostos que contêm energia e que ficam no tecido muscular. O tecido muscular é degradado e reconstruído. Quando ele é degradado, a creatinina é liberada e deve ser excretada porque contém nitrogênio. A amônia é formada no corpo como resultado das células separando os nutrientes e depois criando moléculas para armazenamento de energia. A maioria das células em seu corpo passa pelo ciclo de Krebs (ver o Capítulo 8) e a amônia é um produto residual dessas reações. A amônia é convertida em ureia.

Estrutura e função do rim

Nos humanos, os rins são os órgãos responsáveis pela produção de urina. Existem dois rins, um de cada lado de suas costas, logo abaixo das costelas. Assim como a maioria dos órgãos do corpo, a função dos rins é intimamente ligada à sua estrutura (ver a Figura 9-2). Cada rim possui três áreas distintas:

- O córtex renal, que é a camada externa
- A medula renal, que é a camada mediana
- A pelve renal, que se torna o uréter

Cada rim contém mais de 1 milhão de néfrons, que são tubos microscópicos que produzem a urina. Cada néfron contribui com um duto coletor que carrega a urina para a pelve renal. A partir dali, a urina flui para o uréter, que é o tubo que conecta o rim a bexiga.

Cada um dos milhões de minúsculos néfrons no rim é composto de túbulos ainda menores. A parte principal do néfron consiste do túbulo contorcido proximal (próximo) e distal (distante), que se torna o duto coletor do néfron. No início do túbulo contorcido proximal há uma estrutura parecida com uma bola composta de glomérulos, que é o local onde o túbulo renal é interligado com um capilar, e a cápsula glomerular (também chamada de cápsula de Bowman). No glomérulo, a transferência de produtos residuais da corrente sanguínea ocorre através da parede capilar até a ponta do túbulo contorcido proximal. Também neste local, quaisquer materiais que são filtrados pelo néfron e estão para retornar para a corrente sanguínea são reabsorvidos do glomérulo através da parede capilar para que possam circular novamente. As vênulas (veias menores) unem os capilares (artérias menores) e juntos, unem a veia renal, que carrega sangue do rim.

A urina é conduzida do uréter até a parte superior da bexiga continuamente. A bexiga mantém o máximo de 500 ml de urina, mas você começa a sentir a necessidade de urinar quando tem somente um terço de sua capacidade ocupado. (Dessa forma, você tem tempo de encontrar um banheiro, se precisar, antes que esteja completamente apertado. Ou, você pode terminar de ler um capítulo antes de levantar e ir). Quando a bexiga está com dois terços de sua capacidade completa, você começa a sentir muito desconforto.

A urina é eliminada do organismo através da uretra, que é um canal na parte inferior da bexiga que se abre para a parte externa do corpo. Ela se mantém fechada por um músculo esfíncter. Quando você quer começar a urinar, esse músculo do esfíncter relaxa, abrindo a uretra a deixando a urina fluir para fora.

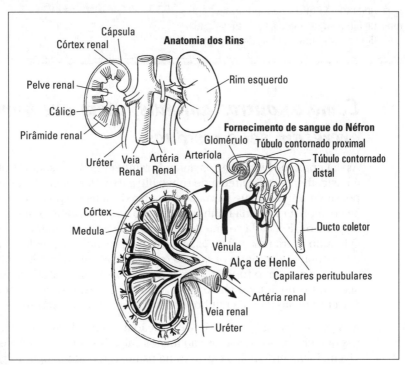

Figura 9-2: Estrutura dos rins e dos néfrons dentro dos rins.

Difusão e osmose

Imagine que você se veste como a personagem "church lady" do programa norte americano *Saturday Night Live*. Você não aparece por aí com uma roupa cheia de bolinhas e grandes pérolas falsas. (Tudo bem, gente; faz de conta que sim). Se você ficar na esquina de uma igreja e colocar uma dose extra de perfume, como algumas beatas gostam de fazer, alguém uma ou hora ou outra perceberá. As moléculas de perfume se difundem (espalham) pelo ar. A difusão do perfume não precisou de energia, portanto isso é chamado de transporte passivo.

A osmose, por outro lado, também é uma forma de transporte passivo, mas ela descreve o movimento da água pela membrana. Imagine um tanque com peixes de água salgada com 75 litros. A concentração de sal é muito alta. Por outro lado, um tanque de 113 litros de água fresca possui uma concentração de sal muito baixa. Se os dois tanques fossem separados por uma membrana (visualize uma camada fina de pele entre os tanques), aconteceria o seguinte: A água do tanque maior, menos concentrado passaria para o menor, para que as concentrações em ambos os tanques ficassem iguais. As coisas na natureza querem ficar equilibradas (lembra da homeostase?). As concentrações equilibradas são isotônicas. As soluções com concentrações baixas de soluto são hipotônicas (*hipo*- significa baixo) e as soluções com altas concentrações de soluto são hipertônicas (*hiper*- significa alta).

Como os outros animais, além dos humanos, excretam seus resíduos

Assim como os humanos, os animais também têm um sistema urinário que é basicamente um sistema de tubos filtrantes. Por exemplo, as minhocas possuem um tubo que passa pelo centro de seus corpos (Ver a Figura 9-3). Se você observar uma minhoca de perto, você perceberá que ela possui segmentos. Em cada segmento há duas aberturas chamadas *nefrídeos*. O líquido entra nos nefrídeos, é filtrado e preenche a cavidade do corpo da minhoca (o celoma) passando o restante através do tubo coletor. Os capilares cercam o tubo coletor, e eles reabsorvem materiais que são secretados no líquido que o cerca. O material residual fica concentrado e é excretado ao final da minhoca através de um poro excretor.

Nos peixes (ver a Figura 9-3), a excreção depende de seu ambiente. Os peixes que vivem nos oceanos são menos salgados do que a água em que eles vivem. Eles perdem água através da osmose, e podem ingerir água constantemente, mas raramente excretam. O sal acumulado em seu sistema é eliminado através de suas brânquias. Os peixes de água doce que vivem em enseadas, lagos e rios são mais salgados do que a água na qual estão. Portanto, a água se difunde constantemente no peixe. Por isso, eles raramente "bebem", mas excretam constantemente e absorvem sais através de suas brânquias para permanecer isotônicos (e manter a homeostase).

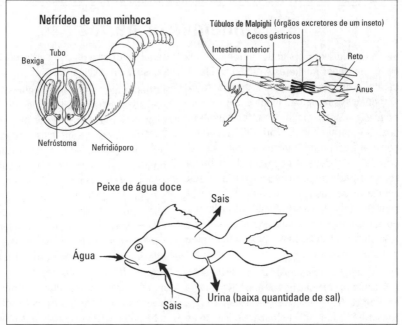

Figura 9-3: Como diferentes animais excretam resíduos: a minhoca, o peixe e o inseto.

Os insetos, assim como os humanos, possuem um sistema de túbulos que remove os resíduos (ver a Figura 9-3). O intestino médio dos insetos (o meio do seu trato digestivo) possui túbulos que coletam líquidos da mistura de sangue e linfa que cerca as suas células. O líquido contém tanto os resíduos que serão excretados quanto os sais e a água que ficarão dentro do inseto. Os sais e a água que serão retidos passam através das paredes na parte inferior do trato digestivo do inseto. Os resíduos ficam concentrados e continuam pelo túbulo; ao final, eles são excretados através do ânus.

Descobrir como as plantas excretam resíduos

Em cada folha, há aberturas que você não pode ver a olho nu. Cada abertura é chamada de *estoma*; um monte de estomas são chamados de *estômatos* (Figura 9-4). O objetivo dos estômatos é realizar trocas gasosas, da água com o gás carbônico na planta. Quando os estômatos estão abertos, água e gás carbônico podem entrar na planta, e a luz pode combinar-se com ambas as moléculas permitindo que a fotossíntese ocorra. Ao mesmo tempo, o produto de resíduos de plantas (oxigênio) pode escapar através dos estômatos. No entanto, se os estômatos estão abertos por muito tempo, as folhas secam. (as folhas secam porque seus estômatos permanecem abertos na tentativa de obter a água que flui através da planta.) Para impedir que isto aconteça, cada estoma tem duas células guarda ao seu redor.

Problemas urinários

Eu ainda não estou falando de longas filas no banheiro das mulheres e nenhuma fila no banheiro dos homens. Estou falando sobre verdadeiros problemas médicos. A *incontinência* – a incapacidade de reter a urina na bexiga – geralmente se torna um problema constrangedor para homens e mulheres deposi de certa idade. A necessidade de urinar se torna mais urgente e freqüente e, às vezes, a urina vaza da bexiga sem controle. Porém, a incontinência é mais prevalente nas mulheres, devido à força colocada nos músculos do esfíncter associada com a bexiga durante a gravidez e o parto.

Nos homens, o *aumento da glândula da próstata* começa por volta dos 50 anos. A glândula da próstata fica logo abaixo da bexiga e cerca a uretra. Sua função é acrescentar líquido ao sêmen conforme o sêmen passa através da uretra no pênis. Conforme a glândula da próstata aumenta, ela força a uretra, apertando a urina de volta para a bexiga. Isso também torna o ato de urinar dolorido. Se essa condição continuar, a urina pode voltar para os rins, o que pode levar a doença renal. Conforme as pessoas envelhecem, o número de néfrons em um rim diminui, e o tamanho total do rim também, o que pode contribuir para a função renal reduzida e levar a sérios problemas em pessoas mais velhas.

Portanto, baseado nesses problemas associados ao envelhecimento, a incontinência faria com que as mulheres mais velhas precisassem usar o banheiro com mais frequência, mas uma próstata aumentada faria com que um homem mais velho usasse o banheiro com menos frequência. Esses problemas isolados certamente poderiam gerar uma longa fila no banheiro das mulheres e uma pequena no banheiro dos homens. Depois, se a função renal diminuir com a idade haverá mais jovens do que pessoas mais velhas usando os banheiros. Parece fazer sentido. Também percebi que as mulheres são aquelas que normalmente levam as crianças (meninos e meninas) para o banheiro e fazem a troca das fraldas, e isso poderia deixar a fila mais longa. Depois você tem as adolescentes que precisam encontrar um espelho sempre que possível... Bem, você entendeu: banheiros femininos muito cheios e normalmente o banheiro masculino vazio. Eu digo que os banheiros deveriam ser unissex (e deixar as mesas de troca disponíveis para os homens!!).

A fotossíntese é o processo que as plantas usam para produzir energia. As células que contêm clorofila permitem que a luz seja combinada com gás carbônico e que as moléculas de hidrogênio da água produzam carboidratos. O oxigênio é liberado como um produto residual.

As células guardas controlam a abertura e o fechamento do estoma (ver a Figura 9-4). Pense em uma daquelas bolsas de moeda feitas de plástico antigas (certo, "de estilo") que você aperta em cada ponta para ter uma abertura. Quando você coloca pressão, a bolsa abre. Nas plantas, essa "pressão" é aplicada pela água fluindo nas células guardas. As células guardas aumentam e o estoma abre. Quando a água sai das células guardas (devido a uma série de motivos), elas diminuem de tamanho e o estoma se fecha. A abertura e o fechamento do estoma mantém a transpiração (o fluxo do gás carbônico para dentro e o fluxo do oxigênio para fora) no mínimo, enquanto a fotossíntese ocorre com a maior frequência possível.

Capítulo 9: Jogando o Lixo Fora: Eliminando Resíduos para Manter a... 169

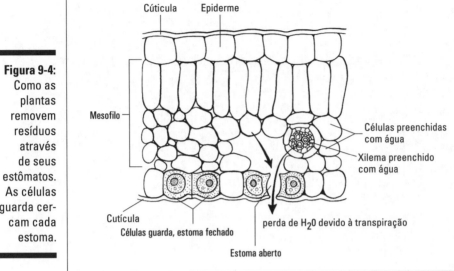

Figura 9-4: Como as plantas removem resíduos através de seus estômatos. As células guarda cercam cada estoma.

Capítulo 10

Vivendo Melhor Entendendo a Biologia

Neste Capítulo

▶ Descobrindo como as enzimas funcionam

▶ Regulando as reações e as respostas por hormônios em animais e plantas

▶ Entendendo a estrutura dos nervos e como os impulsos nervosos são gerados e carregados

▶ Compreendendo como o cérebro e os sentidos funcionam

▶ Compreendendo como os músculos se contraem e como outros animais e plantas se movem

Com todos os processos metabólicos e reações acontecendo nos animais e nas plantas, os organismos precisam exercer algum controle para evitar o caos. As enzimas ajudam a evitar o caos controlando as reações metabólicas. Algumas reações metabólicas produzem hormônios, que regulam outros ciclos no animal ou na planta. Os animais com sistemas nervosos possuem um cérebro e nervos que controlam a liberação de hormônios por todo o corpo. Ou, os nervos podem transmitir informações coletadas pelos órgãos dos sentidos e enviá-las para o cérebro. Às vezes, as informações transmitidas pelos nervos resultam no movimento dos músculos no corpo. Porém, as plantas, assim como alguns animais, não possuem tecido muscular; esses organismos possuem outras formas de locomoção e movimento.

Ativando as Coisas Com as Enzimas

As *enzimas* são proteínas que permitem que certas reações químicas ocorram muito mais rapidamente do que elas ocorreriam sozinhas. As enzimas funcionam como catalisadores, que significa que elas aceleram a taxa em que as reações ocorrem. Normalmente, as reações são parte de um ciclo ou caminho, com reações separadas em cada passo. Cada passo de um caminho ou ciclo, normalmente requer uma enzima específica. Sem a enzima específica para catalisar uma reação, o ciclo ou caminho não pode ser completado. O resultado de um ciclo ou caminho incompleto é a falta de um produto. E, sem um produto necessário, uma função não pode ser realizada, o que afeta negativamente o organismo.

Colocando as coisas para funcionar com energia catalisadora e ativação

As reações não são impossíveis sem as enzimas, mas com elas acontece mais rapidamente. As enzimas não mudam durante as reações, nem mudam os outros conteúdos da reação. Elas somente aceleram a frequência em que todas as parte da reação reagem.

A + B <-> C + D

(reagentes) <-> (produtos)

Em uma reação química, diz-se que a reação é completada quando o equilíbrio é atingido. O *equilíbrio* é o estado em que as quantidades de cada lado da reação estabilizaram. As reações químicas possuem direções para frente e para trás, e tendem a mover-se em ambas as direções até que não sejam mais criados produtos a partir dos reagentes e os produtos não sejam mais convertidos para reagentes. Esse é o ponto de equilíbrio. A constante de equilíbrio é escrito como K_c.

As reações ocorrerão com a energia livre disponível no sistema (o sistema se refere à área onde a reação está ocorrendo). Sempre há energia no sistema antes que uma reação começar, e essa energia livre é chamada de G. A quantidade de mudança na energia livre de uma reação é denominada como ΔG (a letra grega delta, Δ, é usada para representar mudança).

As *reações exergônicas* fornecem energia, assim elas representam uma mudança negativa na energia livre ($-\Delta G$) quer dizer, a energia livre é concedida, por isso há uma "perda" de energia livre. Na realidade, a energia é somente transferida. As *reações endergônicas* absorvem energia para o sistema, portanto, a energia livre no sistema aumenta ($+\Delta G$). Esse aumento parece ser um "ganho" de energia, quando na verdade é somente outra transferência de energia. As reações exergônicas continuarão até que o equilíbrio seja alcançado, pois elas fornecem energia; as reações endergônicas param enquanto estão avançadas. As reações endergônicas ganham energia, as reações acabam para que menos energia seja liberada. Normalmente elas não atingem equilíbrio.

Existem duas teorias sobre como as reações ocorrem: teoria da colisão e teoria do estado de transição

> ✔ Na *teoria da colisão*, afirma-se que as reações ocorrem porque as moléculas se colidem; quanto mais rápido elas se colidem, mais rápido a reação ocorre. O nível de energia que deve ser atingido para as moléculas colidirem é chamado de *energia de ativação* (E_a). A energia de ativação é afetada pelo calor, pois uma temperatura mais alta aumenta a energia de cada molécula.

Capítulo 10: Vivendo Melhor Através da Biologia **173**

✔ Na *teoria do estado de transição*, afirma-se que os reagentes formam ligações e depois quebram as ligações até que eles formem produtos. Conforme essa formação e quebra acontece, a energia livre aumenta até que ela atinja um estado de transição (também chamado de complexo ativado), que é visualizado como o ponto mediano entre os reagentes e os produtos. As reações procedem mais rapidamente se houver uma concentração maior de complexo ativado. Porém, se a *energia livre de ativação* estiver alta (ΔG_i), o estado de transição fica baixo, e a reação fica lenta. A taxa de reação é proporcional a concentração do complexo ativado. Se a energia de ativação estiver mais baixa, a reação ocorre mais rápido, porque podem ser formados mais complexos ativados

Nos organismos vivos, as reações que precisam ocorrer possuem alta energia de ativação. Portanto, para que as reações ocorram ou a temperatura deve ser aumentada ou a energia de ativação deve ser reduzida. Mas a temperatura interna de um ser vivo não pode ser muito elevada como as substâncias químicas em um laboratório. Assim, os organismos vivos dependem de enzimas para diminuir as energias de ativação para que as reações possam ocorrer rapidamente.

E elas devem ocorrer rapidamente! Sem as enzimas, poderiam ser formadas substâncias tóxicas no corpo em níveis perigosos, ou o ciclo de Krebs que produz energia não seria capaz de produzir ATP, que é a energia principal do corpo produzido a partir do alimento que é consumido e digerido. Por exemplo, a primeira reação enzimática descoberta foi aquela que separa a ureia em produtos que podem ser excretados do corpo. A enzima urease catalisa a reação entre os reagentes ureia e água, fornecendo os produtos gás carbônico e amônia que podem ser facilmente excretados.

urease

Ureia + água <-> gás carbônico + amônia

As enzimas são necessárias em cada passo do ciclo de Krebs, que opera em condições aeróbicas para produzir energia. Um dos passos no ciclo de Krebs é a conversão de succinato em fumarato. Os nomes das enzimas normalmente terminam em *–ase*; esse nome também explica o que acontece na reação: O succinato possui um átomo de hidrogênio removido. Se um organismo não pudesse produzir a enzima succinato desidrogenase, então o ciclo de Krebs seria interrompido nessa altura, e o organismo não seria capaz de criar uma forma útil de energia. A morte seria certa.

Cofatores e coenzimas: Coexistindo com as enzimas

As enzimas são feitas principalmente de proteínas, mas elas também possuem alguns componentes não-proteicos. Esse componente não-proteico que deve ser incluído para que a enzima aja como um catalisador, é chamado de *cofator*. Os íons potássio, magnésio ou zinco são exemplos de cofatores.

Parte III: Os Seres Vivos Precisam se Metabolizar

Como o cianureto mata

O veneno cianureto mata rapidamente porque ele evita que uma enzima faça o seu trabalho. Durante o ciclo de Krebs, os produtos produzidos devem percorrer através da cadeia de transporte de elétron para que eles possam ser convertidos em ATP. Isso requer a transferência de elétrons em oxigênio, pois o ciclo de Krebs é um processo aeróbico. Uma das enzimas necessárias nesse processo é a *citocromo oxidase*. A citocromo oxidase catalisa a transferência de elétrons através da cadeia de transporte de elétron para o oxigênio. O cianureto evita que a citocromo oxidase catalise a reação e que a produção de ATP pare imediatamente. E, porque o ATP é usado rapidamente – normalmente não há armazenamento extra de ATP – a morte ocorre rapidamente, dentro de minutos, pois não há ATP para abastecer o cérebro, o coração ou os pulmões, sem mencionar todas as reações metabólicas que ocorrem.

A coenzima é um tipo de cofator. As coenzimas são pequenas moléculas que podem se separar do componente proteíco da enzima e reagir diretamente na reação catalítica. Uma função importante das coenzimas é que elas transferem elétrons, átomos ou moléculas de uma enzima para outra.

As vitaminas são intimamente ligadas às coenzimas. A função das vitaminas é ajudar a produzir coenzimas. A niacina, que é uma das vitaminas B, ajuda a produzir nicotinamida adenina dinucleotídeo (NAD), que é uma das coenzimas que carrega elétrons do ciclo de Krebs através da cadeia de transporte de elétron para produzir ATP. Sem a NAD, seria produzido pouquíssimo ATP, e o organismo teria baixa quantidade de energia.

Controlando as enzimas que controlam você: Controle Alostérico e inibição da resposta

As enzimas podem controlar a velocidade com que as reações ocorrem e sua ausência certamente interrompe muitos ciclos e caminhos. Porém, no sistema de verificações e equilíbrios da natureza, as enzimas também estão sob controle. Esse sistema ajuda a regular as reações que necessitam de enzimas.

No laboratório, a eficiência de uma enzima, por exemplo, pode ser afetada ao alterar a temperatura ou o nível de pH. Mas isso não pode ser feito em um organismo vivo sem a interrupção da homeostase – esse processo importante de manter o ambiente interno do organismo estável em resposta às mudanças no ambiente externo. As enzimas fazem parte do ambiente interno, por isso, as mudanças de temperatura ou pH podem desnaturar ou inibir as enzimas. Lembre-se que as enzimas são compostas principalmente de proteínas, e as proteínas ficam desnaturadas – separadas e destruídas – em temperaturas altas.

As enzimas funcionam em um substrato. O substrato é a substância química que elas afetam. Mas, para funcionar em um susbtrato, o local catalítico de uma enzima deve combinar com um substrato. Porém, uma vez que as enzimas são feitas especialmente para certas reações, a enzima correta deve ser específica para o substrato como peças de um quebra-cabeça ou chaves que entram nas fechaduras. Na realidade, a maneira que os complexos de enzimas-substratos são formados, geralmente, é descrita pelo "modelo da chave-fechadura." Uma vez que a enzima e o substrato são combinados adequadamente, a reação ocorre rapidamente.

As enzimas alostéricas possuem outros locais além suas áreas catalíticas permitindo que moléculas regulatórias unam-se a elas. Portanto, quando a enzima é necessária em uma reação, o substrato é ligado à enzima no local catalítico para ativá-la. Mas, quando a necessidade de reação termina, uma molécula regulatória de modo eficaz liga a enzima ao local alostérico, fechando-o de modo eficaz. O controle alostérico e a inibição da resposta são métodos de regulação da atividade enzimática. A *inibição* da resposta ocorre de outra forma.

Durante a inibição da resposta, um caminho procede normalmente até que o produto final seja produzido em um nível muito alto. Então, parte do produto final serve para fechar o caminho inibindo a atividade da enzima inicial. O processo de inibição da resposta evita que as células não somente tenham que usar energia criando produtos em excesso, mas também que tenham que criar espaço para armazenar os produtos em excesso. É como evitar que você gaste dinheiro em grandes quantidades de alimento que invariavelmente você nunca come e só acaba armazenando até que ele apodreça.

Hormônios Não se Modificam

Os hormônios são substâncias especializadas que coordenam as atividades de células específicas em certas áreas do corpo. Em organismos vivos, as células formam tecidos, e os tecidos formam órgãos. Ocorrem atividades diferentes em cada nível, e essas atividades devem ser coordenadas para que o produto certo seja produzido e transportado para o local correto do corpo.

Os hormônios são produzidos por células nas glândulas, e eles são secretados pela glândula na corrente sanguínea. A corrente sanguínea então transporta o hormônio para certos tecidos, onde ele tem o seu efeito.

O sistema endócrino é o sistema de produção e secreção de hormônio dentro de um organismo. O sistema endócrino geralmente é comparado ao sistema nervoso, que é composto de cérebro, medula espinhal e nervos. Tanto os impulsos nervosos quanto os hormônios transmitem informações pelo corpo. Tanto o sistema endócrino quanto o sistema nervoso coordenam atividades internas.

Às vezes, o sistema nervoso pode funcionar sem o cérebro, como em um arco reflexo. Um arco reflexo dá aos nervos sensoriais acesso direto aos nervos motores para que as informações possam ser transmitidas imediatamente, do tipo "Ai, Está quente!" quando você toca um ferro ligado. Os nervos sensoriais detectam o calor excessivo e instantaneamente envia uma mensagem para os nervos motores que diz, "Tirar sua mão daí! Os nervos motores fazem com que os músculos adequados entrem em ação para de fato mover a mão antes que você "pense" nisso. O seu cérebro entra em cena depois que você sente a dor da queimadura ou pensa, "Isso foi estúpido. Acho melhor colocar água corrente nessa queimadura."

O sistema endócrino mantém uma verificação dos processos e dos componentes celulares da corrente sanguínea e pode fazer ajustes. Porém, o tempo de reação não é imediato. Os hormônios são mensageiros químicos produzidos em uma glândula do corpo e liberados e transportados na corrente sanguínea até um tecido alvo, onde deve ser absorvido antes que ele exerça seu efeito. Essas ações não acontecem em meio segundo, como os impulsos nervosos. Os hormônios certamente não estão "modificados" – estão fluindo continuamente através da corrente sanguínea conforme o necessário.

A palavra *endócrino* tem a sua raiz na palavra Grega que significa *dentro*. As glândulas endócrinas, que produzem hormônios, secretam os seus produtos na corrente sanguínea. Por outro lado, as glândulas exócrinas secretam produtos do lado externo do corpo. O suor e a saliva são exemplos de secreções da glândula exócrina.

Funções gerais dos hormônios

Os hormônios de uma planta, animal invertebrado ou animal vertebrado, regulam várias funções importantes. As funções listadas aqui são somente alguns exemplos.

- ✔ Garantir que o crescimento ocorra adequadamente. Nos humanos, os hormônios do crescimento devem ser secretados em níveis normais pela glândula pituitária ao longo da infância e da adolescência. Os extremos de grandes ou pequenas quantidades de hormônios do crescimento são óbvios: gigantes ou anãs, respectivamente. Nos animais invertebrados, como os insetos, o hormônio do crescimento é responsável pela muda, que é a distribuição da camada externa – o exoesqueleto. Nas plantas, vários hormônios controlam o crescimento adequado das raízes, das folhas e das flores.

- ✔ Garantir que o desenvolvimento e a maturação ocorram adequadamente e pontualmente. Nos insetos, a metamorfose – o processo de alterar formas do corpo durante os estágios de desenvolvimento – é controlada por uma substância chamada hormônio juvenil. A metamorfose é o processo que muda uma larva ou lagarta em uma pupa depois em mariposa ou borboleta. Nas plantas, o ácido indolilacético é um hormônio que afeta os aspectos do desenvolvimento tais como o crescimento da raiz, o crescimento secundário dos caules, afastamento entre as folhas e o caule e a promoção do desenvolvimento do broto.

Capítulo 10: Vivendo Melhor Através da Biologia **177**

✔ Garantir que a reprodução ocorra no melhor tempo possível. Para os humanos, que têm fornecimentos contínuos de alimento e ambientes protegidos para viver, a reprodução pode ocorrer sempre que ocorre um estímulo. Mas em outros animais e plantas, a reprodução precisa ocorrer durante certas estações do ano quando o clima e o abastecimento de alimento são ideais. Não estou dizendo que os humanos não têm hormônios reprodutivos! Os hormônios reprodutivos humanos, como a testosterona e o estrogênio, criam o desejo de copular e afeta a capacidade de reprodução (ver o Capítulo 13).

A Tabela 10-1 lista alguns dos hormônios vegetais assim como alguns dos hormônios encontrados nos mamíferos. Vários desses hormônios são mencionados ao longo deste capítulo.

Tabela 10-1   Alguns Hormônios Importantes de Vegetais e Mamíferos

Hormônios vegetais	*Hormônios mamíferos*
Ácido abscísico	Hormônio antidiurético
Citocinina	Adrenalina (epinefrina)
Etileno	Aldosterona
Giberelina	Estrogênio
Ácido indolacético	Gastrina
Hormônio do crescimento	
Insulina	
Oxitocina	
Progesterona	
Secretina	
Testosterona	
Hormônio estimulante da tireoide	

Como os hormônios funcionam

As proteínas são necessárias em todo o corpo. As membranas da célula, os tecidos, as enzimas e os hormônios são todos proteínas. O núcleo de cada célula contém material genético que controla a produção de proteínas e RNA. Os genes presentes em faixas de ácido desoxirribonucleico (DNA) são "ativados" quando uma determinada proteína precisa ser produzida. Depois, eles são "desativados" quando o nível de proteína está bem alto no corpo. Mas antes que as proteínas possam ser criadas, os hormônios específicos que regulam se os genes serão ativados ou desativados devem ficar dentro do núcleo da célula para entrar em contato com o DNA. É claro, os hormônios não controlam a expressão de cada gene; somente um número relativamente pequeno de genes é diretamente regulado pelo hormônio.

Os *hormônios esteroides*, que são compostos de colesterol, se difundem da corrente sanguínea através da membrana plasmática da célula em que estão tentando entrar. Uma vez dentro da célula, alguns dos hormônios passam através do citoplasma e se difundem dentro do núcleo. Dentro do núcleo, os hormônios esteroides se ligam com proteínas receptoras. Uma vez que a proteína receptora e o hormônio formam um complexo, os genes que direcionam a produção da substância necessária são "ativados" para começar a criar a substância. O Capítulo 14 explica em detalhes como os genes controlam a produção de proteínas.

Os *hormônios peptídeos*, que são compostos de proteínas, são ligados com as proteínas receptoras na membrana plasmática da célula alvo. Depois, a proteína receptora faz com que um segundo mensageiro seja produzido e provoque alterações na célula. Os compostos a seguir são alguns exemplos de mensageiro secundário celular:

- A *adenosina monofosfato cíclico (cAMP)* é composta de ATP. Quando um hormônio estimula a produção de cAMP, ela por sua vez ativa uma proteína enzima quinase, que inicia um processo com outras ativações da proteína. Finalmente, é a enzima que provoca o efeito necessário na célula.

- O *inositol trifosfato (IP_3)* é formado de fosfolipídeos na membrana da célula alvo. Quando o IP_3 é criado, ele faz com que um íon de cálcio seja liberado do retículo endoplasmático dentro da célula. O íon de cálcio ativa as enzimas, e as enzimas provocam o efeito necessário na célula.

Ai! Impulsos Nervosos

O sistema nervoso, assim como o sistema endócrino, transporta mensagem das terminações nervosas até o cérebro e do cérebro para as células, tecidos e órgãos. Na realidade, em algumas questões, o sistema nervoso e o sistema endócrino se sobrepõem. Às vezes, as células do sistema nervoso secretam mensageiros químicos em vez de neurotransmissores. Essas células especializadas do sistema nervoso são chamadas de *células neurosecretoras* e elas produzem neurosecreções.

As neurosecreções, são classificadas como hormônios porque carregam informações das células sensoriais para as células alvo, podem ser liberadas diretamente para a corrente sanguínea ou transportadas para as células de armazenamento, das quais elas mais tarde serão liberadas na corrente sanguínea.

Capítulo 10: Vivendo Melhor Através da Biologia

Você está fazendo tratamento para um distúrbio hormonal? Agradeça aos frangos castrados

Enquanto muitas pessoas cheias de esperança iam para a Califórnia a procura de ouro, um cientista com expectativas diferentes estava religando os testículos de um grupo de frangos castrados. Em 1849, um tal de A. A. Berthold descobriu que quando ele transplantou os testículos em frangos antes castrados, os frangos desenvolveram as características de frangos normais: cresceram cristas, eles começaram a cacarejar e começaram a "exibir o comportamento geralmente briguento que se espera dos frangos." Não poderia ter dito isso de outra forma! Mesmo Berthold religando os testículos em algum outro local que não fosse o local normal, os efeitos foram observados.

Berthold suspeitou, corretamente, que os testículos continham substâncias que causavam o desenvolvimento de características masculinas e que o sistema nervoso não tinha nada a ver com isso. No início do século 20, o termo hormônio nasceu para descrever essas substâncias recém-descobertas. Por volta de 1909, o Dr. Thomas Addison descobriu o distúrbio hormonal que tem o seu nome – doença de Addison. E, em 1922, o hormônio insulina, que é em resumo fornecido para pessoas com diabetes mellitus, foi descoberto. Agora se sabe que existem hormônios que não somente fazem com que as reações ocorram, mas também inibem as reações para fazer com que elas parem de ocorrer.

Um objetivo das neurosecreções é carregar informações para as células alvo que não estão próximas das células nervosas que as produzem. O hipotálamo, que está bem dentro do cérebro, detecta as condições do ambiente externo de um organismo assim como o ambiente interno. Na tentativa de manter a homeostase, o hipotálamo produz neurosecreções que são liberadas nos capilares no hipotálamo. Os vasos sanguíneos carregam então as secreções para a glândula pituitária, que fica na base do hipotálamo, e a glândula pituitária controla a secreção de muitos hormônios importantes. A maneira que o hipotálamo e as glândulas pituitárias trabalham juntas mostra como o sistema nervoso e o sistema endócrino são ligados.

Apenas dando uma passada: A estrutura do neurônio

O sistema nervoso contém dois tipos de células: os neurônios e as células neuroglias. Os *neurônios* são as células que recebem e transmitem sinais. As *células neuroglias* são os sistemas de suporte para os neurônios – as células neuroglias protegem e suprem os neurônios.

Cada neurônio contém um *corpo celular nervoso* com um núcleo e organelas como as mitocôndrias, o retículo endoplasmático e o complexo de Golgi. O prolongamento do corpo celular nervoso são os *dendritos*, que agem como pequenas antenas para captar sinais de outras células. Na terminação oposta do corpo celular nervoso fica o *axônio*, que é uma fibra longa, fina com ramificações em suas pontas que envia sinais. O axônio é protegido por uma bainha de mielina composta de segmentos chamados células de Schwann (ver a Figura 10-1). Os impulsos nervosos são recebidos pelos dendritos, viajam pelas ramificações dos dendritos até o corpo celular nervoso e são carregados ao longo do axônio. Quando o impulso atinge as ramificações ao final do axônio, ele é transmitido para o próximo neurônio. Os impulsos continuam a ser carregados dessa maneira até que eles atinjam seu destino final. O destino final depende de que tipo de neurônios eles são.

Saindo daqui? Últimas paradas para os impulsos

Existem três tipos de neurônios, cada um com funções diferentes. A função do neurônio determina onde esses neurônios transmitem seus impulsos.

- **Neurônios sensitivos:** Esses neurônios também são chamados de neurônios *aferentes*. (Pense neles como sendo estimulados por um olhar, um som, um cheiro, um toque ou um gosto.) Sua função é receber estímulos iniciais desses órgãos sensoriais – olhos, ouvidos, língua, pele e nariz – assim como por impulsos gerados dentro do corpo em resposta aos ajustes que são necessários para manter a homeostase. Por exemplo, se a sua temperatura corporal interna estiver subindo devido ao alto calor externo, os órgãos sensoriais transmitirão um impulso carregando a mensagem de que é preciso fazer uma ação para esfriar o corpo. Ou, se você tocar a ponta de uma faca, os neurônios sensoriais em seu dedo transmitirão impulsos para outros neurônios sensoriais até que o impulso chegue em um interneurônio.

- **Interneurônios:** Esses tipos de neurônios também são chamados de *neurônios conectores* ou *neurônios de associação*. O que eles fazem é "ler" os impulsos recebidos dos neurônios sensoriais. Os interneurônios são encontrados na medula espinhal ou no cérebro. Quando um interneurônio recebe um impulso de um neurônio sensorial, o interneurônio determina que resposta deve ser gerada. Se uma resposta for pedida, o interneurônio passa o impulso para os neurônios motores.

- **Neurônios motores:** Esses neurônios também são chamados de *neurônios eferentes* e sua função é estimular as células *efetoras*. Quando os neurônios motores recebem um sinal dos interneurônios, os neurônios motores trabalham para estimular um efeito. Quando as células efetoras são estimuladas, elas geram reações. Por exemplo, os neurônios motores podem carregar impulsos para os músculos em sua mão para estimular o movimento dos músculos para tirar a sua mão da faca afiada. Ou, em um esforço para manter a homeostase quando a sua temperatura corporal está aumentando, os neurônios motores podem estimular as glândulas sudoríparas para produzir suor em uma tentativa de liberar calor para fora, e assim diminui a sua temperatura interna.

Capítulo 10: Vivendo Melhor Através da Biologia **181**

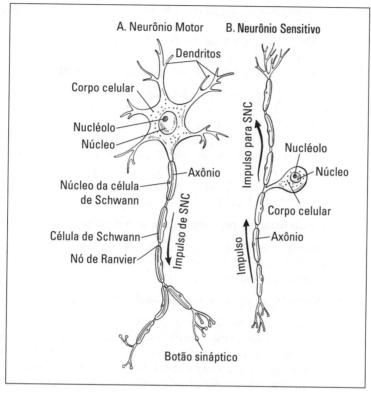

Figura 10-1: A estrutura básica do neurônio motor (A) e do neurônio sensorial (B), incluindo o caminho de um impulso.

Criando e carregando os impulsos

Embora isso aconteça mais rápido do que um raio de luz, os impulsos nervosos passam através de um neurônio em cerca de *7 milisegundos* (ver a Figura 10-2). O impulso é enviado através da membrana do neurônio por alterações elétricas. O impulso passa para o próximo neurônio por uma cadeia de eventos químicos.

Veja o que acontece em seis passos simples para transmitir um impulso de uma ponta de um neurônio para a outra ponta. Lembre-se que o que você lerá acontece mais rápido que um piscar de olhos. O corpo não é impressionante?

1. **Ocorre a polarização da membrana do neurônio: sódio do lado de fora e potássio do lado de dentro.**

    Os neurônios – as células do sistema nervoso – possuem corpos celulares nervosos que são cercados por membranas celulares assim como qualquer outra célula do corpo. Quando um neurônio não é estimulado – ele está lá dentro do seu corpo sem impulso para carregar ou transmitir – sua membrana é *polarizada*. Estar polarizada significa que a carga elétrica do lado externo da membrana é positiva, enquanto a carga elétrica do lado interno é negativa. A parte externa da célula contém íons de sódio em excesso (Na^+); a parte interna da célula contém íons de potássio em excesso (K^+). Eu sei o que você está pensando: Como pode a carga interna da célula ser negativa se há ions positivos no seu interior? Boa pergunta. A resposta é que além do K, existem moléculas de proteína e ácido nucleico carregadas dentro da célula, que deixa a parte interna negativa em comparação à parte externa.

Uma pergunta ainda melhor para você fazer enquanto lê esta seção é "se as membranas celulares permitem que os íons passem por ela, como o Na^+ fica do lado de dentro e o K^+ do lado de fora?" Se esse pensamento passou pela sua cabeça, você merece uma grande estrela de ouro. A resposta para isso é que o Na^+ e o K^+, na realidade, vão e voltam pela membrana. Porém, a Mãe Natureza pensou em tudo. Há *emissões de Na^+/K^+* na membrana que bombeia o Na^+ para fora e o K^+ para dentro. A carga de um íon inibe a permeabilidade da membrana.

2. **O potencial de repouso dá um descanso para o neurônio.**

   Quando o neurônio está inativo e polarizado, diz-se que ele está em seu potencial de repouso. Ele permanece dessa maneira até que apareça um estímulo.

3. **Potencial de ação: Os íons de sódio se movem dentro da membrana.**

   Quando um estímulo atinge um neurônio em repouso, os portões *de canais de ions* na membrana do neurônio em repouso abrem de repente, o que permite que o Na+ que estava na parte externa da membrana vá correndo para dentro da célula. Conforme isso acontece, o neurônio deixa de ser polarizado para ser *despolarizado*. Lembre-se que quando o neurônio foi polarizado, a parte externa da membrana era positiva, e a parte interna da membrana era negativa. Bem, uma vez que os íons positivos são carregados para a parte interna da membrana, a parte interna fica positiva, também, o que elimina a polarização.

   Cada neurônio possui um limiar mínimo onde não há retenção. Quando o estímulo vai acima do nível mínimo, mais portões de canais de íon se abrem, permitindo mais Na^+ dentro da célula. Isso provoca despolarização completa do neurônio, criando um *potencial de ação*. Nesse estado, o neurônio continua a abrir canais de Na^+ por toda a membrana. Quando isso ocorre, recebe a denominação de *fenômeno tudo-ou-nada*. "Tudo-ou-nada" significa que se um estímulo não excede o nível mínimo e faz com que todos os portões se abram, não há potencial de ação; porém, quando ultrapassa o mínimo, não há volta: a despolarização completa ocorre e o estímulo será transmitido.

   Quando um impulso viaja por um axônio coberto por uma bainha de mielina (volte na Figura 10-1), o impulso deve se mover entre os espaços protegidos que existem entre cada célula de Schwann. Os espaços são chamados de *nós de Ranvier*. Durante o potencial de ação, o impulso passa pela *condução saltatória* (pense no "sal", como nos íons de sódio que permitem que isso aconteça) e passa de um nó de Ranvier para o próximo que aumenta a velocidade em que o impulso pode ser transmitido.

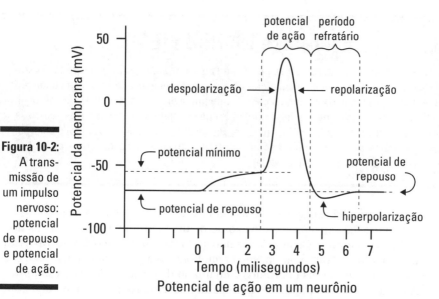

Figura 10-2: A transmissão de um impulso nervoso: potencial de repouso e potencial de ação.

4. **Repolarização: Os íons de potássio se movem do lado externo, os íons de sódio ficam dentro da membrana.**

   Quando a parte interna da célula é coberta por Na^+, os portões de canais de íon na parte interna da membrana se abrem para permitir que o K^+ passe para fora da membrana. Com o K^+ passando para fora da membrana, o equilíbrio é restaurado pela repolarização da membrana, embora isso seja contrário a polarização inicial que tinha Na^+ do lado de fora e K^+ do lado de dentro. Depois que túneis de passagem do K^+ se abrem, os túneis de passagem de Na^+ se fecham; do contrário a membrana não seria capaz de se repolarizar.

5. **Hiperpolarização: Há mais íons de potássio do lado externo do que sódio do lado interno.**

   Quando os portões de K^+ finalmente se fecham, o neurônio possui um pouco mais de K^+ do lado externo do que Na^+ do lado interno. Isso faz com que o potencial da membrana fique um pouco mais baixo do que o potencial restante, e diz-se que a membrana é hiperpolarizada. Esse período não dura muito tempo (bem, nenhum desses passos leva muito tempo!); quando o impulso passa pelo neurônio, o potencial de ação acaba e a membrana da célula retorna para o normal.

6. **O período refratário coloca tudo de volta ao normal: O potássio retorna para dentro, o sódio retorna para fora.**

   O período refratário é quando o Na^+ e o K^+ retornam para os lados originais: Na^+ do lado externo; K^+ do lado interno. Enquanto o neurônio está ocupado voltando tudo ao normal, ele não responde a qualquer estímulo que entra. Uma vez que a bomba de Na^+/K^+ recoloca os íons para o lado certo da membrana da célula do neurônio, este volta para o seu estado polarizado normal e fica no potencial de repouso até que surja outro impulso.

Esclerose Múltipla (EM)

As pessoas que sofrem com esclerose múltipla (EM) são afetadas com uma condição gradualmente agravante. Os pacientes com EM desenvolvem lesões nas bainhas de mielina que cobrem os axônios dos seus nervos. As lesões são áreas inflamadas, irritadas que formam cicatrizes endurecidas, que são chamadas de esclerose. Essas áreas endurecidas interferem na condução adequada de impulsos através do neurônio. E, quanto mais essas lesões e a esclerose se desenvolvem o movimento por todo o corpo, vai ficando mais difícil, quase impossível.

Assim como há espaços entre as células de Schwann em um axônio protegido, há espaços entre o axônio de um neurônio e nos dendritos do próximo neurônio. Os neurônios não se tocam. O impulso deve atravessar o espaço para continuar em seu caminho através do sistema nervoso. O espaço entre os dois neurônios é chamado de *fenda sináptica* ou *sinapse*. A maneira que um impulso é carregado pela sinapse pode envolver a condução elétrica (em muitos animais invertebrados e no cérebro de animais vertebrados; porém, com maior frequência, as mudanças químicas seguintes ocorrem para permitir que o impulso continue em seu caminho:

1. **Os canais de cálcio se abrem.**

   Ao final do axônio do qual o impulso está vindo (a célula pré-sináptica, referindo-se ao fato de que o axônio está precedendo a sinapse), a membrana despolariza, o que permite que túneis de passagem dos canais iônicos se abram. Nessa hora, o íon que é deixado na célula é o cálcio (Ca^2).

2. **As vesículas sinápticas liberam um neurotransmissor.**

   Quando o Ca^2 vai para o final do axônio pré-sináptico, as *vesículas sinápticas* se conectam a membrana pré-sináptica. As vesículas sinápticas liberam então uma substância química chamada *neurotransmissor* na sinapse. A Tabela 10-2 lista alguns neurotransmissores e suas funções.

3. **O neurotransmissor é ligado aos receptores no neurônio pós-sináptico.**

   A substância química que serve como neurotransmissora se difunde pela sinapse e é ligada às proteínas na membrana do neurônio que está para receber o impulso. As proteínas servem como as receptoras, e diferentes proteínas servem como receptoras para diferentes neurotransmissores – quer dizer, os neurotransmissores possuem receptores específicos.

4. **Ocorre excitação ou inibição da membrana pós-sináptica.**

   Se excitação ou inibição ocorrerá, isso depende de quais substâncias químicas serviram como o neurotransmissor e o efeito que

Capítulo 10: Vivendo Melhor Através da Biologia   *185*

isso ocasionou. Por exemplo, se o neurotransmissor faz com que os canais de Na⁺ abram, a membrana do neurônio pós-sináptico fica despolarizada e o impulso é carregado através desse neurônio. Se os canais K⁺ se abrem, a membrana do neurônio pós-sináptico fica hiperpolarizado e ocorre a inibição. O impulso é interrompido se um potencial de ação não puder ser gerado.

Se você está se perguntando o que acontece com o neurotransmissor depois dele ser ligado com o outro receptor, você está ficando muito bom nesse negócio de biologia. A história é o seguinte: Depois que o neurotransmissor produz o seu efeito, seja ele excitação ou inibição, ele é liberado pelo receptor e volta para a sinapse. Na sinapse, as enzimas degradam o neurotransmissor químico em moléculas menores. Depois, a célula présináptica "recicla" o neurotransmissor degradado. As substâncias químicas voltam para a membrana pré-sináptica para que durante o próximo impulso, quando as vesículas sinápticas são ligadas à membrana pré-sináptica, o neurotransmissor completo possa ser liberado novamente.

Tabela 10-2   Características dos Neurotransmissores Mais Comuns

Função neurotransmissora	Fonte	Efeito
Acetilcolina entre os neurônios	Secretada nos espaços dos músculos, dependendo do receptor e das células musculares.	Estimula ou inibe a contração
Dopamina aminoácidos	Produzida a partir dos causa rigidez muscular e tremor percebido em pacientes com mal de Parkinson; a esquizofrenia é tratada com remédios que bloqueiam os receptores da dopamina.	A falta de dopamina no cérebro
Epinefrina aminoácidos	Produzida a partir dos inibidora; responsável pela resposta "luta ou fuga"	Pode ser estimulatória ou
Norepinefrina pós-gangliônicos	Liberada pelos axônios é liberada em resposta a baixa pressão sanguínea e ao stress.	Aumenta a pressão sanguínea;
Serotonina reação enzimática envolvendo triptofano produzido por animais, bactérias e muitas plantas	Produzida através da tensão, aprendizado e memória.	Associado com o humor,

Que Sensação! O Cérebro e os Cinco Sentidos

Nos humanos, o sistema nervoso é dividido em sistema nervoso central (SNC), que consiste do cérebro e da medula espinhal, e o sistema nervoso periférico (SNP), que contém todos os nervos que passam pelo corpo. A medula espinhal, que é ligada ao cérebro, passa pelo centro do seu corpo, portanto, equipare isso ao SNC. Todos os nervos que saem da medula espinhal, incluindo os nervos craniais e os nervos espinhais que chegam até a periferia do seu corpo compõem o SNP.

Dentro do SNP, há o *sistema nervoso somático*, que direciona fibras do nervo motor aos músculos esqueléticos e o sistema nervoso autônomo, que direciona as fibras do nervo motor ao músculo liso, ao músculo cardíaco e às glândulas. O músculo liso e o músculo cardíaco não vêm com o mesmo controle dos músculos esqueléticos, pois eles compõem coisas como o seu coração, que precisa funcionar automaticamente, sem qualquer intenção consciente ou subconsciente.

O sistema nervoso autônomo possui duas divisões, ambas funcionam de forma contrária a outra para manter a homeostase.

- O *sistema nervoso simpático* estimula o corpo automaticamente quando uma ação é necessária. Essa é a parte do sistema nervoso responsável pela resposta "luta ou fuga", que estimula um movimento da adrenalina (epinefrina) para dar ao corpo energia rapidamente para que possa fugir do perigo. O sistema nervoso simpático também acelera a frequência cardíaca para passar o sangue através dos vasos sanguíneos mais rapidamente e liberar açúcar do armazenamento de glicogênio no fígado para o sangue a fim de que o combustível esteja prontamente disponível para as células.

- O *sistema nervoso parassimpático* estimula mais as funções rotineiras, como a secreção das enzimas digestivas ou a saliva. Em contraste com o sistema nervoso simpático, o sistema nervoso parassimpático diminui a frequência cardíaca depois que a resposta "luta ou fuga" não é mais necessária.

O cérebro

O cérebro é o órgão-mestre do corpo. Ele tem todas as informações relacionadas aos ambientes interno e externo do corpo, e produz as respostas apropriadas.

Dentro do crânio, as *meninges* cobrem o encéfalo (a parte grande, cinza e acidentada do cérebro). São membranas fortes que cobrem o cérebro e a medula espinhal. O *líquido cerebrovascular* flui entre as membranas. Uma infecção aqui é chamada de *meningite* devido à inflamação das meninges.

Paralisia cerebral

O encéfalo é a parte do cérebro que controla os processos do pensamento, a capacidade de entender os movimentos da face e dos membros. Uma breve falta de oxigênio durante o nascimento pode provocar danos nas áreas motoras do cérebro. O resultado é a *paralisia cerebral*, em que as crianças mostram a característica de fraqueza espástica dos braços e das pernas. Cerebral se refere ao cérebro e paralisia indica uma posição paralisada. As crianças afetadas com paralisia cerebral não têm defeitos genéticos; a causa de sua doença é principalmente atribuída à falta de oxigênio ou lesão durante o parto.

O *encéfalo* é a maior parte do cérebro e é a parte responsável pela consciência. O cérebro é dividido nas metades direita e esquerda, que são chamadas de *hemisférios cerebrais*. Cada hemisfério cerebral possui quatro *lobos* nomeados segundo os ossos do crânio que os cobrem: frontal, parietal, temporal e occipital. Áreas específicas dos lobos são responsáveis por certas funções, como a concentração, a compreensão da fala, o reconhecimento dos objetos, a memória e assim por diante.

No centro do cérebro ficam o *tálamo* e o *hipotálamo*, que formam a estrutura chamada de *diencéfalo*. O hipotálamo gera muitas neurosecreções, que são carregadas para a glândula pituitária na base do hipotálamo. O hipotálamo controla a homeostase regulando a fome, a sede, o sono, a temperatura corporal, o equilíbrio de água e a pressão sanguínea. A *glândula pituitária* é chamada de glândula mestre porque, junto com o hipotálamo, ela ajuda a manter a homeostase secretando muitos hormônios importantes.

Na base do cérebro ficam o cerebelo e o tronco cerebral. O *cerebelo* coordena as funções musculares como a manutenção do tono muscular e a manutenção da postura. O *tronco cerebral* é formado por três estruturas: o mesencéfalo, as pontes e a medula oblonga ou bulbo. A *medula espinhal* é uma continuação do tronco cerebral que passa através das vértebras da espinha.

Os arcos reflexos são conexões entre os neurônios sensoriais, a medula espinhal e os neurônios motores. Eles são bons exemplos de como o sistema nervoso o protege deixando-o protegido antes de você perceber que está em perigo. Veja um exemplo: Você está cozinhando um jantar gastronômico fabuloso para a pessoa amada, e pega a tampa de uma panela sem usar uma luva térmica; você sabe, sem pensar. Você só quer verificar as verduras. O seu sistema nervoso tem outras ideias.

Quando você pega aquela tampa extremamente quente, as terminações dos nervos sensoriais da sua pele detectam o calor e enviam um impulso através do axônio para o corpo celular nervoso do neurônio sensorial. O impulso continua através dos neurônios sensoriais até que ele chegue a um interneurônio na medula espinhal. O interneurônio determina a resposta apropriada – que, nesse caso, estaria estimulando os músculos para puxar a sua mão. O impulso excitatório é transferido para o corpo celular de um neurônio motor e viaja pelo axônio do neurônio motor até que atinja o tecido muscular. O músculo responde contraindo para tirar a sua mão da tampa quente. Com todas essas palavras descrevendo o que acontece, pode parecer que esse processo leva muito tempo. Mas pense em quando você tocou algo quente por engano. Você puxou a sua mão imediatamente graças à rápida reação do arco reflexo. Sem o arco reflexo para protege-lo, você pode segurar essa tampa quente em sua mão, até que um dano real aconteça!

Os cinco sentidos

Os órgãos dos sentidos – olhos, ouvido, língua, pele e nariz – ajudam a proteger o corpo. Os órgãos sensoriais são preenchidos de receptores que passam informações através dos neurônios sensoriais até os locais apropriados dentro do sistema nervoso. Cada órgão sensorial contém receptores diferentes. Os *receptores gerais* são encontrados por todo o corpo porque eles estão presentes na pele, nos órgãos viscerais (visceral significa na cavidade abdominal), músculos e articulações. Os *receptores especiais* incluem os quimiorreceptores (receptores químicos) encontrados na boca e no nariz, os fotorreceptores (receptores de luz) encontrados nos olhos, e os mecanorreceptores encontrados nos ouvidos. A Tabela 10-3 compara os vários tipos de receptores encontrados no sistema nervoso.

Tabela 10-3	Tipos de receptores e Suas Funções	
Receptor	*Local*	*Função*
Quimiorreceptores na cavidade nasal	Papilas gustativas, Cílios no alimento e no ar	Detectar substâncias químicas
Mecanorreceptores	Cílios no ouvido tímpano e dos ossículos (ossos auriculares)	Detectar movimento do
Osmorreceptores	Hipotálamo solutos na corrente sanguínea	Detecta a concentração de
Fotorreceptores	Retina do olho	Detectar a luz
Proprioreceptores	Músculos movimento dos membros	Detectar o posicionamento e o
Receptores de alongamento	Pulmões, articulações e ligamentos muscular	Detectar a expansão ou alongamento do tecido

Novossa, esse cheiro: Olfato

Se você caminhar até a porta da sua casa e sentir um cheiro de torta de maçã assando e de pimentão e cebola refogando, como você distingue os

Capítulo 10: Vivendo Melhor Através da Biologia **189**

cheiros dos alimentos? Como você sabe que a torta de maçã é torta de maçã e que pimentões e cebolas são de fato pimentões e cebolas e não berinjela e abobrinha? O segredo está nas células olfativas.

As células olfativas (você se lembra da frase "esse cheiro é familiar?") fica na parte superior da cavidade nasal. Em uma ponta, as células olfativas possuem cílios – junções parecidas com pelos – que são projetados para dentro da cavidade nasal. Na outra ponta da célula ficam as fibras nervosas olfativas, que passam através do osso etmoide e para o bulbo olfativo. O bulbo olfativo está diretamente ligado ao seu córtex cerebral.

Conforme você respira, tudo o que está no ar e que você inala entra na sua cavidade nasal, o oxigênio, o nitrogênio, a poeira, o pólen, as substâncias químicas. Você não "sente o cheiro" do ar ou do pó ou do pólen, mas você pode sentir o cheiro das substâncias químicas. As células olfativas são quimioreceptoras, o que significa que as células olfativas possuem receptores de proteína que podem detectar diferenças sutis das substâncias químicas. Conforme você respira ao andar em sua cozinha, as substâncias químicas da torta de maçã e dos pimentões e cebolas flutuam na sua cavidade nasal. Lá, as substâncias químicas são ligadas aos cílios, o que gera um impulso nervoso que é carregado através da célula olfativa, para a fibra do nervo olfativo, até o bulbo olfativo e diretamente para o seu cérebro. O seu cérebro determina então o que você está cheirando. Se o aroma é algo que você já sentiu antes e está familiarizado com ele, o seu cérebro lembra a informação que foi armazenada em sua memória. Se você estiver inalando algo que você nunca sentiu antes, você precisa usar outro sentido, como o paladar ou a visão, para registrar na memória do seu cérebro. Você também pronunciará aquele velho ditado, "Que cheiro é esse?"

Hmmm, mmm, que bom: Paladar

Você já notou que quando cheira alguma coisa que você gosta muito começa a salivar? Ou, já percebeu que quando você está resfriado não consegue sentir o sabor das coisas muito bem? As duas circunstâncias se devem porque os sentidos do olfato e do paladar funcionam muito próximos. Se você não consegue sentir o cheiro de alguma coisa, também não consegue sentir o sabor dela. A ligação entre o olfato e o paladar permite que esse velho truque de escoteiro funcione: Feche o nariz de alguém enquanto a pessoa está com os olhos fechados e diga para ela morder uma maçã. Em vez disso, dê uma cebola para ela morder. A pessoa pensará que mordeu uma maçã porque o seu cérebro estava dizendo que era uma "maçã" e ela não tinha informações sensoriais chegando para dizer o contrário disso. Porém, se ela pudesse sentir o cheiro da cebola, a mensagem da "maçã" rapidamente mudaria para "cebola".

As papilas gustativas em sua língua contêm quimioreceptores que funcionam de uma maneira semelhante aos quimioreceptores na cavidade nasal. Porém, os quimioreceptores no nariz detectarão qualquer tipo de cheiro, enquanto existem quatro tipos diferentes de papilas gustativas e cada uma detecta tipos diferentes de gostos: doce, amargo, ácido e salgado.

Coma cenouras para ter uma boa visão noturna

Você pode pensar que comer cenouras para ter uma boa visão é um conto de senhoras antigas. Bem, ouça isso de uma jovem casada, comer cenouras pode ajudar a sua visão noturna. Veja como. Os bastonetes da retina detectam luz fraca e movimento devido a uma substância química que eles contêm. A substância química, chamada *rodopsina*, contém a proteína *opsina* e o pigmento *retinal*. Quando a luz atinge os bastonetes da retina, a rodopsina se separa em opsina e retinal, o que gera o impulso nervoso que viaja para o cérebro. Quando os seus olhos estão se ajustando à escuridão, é difícil ver inicialmente porque os bastonetes em sua retina estão ocupados formando rodopsina para que a pequena quantidade de luz disponível possa dividir a rodopsina e gerar impulsos nervosos. Quanto mais rodopsina houver em seu olho, mais sensíveis os seus olhos serão no escuro. O retinal, um dos componentes da rodopsina, é derivado da vitamina A. E o que contém uma abundância de vitamina A? As cenouras.

Um equívoco comum é achar que as pequenas saliências em sua língua são os botões gustativos. Assim como com todos os equívocos, essa ideia também é errada. As pequenas saliências em sua língua são chamadas de papilas, e na verdade essas papilas gustativas ficam nos sulcos entre cada papila.

Os alimentos contêm substâncias químicas e quando você coloca algo em sua boca, as papilas gustativas em sua língua podem detectar quais substâncias químicas você está ingerindo. Cada papila gustativa possui um poro ao final com microvilosidades saindo do poro, e fibras do nervo sensorial ligadas à outra ponta. As substâncias químicas do alimento são ligadas às microvilosidades, gerando um impulso nervoso que é carregado através das fibras do nervo sensorial e eventualmente para o cérebro.

O sentido do paladar permite que você desfrute do alimento, que deve ingerir para viver. Mas ele também serve para uma função maior. Você pode viver sem provar da sua comida; isso não é extremamente importante. O que é importante é que quando as papilas gustativas detectam as substâncias químicas, o sinal que é enviado para o cérebro define no ato a produção e libera as enzimas digestivas adequadas necessárias para separar o alimento que você está ingerindo. Essa função permite que o seu sistema digestivo funcione muito bem para conceder o máximo de nutrientes possível do alimento.

Agora escute isso: Audição

O ouvido não somente é o órgão da audição, mas ele também é responsável por manter o equilíbrio – ou a estabilidade. Para manter o equilíbrio, o ouvido deve detectar o movimento. Para ouvir, o ouvido deve responder a estimulação mecânica por ondas sonoras.

O ouvido externo é a abertura externa para o canal auditivo. As ondas sonoras são enviadas através do canal auditivo até o ouvido médio. O tímpano define a mecânica existente. Quando uma onda sonora chega ao tímpano, o tímpano move pequenos ossos – o martelo, a bigorna e o estribo. – que subconsequentemente se movem. Esse movimento é pego pelos mecanoreceptores do ouvido interno, que existem nas células capilares contendo cílios entre a ponta dos canais semicirculares e no vestíbulo. Quando os cílios se movem, as células criam um impulso que é enviado através da cóclea até o oitavo nervo craniano, que carrega o impulso para o cérebro. O cérebro então interpreta as informações como um som específico.

Mas, como eu disse, o ouvido também permite que você fique de pé e não caia. O líquido dentro dos canais semicirculares do ouvido interno se movimenta, e esse movimento é por fim detectado pelos cílios. Quando o líquido não para de se mexer, você pode desenvolver enjôo de movimento. Os cílios transmitem impulsos para o cérebro sobre o movimento angular e rotacional, assim como o movimento através dos planos vertical e horizontal, que ajuda o seu corpo a manter o seu equilíbrio.

Ver para crer: Visão

Quando você observa um olho, a íris é a parte colorida. A íris, na verdade, é um músculo pigmentado que controla o tamanho da pupila, que dilata para permitir mais luz no olho ou contrai para permitir menos luz no olho. A íris e a pupila são cobertas pela *córnea*. Por trás da pupila (o "círculo escuro" bem no centro da íris) há uma câmara anterior. Por trás da câmara anterior fica a *lente* ou *cristalino* do olho. O corpo ciliar contém um pequeno músculo que conecta as lentes e à íris. O *músculo ciliar* muda o formato das lentes para ajustar a visão para perto ou para longe. As lentes ficam planas para ver mais longe, e arredondadas para uma visão mais próxima. O processo de mudança da forma das lentes é chamado de *acomodação*. As pessoas perdem a capacidade de acomodação conforme ficam mais velhas e passam a necessitar de óculos.

Por trás das lentes do olho fica o *corpo vítreo*, que é preenchido com material gelatinoso chamado humor vítreo. Essa substância dá forma ao globo ocular e também transmite luz para a parte de trás do globo ocular, onde fica a *retina*. A retina contém fotoreceptores, que detectam luz. Há dois tipos de sensores que detectam luz: os *bastonetes*, que detectam o movimento, e os *cones*, que detectam os detalhes e as cores. Os bastonetes trabalham mais duro na luz baixa, e os cones trabalham melhor na luz alta. Existem três tipos de cones: um que detecta o azul, um que detecta o vermelho e um que detecta o verde. O daltonismo ocorre quando falta um tipo de cone. Por exemplo, se estão faltando os cones vermelhos, a pessoa não consegue ver o vermelho, mas ela verá o verde em seu lugar. Isso parece perigoso nos semáforos, não parece?

Todos têm um ponto cego

Há uma área na retina onde não há bastonetes nem cones. Essa área é chamada de *disco óptico*, e é onde o nervo óptico passa através da retina. Casualmente, essa área é conhecida como o ponto cego, porque a visão aqui é impossível. Todos são cegos nesse ponto.

Degeneração macular

A *mácula lútea* é uma pequena área na retina onde há uma grande concentração de cones. A visão aqui normalmente é muito boa e a detecção de cores é extremamente sensível. Porém, com a idade, essa área da retina perde sua acuidade – quer dizer, ela se degenera. Portanto, a *degeneração macular* descreve uma condição em que a visão fica distorcida. A visão pode ficar embaçada; o que deveria parecer reto (como uma cabine telefônica) fica ondulado, as coisas podem parecer maiores ou menores do que realmente são; e as cores podem ficar fracas.

Existem várias causas para a degeneração macular, que, com o envelhecimento da população nos Estados Unidos, tornou-se a causa nº 1 de cegueira. A degeneração macular pode ser causada pelo crescimento demasiado de novos vasos sanguíneos em volta da mácula lútea, pois esse excesso extravasado de vasos sanguíneos e o sangue extravasado destrói a mácula lútea. A degeneração macular também pode ser uma condição herdada; 15 por cento das pessoas com parentes que têm a condição também desenvolvem a doença depois que completam 60 anos. As pessoas com olhos azuis ou verdes desenvolvem a degeneração macular com mais frequência do que aquelas com olhos escuros; a exposição excessiva ao sol, afeta mais gravemente aqueles com pigmentação mais leve. O fumo e a pressão sanguínea alta também podem contribuir para essa condição. O tratamento inclui suplementos vitamínicos e minerais; o zinco pode evitar a progressão da doença. Tratamento a laser pode ajudar a conter o crescimento de vasos sanguíneos.

Quando a luz atinge os bastonetes e os cones, são gerados impulsos nervosos. O impulso viaja para dois tipos de neurônios: primeiro para as *células bipolares* e depois para as *células ganglionares*. Os axônios das células *ganglionares* formam o *nervo óptico*. O nervo óptico carrega o impulso diretamente para o cérebro. Há aproximadamente 150 milhões de bastonetes em uma retina, mas somente 1 milhão de células *ganglionares* e de fibras nervosas estão ali, o que significa que muitos mais bastonetes podem ser estimulados do que os existentes nas células e fibras nervosas. O seu olho deve combinar "mensagens" antes que os impulsos sejam enviados para o cérebro. Por isso, não é maravilhoso você poder ver em tempo real?

Um assunto tocante: Tato

Os olhos, os ouvidos e a língua, todos eles contêm receptores especiais: fotoreceptores, quimioreceptores e mecanoreceptores. Porém, a pele contém receptores gerais. Esses receptores simples podem detectar o toque, a dor, a pressão e a temperatura. Por toda a sua pele, você tem todos os quatro receptores intercalados. Se uma vara de metal passa pela sua pele, em alguns locais você sentirá somente uma pressão, enquanto outras áreas detectarão a frieza do metal. Os receptores de modo geral funcionam do mesmo modo que os arcos reflexos. Os receptores da pele geram um impulso quando são ativados, que é carregado até a medula espinhal e depois para o cérebro.

Porém, a pele não é o único tecido do corpo que tem receptores. Os órgãos que são compostos de tecidos, também têm receptores. Os pulmões contêm receptores de alongamento que detectam quando os pulmões se expandem.

Capítulo 10: Vivendo Melhor Através da Biologia

O hipotálamo no cérebro contém osmoreceptores, que detecta os níveis dos solutos (partículas como íons) no sangue. Esses receptores permitem que o hipotálamo gere efeitos, como a liberação de um hormônio, para manter a homeostase. Os órgãos também possuem receptores da dor, mas a dor nos órgãos geralmente é "referida" para a pele. Por exemplo, as pessoas que têm ataque cardíaco geralmente dizem que sentem dor no braço esquerdo. O braço esquerdo é o local da *dor referida* do coração.

As juntas, os ligamentos e as articulações contêm *proprioceptores*, que detectam a posição e o movimento dos membros. As informações desses receptores viajam para o cerebelo, que controla o posicionamento das partes do corpo e da postura. As fibras musculares também contêm receptores de alongamento; porém, os receptores de alongamento no músculo detectam quando a fibra muscular é alongada, enquanto estes mesmos receptores localizados no pulmão detectam a expansão da cavidade pulmonar. Quando as fibras musculares se alongam, um impulso é gerado e transmitido para a medula espinhal, que provoca então contração do músculo. Os músculos estão constantemente enviando informações através do sistema nervoso para que o cérebro possa manter o tonus muscular normal.

Colocando Tudo para Mexer: Mexendo Os Músculos

Tenho certeza que você sabe que os músculos são extremamente importantes para o seu corpo. Os músculos tonificados certamente fazem com que o seu corpo pareça melhor e mais forte, mas os músculos possuem funções ainda mais importantes do que somente melhorar a sua aparência e sua força.

✔ *Os músculos permitem que você fique em pé.* A força da gravidade é forte. Sem os músculos se contraindo, a força da gravidade o manteria no chão. A contração muscular requer que a força da gravidade seja oposta, e a contração muscular permite que o seu corpo assuma posições diferentes.

✔ *Os músculos permitem que você se mova.* Eu não quero dizer somente andar ou correr, mas cada pequeno movimento que o seu corpo realiza, o piscar de olhos, a dilatação de suas pupilas e as suas expressões faciais.

✔ *Os músculos permitem que você faça a digestão.* Os músculos por todo o sistema digestivo mantêm o alimento sendo empurrado para baixo e para fora. A peristalse faz a compressão e empurra o alimento através do esôfago, estômago e intestinos com a contração dos músculos.

✔ *Os músculos afetam a frequência do fluxo sanguíneo:* Os vasos sanguíneos contêm tecido muscular que permite que eles dilatem para passagem do sangue rapidamente ou lentamente através do vaso. A contração muscular também é responsável pelo movimento do sangue através das veias.

- *Os músculos ajudam a manter a temperatura corporal normal.* Quando os músculos contraem, eles liberam calor. Esse calor é usado para manter a temperatura corporal, pois parte dele é continuamente perdido através da sua pele. Em um esforço para manter a homeostase, o corpo treme quando esfria na tentativa de gerar calor.

- *Os músculos mantêm o seu esqueleto unido.* Os ligamentos e os tendões nas extremidades dos músculos envolvem as articulações, segurando-as – e, consequentemente sustentando, os ossos do seu esqueleto.

Tecido muscular e fisiologia

Existem três tipos de tecido muscular em seu corpo: cardíaco, liso e esquelético. Os tecidos musculares são compostos de *fibras musculares* que contêm muitas, muitas, *miofibrilas*, que são as partes da fibra muscular que se contraem (Figura 10-3). As miofibrilas são perfeitamente alinhadas e dão ao músculo a aparência estriada. A repetição destas unidades produz um padrão de faixas claras e escuras – denominada de *sarcômero*.

O *músculo cardíaco* é encontrado no coração. As fibras do músculo cardíaco possuem um núcleo (uninucleado), são estriadas (possuem faixas claras e escuras), são cilíndricas na forma e ramificadas. As fibras se interligam para que as contrações possam se espalhar rapidamente através do coração. Entre as contrações, as fibras cardíacas relaxam completamente para que o músculo não fique cansado. A contração do músculo cardíaco é totalmente involuntária e ocorre sem o estímulo nervoso e não requer controle consciente.

O *músculo liso* é encontrado nas paredes dos órgãos internos que são ocos, como o estômago, a bexiga, os intestinos ou os pulmões. As fibras do tecido muscular liso são uninucleadas, em formato de fusos e dispostas em linhas paralelas. As fibras do músculo liso formam folhas de tecido muscular e sua contração é involuntária. Ele contrai mais lentamente do que o músculo esquelético, o que significa que ele pode ficar contraído por mais tempo do que o músculo esquelético e não se cansar tão facilmente.

O *músculo esquelético* é provavelmente o que você acha quando visualiza um "músculo". As fibras do músculo esquelético possuem muitos núcleos (multinucleados), elas são estriadas e cilíndricas. As fibras do músculo esquelético têm a extensão do músculo (pense na "fibra" da carne). Alguns músculos esqueléticos são longos, como os tendões do jarrete, por isso, as fibras do músculo esquelético podem ser longas. O músculo esquelético é controlado pelo sistema nervoso; leia as seções acima sobre o sistema nervoso para saber informações sobre os neurônios motores e os arcos reflexos, que controlam os músculos. O movimento e a contração do músculo esquelético podem ser estimulados conscientemente – você decide quem irá levantar e caminhar pela sala, o que requer a ação do músculo. Portanto, afirma-se que a contração do músculo esquelético é voluntária. A Figura 10-3 mostra como a contração do músculo esquelético é ligada ao sistema nervoso, assim como a maneira que o músculo esquelético se contrai.

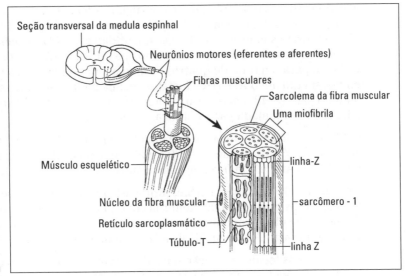

Figura 10-3: Como o músculo esquelético se contrai, conforme explicado pela teoria do filamento deslizante.

Observando a contração muscular

A contração dos músculos é descrita pela *teoria do filamento deslizante* (ver a Figura 10-3). Os filamentos na teoria do filamento deslizante são os *filamentos finos* e os *filamentos grossos* que compõem as miofibrilas.

Os filamentos finos são compostos de duas faixas de actina, que é uma proteína caracterizada por uma dupla hélice (como o DNA). Os filamentos finos possuem moléculas de *troponina* e *tropomiosina* em locais de ligações junto com a dupla hélice actina.

Os filamentos grossos contêm grupos de *miosina*, que também é uma proteína. As cadeias de miosina são bulbosas em uma extremidade; porém, várias cadeias de miosina são unidas em direções opostas, aparentando que as duas pontas dos filamentos grossos possuem extremidades bulbosas.

As miofibrilas possuem filamentos de actina e miosina que são alinhadas paralelas umas às outras em um padrão alternado. Os filamentos de actina são ligados a linhas Z; os filamentos de miosina localizam-se entre os filamentos de actina, não ligados a linha Z. O sarcômero, que é uma unidade de contração, é o segmento compreendido entre 2 linhas Z.

O ATP é necessário para a contração muscular. Se não há ATP disponível (como se os armazenamentos de oxigênio do corpo estivessem baixos), o metabolismo passa a usar ácido láctico para criar ATP. O ácido láctico é produzido durante a respiração anaeróbica, mas não pode ser usado diretamente pelos músculos para contração. Uma fibra muscular contém ATP suficiente somente para sustentar uma contração por cerca de 1 segundo. A energia é armazenada nas moléculas de fosfocreatinina (ATP + creatina), que são formadas durante os períodos em que não há contração. A creatina é uma substância que alguns atletas tomam para tentar ficar maiores. A fosfocreatina é rapidamente quebrada para liberar mais ATP conforme são usadas as baixas quantidades de ATP da célula muscular. A cada duas moléculas de adenosina difosfato (ADP; dois fosfatos cada um para um total de quatro) formadas por contração os humanos compõem um novo ATP (três fosfatos) e uma molécula de adenosina monofosfato (AMP; um fosfato). Conforme os níveis de AMP sobem, a glicólise é estimulada para sintetizar mais ATP.

O ATP é ligado às pontas finais de um filamento de miosina e quando isso acontece, o ATP se divide em ADP e mais uma molécula de fosfato inorgânico (Pi). O ADP e o Pi ficam ligados a miosina.

Um íon de cálcio também é necessário para que um músculo se contraia. Os filamentos finos de uma miofibrila contêm troponina e tropomiosina. O cálcio é ligado a troponina, que faz com que a tropomiosina saia do caminho para que os locais de ligação da actina sejam abertos.

Depois que os locais de ligação da actina são expostos, a miosina é ligada à actina. As pontes cruzadas são formadas para conectar a actina e a miosina, fazendo com que a miosina libere ADP e o Pi.

Quando a miosina libera o ADP e o Pi para que ela possa ser ligada com a actina, o contorno da extremidade bulbosa da miosina muda. Conforme essa mudança ocorre, o filamento da actina desliza em direção ao meio do sarcômero, colocando as linhas Z juntas ao final do sarcômero. Isso diminui ou contrai a fibra muscular.

As pontes cruzadas ligando a actina e a miosina são liberadas quando outra molécula de ATP é ligada à extremidade bulbosa da miosina.

Rigor mortis

Quando um animal morre, ele não possui mais a capacidade de realizar funções metabólicas. Ele não respira mais, portanto o sangue não pode ser preenchido com oxigênio para ser transportado. O coração não bate mais, por isso o sangue não pode ser circulado pelo corpo. O cérebro não funciona mais para enviar os sinais para quais hormônios precisam ser produzidos para manter a homeostase ou que movimento precisa ser realizados. Em geral, as células não realizam mais seus ciclos metabólicos. O sangue não está trocando os nutrientes por resíduos. As células não recebem glicose da qual podem produzir ATP. E sem ATP produzida continuamente e disponível para as fibras musculares, o movimento para completamente. Sem o ATP enchendo as miofibrilas, o processo de contração não pode ocorrer e isso inclui o último passo da contração muscular. Para uma miofibrila relaxar, mais ATP deve fazer com que as pontes cruzadas entre a actina e a miosina sejam quebradas. No momento em que não há mais ATP disponível para a miofibrila para gerar uma contração subsequente, a última contração se torna permanente e o cadáver endurece. Essa condição é chamada de rigor mortis, que significa rigidez da morte.

Movimento em outros organismos

Os animais não são os únicos organismos que se movem. Algumas bactérias necessitam se movimentar para decompor a matéria e penetrar nas células para causar infecção. E eu tenho certeza de que você viu uma planta se mover em direção à luz do sol. Como ela faz isso? A combinação de hormônios e a capacidade de se mover. Veja como isso acontece.

A *motilidade* ou a capacidade de se mover (motora) é obtida através de uma variedade de estruturas especializadas.

Os *flagelos* e os *cílios* são estruturas parecidas com pelos que são projetadas a partir da membrana de uma célula. Seus movimentos são típicos de um balanço, e quando se movimentam, eles deslocam o líquido dentro da célula – o citoplasma. Essa ação é semelhante à maneira que os barcos se movem na água. Considere o seguinte: você é uma célula sentada em um barco. Os remos que você está usando são os seus "flagelos". Conforme você movimenta os remos, a água é deslocada. Quando a água volta para o seu lugar, ela ajuda a empurrar o barco pelo caminho, assim como os flagelos ajudam certas células a se moverem através da corrente sanguínea.

Os cílios se movimentam para frente e para trás para ajudar a prender as partículas. Os animais como os mariscos possuem cílios para ajudá-los a prender o alimento. Porém, os cílios também estão presentes em seus ouvidos e nariz para ajudar a prender partículas de sujeira e evitar que elas entrem em seu ouvido interno ou em sua cavidade nasal. Os cílios também contêm receptores, como os mecanoreceptores em seu ouvido ou os quimioreceptores em sua cavidade nasal.

Os *microtúbulos*, os *filamentos intermediários* e os *microfilamentos* são fibras de proteína que existem nas células musculares e em alguns organismos unicelulares, como as amebas. A Tabela 10-4 fornece informações sobre essas fibras de proteína.

Tabela 10-4	Funções dos microtúbulos, Filamentos intermediários e Microfilamentos	
Microtúbulos	*Filamentos intermediários*	*Microfilamentos*
Dar suporte às atividades celulares	Ajudar a manter a forma da célula	Contém actina, que é envolvida na contração
Fornece motilidade		Ajuda os organismos unicelulares como as amebas a mudar a sua forma

Os *centríolos* e os *corpos basais* organizam microtúbulos. Os centríolos que existem no citoplasma fora do envelope nuclear produzem microtúbulos. Os microtúbulos formam túbulos com fusos, que ajudam as células a se dividirem durante a divisão celular. Os corpos basais ajudam a formar flagelos e cílios.

As células vegetais não contêm centríolos. Em vez de ter células que fornecem a motilidade, as plantas possuem hormônios que fazem com que elas se movam. Mas, sem dúvida, elas não podem se mover para muito longe – suas raízes estão presas no chão!

As plantas se submetem ao *tropismo* quando querem se "mover". O movimento de uma planta realmente é uma mudança no padrão de crescimento. O tropismo é a mudança no padrão de crescimento em resposta a um estímulo do meio ambiente, como uma mudança na disponibilidade da luz, da temperatura ou do nutriente. Quando algo no ambiente da planta muda, a planta produz um hormônio para ajudá-lo a se ajustar. Veja alguns exemplos:

O hormônio *auxina* ajuda as plantas a atingir o *fototropismo*, que é uma mudança em resposta a um aumento ou diminuição de luz. A auxina é produzida no caule e viaja pelo transporte ativo para estimular o alongamento da planta – quer dizer, isso faz com que a planta fique ainda maior. Se a planta receber luz igualmente por todos os lados, o caule crescerá reto. Se a luz estiver irregular, a auxina se move em direção ao lado mais escuro da planta. Isso pode parecer retrógrado, mas quando o lado com sombra do caule cresce, o caule, em sua curvatura, na verdade se dobrará na direção da luz. Essa ação mantém as folhas na direção da luz, portanto a fotossíntese pode continuar.

A auxina é combinada com outros hormônios chamados *giberelinas* juntos afetam o crescimento da planta em resposta à gravidade. Essa resposta é chamada de *gravitropismo*. Os hormônios trabalham para manter o caule e as folhas crescendo para cima e as raízes crescendo para baixo, mesmo quando o caule ou as raízes, às vezes, parecem horizontais.

Os hormônios são compostos de proteínas e gorduras, mas há uma proteína que funciona com uma molécula absorvente de luz para ajudar as plantas se ajustarem as mudanças no padrão de claro e escuro. Essa resposta é chamada de *fotoperiodismo*, e a substância que ajuda as plantas a se ajustarem é chamada de *fitocromo*. Assim como as pessoas acordam naturalmente durante o dia e dormem à noite, as plantas também têm um *ritmo circadiano* que diz para elas quando há menos luz disponível. O fitocromo é produzido nas folhas de uma planta; ele absorve a luz vermelha e aparentemente mantém a planta "informada" da hora em que está claro e escuro. Seu fitocromo em essência "armazena luz" para que a energia fique disponível durante as horas noturnas e permitir que a fotossíntese continue. Muito legal, não é?

Parte IV
Vamos Falar Sobre Sexo e Bebês

A 5ª Onda Por Rich Tennant

"Muuuito bem, vejamos, se todos nos mantivermos calmos e pararmos de agir como loucos, tenho certeza que eventualmente eu me lembrarei do nome que eu dei para o antídoto."

Nesta parte...

Os seres vivos não são considerados vivos a menos que possam se reproduzir. A reprodução é uma necessidade da vida de todas as formas que você está pensando agora. Sem ela, teria existido uma geração de vida há bilhões de anos e teria sido isso. Certamente você não estaria aqui lendo este livro agora mesmo, e não haveria estudo de biologia porque não haveria vida.

Nesta parte, você compreende como as células se dividem, porque se isso não acontece, não é possível que haja novos organismos. Você entende como mais plantas e mais animais vêm para habitar a terra. Depois, você examina os princípios básicos da genética, incluindo a hereditariedade, como os genes carregam as instruções para um novo organismo e como o DNA é copiado e "lido" para produzir proteínas que compõem o organismo.

Capítulo 11

Dividindo-se Para ter Sucesso: Divisão Celular

Neste Capítulo

▶ Compreendendo porque a mitose resulta na replicação exata de uma célula mãe

▶ Entendendo o ciclo celular e os vários estágios da mitose

▶ Vendo como a citocinina ajuda cada nova célula filha a criar seu próprio citoplasma

▶ Compreendendo porque os organismos que se reproduzem sexualmente formam células com o número haploide de cromossomos

▶ Descobrindo porque os mecanismos da meiose são críticos para a variedade genética e como as mutações podem ocorrer

*E*spero que este capítulo possa dar um entendimento da importância do processo da *mitose* – a divisão celular – e da *meiose* – formação da célula sexual – para a vida. Você descobre que todos os seres vivos são capazes de se reproduzir para sobreviver – e em alguns casos capacitam melhor sua descendência para sobreviver em um ambiente mutante. O capítulo analisa o ciclo celular e os vários estágios da mitose e demonstra porque esse método resulta na replicação exata de uma célula mãe. Depois o foco está na forma mais especializada de divisão celular, a meiose, que resulta na formação de células sexuais. Depois de estudar a mecânica da meiose, você descobre como a variedade genética pode ocorrer nas células sexuais e como essas diferenças resultam em variações que vão desde a habilidade matemática até o cabelo liso.

Continue Uma Existência

A biologia, é claro, tem tudo a ver com a vida. E, quando você pensa nisso, a vida realmente tem tudo a ver com continuação – os seres vivos continuam de uma geração para outra, passando informações genéticas críticas e – em alguns casos – se adaptam para lidar melhor com seus ambientes. Certamente, essa é uma das diferenças centrais entre os organismos vivos e os objetos inanimados. Pense nisso: Você já viu uma cadeira ou uma mesa se replicarem? Não seria legal se o seu carro desenvolvesse um repelente a água como uma adaptação ao tempo molhado? Esqueça! Somente os seres vivos possuem a capacidade de passar informações genéticas, replicar, diferenciar e adaptar-se às mudanças ambientais através da reprodução.

Para compreender o processo da reprodução, você precisa saber alguns termos e processos importantes. Você deve ter uma compreensão geral sobre como as células individuais – sejam organismos com células únicas ou um dos vários trilhões de células em seu corpo replicam – através do processo da mitose. Para entender como as células são capazes de passar informações genéticas, você precisa ter uma compreensão básica do ciclo celular e dos vários estágios da mitose. Você também precisa ter uma ideia de como o processo da divisão celular pode ocorrer de uma forma descontrolada, levando a resultados irregulares como mutações e câncer. Finalmente, você também precisa ter uma noção sobre a mecânica da meiose, para ver como ocorre a variedade genética.

A compreensão dos princípios básicos da reprodução tem um longo caminho para ajudá-lo a entender tanto o processo quanto a variedade da vida. Isso é básico para o entendimento das diferenças das células. Provavelmente você se perguntou como o cabelo e as unhas do pé podem ser tão diferentes e ainda existir no mesmo ser. Bem, talvez não. Mas você pode ter se perguntado o que deixa você com cabelo castanho e o seu primo moreno claro (principalmente quando você está pagando caro aquela coloração de cabelo). Uma noção dos princípios básicos da meiose o ajuda a ver como essas diferenças genéticas ocorrem. É claro, você sempre soube que era verdadeiramente único. Agora você pode descobrir como ficou desse jeito.

A Reprodução e a Vida

O estudo da reprodução é básico para o estudo da vida e dos seres vivos. É triste, mas é verdade, todos os seres vivos morrem. Sem a reprodução, toda a vida cessaria de existir em uma geração somente. É por isso que o estudo da reprodução é uma questão de vida e morte na biologia. E, no centro de qualquer estudo sobre reprodução, está a compreensão do processo de divisão celular. E no centro do processo de divisão celular está a compreensão do conteúdo do núcleo da célula e no centro da compreensão do conteúdo do núcleo da célula está... Bem, você entendeu. Ao focar nos componentes cada vez menores de uma célula, os biólogos começaram a ter um conhecimento profundo sobre o mecanismo da divisão e da reprodução celular.

Para entender o processo da reprodução e da divisão celular, você tem que estar pessoalmente envolvido com os habitantes do núcleo da célula *eucariótica*. As células eucarióticas são aquelas com núcleos verdadeiros, como nas plantas, nos fungos e nos animais. (Vá para o Capítulo 2 para uma análise detalhada sobre as células.)

O núcleo é a maior estrutura celular – é o local onde os materiais hereditários da célula são montados nos cromossomos, aqueles depósitos moleculares curvos apertados de ácido desoxirribonucleico (DNA). O DNA é a impressão digital da célula, sem o qual toda a construção em novas regiões seria inviabilizada. As moléculas de DNA são extremamente longas,

Capítulo 11: Dividindo-se Para ter Sucesso: Divisão Celular **203**

mas nos cromossomos elas são colocadas juntas e agrupadas com um tipo de proteína especial chamada histona. Na realidade – por mais que pareça desagradável – as longas moléculas de DNA, ficam em volta dos glóbulos de proteína para formar a estrutura chamada cromatíde. Conforme as estruturas se enrolam e ficam ainda mais grossas, elas se tornam as estrelas do show, os cromossomos.

Você precisa conhecer duas outras estruturas nucleicas para entender os princípios básicos da divisão celular:

✔ O *nucléolo* é o local de fabricação do ribossomo. Os ribossomos são pequenos elementos duplos compostos de proteína e subunidades ribonucleicas. Os ribossomos são onde os aminoácidos são montados nas proteínas.

✔ O *nucleoplasma* é outro componente do núcleo. Essa mistura interessante de água e moléculas é usada na construção de ribossomos, ácidos nucleicos e outro material nuclear. (Serve melhor como um caçador de DNA).

O Que É a Divisão Celular?

A *divisão celular* é o processo pelo qual são formadas novas células para substituir as mortas, reparar tecido morto ou permitir que os organismos cresçam. Durante a divisão celular, dois eventos ocorrem e juntos replicam a célula antiga e passam informações genéticas específicas. Esses dois eventos são a *mitose* e a *citocinese*. Juntos, esses eventos formam o ciclo celular (ver a Figura 11-1). Mas primeiro, as várias estruturas nucleicas vitais para a vida e a continuação dela devem ser formadas, crescer em volume e se organizar para que possam se arrumar e se mover em suas novas estruturras.

Todas as células eucarióticas passam por um ciclo básico da vida, que, uma vez iniciado, é contínuo (e isso é algo bom, ou um osso quebrado ou partido nunca se curaria). A *interfase*, o estágio entre a divisão celular real, compõe os três primeiros dos quatro estágios do ciclo celular, incluindo a fase do primeiro intervalo (G_1), o estágio da síntese (S) e a fase do segundo intervalo (G_2; ver a seção sobre interfase).

Finalmente, a *mitose* – a distribuição igual de informações genéticas de uma célula mãe para os núcleos de duas células filhas – ocorre. Essa quarta parte do ciclo celular não faz parte da interfase. A mitose é seguida pela citocinese: uma divisão do *citoplasma* da célula. O citoplasma é o material líquido que preenche o núcleo da célula e contém nutrientes usados para realizar esses processos celulares. A mitose e a citocinese normalmente ocorrem na sequência. Aí está! Duas células filhas novas foram criadas cada uma com a sua própria qualificação e conjunto muito completo de informações genéticas.

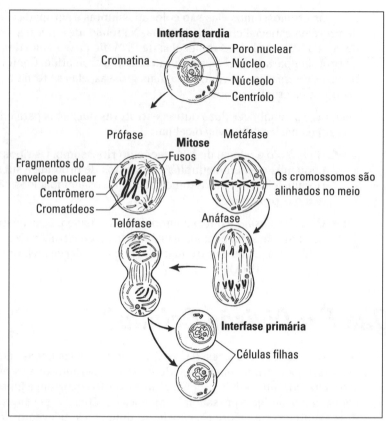

Figura 11-1: O processo da mitose e da interfase.

Organizando-se: Interfase

A divisão do material genético seria impossível a não ser que as estruturas da célula fossem criadas e organizadas para uma divisão celular ordenada. Isso acontece durante a interfase, que – como você deve deduzir de seu nome – são vários processos que na verdade acontecem entre *o processo* da divisão celular. A célula não está se dividindo durante esse período, mas em vez disso, coloca o seu local em ordem envolvendo-se nas funções metabólicas que a torna única. A membrana celular está intacta, e os cromossomos individuais não são aparentes durante esse período.

Você pode dizer que a interfase é o período em que a célula declara sua individualidade. As atividades como a transmissão de uma célula nervosa ou a secreção da célula glandular são os dois tipos de atividades que ocorrem durante a interfase. As fases que juntas formam a interfase são as seguintes:

✓ **Fase G_1:** Primeiro, durante o estágio G1 (fase do intervalo um), a célula cresce em volume conforme ela produz vários componentes celulares incluindo o RNA de transferência (tRNA), o mensageiro RNA (mRNA), os ribossomos e as enzimas. Essa é geralmente a fase mais longa do ciclo celular. Algumas células nunca a deixam; afirma-se que elas são diferenciadas terminalmente. Essa fase segue

Capítulo 11: Dividindo-se Para ter Sucesso: Divisão Celular **205**

imediatamente uma ocorrência da mitose. É quando a célula está compondo as proteínas e as enzimas que ela precisa para realizar suas funções únicas. Por exemplo, uma célula do pâncreas pode estar produzindo insulina para secreção, ou uma célula muscular pode estar aprendendo a contrair para que o movimento possa ocorrer. Pense nessa fase como a infância da célula e o período de criança. Imagine o corpo de um recém nascido criando os ossos e os músculos necessários para a mobilidade, até que um dia o bebê está na verdade capaz de levantar-se e caminhar.

✔ Observe que durante essa parte inicial da interfase, cada cromossomo é composto de simplesmente uma parte única com faixas duplas do DNA (ele sempre fica na forma de uma dupla hélice e sua proteína associada.

✔ **Fase S:** Durante a fase S, na célula ocorre – a replicação do DNA para preparar a distribuição dos genes para as células filha. (Observação: Se você for homem, não se ofenda pelo fato de a descendência ser referenciada às células filha. Considere essa uma pequena forma de composição para todas aquelas penas com matiz clara nos pássaros masculinos.) É durante essa fase que o DNA dentro do núcleo da célula se replica (copia exatamente igual – e quero dizer *exatamente*). Então o processo está completo (toquem os tambores, por favor), e existem 92 cromatídeos dispostos como cadeias gêmeas, dois por cromossomo, na maioria das células humanas, onde uma vez houve 46 cromossomos. Cada um desses cromatídeos se torna um novo cromossomo – idêntico ao seu pai – e cada um contém seu próprio grupo de genes, que é diferente dos grupos de outros cromossomos. (Cada cromossomo possui milhares de genes diferentes, portanto todas as mensagens genéticas que tornam um organismo único são claras. Você não gostaria que a mensagem que dá olhos azuis a você se misture com a que cria cabelo ruivo. Pense nas implicações!)

✔ Esse processo de replicação é a maneira pela qual a célula mãe garante distribuição de genes igual entre as duas células filha. Afinal, é sempre importante evitar a rivalidade e o ciúme entre irmãos, mesmo no nível celular.

✔ **Fase G_2:** Durante essa fase, a célula está fazendo as suas malas e se preparando para pegar a estrada da mitose sintetizando as proteínas dos filamentos dos fusos necessários para ajudar o movimento dos cromossomos. Agora a célula está toda preparada e pronta para pegar quantidades iguais de material genético para a sua descendência. Mas tem que existir uma maneira de passar os cromossomos da mãe para as filhas e depois posicioná-las corretamente nas novas células. Portanto, em "pequenos órgãos" (*organelas* bem procuradas) fora do núcleo, a célula organiza as proteínas em uma série de filamentos ou *microtubos*, que – na primeira fase da mitose – forma *fusos*. Pense nesses fusos como minúsculos motores das pessoas (basta substituir cromossomos por "pessoas", e você entenderá). Na próxima fase do processo, os fusos são dispostos de polo em polo da célula, ajudando a colocar os cromossomos no lugar. Após todo o processo da mitose – puf – os fusos simplesmente desaparecem, sem a necessidade de destruição.

Então, você quer ser um milionário?

Temos aqui um rápido teste para ajudá-lo em seu próximo jogo de azar (ou de berlinda).

Verdadeiro ou Falso: Todas as células humanas possuem um complemento total de 46 cromossomos durante a fase G_1.

Falso: A maioria das células humanas possui 46 cromossomos, com duas exceções: as células sexuais com 23 e as pobres células vermelhas que não tem núcleos. As células vermelhas sanguíneas não possuem núcleos, por isso elas não têm aqueles acessórios cromossômicos estilosos.

Observação: Conforme você explora o próximo estágio da divisão celular – a mitose – é importante entender que apesar do fato de que certos processos distintos ocorrem durante cada estágio, os limites entre eles são líquidos e sempre variáveis. Você pode pensar nos estágios, na verdade, como estações. É certo que alguns processos ocorram – as mudas brotando na primavera, por exemplo – o processo flui como uma corrente que se move continuamente para o outro. Não há uma arma que dispara indicando quando é o final do inverno e o início da primavera. Da mesma forma, quando tudo está no lugar, uma célula flui para a esfera da mitose.

Mitose: Um para você e um para mim

Depois que a interfase termina, a célula acabou todo o crescimento e a replicação, e agora é hora de se preparar para deixar seu local apertado e entrar nas riquezas genéticas das duas células filha.

Durante a mitose, a célula está fazendo suas preparações finais para a divisão que está prestes a acontecer. Os processos durante a mitose garantem que o material genético seja distribuído igualmente (novamente, as células eucarióticas são modelos que os pais evitam disputar entre suas células filha).

Esses processos acontecem em quatro estágios. Lembre-se, o ciclo celular é um processo contínuo, com um estágio fluindo para o outro virtualmente sem emendas. Mas os biólogos dividiram a mitose nos seguintes estágios para dar suporte ao seu estudo:

- ✔ Prófase
- ✔ Metáfase
- ✔ Anáfase
- ✔ Telófase

Capítulo 11: Dividindo-se Para ter Sucesso: Divisão Celular 207

Prófase

É durante esse primeiro estágio que os cromossomos se tornam visíveis (bem, não a olho nu; você precisa de um microscópio bem experiente). Logo as finas cadeias entrelaçadas de cromatídeos se enrolam e engrossam para tornarem-se cromossomos. Lembre-se, cada um desses cromossomos carrega genes idênticos em sua nova estata.

Ao mesmo tempo em que os cromossomos estão crescendo, as fibrilas dos fusos formadas na interfase estão fazendo o que todas as boas fibrilas de fusos fazem – transformando-se em fusos reais para ajudar no desafio da mobilidade dos cromossomos em seus destinos finais. Nesse período, os centríolos (eles estão presos as fibrilas dos fusos) se duplicaram e passaram para os polos da célula, livrando-se dos fusos como linhas de costura nas roupas que vão de uma ponta da célula para outra.

O outro evento importante que ocorre é a desintegração da membrana nuclear, dando aos cromossomos liberdade sobre a célula inteira. (Bem, é um tipo de liberdade. Eles são livres para ir aonde quiser, desde que acabem alinhados exatamente no plano equatorial no meio do próximo estágio. É algo como a liberdade que os pais dão para aos adolescentes).

Metáfase

Na metáfase, o núcleo da célula desaparece completamente, possibilitando que os cromossomos tenham posições pré-determinadas. (Não há desejo de liberdade aqui. Está restrito às formas de vida maiores). Primeiro, eles se prendem na linha central de qualquer fuso antigo que esteja próximo. Mas, logo – assim como bons pequenos soldados que são – eles se movem para o centro da célula, até formar uma linha perfeita ao longo do plano equatorial. Nesse estágio, ainda há 46 deles e um total de 92 cromatídeos.

Anáfase

Agora os cromatídeos deixam o convívio e estão quase prontos para começar uma nova vida por conta própria. Mas assim como muitos jovens adultos, eles ainda não estão prontos para ir longe demais. Os cromossomos se separam em seus centros, e os cromatídeos se movem ao longo de seus pequenos eixos. Esse evento é um tipo de festa de "aparecimento" para um cromossomo. Depois dessa separação e movimento, eles são chamados de *cromossomos filhos*. Mas eles ainda não estão prontos para sair do convívio familiar – ainda não.

Telófase

Assim como um presente de graduação, cada grupo idêntico de cromossomos tem sua própria membrana nuclear e define seus corpos nucleares (nucléolos). Esses microtubos que compõem os fusos se dissolvem, o que significa que os fusos desaparecem – assim como se alguém puxasse as linhas da costura de uma roupa. Agora as duas células estão prontas para entrar em seus próprios locais.

Citocinese

A última regra do processo é oferecer locais adequados aos núcleos da célula filha através de um processo chamado *citocinese*.

Nas células animais, o processo começa com um mero recuo ou sulco no centro da célula. O sulco estrangula a membrana citoplasmatica até que duas células separadas completamente sejam formadas (imagine você apertando uma bola com recheio mole no centro até que se torne duas bolas de recheio mole, você entendeu a ideia?) Esse processo é conhecido como *clivagem celular*.

Nas células vegetais, o processo é um pouco diferente porque a parede de uma célula rígida está envolvida, evitando o processo do "recheio mole" da clivagem celular. Em vez disso, uma nova parede celular é formada no centro da célula, que as *vesículas* (pequenas bolsas de material intercelular) unem para formar uma membrana dupla chamada de *placa celular*. A placa eventualmente vai para fora para unir-se a membrana celular (chamamos isso de casamento por conveniência). A placa celular então separa as duas células e elas se separam para formar duas novas células filha.

Uma vez que a citocinese está completa, as novas células passam imediatamente para o estágio G_1 da interfase, mas ninguém para aplaudir a grande realização do processo da mitose que foi completado com sucesso, mas isso é muito ruim, pois esse é um processo muito importante para a vida, assim como para a sua existência. Em organismos complexos, é a raiz da renovação e da regeneração; é usada para curar feridas e regenerar partes do corpo. Nos organismos simples – o fungo, por exemplo, – é o meio para reprodução. (Não é muito divertido, mas é eficaz.)

Meiose: Tem tudo a ver com sexo e bebês

A maioria das células humanas possui 46 cromossomos por um motivo, enquanto as células sexuais possuem metade desse número: 23. Veja o porquê: As plantas e os animais mais bem-sucedidos desenvolveram um método de envio e troca de informações genéticas, desenvolvendo constantemente novas combinações projetadas para funcionar melhor em um ambiente mutante. Esse processo normalmente envolve os organismos que possuem dois grupos de dados genéticos, um de cada matriz.

Através da *reprodução sexual*, um novo indivíduo é formado através da união de *gametas* (células sexuais). Mas antes que a união de gametas possa ocorrer, os dois grupos de informações genéticas presentes na maioria das células deve ser reduzido para um. Sem esse processo, o *zigoto* – a célula resultante da união de duas células sexuais – teria oito, depois 16 e 32 – você entende – seria uma verdadeira bagunça. Os organismos resultantes seriam incapazes de decodificar as informações genéticas, e o resultado final seria a morte.

Portanto, os gametas (óvulos nas mulheres e espermatozoides nos homens) têm o que é conhecido como o número *haploide* de cromossomos. A palavra vem do Grego *haplos*, que significa único. Portanto cada gameta contém um único grupo de cromossomos – 23. Quando os dois gametas se unem, eles combinam seus cromossomos para atingir o complemento completo de 46 em uma célula diploide normal. Logicamente, diploide vem do Grego *diplos*, que significa duplo.

A equação algébrica usada para ilustrar o relacionamento entre as células haplóides e diploides é:

n (haploide) + n = $2n$ (diploide)

Essa equação pode ser a mais simples que você verá em um livro de ciências.

A meiose, então, é o processo que reduz o número diploide a metade para que a reprodução possa ocorrer ordenadamente (ver a Figura 11-2). Ela possui duas partes principais, cada uma com fases semelhantes da mitose (Tabela 11-1).

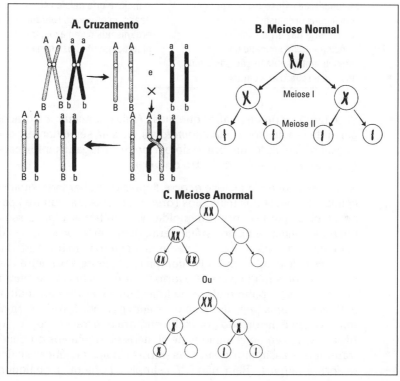

Figura 11-2: (A) Cruzamento. (B) Meiose normal, meiose I e meiose II. (C) Meiose anormal.

Parte IV: Vamos Falar Sobre Sexo e Bebês

Tabela 11-1	Comparação da Mitose e da Meiose
Mitose	**Meiose**
Apenas uma divisão é necessária para completar o processo.	A meiose requer duas divisões separadas para que o processo fique completo.
Na mitose mais simples, os cromossomos não se unem.	Os cromossomos homólogos devem unir-se para completar o processo, que ocorre na prófase I.
Aqui, os cromossomos homólogos não se cruzam.	O cruzamento é uma parte importante da meiose e pode originar variação genética.
Os centrômeros se dividem na anáfase.	Os centrômeros se dividem somente na anáfase II, não na anáfase I.
As células filha possuem o mesmo número de cromossomos que a sua célula mãe. (Diploide)	As células filha possuem metade do número de cromossomos que a sua célula mãe. (Haploide)
As células filha possuem informações genéticas que são idênticas àquelas de sua célula mãe.	As células filha são geneticamente diferentes da célula mãe.
A função da mitose é a reprodução em alguns organismos simples, mas na maioria dos organismos ela funciona como um meio de crescimento, substituição das células mortas e reparo aos danos.	A meiose cria células sexuais, o primeiro passo no processo reprodutivo de organismos complexos, tanto nas plantas quanto nos animais.

Você também precisa saber que, nas células humanas, os braços dos 23 pares de cromossomos são *homólogos*, ou seja semelhantes, mas não idênticos. Por exemplo, um braço do par pode carregar as informações sobre o cabelo preto, enquanto outro do loiro.

No ser masculino, a meiose ocorre depois da puberdade, quando as células diploides nos testículos (órgãos sexuais masculinos) passam pela meiose para se tornar haploide. Nas mulheres, o processo começa um pouco mais cedo: no estágio fetal. (Está certo, *bem* mais cedo.) Mas, enquanto uma garotinha está nadando cachorrinho no útero da sua mãe, uma série de células diploides completa somente a primeira parte do processo e depois migra para os ovários, onde elas ficam e esperam até a puberdade. Com a puberdade, as células têm a sua vez entrando na meiose II. (Somente uma por mês, sem tirar nem por, por favor!) Normalmente, um único óvulo é produzido por ciclo, embora ocorram exceções, que, se fertilizados, são então chamados de gêmeos ou trigêmeos ou quadrigêmeos fraternais, e assim por diante. As outras células meióticas se desintegram de forma simples. (Bem, não é tão simples. Pergunte a qualquer mulher)

Quando um esperma e um óvulo – cada um com 23 cromossomos – se unem na *fertilização*, a condição diploide da célula é restaurada. Divisões

Capítulo 11: Dividindo-se Para ter Sucesso: Divisão Celular 211

futuras pela mitose simples resultam em um ser humano completo. Bem, isso e quatro anos faculdade e de aulas de etiqueta.

Para produzir a condição haploide nos gametas, o processo da meiose passa por duas divisões, apropriadamente chamadas de meiose I e meiose II. Essas duas divisões contêm estágios que são semelhantes aqueles que ocorrem durante a mitose.

Meiose I

Antes da meiose, ocorre a replicação do DNA – assim como no caso da mitose – portanto o gameta tem um estoque de 46 cromossomos e 92 cromatídeos. Mas não por muito tempo!

- ✔ **Prófase I:** Muitos dos processos da prófase são comuns a essa fase. Os cromatídeos se enrolam e ficam mais grossos para formar cromossomos, os nucléolos desaparecem, os fusos são formados e a membrana nuclear se desintegra. Mas, na meiose, há um evento adicional que é absolutamente crítico para o processo: a *sinapse*.

  O processo da sinapse começa quando os cromossomos homólogos ficam pareados. Nesta altura, os cromossomos homólogos podem trocar quantidades iguais de DNA em um evento chamado *"crossing-over"*. Essa troca de materiais resulta em quatro cromatídeos únicos. A nova disposição de quatro cromatídeos é chamada de *tétrada*.

- ✔ **Metáfase I:** Durante a metáfase, os cromossomos unidos vão para o centro da célula e devido a sua disposição garantem uma distribuição idêntica para as duas células que vão se formar.

- ✔ **Anáfase I:** É durante esse estágio que o número de cromossomos é reduzido de diploide para haploide. O haploide é alcançado somente após a meiose I. Você começa com uma célula diploide (2N), depois o DNA se divide. Você está agora em um ponto inicial semelhante como na mitose, 4N. Você divide então os cromossomos "2N" na meiose I depois de uma divisão dessas células 2N para 1N na meiose I. A anáfase I começa quando os dois membros de cada par de cromossomos homólogos se distanciam um do outro e vão em direção aos polos da célula. Assim, os 23 cromossomos acabam de um lado da célula e 23 do outro. Como eles escolhem quais companheiros genéticos unir? É muito simples, isso só depende de que lado do plano equatorial eles estavam durante a metáfase. Por razões óbvias, esse processo é chamado de *segregação*. Também é importante saber que não há ameaças nesses grupos cromossômicos. Cada par de cromossomos toma a sua própria decisão sobre como segregar, portanto o processo é chamado de *distribuição independente*

- ✔ **Telófase:** Durante a telófase, a célula dá um passo para trás (ou para frente, dependendo da sua perspectiva) para uma condição típica da interfase. Os cromossomos que foram comprimidos e enrolados são organizados, a membrana nuclear é formada novamente em volta deles e os nucléolos reaparecem.

212 Parte IV: Vamos Falar Sobre Sexo e Bebês

A meiose I, é claro, é um retrocesso para a mitose – qualquer célula eucarió-tica antiga que tenha o seu citoplasma poderia fazer essas coisas. O truque real é a redução (assim como qualquer um que tentou reduzir sabe muito bem). Agora, nesse último estágio da meiose I, cada célula filha possui um membro de cada par de cromossomos homólogo. Portanto, aqui está, o fato principal que temos lidado esse tempo todo. Cada célula recebe metade do número total de cromossomos considerado normal para a espécie, mas cada célula ainda possui um grupo completo de material genético. E esse, senho-ras e senhores, é um dos truques mais limpos na arena celular. Não tente fazer isso em casa!

Depois das acrobacias exaustivas realizadas durante a meiose I, muitas células recuam por um tempo e realizam algumas atividades metabólicas regulares. A atividade semelhante à interfase que elas evitam nesse estágio é a replicação, e por razões óbvias: Se a célula dobrasse o seu número de cromossomos nesse estágio, toda a atividade dos estágios anteriores seria zero (veja a seção sobre a não disjunção). Seria como fazer dieta por sema-nas para perder dois quilos e meio e depois ganhar tudo de novo ao comer brownies compulsivamente – antes do seu casamento.

Meiose II

Durante a meiose II, as duas células continuam sua dança da divisão para que – na maioria dos casos – o resultado final seja de quatro células.

- ✔ **Prófase II:** Tanto na mitose quanto na Prófase I, a membrana nuclear se desintegra, os nucléolos desaparecem, e surgem os mecanismos para a formação de fusos. Porém, a grande diferença entre a I e a II é que as células agora são haploides em vez de diploides. E nesse momento, as células evitam a sinapse, "crossing over", a segregação e a distribuição independente. Essas coisas dão muito trabalho. Uma vez é o suficiente.

- ✔ **Metáfase II:** Nada muito radical aqui pessoal. Assim como em qualquer metáfase antiga, os cromossomos prendem seus centrômeros aos fusos e depois se alinham ao plano equatorial. Mas lembre-se que os pares de cromossomos não estão mais juntos na mesma célula, portan-to cada membro se move separadamente. (Livres, livres finalmente!)

- ✔ **Anáfase II:** Na anáfase II, assim como na versão mitótica da anáfase, os centrômeros dos cromossomos na verdade se dividem em dois, com os cromossomos filhas agora se movendo para os polos da célula. Nes-sa fase, eles funcionam mais como suas contrapartes da mitose do que aqueles da meiose I. Não há homólogos emparelhados nesse estágio, portanto não há segregação ou distribuição independente que você viu na anáfase I.

- ✔ **Telófase II:** A membrana nuclear e os nucléolos reaparecem, os cromossomos se alongam para os menores remanescentes e os fusos desaparecem. É hora da citocinese. Agora existem quatro – conte-as, quatro – células haploides, onde no início da meiose havia somente uma diploide (mas o turno da replicação sempre essencial e anterior a meiose torna o início eficaz com 4N.) Que bom negócio!

Viva as Diferenças!

O ponto central para compreender a meiose é ver como a variação genética ocorre. Cinco fatores, descritos na seção anterior, influenciam a variação genética da descendência. A seguir há uma análise mais detalhada do cruzamento, segregação, distribuição independente, fertilização e mutações.

Mutações

Vários agentes e eventos podem provocar danos à molécula de DNA, incluindo raios x e substâncias químicas como a nicotina. Quando esse dano ocorre no DNA de uma célula sexual, podem ocorrer mutações e as gerações futuras são afetadas. Às vezes, uma cadeia inteira de DNA é rompida, impossibilitando a célula de sintetizar a proteína adequadamente – ou, às vezes, impedindo a síntese da proteína inteira. Esse problema é chamado de *mutação cromossômica*, e é coisa séria. Se o dano for grave demais, a célula pode morrer. E se muitas células morrem, formam-se dificuldades para todo o organismo. Se as células se tornam imortais e metásticas (espalhadas) é ainda pior, como no câncer e pode nos matar.

"Crossing-over"

Bem no início do processo da meiose, assim conforme os cromossomos homólogos se juntam na sinapse, ocorre o "crossing-over", resultando em uma nova combinação de genes e novas chances de variedade (que é o tempero da vida para células haploides felizes). Enquanto os cromossomos são posicionados próximos uns dos outros, eles trocam porções equivalentes de cromatídeos, dessa forma trocando genes. Isso pode acontecer em pontos diferentes – ou *"loci"* (locais) – nos cromossomos, preparando o caminho para uma variedade ampla de variações genéticas. O "crossing-over" é uma maneira de ajudar a explicar como você pode ter cabelo ruivo do pai da sua mãe e um queixo proeminente de sua mãe. Após o "crossing-over", esses dois genes se enrolam no cromossomo herdado de sua mãe, – junto com o vestido de noiva e aquela foto da sua avó, o que lhe permite saber que você tem o queixo igual o dela.

Segregação

A segregação é o processo que segue o "crossing-over" quando os cromossomos se separam e passam para os polos da célula. Nessa altura, os alelos (formas alternativas de gene para uma característica específica) se separam, entrando um em uma célula filha e outro indo para a segunda célula filha. Por exemplo, um alelo em um dos cromossomos poderia designar cinco dedos, enquanto o outro alelo seria para seis dedos. Agora esses genes têm uma chance igual de ser transmitido para a próxima geração. Se a descendência eventualmente terá cinco ou seis dedos, isso será finalmente determinado por qual gene recebeu a contribuição, junto com o alelo que vem do parceiro durante a fertilização. Portanto, em vez de verificar a conta bancária do parceiro antes do casamento, seria bom você olhar o seu banco de alelos!

Distribuição independente

Se somente um par de cromossomos estivesse se dividindo e movendo para os polos da célula durante a meiose, você teria dois gametas geneticamente diferentes. A célula sexual, é claro, contém 23 pares de cromossomos, todos os quais se separam e se movem independentemente para os polos. A distribuição independente é um evento que ocorre ao acaso, estritamente determinado pela posição dos cromatídeos no plano equatorial anterior a divisão cromossômica. Portanto, quantas variações genéticas são possíveis graças à distribuição independente?

2^{23} ou 8.388,608

E isso sem o "crossing-over" ou mutações! Não é incrível você parecer com a sua irmã? Talvez até você perceber que compartilha 50 por cento do seu material genético com cada irmão.

Fertilização

A espécie feminina tem o potencial de trazer milhões de óvulos geneticamente diferentes e a masculina tem o potencial de milhões de espermatozoides diferentes. Portanto, quando você coloca juntos os gametas masculinos e femininos, as possibilidades de variação virtualmente são ilimitadas. E é por isso que todo ser humano que nasceu – e nascerá – é geneticamente único. Bem, quase. É claro, você tem a questão dos gêmeos idênticos, que são desenvolvidos do mesmo óvulo fertilizado. Eles possuem os mesmos genes e tem o mesmo sexo. E há então a nova linha da clonagem. Os cientistas serão capazes de criar seres humanos a partir de células únicas, e dessa forma gerar cópias genéticas exatas? Provavelmente. Há o caso da clonagem da ovelha conhecida mundialmente, a Dolly.

Não separação

Infelizmente, o mundo não é perfeito. Não existe Fada do Dente de leite ou Coelhinho da Páscoa, a sua equipe local de baseball provavelmente não vencerá a Série Mundial e a meiose nem sempre funciona perfeitamente. De vez em quando, quando tudo parece perfeito na esfera celular (não é sempre desse jeito?), ocorre uma falha no processo. Veja então o que acontece:

Capítulo 11: Dividindo-se Para ter Sucesso: Divisão Celular 215

Lembre-se que para o processo funcionar adequadamente, o número de cromossomos nas células diploides tem que ser reduzido a haploides. Uma das ocorrências importantes desse processo é a segregação dos cromossomos homólogos em células separadas bem na primeira divisão meiótica. Ocasionalmente, um par de cromossomos acha muito difícil segregar (como se fossem irmãos que não conseguem fazer as coisas sozinhos), e eles acabam no mesmo gameta. Cromossomos ruins!

O que acontece depois não é bom. Em duas das quatro células finais resultantes do processo meiótico falta um cromossomo assim como os genes que ele carrega. Essa condição normalmente significa que as células estão condenadas a morrer. Cada uma das outras duas células possui um cromossomo adicional, com o material genético que ele carrega. Bem, isso deve ser ótimo para essas células, não deve? Isso deve significar que elas terão uma oportunidade maior de variação genética e isso é uma coisa boa, certo?

Errado! Um cromossomo extra é como cair na "malha fina" da Receita Federal. Não é algo que esperamos. Muitas vezes, essas células a mais, simplesmente, morrem, e é o fim da história. Mas, às vezes, elas sobrevivem e continuam para se tornar espermatozoides ou óvulos. A tragédia real é quando uma célula anormal continua para se unir com uma célula normal. Quando isso acontece, o zigoto resultante (descendência) tem três unidades de um tipo de cromossomo, ao invés do normal que são dois. O termo que os biólogos usam para essa ocorrência é *trissomia*.

E aqui está o problema real: Todas as células que se desenvolvem pela mitose para criar os novos indivíduos serão trissômicas (possuem esse cromossomo extra). Agora, as células são conformistas por natureza; elas não lidam bem com mudanças. Uma fêmea viável deve ter dois cromossomos X. Quantidades extras de algumas coisas, mesmo coisas boas, podem matá-lo. E, dois cromossomos X ativos em uma fêmea com três cromossomos X matariam uma fêmea em potencial, portanto todas as mulheres desativam um deles (aleatoriamente) em cada célula. O cromossomo extra X inativo e transformado em um corpúsculo de Barr.

Uma possível anormalidade ocorrendo de um cromossomo extra é a *síndrome de Down*, uma condição que geralmente resulta em algum dano mental e envelhecimento prematuro. Os cientistas indicaram com precisão o cromossomo relacionado à síndrome de Down; é o cromossomo número 21. Se um óvulo com dois cromossomos número 21 é fertilizado com uma célula do espermatozoide com apenas um número 21, a descendência resultante possui 47 cromossomos (24 + 23 = 47) e ocorre a síndrome de Down.

Aqui está um fato interessante sobre a síndrome de Down e outras anormalidades genéticas. Provavelmente você já sabe que a idade da mãe é um fator em tais condições. Mas você sabe por quê? A meiose começa no estágio fetal para as mulheres. Depois, quando a meiose I está completa, as células ficam nos ovários até a puberdade, quando então, uma célula por vez entra na meiose II e na preparação para a fertilização. Portanto, se uma célula aguarda sua vez por 40 ou 45 anos, ela está muito velha – em termos celulares, pelo menos. O envelhecimento dos gametas não é um problema para os homens porque suas células sexuais na verdade não entram na meiose até depois da puberdade e é um processo contínuo, com novas células sendo produzidas o tempo inteiro. É só olhar aqueles velhos homens, estrelas de cinema, com sua nova descendência. (Está certo, não é um cenário bonito, mas os bebês são normais, pelo menos.)

Cromossomos rosa e azul

Você já desejou ter nascido do sexo oposto para que não tivesse que gastar boa parte do orçamento em maquiagem ou que não tivesse que barbear o rosto todas as manhãs de sua vida adulta? Desculpe, não era você quem tomaria essa decisão. Assim como todas as outras características genéticas, o sexo é determinado no nível do cromossomo.

Em muitos organismos – incluindo os humanos e as moscas das frutas, acredite ou não – o sexo de um indivíduo é determinado por cromossomos específicos do sexo, que os biólogos chamam de cromossomos X e Y. Quando os cientistas estão falando sobre sexo e sobre cromossomos que estão envolvidos na determinação do gênero, eles chamam os cromossomos de autossomos. As características genéticas existem em locais específicos de cromossomos específicos. Portanto, os genes que determinam que você gastará dinheiro com aparelhos de barbear ficam localizados no pequeno cromossomo Y, que se integra ao cromossomo X maior – aquele cujos genes são responsáveis por todo esse dinheiro que você paga em empresas de cosméticos – assim como se os dois fossem um par homólogo. Os homens têm tanto o cromossomo X quanto o Y e as mulheres têm dois cromossomos X. Portanto, se o X for sortudo o bastante – ou não, dependendo da sua perspectiva – para ser pego por um Y, seu príncipe em uma armadura brilhante, determina se será do sexo masculino ou feminino. (Você pode saber mais sobre as diferentes formas de reprodução, incluindo as diferenças entre a reprodução das plantas e dos animais, nos Capítulos 12 e 13.)

Capítulo 12

Fazendo Mais Plantas

Neste Capítulo

▶ Descobrindo a diferença entre a reprodução assexuada e sexuada

▶ Verificando a reprodução vegetal

▶ Descobrindo para que servem as flores

▶ Aceitando a autopolinização como comportamento normal para uma planta

▶ Observando o desenvolvimento dos zigotos da planta

▶ Compreendendo a estrutura das sementes

Se os organismos vivos não se reproduzissem, a vida cessaria, espécie por espécie, até que todas as espécies ficassem extintas. Assim como os membros mais antigos de uma espécie ficam fracos e morrem, novos membros se desenvolvem – o velho "círculo da vida".

As plantas estão no círculo da vida também. Os organismos não podem viver para sempre. Se uma espécie continuar, os membros mais antigos devem ser substituídos por membros mais jovens.

A reprodução é o processo pelo qual os organismos substituem a si mesmos. Porém, a forma com que eles fazem isso varia. Obviamente as plantas e os animais têm partes reprodutivas diferentes. Este capítulo foca na reprodução das plantas. É uma história curta. Não se preocupe. O próximo capítulo explica tudo sobre como os animais fazem isso.

Reprodução Assexuada

Até os organismos mais simples com uma célula apenas – chamados *organismos unicelulares* – se reproduzem. Os organismos unicelulares realmente nunca morrem; eles simplesmente continuam criando versões mais novas deles mesmos para continuar a espécie. Esses pequenos seres não se envolvem com um parceiro que os deseje. Eles fazem isso sozinhos por meio da reprodução assexuada. Uma *reprodução assexuada* é a reprodução pela divisão celular: Os organismos que se reproduzem dessa maneira se dividem em duas novas células.

As duas novas células, embora idênticas à célula original, são novas, mas vigorosas e mais adaptadas. E, uma lei da biologia é "sobrevive os mais adaptados," o que pode ser interpretado como "só os fortes sobrevivem." As células mais velhas e mais fracas têm menos chance de se ajustar para sobreviver; portanto, para beneficiar a espécie, elas devem ser substituídas por membros mais fortes.

Alguns organismos simples com muitas células – chamados de *organismos multicelulares* – também produzem por meio da reprodução assexuada. As algas, que são organismos vegetais multicelulares e que vivem na água, passam por várias divisões celulares, eventualmente produzindo algumas células reprodutivas especializadas chamadas *zoósporos*. Cada zoósporo pode se desenvolver em um novo organismo.

Outros organismos multicelulares são formados a partir de pedaços de um organismo "mãe". Algumas plantas se reproduzem dessa maneira. Na reprodução vegetal, se você partir um pedaço de uma planta (o termo técnico é "fazer uma poda") e colocá-la na água, novas raízes e ramos podem crescer, criando uma planta totalmente nova a partir de um pedaço da planta mãe. Em essência, a nova planta é um clone da planta mãe: Ela possui as mesmas informações genéticas porque as células são idênticas.

As plantas do morango se reproduzem dessa maneira. Além de produzir caules, a planta do morango produz um *estolho* – casualmente chamado de rasteira – que se espalha pelo chão. Sempre que o estolho começa a colocar as raízes para baixo esse é o local onde cresce uma nova planta. A planta do morango é um exemplo da reprodução vegetativa porque o material da planta é responsável pela continuação da espécie e não uma estrutura reprodutiva especializada.

Reprodução Sexuada

As plantas têm sexo, acredite ou não. Essa pode não ser uma experiência que faz a terra tremer pois, elas não tem um sistema nervoso que permita a elas desfrutar de sensações, mas apesar disso se trata de uma reprodução sexuada. A reprodução sexuada se difere da reprodução assexuada pois o organismo possui tecidos especializados usados somente para fins reprodutivos.

A reprodução sexuada também tem a vantagem de dispersão para uma espécie. A *dispersão* se refere à capacidade de uma espécie produzir uma descendência numerosa e se espalhar por grandes distâncias.

Por exemplo, pense em como as partes frisadas e brancas das plantas dente-de-leão são sopradas com o vento. Cada um desses frisados brancos possui sementes presas neles. O vento dispersa as sementes para que os dentes-de-leão possam – infelizmente – se espalhar por todo o seu jardim, o jardim do seu vizinho, e assim por diante. Do contrário, o dente-de-leão seria limitada a um ponto cada vez maior em seu jardim, e seria muito mais fácil eliminá-la. A dispersão protege a espécie do dente de leão.

Outra vantagem importante da reprodução sexuada é a capacidade de misturar o material genético. Ao criar novos indivíduos, em vez de somente novos clones de um organismo mais velho, a espécie pode deixar escapar alguns efeitos prejudiciais de alguns genes mutantes porque há dois genes para cada característica. Se um gene de uma característica específica sofreu mutação, o outro gene da mesma característica pode sobrepor a mudança, caso ela seja negativa. Porém, se a mutação for benéfica, é possível permitir que ela permaneça e torne-se parte da composição genética da espécie a partir de então.

Com o tempo, conforme a espécie se desenvolve, os genes fracos eventualmente são reprimidos ou eliminados. Os mais fracos da espécie são menos bem sucedidos na reprodução, portanto os seus genes são eliminados do conjunto de genes. O *conjunto de genes* é toda a coleção de genes de uma espécie; ele fornece variação entre todas as possíveis características de uma espécie.

Ciclos de vida das plantas

Tanto nas plantas quanto nos animais, os gametas – células sexuais – devem ser produzidos para que a reprodução possa ocorrer. Nos animais, a produção dos gametas envolve dois passos: a mitose e a meiose (ver os Capítulos 11 e 13). Por enquanto, compreenda que a mitose produz novas células a partir da células da mãe, com o mesmo número de cromossomos (diploide), e a meiose produz duas vezes a quantidade de células com metade do número de cromossomos (haploide) Tudo isso para que as células haploides possam ser combinadas durante a reprodução sexual e produzir uma célula completa totalmente nova e com o número correto de cromossomos. Nas plantas, porém, a produção de gametas não envolve diretamente a meiose.

Nas plantas, a meiose em uma planta mãe resulta na produção de esporos. Os esporos se desenvolvem em organismos haploides; esse passo é uma diferença fundamental entre as plantas e os animais. Nos animais, não ocorre desenvolvimento até que duas células haploides se combinem para produzir um novo organismo. Enfim, os organismos da planta haploide crescem, tornando-se organismos haploides multicelulares que desenvolvem os tecidos especializados. Os tecidos especializados do organismo haploide produzem gametas. Os gametas se mesclam (esse é o sexo para a planta) e produzem zigotos que contêm o mesmo número de cromossomos que a planta mãe – quer dizer, uma planta diploide. Os zigotos se desenvolvem e crescem tornando-se plantas "adultas". Dentro da planta diploide, células especializadas criam esporos haploides, e o ciclo da vida começa novamente.

Plantas que florescem

A maioria das plantas na terra é da variedade com flores, chamada *angiospermas*. Além do florescimento das flores, as árvores, arbustos, vinhedos, frutas e verduras, também "florescem". Portanto, essa discussão sobre reprodução sexual das plantas foca somente nas plantas que florescem.

As flores (Figura 12-1) são os tecidos reprodutivos especializados de uma planta. Os esporos e os gametas estão protegidos dentro da flor.

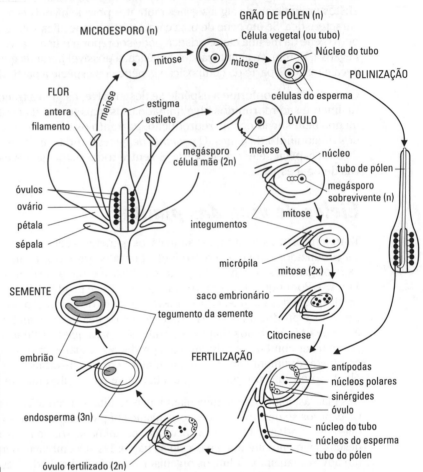

Figura 12-1: Partes de uma flor e a reprodução das angiospermas.

O talo de uma flor é um broto – uma extensão do talo – que possui folhas altamente especializadas. A flor é a parte geralmente colorida e bonita; sua função é proteger a área da planta onde acontece a reprodução. A ponta do ramo em volta das quais as folhas são formadas é chamada de *receptáculo*. A camada mais baixa na flor contém *sépalas*; essas normalmente são verdes. A camada mais alta contém *pétalas*; essas normalmente são coloridas e cheirosas. Nas plantas que dependem da difusão do pólen para reprodução, o objetivo das sépalas e das pétalas é atrair os insetos ou pássaros, que ajudam a polinizar as plantas.

Dentro das pétalas ficam os *estames* e os estames cercam os *pistilos*. Os estames e os pistilos são altamente especializados e modificados, o que significa que eles se desenvolvem das folhas, mas não parecem em nada com folhas e têm funções muito específicas. Um estame – a palavra estame é de-

Capítulo 12: Fazendo Mais Plantas **221**

rivada da palavra latina que significa cadeia ou fibra – é um filamento com uma *antera* em cima. A antera contém *sacos polínicos*, que criam micrósporos. Os micrósporos se desenvolvem então em grãos de *pólen*. Um pistilo é composto de um estigma, um estilete e um ovário. O pistilo é a parte da flor que contém óvulos. Dentro dos óvulos, são produzidos megásporos. Por fim, os megásporos se desenvolvem e se tornam gametófitos femininos.

As plantas que florescem contêm dois tipos de esporos: micrósporos e megásporos. Os micrósporos são criados na antera de um estame e se tornam grãos de pólen, equivalentes ao esperma masculino. Os grãos de pólen são gametófitos masculinos. Os megásporos são feitos nos pistilos e se tornam gametófitos femininos.

Você está se perguntando, o que é um gametófito? Bem, *gameto-* refere-se a uma célula sexual, e *–fito* significa planta. Portanto, um gametófito é a célula sexual haploide em uma planta.

Na parte inferior de um pistilo fica o ovário, que pode conter somente um ou vários óvulos. O número de óvulos depende da espécie da planta. A parte interna do óvulo é onde o megásporo primário é produzido. O primeiro megásporo – chamado de célula megáspora mãe – produz quatro megásporos com metade do número de cromossomos. Somente um desses quatro megásporos se torna um gametófito feminino. O restante murcha. Esse aspecto da reprodução sexual da planta é muito semelhante à reprodução sexual humana: Das quatro células haploides produzidas no ovário de uma mulher, somente uma se torna um óvulo e as outras três morrem.

O gametófito feminino, que também é chamado de *megagametófito*, se desenvolve dentro do óvulo. A célula passa pelas três divisões, produzindo por fim oito núcleos. Três núcleos vão para uma extremidade da célula, três vão para a outra extremidade – e dois núcleos – os núcleos polares – ficam no meio da célula. Paredes celulares são formadas em volta de cada um dos núcleos nas extremidades das células. Ambos os núcleos polares permanecem no centro, com uma parede celular sendo formada a sua volta. Portanto agora, sete novas células estão se formando: seis devivadas dos núcleos nas extremidades do gametófito e uma contendo os dois núcleos polares (ver a Figura 12-1). Nesse estágio, o gametófito, que contém sete células em formação, é chamado de saco embrionário. O saco embrionário é um gametófito completamente desenvolvido contendo sete células haploides parcialmente desenvolvidas.

Nos gametófitos masculinos, a antera na parte superior do estame contém *sacos polínicos* onde os micrósporos são produzidos. As células mãe do micrósporo passam pela meiose, produzindo quatro micrósporos. Cada micrósporo se desenvolve em um grão de pólen. Dentro de um grão de pólen, ocorre a mitose, e dois núcleos são produzidos. Um núcleo é o *núcleo do tubo* e o outro é o *núcleo generativo*. Nessa altura, os grãos de pólen podem ser liberados no ar. Eles continuam a se desenvolver somente se cairem no ponto certo do pistilo para que ocorra a polinização. Se um grão de pólen for tão sortudo e cair no local certo – e você pensou que o encontro era difícil! – seu desenvolvimento continua conforme ele germina.

Polinização e fertilização

Conforme um grão de pólen se movimenta pelo ar e eventualmente cai, ele deve ter a sorte de cair bem em cima do estigma. O estigma é a parte ligeiramente pontuda do pistilo em uma flor (ver a Figura 12-1). Os lírios possuem grandes estames e pistilos. Se o grão de pólen ficar preso no estigma, ele começa a crescer em um tubo de pólen, que cresce para baixo até o estilete e depois até o ovário. Esse processo é o ato da reprodução sexual de uma planta. Eba! Você está feliz por ser um animal!

Um grão de pólen contém dois núcleos: o núcleo do tubo e o núcleo generativo. Conforme o tubo de pólen cresce até o estilete, os dois núcleos entram no tubo de pólen. O núcleo do tubo fica próximo da ponta do tubo de pólen; o núcleo generativo passa pela mitose para formar dois núcleos de esperma. Cada núcleo do esperma contém a metade do número de cromossomos da célula mãe. Os núcleos do esperma entram no óvulo e vão para o saco embrionário, assim como o esperma humano entra no útero e se direciona para o óvulo.

Dos dois núcleos de esperma que entram no óvulo, um se conecta com a célula do saco embrionário feminino que se tornou a célula do óvulo. Essa fusão da célula do esperma-óvulo se torna um zigoto. O outro esperma se une com os núcleos polares do saco embrionário, e essa união forma o *núcleo endospermático*.

Desenvolvendo o zigoto em um embrião

Depois que uma esperma e um óvulo se fundem, uma divisão celular produz duas células: uma grande e uma pequena. Várias outras divisões celulares ocorrem depois disso, produzindo uma linha de células chamada *suspensora*. Conforme ocorre mais dessas divisões celulares, um embrião se forma (ver a Figura 12-1). O embrião continua a se formar enquanto a semente está desenvolvendo.

O embrião é formado de uma maneira que fica adequadamente orientado no espaço. Quer dizer, as partes inferiores do embrião crescem para baixo para se tornar raízes, e as partes superiores do embrião crescem para cima e se tornam ramos.

O embrião contém o *hipocótilo*, que é a parte do caule do embrião situado entre o cotilédone e a raiz. O hipocótilo se torna a parte mais baixa do caule e das raízes. A outra ponta do embrião é onde os cotilédones – primeiras folhas das plantas com sementes – se desenvolvem. Os cotilédones são estruturas temporárias; elas servem como locais de armazenamento de nutrientes para o desenvolvimento da planta. Depois que a planta está crescendo acima do chão e começa a produzir nutrientes sozinha através da fotossíntese, os cotilédones retrocedem. As plantas dicotilédones possuem dois cotilédones e os monocotilédones somente um, para auxiliar no início do desenvolvimento.

Produção da semente

O saco embrionário que é formado através das divisões celulares no gametófito feminino contém uma célula grande no meio com dois núcleos polares. Essa célula está envolvida na produção do *endosperma*. O endosperma fornece material e nutrientes para o desenvolvimento do embrião dentro dele. O endosperma também contém tecidos do óvulo que endurecem para se tornar o *tegumento da semente*. Em alguns tipos de plantas, o que fica no ovário se forma em volta da semente como fruta.

Nessa altura do desenvolvimento, as sementes normalmente secam, e o seu conteúdo de água fica muito baixo. O nível de água muito baixo mantém o seu metabolismo em um nível mínimo. Portanto, as sementes que você compra em um pacotinho estão muito vivas, mas estão em um estado semelhante àquele de um urso que está hibernando. Às vezes, as sementes caem a um nível metabólico tão baixo que elas precisam de estímulo, como temperatura fria, para começar a germinar.

A germinação começa quando as sementes secas consomem água e crescem. É claro, as sementes não podem ficar somente na água; elas precisam estar em um solo bom também. Quando a semente cresce, o metabolismo acelera e ocorre o crescimento. O broto cresce a partir da semente e se desenvolve em uma planta diploide (conjunto completo de cromossomos).

Capítulo 13

Fazendo Mais Animais

Neste Capítulo

▶ Diferenciando a reprodução assexuada e sexuada nos animais

▶ Compreendendo como os gametas são feitos

▶ Entendendo como uma massa de células se transforma em um recém-nascido

▶ Vendo como os pássaros e as abelhas fazem

*E*ste capítulo é onde você lê tudo sobre sexo. Você não está animado? Não fique animado demais. Este capítulo não contém fotos ou erotismo. Ele trata somente dos princípios básicos de como os animais se reproduzem. Você descobre o que acontece dentro do corpo ao se preparar para a reprodução, como diferentes tipos de animais, sim, incluindo os humanos – na verdade copulam e como a descendência se desenvolve antes do nascimento.

Reprodução Assexuada: Esse Processo é para Você

Se você fosse um organismo que reproduzisse por meio da reprodução assexuada, você seria um clone do seu "pai," que foi um clone do "pai" dele e seus "filhos" seriam clones seus. Os organismos assexuados são essencialmente versões mais recentes, mais novas do organismo original. Os organismos assexuados na verdade não morrem, eles simplesmente se transformam em novas versões deles mesmos e continuam. A única maneira de um organismo assexuado mudar é para que ele seja afetado por algo que cause mutação. Uma *mutação* é uma alteração em um gene ou genes que alteram a(s) proteína(s) que é por ele produzida. Com uma proteína diferente sendo criada, uma característica do organismo muda. Se a mutação "ocorre", então o organismo produz descendência diferente de si mesmo. Do contrário, viver, envelhecer e se dividir – viver, envelhecer e se dividir- viver, envelhecer e se dividir. Você entendeu. Não é tão emocionante.

Para que os organismos se adaptem aos seus ambientes, eles devem ser capazes de mudar. A melhor maneira dos organismos se reproduzirem e originarem uma composição genética diferente é misturando material genético. "Misturar" requer outro organismo. A variedade é o tempero da vida, como "eles" dizem. Ela ajuda a proteger contra mutações prejudiciais. Os organismos com os genes mais fortes sobrevivem e se reproduzem. Os organismos que mantêm mutações prejudiciais para as espécies têm uma composição genética mais fraca e se reproduzem com mais dificuldade. Manter genes ruins fora do conjunto de genes é benéfico para as espécies e para os que dependem delas, isso ajuda na evolução das espécies.

Reprodução Sexuada – Suas Características

Enquanto a reprodução assexuada envolve o organismo inteiro (um organismo inteiro se divide em outros organismos), a reprodução sexuada começa em um nível celular, envolve dois progenitores e novos organismos se desenvolvem e crescem com o tempo.

Nos animais, a reprodução sexuada começa com um óvulo e um espermatozoide, cada um é uma célula única. A copulação combina as duas células únicas para produzir um organismo inteiramente novo. O novo organismo que se desenvolve, também, contém óvulos ou espermas. Portanto, o novo organismo pode continuar o ciclo da vida e contribuir com seu material genético para outra geração.

Conhecendo os gametas

Os *gametas* são as células sexuais. Um espermatozoide é um gameta, e um óvulo é um gameta. Cada óvulo, cada espermatozoide contém metade do número de cromossomos que normalmente encontra-se em todos os organismos. Depois, quando os gametas se unem, o organismo possui todos os cromossomos que ele precisa.

A *gametogênese* é o processo pelo qual os gametas são formados. O processo resulta nas células haploides – tanto óvulos quanto espermas. *Haploide* se refere à célula que tem a metade do número de cromossomos e é representada como "N". *Diploide* é o termo para ter uma contagem de cromossomo completa; é escrito como 2N. Por exemplo, o número normal de cromossomos em cada célula humana é 46. Portanto, 46 é o número dipoide, ou 2N. Isso significa que cada óvulo humano e cada espermatozoide humano contêm metade de 46, ou 23 cromossomos (N = 23).

O processo da gametogênese é controlado pelos hormônios, aquelas substâncias que contêm proteínas que começam, param e alteram muitos processos metabólicos. Para explicar a gametogênese para você, eu usarei os humanos como o organismo foco. Mas, o processo de produção de es-

Capítulo 13: Fazendo Mais Animais **227**

permatozoide e óvulos é muito semelhante em todos os animais que têm reprodução sexual. As diferenças se encontram na maneira que os animais copulam e transferem seus gametas.

Espermatogênese: Produzindo as pequenas células masculinas

O espermatozoide são os gametas masculinos. A espermatogênese é o processo que resulta na produção das células haplóides do espermatozoide. Iniciando na puberdade, os homens começam a produzir milhões de espermatozoides todos os dias. O espermatozoide sobrevive dentro do homem por um período curto, por isso é que eles precisam ser produzidos continuamente. O processo pelo qual isso acontece é destacado aqui:

Espermatogônias são células que contêm 46 cromossomos. Eles são o ponto inicial para a espermatogênese, que ocorre nos *tubos seminíferos*. Os espermatogônios alinham-se nas paredes dos tubos seminíferos e passam pela mitose. A mitose é o estágio da divisão celular que replica uma célula diploide. Portanto, cada espermatogônio produz uma célula chamada espermatócito primário, que também contém 46 cromossomos.

O espermatócito primário passa pela meiose. Um espermatócito primário produz dois *espermatócitos secundários*, que contêm 23 cromossomos.

Os espermatócitos secundários passam pela meiose uma segunda vez – chamado de segunda divisão meiótica – e produzem quatro *espermatídeos*, cada um dos quais também contém 23 cromossomos.

Cada espermatídeo se desenvolve em um *spermatozoa*, que é somente o nome científico para o que você conhece como um esperma. Para tornar um espermatozoide totalmente desenvolvido, o espermatídeo passa pelo processo de maturação ao ponto de ter uma cauda, a parte mediana e uma cabeça. A *cauda* é um flagelo que move o esperma através dos líquidos do corpo – permite que o esperma nade. A parte mediana contém muitas mitocôndrias, que fornecem a energia para a cauda do esperma se mover, e a cabeça contém os 23 cromossomos dentro de seu núcleo.

O, O: Oogênese

Não, a *oogênese* não é pronunciada da maneira que parece – não é "oh, oh" gênese. É o-o-gênese, e é o processo biológico que os óvulos são formados nas mulheres. Uma mulher nasce com todos os óvulos que ela terá. Desde o nascimento até a puberdade, os óvulos ficam inativos nos ovários. Os hormônios produzidos durante a puberdade enviam os óvulos para o ciclo menstrual, o que continua mensalmente desde a puberdade até que a mulher comece a menopausa.

Quando a mulher é um feto em desenvolvimento, a oogênese já começa nos ovários. Um *oogônio* é a célula inicial, que contém todos os 46 cromossomos humanos. Ele cresce em tamanho, eventualmente amadurecendo em um *oócito primário*. O oócito primário começa passando pela meiose, mas o processo é interrompido até que a mulher entre na puberdade. Quando os hormônios do desenvolvimento sexual começam a fluir nos ovários, o ciclo menstrual começa.

Na metade do ciclo menstrual, a *ovulação* – a liberação de um óvulo para fora do ovário – acontece. Para preparar para liberação e possível fertilização, o oócito primário continua através da meiose. A primeira divisão meiótica produz uma célula filha (oócito secundário), que recebe a maior parte do citoplasma (portanto ela é grande), e o primeiro corpo polar, que possui citoplasma mínimo (portanto é pequeno). Tanto a célula filha quanto o corpo polar contêm 23 cromossomos. A segunda divisão meiótica resulta na célula filha produzindo o óvulo e um segundo corpo polar, enquanto o primeiro polar produz mais dois corpos polares.

Portanto, além de um oogônio original, somente um óvulo funcional é produzido; os três corpos polares que também são produzidos simplesmente desaparecem. Pense nisso: Nas mulheres, a divisão meiótica que é pausada no oócito permanece assim por 40 anos ou mais! Antes que uma mulher nasça até que a ovulação termine durante a menopausa, os oócitos ficam suspensos esperando se desenvolver em um óvulo e ser fertilizado. Dos milhares de oócitos com que uma mulher nasce, somente cerca de 500 se desenvolvem em óvulos durante o tempo de vida.

A célula filha e o óvulo são grandes, e os corpos polares são pequenos, por uma razão muito específica. Não é que a Mãe Natureza está sendo injusta ao dividir o citoplasma. A divisão da célula – chamada citocinese – é desigual, por isso o óvulo acaba ficando cheio de citoplasma. Os corpos polares servem basicamente como receptáculos para o material genético que está sendo descartado. Vinte e três cromossomos ficam no óvulo, mas os outros 23 cromossomos têm que acabar em algum lugar. O óvulo fica com a maior parte do citoplasma para que possa manter muitos de seus nutrientes, assim como as organelas para ativar os nutrientes em combustível, para um embrião em desenvolvimento.

Rituais de copulação e outros preparativos para o grande evento

Esta seção não é sobre qual perfume usar em um encontro, como seduzir um parceiro ou que tipo de controle de natalidade escolher. Essas são todas convenções humanas. A copulação dos humanos pode ocorrer sempre que um homem e uma mulher estão com vontade de fazê-la. Porém, a maioria dos animais segue ciclos reprodutivos mais rígidos.

Suponha que você fosse uma ostra fêmea no oceano. Toda estação, você liberaria 60 milhões de ovos na água – sim, você leu certo – 60.000.000. O seu processo de copulação é realmente deixado à lei da probabilidade. Se um dos seus ovos se encontra com um espermatozoide de ostra, então a fertilização ocorreria. Em primeiro lugar, deixar a continuação da espécie da ostra com a probabilidade é uma razão para as ostras liberarem esse número enorme de ovos. Obviamente, a maioria dos ovos nunca se encontra com o Sr. Certo, ou o oceano estaria transbordando de ostras (e as pérolas não seriam tão caras!).

E se você liberar todos os ovos porque deu vontade, mas as ostras macho da área não estiverem com vontade e não liberarem esperma? Você ficaria sozinho em sua concha sem qualquer coisa para mostrar para ele. É por isso que os ciclos reprodutivos e os períodos de copulação específicos existem para os animais. Os animais da mesma espécie precisam estar em sincronia para ter uma reprodução bem sucedida.

A maioria das espécies copula quando é a hora certa – quer dizer, quando as condições estão ideais. Porém, as condições ideais variam em espécies diferentes. Geralmente o período da copulação ocorre de maneira que o nascimento dos descendentes ocorrerá no período do ano em que há a melhor chance de sobrevivência. Por exemplo, nos veados, o *período da gestação* – o período de desenvolvimento do feto dentro de um mamífero fêmea – é de aproximadamente cinco ou seis meses. O melhor período para um filhote de veado nascer é na primavera. Nesse período há abundância de alimento, as temperaturas estão um pouco mais elevadas, as folhas estão nas árvores e os arbustos fornecem cobertura para os animais, e proporciona ao pequeno veado o período mais longo de sua vida para se desenvolver antes que as condições fiquem mais difíceis no próximo inverno. Portanto, voltando seis meses da primavera, o período mais propício para a copulação dos veados é em Março ou Abril. E é exatamente quando você pode ver a competição entre machos acontecer. O veado mais forte – supostamente com os genes mais fortes – consegue copular e passa o seu material genético para continuar a espécie. A natureza é muito legal.

Se você é um organismo aquático (vive na água) que vive no deserto, você tem que trabalhar rapidamente. Esses animais se reproduzem quando a escassa chuva do deserto produz um lago temporário. Durante a estação seca, os animais estão em *diapausa*, que é um estado inativo. Na diapausa, o metabolismo do animal é muito baixo e o calor extremo e o tempo seco não o afetam, o que permite que ele sobreviva a períodos de seca e ondas de calor. Quando a chuva vem, os animais ficam imediatamente ativos, procriam rapidamente e têm descendentes que se desenvolvem antes que o lago fique seco. Depois, a nova geração tem que ficar no deserto em diapausa esperando que a próxima nuvem negra apareça no céu.

Ciclos humanos reprodutivos

Os humanos podem se reproduzir durante o ano inteiro, mas os ciclos ainda estão envolvidos. Os homens podem descarregar espermatozoides capazes de fertilizar um óvulo em qualquer dia. Porém, as mulheres são capazes de ter o seu óvulo fertilizado somente alguns dias do mês. A reprodução é controlada pelo ciclo mensal ovariano e pelo ciclo menstrual, ambos ocorrem juntos e são controlados por hormônios.

O ciclo ovariano controla o desenvolvimento do óvulo no ovário. Um oócito precisa completar a meiose e amadurecer para virar um óvulo antes que possa ser liberado pelo ovário. Acredite ou não, o cérebro passa por esse processo. Bem dentro do cérebro há duas glândulas muito pequenas que realmente controlam a maioria dos processos importantes do corpo: o hipotálamo e a glândula pituitária.

O *hipotálamo* verifica a quantidade dos hormônios estrogênio e progesterona que estão circulando na corrente sanguínea. Quando os níveis caem, o hipotálamo secreta um hormônio chamado *hormônio liberador de gonadotrofina (GnRH)*, que, como você provavelmente deve achar, prepara as gônadas (nas mulheres, os ovários) para entrar em ação.

Quando o hipotálamo secreta o GnRH, ele vai direto para a *glândula pituitária*, e estimula parte da glândula pituitária para secretar o *hormônio folículo estimulante (FSH)* e *hormônio luteinizante (LH)*. O oócito que é interrompido na meiose também é chamado de *folículo*. O FSH é o hormônio que inicia a meiose novamente e continua o desenvolvimento do folículo para que ele possa liberar um óvulo. O FSH também faz com que o folículo libere o estrogênio.

Conforme o nível de estrogênio aumenta na corrente sanguínea, o hipotálamo consegue detectar isso. O hipotálamo libera então mais GnRH, que faz com que o LH seja liberado no meio do ciclo ovariano. O LH estimula a liberação do óvulo do folículo no ovário – ovulação.

Quando ocorre a ovulação, o óvulo secreta os hormônios estrogênio e progesterona. Esses hormônios preparam o corpo para a gravidez. Uma vez que a ovulação ocorre, o óvulo tem grande chance de fertilização. Portanto, o corpo se prepara para uma possível gravidez reforçando o revestimento do útero. O estrogênio e a progesterona são responsáveis por garantir que o útero fique pronto para a possível implantação de um óvulo fertilizado. Os tecidos que revestem o útero desenvolvem vasos sanguíneos mais grossos, o que traz mais nutrientes para o útero.

Quando o útero está pronto para a implantação, os níveis de estrogênio e progesterona atingiram um determinado nível na corrente sanguínea. Se o óvulo foi fertilizado e é implantado no revestimento do útero, um *embrião* começa o seu desenvolvimento. Após a implantação, o embrião começa imediatamente a secretar o hormônio *gonadotropina coriônica humana (hCG)*, que é o hormônio detectado pelos testes de gravidez. A presença do hCG garante que a produção de estrogênio e progesterona continue para que o revestimento do útero permaneça nutrido por vasos sanguíneos maiores. Quando a *placenta* – um anexo embrionário cheio de sangue e rico em nutrientes – é formada, o embrião recebe seus nutrientes e o fornecimento de sangue através do *cordão umbilical* conectando o embrião à placenta, que é conectada ao fornecimento de sangue da mãe. Portanto, a produção de hCG pelo embrião cai quando a placenta está ativa e funcionando.

Se o embrião não produzisse uma quantidade suficiente de hCG, a gravidez não continuaria, e o embrião seria abortado (um aborto espontâneo é outro termo para abortamento). Portanto, muitos mais óvulos são fertilizados do que você possa imaginar. Nem todo óvulo fertilizado resulta em um feto. Se os níveis de hormônio não estiverem certos desde o início, um óvulo fertilizado pode nunca se implantar ou pode se implantar, mas não secretar hormônios suficientes para manter a gravidez. Muitas vezes um período menstrual com sangramento muito mais intenso que o habitual e que começou alguns dias atrasado é realmente o aborto de um óvulo fertilizado que não deu certo.

Ficando tempo demais

Quando o folículo se desenvolve e libera um óvulo, o folículo vazio é chamado de *corpus luteum*, que é a palavra Latina para "corpo amarelo". Se o óvulo é fertilizado e se implanta no útero, o corpo lúteo fica por perto para ajudar nos estados iniciais da gravidez. Ele secreta progesterona por algumas semanas até que a placenta esteja totalmente desenvolvida e possa secretar progesterona sozinho. A progesterona ajuda a manter o revestimento do útero cheio de sangue e nutrientes para o embrião em desenvolvimento. Às vezes, o corpo lúteo fica por perto por alguns meses.

Normalmente, ele se contrai e desaparece em algum momento durante a gravidez. Porém, cerca de 10 por cento do tempo, o corpo lúteo fica fora do ovário por mais tempo do que deveria. Às vezes, ele fica mesmo que a mulher não esteja grávida. Depois, o corpo lúteo pode virar um cisto, chamado de *cisto de corpo lúteo*. Normalmente, esse cisto no ovário não é um problema, a menos que ele comece a crescer, se enrolar ou se romper. Aí sim, ele seria removido cirurgicamente. Depois do primeiro trimestre de gravidez, a cirurgia raramente ameaça o feto em desenvolvimento.

Se não ocorre fertilização, o hipotálamo pode detectar quando os níveis de estrogênio e progesterona alcançaram o ponto em que o revestimento do útero está pronto para implantação. Mas, se não há óvulo fertilizado, não há implantação pendente. Portanto, o hipotálamo faz com que a glândula pituitária pare de produzir FSH e LH. A falta de FSH e LH para a produção de estrogênio e progesterona, que faz com que o revestimento do útero – o *endométrio* – pare de receber toda essa nutrição extra. O endométrio começa então a desintegrar e a se soltar e depois é levado para fora do corpo pelo fluxo menstrual.

O primeiro dia do fluxo menstrual é o primeiro dia do *ciclo menstrual*, que às vezes, também é chamado de *ciclo uterino*. O ciclo menstrual consiste da descamação do endométrio se não houver embrião implantado (o período menstrual), e o espessamento do endométrio para preparar para uma possível implantação, que ocorre simultaneamente com o ciclo ovariano. As tarefas do ciclo ovariano incluem o desenvolvimento do folículo; a secreção dos hormônios, culminando com a liberação do estrogênio; ovulação; e a secreção do estrogênio e da progesterona a partir do óvulo. As maiores flutuações nos níveis de hormônio ocorrem no final do ciclo ovariano e *antes* que o ciclo menstrual comece, por isso, o nome *síndrome da tensão pré-menstrual* (TPM). E, tenho certeza que em algum momento você viu alguém com os sintomas da síndrome.

Encontrando um parceiro

Os pássaros e as abelhas podem se reproduzir por meio da reprodução sexual, mas eles não se apaixonam. Eles não sofrem se outras abelhas não as amam e se não ficarão juntas. Eles não se preocupam se seus parceiros serão fiéis. As abelhas "fazem isso" somente com a finalidade de criar mais abelhas. Elas não planejam toda uma vida juntas. Todas essas emoções e sentimentos, embora criados no cérebro, não fazem parte do sistema reprodutivo. Amor é assunto para um livro completamente diferente – veja *Dating For Dummies* do Dr. Joy Brown depois *Making Marriage Work For Dummies* de Steven Simring, M.D., M.P.H., Sue Klavans Simring, D.S.W com Gene Busnar (ambos publicados peça Hungry Minds, Inc.).

Esta seção deste livro trata unicamente do aspecto físico da reprodução. Embora o amor possa não ser um requisito para a fertilização de um óvulo, a atração está envolvida. E eu não estou falando somente de seres humanos aqui. Muitos animais exibem certos comportamentos ou têm certas características que os ajudam a atrair um parceiro.

Os rituais de copulação de várias espécies de pássaros têm sido bem estudados. As pombas são usadas como símbolos do casamento por um motivo: Elas formam pares para a vida toda. Elas são comprometidas, amantes, criaturas fiéis e possuem um ritual. O ciclo reprodutivo dos pombos dura cerca de 45 dias. Primeiro, o pombo se mostra abaixando e arrulhando, tentando conquistar a fêmea. Mas antes que eles copulem, eles criam uma casa (parece familiar?). Os pombos trabalham juntos para escolher um local para o seu ninho (não há um corretor imobiliário) e eles trabalham juntos para criar o ninho. Durante o período de tempo em que eles estão criando o ninho, eles dão uma pausa e fazem, bem, sexo. A forma técnica de dizer isso é que eles *copulam*. Alguns dias depois, a fêmea põe dois ovos no novo ninho e quando os filhotes saem do ovo, os pais os alimentam. Quando os filhotes estão grandes o bastante para começar a se alimentar – cerca de duas a três semanas – os adultos começam o ciclo reprodutivo novamente e começam a cortejar (que romântico!).

No entanto, é interessante que se uma pomba é colocada em uma gaiola sozinha e receber galhos e palha para fazer um ninho, ela não o fará. Se tanto o pombo quanto a pomba são colocados em uma gaiola, mas não recebem material para criar um ninho, eles não copularão. Os hormônios são responsáveis por deixá-los juntos. Os hormônios fazem com que o pombo inicie o seu comportamento de cortejo e esse comportamento na verdade faz com que o nível de estrogênio aumente na fêmea. Enquanto o seu nível de estrogênio está aumentando, eles constroem o ninho. Depois, quando o ninho está pronto – e somente quando o ninho está pronto – ela ovula.

Em muitos outros animais, as *características sexuais secundárias* são o que atrai os casais. As *características sexuais primárias* são as óbvias: os órgãos masculinos reprodutivos e os órgãos reprodutivos femininos. As características sexuais secundárias se desenvolvem conforme o animal fica maduro. Por exemplo, nos humanos, as características sexuais secundárias incluem o crescimento e a distribuição dos pelos (barbas nos homens), agravamento da voz (nos homens), aumento da massa muscular (homens), aumento na quantidade e distribuição de gordura (nas mulheres), e desenvolvimento dos seios (nas mulheres). Nos veados crescem chifres, nos leões nascem jubas e nos pavões um leque de penas bonitas se desenvolve na cauda.

Percebeu como os machos desenvolvem as características para atrair as fêmeas? As fêmeas tendem a fazer sua escolha com quem copular; os machos competem para serem aqueles que passarão sua informação genética. Por exemplo, quanto mais vermelho um macho é, mais provável que a fêmea principal copule com ele. As características sexuais secundárias de alta qualidade tendem a indicar bons genes, que atraem as fêmeas. Mas lembre-se que essa regra nem sempre é aplicada aos humanos! As mulheres não selecionam um parceiro com base no tamanho da barba ou da entonação de uma voz. Pense como seria muito mais fácil em um bar de solteiros se o par genético que combina melhor com você pudesse ser detectado por uma pista visual como a cauda bem colorida do pavão!

O ato da copulação: O grande evento

Certo. Você está esperando para ler esta parte. Não leia rápido demais agora!

A maneira que os organismos se reproduzem depende do organismo, é claro. As flores passam pela reprodução sexual, mas é muito específico baseado nas estruturas de uma flor como o estame e o pistilo (O Capítulo 12, "Fazendo Mais Plantas," dá mais detalhes). Mas, tenha em mente que o objetivo da reprodução é criar uma nova geração que contém as informações genéticas das gerações anteriores, membros de espécies diferentes não podem se reproduzir. Os membros da mesma espécie têm características comuns dentro do mesmo nível taxonômico (veja o Apêndice A). Portanto, embora os humanos e os chimpanzés sejam muito relacionados (veja o Capítulo 17) e sejam do mesmo tipo de reino, tipo, classe e subclasse, os nomes dos gêneros e das espécies são diferentes devido às características diferenciadoras. Os humanos estão na mesma subclasse dos antílopes também, mas são muito diferentes.

Espécies diferentes contêm números diferentes de cromossomos e esses cromossomos contêm genes diferenciadores. Por exemplo, os humanos carregam 46 cromossomos em cada célula, enquanto os chimpanzés têm 48. As divisões da célula não seriam iguais, e uma descendência teórica (Nem falarei sobre isso) provavelmente não seria viável (o que significa ser capaz de viver e sobreviver). Na verdade, os ovos são cercados por uma camada de proteínas em cima da membrana do plasma que contém moléculas receptoras somente para os espermatozoides da mesma espécie. Nos óvulos humanos, a zona que evita a fertilização por uma espécie diferente é chamada de *zona pelúcida*. Somente o espermatozoide humano pode quebrar o código para entrar no óvulo.

Portanto, eu falarei sobre como os bebês são feitos nos humanos. Se você nunca teve essa palestra antes, a seção sobre relação sexual poupará os seus pais. Ou talvez você saiba o que acontece externamente, mas não tem tanta certeza do que na verdade está acontecendo dentro do seu corpo. Eu vou explicar para você.

Coito

Os órgãos reprodutores masculinos incluem o pênis, os testículos e os tubos seminíferos onde os espermatozoides são produzidos. Os órgãos reprodutores femininos incluem a vagina, o útero, os ovários e as trompas de falópio.

Quando um homem está excitado sexualmente, o pênis fica ereto quando o tecido erétil dentro do pênis se enche de sangue. A *ereção* permite que o pênis fique enrijecido para que ele possa permanecer dentro da vagina da mulher durante o coito. Quando a mulher fica excitada, o tecido erétil dentro da vagina se enche de sangue e a pressão aumentada libera um líquido que é espalhado pelo tecido. Essa *lubrificação* prepara a vagina para o coito para que o pênis ereto possa ser facilmente inserido.

Durante o coito, nos homens, o espermatozoide passa dos *epidídimos* (ducto no escroto que armazenam espermatozoide) para o canal deferente. Os *canais deferentes* carregam os espermatozoides do escroto para a uretra para que eles possam ser ejaculados. Os canais deferentes também são os ductos que são ligados e inativados durante a *vasectomia*.

Nas mulheres, o *clitóris* – que é equivalente ao pênis – é o órgão sexualmente sensível. O clitóris possui tecido erétil e a ponta de uma glândula, assim como o pênis possui. O *colo do útero*, que é a ponta inferior do útero, se estende até a vagina. O espermatozoide deve viajar através do colo do útero para entrar no útero.

Quando o pênis está totalmente dentro da vagina, a ponta do pênis fica o mais perto possível do colo do útero. As ações que ocorrem durante o coito servem para trazer o homem e a mulher ao clímax da estimulação, que é seguido pelo orgasmo.

Orgasmo

Não deixe que isso faça você ficar envergonhado, mas o orgasmo atende a uma finalidade psicológica. Conforme o estímulo sexual de um homem se intensifica, o espermatozoide se move dos canais deferentes para a uretra, e as secreções das três glândulas – as vesículas seminais, a glândula da próstata e a glândula bulboretral – todas adicionam seus líquidos para criar sêmen (líquido seminal). Mesmo o sêmen possui um objetivo. O líquido contém os seguintes "substâncias" que ajudam a promover a fertilização: o açúcar *frutose*, que dá energia para que o espermatozoide nade para cima; as *prostaglandinas*, que provocam contrações do útero que ajudam a impulsionar o espermatozoide para cima; e um pH de 7.5, que fornece a solução básica em que o espermatozoide pode viver e ajudar a neutralizar as condições ácidas da vagina, que do contrário matariam o espermatozoide.

Quando ocorre o orgasmo no homem, um músculo esfíncter fecha a bexiga para que a urina não saia na uretra. O fechamento permite que a uretra seja usada unicamente para ejaculação nesse momento. (Nos homens, a uretra é compartilhada tanto pelo trato urinário quanto pelo trato repro-

Capítulo 13: Fazendo Mais Animais **235**

dutivo; nas mulheres, a uretra é uma parte única do trato urinário). O orgasmo ocorre no pico da estimulação sexual. O *orgasmo* é sinalizado pelas contrações musculares e uma sensação prazerosa de liberação. A contração muscular permite ao pênis expelir o sêmem, o que é chamado de ejaculação. A quantidade média de sêmem expelido durante uma ejaculação é menor que uma colher de chá, mas contém mais de 400 milhões de espermatozóides.

Nas mulheres, o ápice da estimulação sexual causa intensa contração muscular e a sensação prazeirosa de liberação. O líquido liberado dentro da vagina ajuda a criar um ambiente aquoso em que o espermatozóide pode nadar. As contrações musculares do útero abrem um pouco o colo do útero, que permitem que os espermatozoides entrem no útero e também ajudam a "empurrar" o espermatozoide para cima em direção as Trompas de Falópio. A fertilização não ocorre no útero. Os espermatozoides têm um pouco de natação a fazer antes que encontrem o óvulo.

Os espermatozoides têm que percorrer do lugar em que foram depositados na vagina durante a ejaculação através do colo do útero, por todo o útero e até as Trompas de Falópio para chegar ao óvulo. A fertilização – junção do espermatozoide e do óvulo – na verdade ocorre nas Trompas de Falópio. Um óvulo humano não vive mais do que 24 horas após a ovulação e o espermatozoide humano não vive mais do que 72 horas, por isso o coito que ocorre no período de três dias antes da ovulação ou no dia após a ovulação é a única chance de fertilização durante um determinado mês.

Se o espermatozoide encontrar o seu caminho até o óvulo, ele deve penetrar o óvulo para abastecê-lo com os seus 23 cromossomos. Porém, os óvulos humanos têm várias camadas de células e uma membrana grossa que o cerca (as mulheres simplesmente não facilitam!). Para passar por tudo isso, o espermatozoide produz enzimas em uma estrutura próxima de seu núcleo chamada acrossomo. Essas enzimas acrossômicas digerem as camadas protetoras do óvulo; o espermatozóide basicamente "destrói" o seu caminho até o óvulo. O óvulo, uma vez ativado pelo esperma, também o ajuda a entrar passando por mudanças físicas e bioquímicas. Uma vez dentro dele, o espermatozoide se une com o óvulo, criando uma célula que contém 46 cromossomos.

Com todo o tempo envolvido e todas as etapas que têm que ocorrer para a fertilização acontecer, é surpreendente que as espécies humanas tenham continuado e que bebês nasçam todos os dias.

Como os Outros Animais Fazem

Os humanos obviamente não são os únicos animais que copulam e têm a reprodução sexual. Se fosse esse o caso, os humanos estariam sozinhos no planeta com as plantas e os animais que se reproduzem por meio da reprodução assexuada. Veja uma análise sobre os pássaros e as abelhas. A Tabela 13-1 destaca como alguns dos outros animais copulam.

Parte IV: Vamos Falar Sobre Sexo e Bebês

Tabela 13-1	Estilos de Copulação de Alguns Animais
Animal	*Ações da copulação*
Ouriço-do-mar	Machos e fêmeas têm exatamente a mesma aparência do lado externo; ambos têm um anel de poros genitais no centro de seus corpos. Os machos descarregam espermatozoide que parece com o espermatozoide humano, através de seus poros na água; as fêmeas descarregam óvulos através de seus poros na água. A fertilização é deixada a sorte, mas é auxiliada pelo fato de que os ouriços-do-mar vivem em contato próximo. Os óvulos possuem uma cobertura pegajosa em que o espermatozoide se adere. A ejaculação por qualquer um dos ouriços-do-mar sinaliza para que os outros ejaculem também. Todos eles estão completamente formados e prontos para sair. Isso ajuda a aumentar as chances de fertilização.
Planárias	Essas minhocas chatas de água doce podem se reproduzir ao contrair os seus corpos e literalmente se dividir em duas. As metades que faltam então crescem. Elas podem se reproduzir sexualmente também. Todas as minhocas são machos e fêmeas (chamadas hermafroditas), portanto cada um tem órgãos reprodutivos masculinos e femininos. O espermatozoide é trocado entre duas minhocas, portanto cada minhoca usa os seus órgãos masculinos para secretar esperma; depois ambos usam seus órgãos femininos para criar zigotos. Os zigotos se desenvolvem em pequenas minhocas que depois saem do ovo e amadurecem tornando-se adultos.
Minhocas	As minhocas são hermafroditas também. Elas têm ovários e testículos, junto com vesículas seminais, canais deferentes e receptáculos seminais. Quando as minhocas copulam, elas ficam em posição oposta e juntam pelo citelo. Um citelo é a estrutura que forma uma cintura externa, não-segmentada encontrada no meio do corpo, assim como nos segmentos 9 e 10 abaixo da cabeça. O citelo secreta muco e ajuda o esperma a sair dos canais deferentes de uma minhoca para o receptáculo seminal de outra minhoca. Casulos são formados e eles são protegidos por um revestimento mucoso criado pelo citelo. O esperma e os óvulos são fertilizados dentro do casulo e os zigotos ficam dentro dele até que sejam depositados no solo.

Como os pássaros fazem isso: É uma gema

Os pássaros copulam. O pássaro macho deposita seu espermatozoide dentro do pássaro fêmea. O óvulo é fertilizado, mas depois ele é depositado fora do corpo da fêmea para continuar se desenvolvendo até que seja hora de sair do ovo.

Os humanos também têm saco vitelino

Nos pássaros e nos répteis, o saco vitelino consome a gema e fornece nutrientes através dos vasos sanguíneos do embrião. Porém, nos animais que são ligados a uma placenta durante o desenvolvimento, o saco vitelino está vazio. Será que, como o cóccix que era uma cauda, ele é um vestígio deixado da evolução?

Quando você quebra um ovo, a parte amarela – a gema – é onde o embrião em desenvolvimento estaria. A parte branca – a albumina – serve para nutrir o embrião durante todo o seu desenvolvimento.

Somente após a fertilização, um local na gema de um ovo passa por uma série de divisões chamada *clivagem*. Ao final das divisões da clivagem, um *disco embrionário* é criado de um lado da gema. (Você já percebeu um local avermelhado quando você quebra um ovo?) O disco embrionário é chamado de *blastoderme*. O blastoderme é o tecido celular inicial que começa a se desenvolver em um pinto. O blastoderme se separa em *epiblasto*, que é a camada superior e um *hipoblasto*, que a camada inferior. As células do epiblasto migram para o hipoblasto, por uma linha na gema chamada de *linha primitiva* para criar a mesoderme, que continua para desenvolver o restante do pinto.

Como as abelhas fazem isso: Partenogênese

Uma abelha rainha recebe todo o espermatozóide com que ela estará impregnada durante o seu vôo nupcial. Ela nunca copula com os zangões novamente, mas em vez disso armazena as células do espermatozoide dentro do seu corpo. Depois, ela controla totalmente quando a fertilização ocorrerá. Quando ela põe os ovos e libera o espermatozoide, os ovos são fertilizados. Esses ovos fertilizados se desenvolvem dentro das fêmeas; algumas são abelhas operárias, que nunca reproduzem e poucas são novas rainhas. Quando a rainha põe os ovos, mas retém o esperma e evita a fertilização, os ovos não fertilizados se desenvolvem em zangões.

Os *zangões* são as abelhas macho que nunca têm uma contagem completa de cromossomos; eles nascem haploides em vez de diploides. Todas as células do seu corpo são haploides, incluindo as células que se desenvolvem em espermatozoide. Portanto, as células em seus testículos não passam pelas divisões meióticas para reduzir o número de cromossomo. As células dos testículos se desenvolvem somente em gametas que são recebidos pela nova rainha (que tecnicamente é uma de suas irmãs!). As abelhas operárias nascem diploides, mas nunca produzem gametas.

O processo pelo qual as abelhas se reproduzem é chamado de *partenogênese*, que significa "virgem". (*Parteno-* é a palavra Grega para virgem [como em Partenon], e *gênese* significa produção). Partenogênese é uma forma de reprodução sexual usada por algumas plantas, animais invertebrados e certos lagartos, assim como pelas abelhas e vespas.

Desenvolvendo Novos Seres

A reprodução sexual envolve a produção de gametas e o ato da copulação para unir os gametas para que a fertilização ocorra. Quando ocorre a fertilização, o termo desenvolvimento descreve como o ovo fertilizado se torna outro novo organismo.

De células individuais aos blastócitos

O espermatozóide é uma célula e o óvulo é uma célula. Ambos contêm metade do número de cromossomos que são encontrados em um organismo. Quando ocorre a fertilização na Trompa de Falópio, o número diploide é restaurado, e também o conjunto completo de cromossomos necessários mais tarde para o desenvolvimento. Quando o núcleo do espermatozoide e o núcleo do óvulo se fundem, a fertilização está completa, e a célula é chamada de zigoto. A Figura 13-1 ilustra esses passos.

O zigoto começa a viajar pela Trompa de Falópio, dirigindo-se para o útero onde ele pode implantar-se em seu revestimento. O zigoto se divide em duas células, que se divide em quatro células, que se divide em oito células, que se divide em 16 células. Nesta altura, o zigoto é chamado de *mórula*.

A divisão celular continua, mas a mórula fica preenchida de líquido, que empurra o número crescente de células em direção a periferia da membrana do embrião. As células achatadas formam o *trofoblasto*, a cavidade preenchida com líquido é chamada de *blastocélio*, e a esfera de células maiores, arredondadas é chamada de *blastocisto*. A célula inteira é chamada de *blastócito*. A separação dos tipos celulares no blastocisto é o primeiro passo na formação de tecidos especializados.

Gravidez ectópica

Se o zigoto permanecer na trompa de falópio e se implantar ali no tecido, a gravidez que ocorre é chamada de gravidez ectópica. Eventualmente, um zigoto crescendo em uma região menor como a Trompa de Falópio, em vez de ser em uma área maior como o útero, causa dor intensa no início da gravidez. Para preservar a fertilidade nesse tubo, o zigoto deve ser removido antes que a Trompa de Falópio se rompa.

Capítulo 13: Fazendo Mais Animais

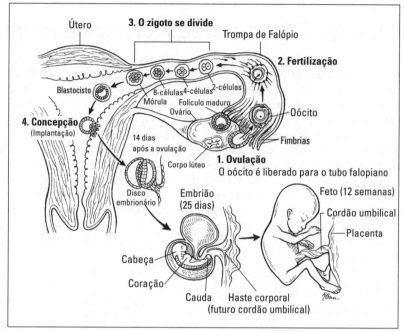

Figura 13-1: Fertilização, concepção e desenvolvimento inicial embrionário e fetal dos humanos.

O blastocisto deve se implantar na parede do útero, ou a gravidez não ocorrerá. Diz-se que a *concepção* ocorre quando o blastócito se implanta com sucesso. A concepção não é o mesmo que fertilização. O óvulo pode ser fertilizado, mas uma gravidez não é concebida até que o blastocisto esteja enraizado onde ele possa se desenvolver mais tarde.

As células do trofoblasto secretam uma enzima que ajuda a degradar o endométrio do útero. Quando o blastocisto "come" o seu caminho até a parede do útero, ele se afunda na parede e é implantado. Se a concepção ocorrer, as células do trofoblásticas do blastocisto continuam até formar o cório, que se torna parte da placenta. Uma vez implantada, a massa de células em desenvolvimento passa pela gastrulação. A gastrulação ocorre quando as células do blastocisto vão para dentro e formam um embrião de duas camadas.

Vai, vai embrião

Você vê mais ações por volta das 12 semanas em que você é um embrião do que em qualquer outro período da sua vida. Durante o período embrionário – essencialmente no primeiro trimestre da gravidez – todo órgão do corpo é formado.

Primeiro, as células crescem em tamanho e começam a se especializar, formando três camadas: a ectoderme, a mesoderme e a endoderme. As células especializadas de cada camada começam a migrar para outras células com a mesma especialidade, o que dá forma ao embrião e é chamado de *morfogênese* (*morfo*- palavra Grega para forma ou estrutura).

"Gêmeos" fraternos são realmente diferentes

Quando você ouve dizer que alguém é gêmeo, você pode pensar imediatamente que o "gêmeo" é a imagem projetada da primeira pessoa, talvez até mesmo com o mesmo tipo de personalidade. Porém, somente *gêmeos idênticos* têm as mesmas informações genéticas exatas. Durante o estágio do blastocisto, toda célula na massa é geneticamente capaz de se tornar um ser humano. Os gêmeos idênticos são criados quando as células do blastocisto se separam ou quando a célula interna se divide em duas. Então, dois embriões idênticos começam a se desenvolver. Depois do nascimento, os gêmeos são exatamente parecidos e podem até pensar se forma semelhante.

Por outro lado, os gêmeos fraternos se desenvolvem quando dois óvulos são liberados durante a ovulação. Depois, das centenas de espermatozoides que vão para a Trompa de Falópio, um espermatozoide fertiliza um óvulo, e outro espermatozoide fertiliza outro óvulo. Os "gêmeos" são irmão e irmã ou irmão e irmão, ou irmã e irmã, assim como são quaisquer irmãos. A única diferença é que eles nasceram ao mesmo tempo em vez de anos de diferença. Eles são totalmente individuais porque sua composição genética é diferente. Cada espermatozoide em um homem não é idêntico, e cada óvulo da mulher não é idêntico. Se eles fossem, então os dois pais criariam a mesma descendência toda vez que tivessem uma gravidez. E, como você sabe, o seu irmão e a sua irmã podem ter olhos, sentimentos, gostos e preferências completamente diferentes do que você tem. Até é possível que os gêmeos fraternos possam ser meio irmãos ou meio irmãs! Sabe-se que o espermatozoide de um homem pode fertilizar um dos óvulos, e o espermatozoide de outro homem pode fertilizar o outro! Estou falando das diferenças genéticas!

Fora do embrião, as membranas especializadas se desenvolvem. O cório é combinado com tecidos criados pela mãe para se tornar a placenta. A *placenta* é preenchida com vasos sanguíneos e fornece uma superfície maior para troca de gases, nutrientes e resíduos.

O *alantoide*, nos humanos, é formado da cavidade central do blastocisto. Eventualmente, ele se torna o tronco corporal e depois o *cordão umbilical*, que conecta o feto à placenta. Nos pássaros e nos répteis, o alantoide é usado para armazenar resíduos.

O *âmnio* cerca a cavidade amniótica, que é preenchida com *líquido amniótico*. Esse líquido protege o embrião e o feto em desenvolvimento. O líquido amortece os movimentos criados pela mãe e protege o organismo em desenvolvimento de choques térmicos e mecânicos. O líquido amniótico contém surfactante, que, conforme o feto ingere o líquido, cobre as superfícies internas dos pulmões para que após o nascimento os tecidos dos pulmões não colarem impedindo que a criança respire. As células do líquido amniótico podem ser examinadas durante a *amniocentese*. O material genético nessas células é igual as do embrião em desenvolvimento, portanto é possível saber se o embrião terá um defeito genético. De forma interessante, o líquido amniótico pode ser um achado evolucionária. Todo animal se desenvolve em ambiente aquoso, mesmo aqueles que, após o nascimento, vivem somente na terra.

Depois que as células e as membranas externas do embrião estão no lugar, começa a ocorrer a diferenciação. *Diferenciação* é o termo dado para os processos bioquímicos que fazem uma célula do olho em vez de uma célula da unha do pé. Conforme as células se diferenciam, os sistemas dos órgãos começam a se formar. Nos humanos, o primeiro sistema que começa a se desenvolver é o sistema nervoso, que faz sentido porque o cérebro – o centro do sistema nervoso central – controla tudo.

Primeiro, o notocórdio começa a se formar a partir da camada mesoderme e transforma-se nas vértebras da medula espinhal. Depois, o tubo neural se forma a partir da ectoderme. O tubo neural fica no sistema nervoso central, criando o cérebro e a medula espinhal. Defeitos no tubo neural causam problemas como *espinha bífida*, que é um fechamento incompleto do tuboneural embrionário. Há evidências de que a mulher que consome níveis adequados de ácido fólico (vitamina B) antes da concepção pode evitar defeitos no tubo neural. A adição de cereais no café da manhã aumenta a quantidade de ácido fólico ingerida e podem ajudar a evitar defeitos no tubo neural.

Durante todo o desenvolvimento embrionário todos os outros sistemas e estruturas do corpo também são formados. As células que dividem o tubo neural e formam a crista neural transformam-se em dentes, ossos, pigmentos da pele e músculos do crânio, por exemplo. Ao final do período embrionário, um embrião humano tem cerca de 3 cm e ele deixa de parecer com um lagarto e parece mais com um humano.

Fetos

Nos humanos, o período fetal envolve os seis últimos meses da gravidez, ou o segundo e o terceiro trimestres. Os fetos são completamente diferenciados, o que significa que as células migraram e formaram os orgãos dos sistemas. Tudo o que os fetos fazem no útero é continuar a crescer e a desenvolver características como o cabelo e as unhas. Conforme o feto fica mais forte, maior e mais pesado, ele parece ainda mais com um recém-nascido. Quando ele está pronto para nascer, acredita-se que o bebê inicie o evento. Sabe-se que as prostaglandinas e o hormônio ocitocina fazem com que o útero se contraia. Mas o que inicia a produção desses hormônios é uma substância química produzida pelo feto. O feto libera uma substância química ainda desconhecida que pode fazer com que a mãe comece a produzir os hormônios que iniciam o trabalho de parto.

Quando o trabalho não começa naturalmente, supositórios de prostaglandina e/ou ocitocina sintética chamada pitocina – é dado a mãe. Com o nascimento do feto, o organismo é chamado de neonato, que significa recém-nascido. Uma vida começa e o desenvolvimento continua. Vá para o Capítulo 15 para saber o que se desenvolve em um ser humano. Para saber mais sobre o que acontece durante a gravidez, leia *Gravidez Para Leigos* (Alta Books).

Parte IV: Vamos Falar Sobre Sexo e Bebês

Capítulo 14

Deixando Mendel Orgulhoso: Compreendendo a Genética

Neste Capítulo

▶ Descobrindo como você herda certos traços

▶ Entendendo como o DNA carrega os genes

▶ Compreendendo como as informações contidas nos genes se transformam em uma proteína usada por um organismo

▶ Analisando algumas conquistas importantes no campo da genética

G regor Mendel, o pai da genética, ficaria surpreso ao ver o quanto o conhecimento genético foi longe nos últimos 150 anos desde os simples cruzamentos com ervilhas. Provavelmente ele ficou muito feliz quando descobriu as Leis da Hereditariedade. Duvido que ele tenha imaginado que cada gene do conjunto de genes humano seria mapeado e sequenciado e que os animais pudessem ser clonados ou que os genes das bactérias pudessem ser substituídos em uma planta para *evitar* doenças. Ele ficaria fascinado. Deixe-o orgulhoso. Descubra um pouco sobre genética em sua honra. Afinal, a genética – o ramo da biologia que lida com a hereditariedade – certamente sabe muito sobre você!

Saltando para o Campo dos Genes: Para Começar Algumas Definições

Se você realmente puder entender essas definições, você estará em condições de entender os processos mais detalhados que ocorrem nos núcleos das suas células.

Parte IV: Vamos Falar Sobre Sexo e Bebês

✔ Os **cromossomos** são estruturas em pares que são compostas de faixas de *cromatina*, que contêm DNA e proteína. Nos humanos, existem 46 cromossomos (23 pares) no núcleo de células regulares do corpo – chamados de células *somáticas* – ao contrário dos *gametas*, que são células do espermatozoide e do óvulo que contêm somente 23 cromossomos. Um cromossomo possui um braço curto e um braço longo. Os braços são mantidos juntos por um centrômero.

✔ **DNA** – ácido desoxirribonucleico – é a molécula química que serve como material genético. Uma faixa de DNA é uma longa cadeia (um polímero) de nucleotídeos. Cada nucleotídeo de DNA contém uma base de nitrogênio, um açúcar com cinco moléculas de carbono chamadas desoxirribose e um grupo de fosfato. Existem quatro tipos diferentes de bases nitrogenadas no DNA: adenina, timina, citosina e guanina. As bases nitrogenadas (e, portanto, os nucleotídeos) podem ser e são diferentes por toda a cadeia de DNA. O DNA existe dentro dos cromossomos.

✔ Os **genes** estão ao longo da cadeia de DNA. Eles são compostos de sequência específica de ácidos nucléicos. Alguns genes podem ter muitos nucleotídeos; outros somente alguns. Os seres humanos têm milhares de genes diferentes, que ficam em cromossomos diferentes, mas semelhantes em todas as pessoas. Por exemplo, o gene da fibrose cística sempre é encontrado no mesmo local do gene número 7 em todos os humanos. O gene para a doença de Huntington fica no cromossomo número 4 em todos os humanos. O gene da anemia falciforme fica no cromossomo 11 em todos os humanos. Porém, nem todos os humanos têm doenças. Alguns genes são *expressos* (eles mostram o efeito), enquanto outros genes são *reprimidos* (eles não mostram um efeito).

✔ Os **alelos** são as diferentes formas de um traço. Por exemplo, o gene para a cor do cabelo fica em um determinado local em um determinado gene em todos os humanos. Porém, os humanos podem ter muitos tons diferentes de cor de cabelo; os tons diferentes são representados por alelos diferentes. Digamos que o gene para a cor do cabelo fica no gene número 2 (Eu não sei se é, estou só dando um exemplo). Você tem um par de genes número 2 – um da sua mãe e um do seu pai. Imagine que o seu pai tem cabelo castanho escuro e a sua mãe tem cabelo loiro. O cabelo castanho escuro é *dominante* sobre o cabelo loiro, portanto vou chamá-lo de C – C de cabelo, maiúsculo para a dominância. Em um dos seus cromossomos número 2, você tem um par de alelos C no local do gene para a cor do cabelo. Mas você também tem os genes da sua mãe. Chamarei a cor do cabelo dela de c – c de cabelo, mas em minúsculo para representar uma cor não dominante (ou *recessiva*). Em seu outro cromossomo número 2, você tem um par de alelos c no local onde fica o gene da cor do cabelo. Tanto o C quanto o c são alelos de um gene que controla um determinado traço. A Tabela 14-1 dá alguns exemplos de algumas doenças dominantes e recessivas em humanos.

Capítulo 14: Deixando Mendel Orgulhoso: Compreendendo a Genética

As características humanas não são somente dominantes ou recessivas

Muitas das características mensuráveis, como a altura e o peso, assim como a cor do cabelo e a cor do olho, são características poligênicas. Poligênico significa "muitos genes," e muitos genes estão envolvidos na determinação da altura que terá ou de que número você deve ver na balança. Outras características, como a calvície, são chamadas de características ligadas ao sexo porque mesmo que ambos os sexos carreguem o gene da característica, somente um sexo normalmente mostra o efeito. As mulheres geralmente carregam o gene da calvície do padrão masculino, mas raramente ficam carecas. Mas, se você é homem com um avô careca do lado da sua mãe, você pode querer guardar dinheiro para uma futura aplicação capilar, uma peruca ou alguns produtos com retinol.

Tabela 14-1 — Algumas Doenças Dominantes e Recessivas em Humanos

Dominante	Recessiva
Doença de Huntington, que provoca degeneração do sistema nervoso	**Anemia falciforme**, que resulta em células vermelhas em formato anormal
Síndrome de Marfan, que é um distúrbio do tecido conectivo que afeta os sistemas esquelético e cardiovascular, assim como as lentes do olho	**Talassemia (anemia de Cooley)** que incomumente resulta em pequenas células vermelhas
Síndrome de Cowden, que resulta em lesões múltiplas em vários tipos de tecidos e órgãos que geralmente são malignas	**Fibrose cística**, que resulta em infecções respiratórias crônicas e secreção espessa

"Santificando-se" com Ervilhas: A Lei de Mendel

Gregor Mendel era um monge na Áustria na metade do século 19. Para passar o seu tempo silencioso, ele observou o crescimento das ervilhas (ninguém disse que ser monge era emocionante). Conforme ele observou as gerações posteriores das ervilhas crescendo, ele percebeu diferenças sutis e se perguntou como elas ocorreram. Ele observou a cor das sementes, das flores e as mudas novas e verdes; o formato das sementes e das mudas; o tamanho do talo; e a posição das flores. E o mais importante, ele manteve registros precisos de uma contagem precisa de quais plantas mostraram quais características.

É claro. Mendel teve que esperar cada planta da ervilha atingir a maturidade para ver se suas previsões (hipóteses) eram verdadeiras. Sorte dele, as plantas das ervilhas crescem muito rapidamente. Sorte sua, os monges são pessoas pacientes com muito tempo a sua disposição.

Durante o período de Mendel, o pensamento geral era de que as características de um pai misturavam com as características de uma mãe. Portanto, esperava-se que um pai alto e uma mãe baixa tivessem filhos com estatura mediana. Esperava-se que os traços dos descendentes seriam médias dos traços dos pais.

Bem, um dia Mendel cruzou uma planta de ervilha alta e uma baixa, esperando ter plantas medianas. Porém, cresceram três plantas altas e uma baixa. Ele cruzou as altas repetidamente. Foi a mesma coisa. O que ele descobriu foi que os descendentes carregam todas as características dos pais, mas cada descendente é capaz de expressar características diferentes. Ele entendeu que essas características foram passadas de geração para geração por algo que ele chamou de *fatores*. O que Mendel chamou de *fatores* são o que você chama de *genes*.

Depois de estudar 28.000 plantas de ervilhas e de revisar os seus dados, Mendel estava bastante confiante em sua pesquisa para afirmar que a hereditariedade seguia padrões específicos. Primeiro, Mendel afirmou que as características são herdadas independentemente umas das outras – isso é chamado de *Lei da Distribuição Independente* de Mendel. Essa lei afirma que cada traço ou característica é encontrado em fatores (genes) separados, que cada fator (ou gene) vem em pares, e que cada par se separa, ficando sozinho.

Mendel também veio com a Lei da Segregação, que afirma que durante a divisão celular, cada alelo de um par de genes se moverá aleatoriamente para gametas diferentes. A seção chamada "Saltando para o Campo dos Genes" dá um exemplo de alelos usando a cor dos cabelos. (se você não leu, volte e leia agora. Eu espero.) Em um dos cromossomos número 2 você tem 2 alelos *C*; no outro cromossomo número 2 você tem dois alelos *c*. Você tem quatro alelos para a cor do cabelo (C, C, c e c) nos locais dos genes para a cor do cabelo. Quando você cria um óvulo ou um espermatozoide, o que for apropriado, somente metade do seu material genético vai para cada gameta (lembre-se, os gametas têm somente metade dos cromossomos porque eles eventualmente se encontram com outro gameta que contém a outra metade). Portanto, você produz dois gametas contendo alelos *C* e dois gametas contendo os alelos *c*. Mas, cada um desses alelos se separa aleatoriamente em quatro gametas.

Há vários genes e alelos para a cor do cabelo. Dois dos genes podem estar próximos um do outro, em uma posição particular em um cromossomo e eles não se separarão aleatoriamente. No entanto, seus alelos em seu par de cromossomos se separarão aleatoriamente.

Apresentando os Cruzamentos Genéticos

Quando um geneticista escreve uma "equação" genética, os alelos são representados por letras. Os traços dominantes normalmente ficam em maiúsculo; os traços recessivos normalmente ficam em minúsculo. A escrita das letras que representam os alelos de um gene é chamada de *genótipo*. Um genótipo pode ser escrito para representar um fenótipo. Um fenótipo é o resultado físico da expressão de um gene. Portanto, se o *C* significa cabelo marrom e *c* significa cabelo loiro, *CC* é o genótipo de uma pessoa com o fenótipo de um cabelo castanho escuro, *cc* é o genótipo de uma pessoa com o fenótipo do cabelo loiro claro; e *Cc* é o genótipo de uma pessoa com fenótipo de cabelo castanho claro.

Os fenótipos são criados nas copulações – ou cruzamentos – entre diferentes organismos. Se você cruzar uma roseira que cria flores vermelhas com uma roseira que produz flores brancas, você teria uma roseira com flores vermelhas ou talvez até rosadas. Se você estivesse cruzando a roseira explicitamente para ver o resultado da cor da flor, você estaria realizando um *cruzamento monohíbrido*. Um cruzamento monohíbrido examina somente um traço. (De forma apropriada, um cruzamento diíbrido examina dois traços.) O fenótipo para a primeira roseira é "flores vermelhas." O genótipo seria RR. O fenótipo para a segunda rosa é "flores brancas". O genótipo seria rr. A Figura 14-1 usa *quadros de Punnett* para determinar os resultados de dois cruzamentos monohíbridos.

Figura 14-1: Quadro de Punnett de um cruzamento monohíbrido. RR = flores vermelhas; rr = flores brancas; e Rr = vermelho dominante ou possivelmente rosa provocado pela dominância incompleta.

	r	r
R	Rr	Rr
R	Rr	Rr

	R	r
R	RR	Rr
r	Rr	rr

Agora, os resultados do cruzamento monohíbrido na parte superior da Figura 14-1 são todos Rr. O R é dominante, por isso a maioria das flores na nova roseira seria vermelha. Porém, as flores rosas são possíveis devido a algo chamado dominância incompleta. A dominância incompleta resulta em um fenótipo intermediário, que é a mistura de dois fenótipos originais. Se duas plantas Rr são cruzadas, uma flor puramente vermelha e uma puramente branca será produzida, assim como mais duas flores Rr.

Copiando o Seu DNA: Não Posso Esperar para Replicar

O seu DNA não se copia – o termo técnico é *replicar* – somente quando você cria gametas e copula. Toda célula do seu corpo precisa ser substituída periodicamente. As células não duram tanto tempo quanto os humanos duram. As células nunca param de funcionar e eventualmente vão se desgastando. A renovação celular, como isso é chamado, acontece constantemente. As células sanguíneas precisam ser substituídas a cada 120 dias. Mas nem toda célula sanguínea é substituída a cada quatro meses. Em um determinado dia, o seu corpo pode estar substituindo algumas células sanguíneas, algumas células da pele, algumas células capilares e algumas células das mucosas. Independente do que haja na lista de tarefas do seu corpo, o processo de *replicação do DNA* é o mesmo.

O DNA parece uma escada torcida, com as bases de nucleotídeo formando os "degraus" da escada (veja o Capítulo 4, Figura 4-3). Durante a replicação (veja a Figura 14-2), a faixa de DNA deve "abrir" para que os degraus se separem com um nucleotídeo de um lado e outro nucleotídeo do outro. Cada lado da faixa original de DNA se torna uma *cadeia molde* na qual a nova *cadeia complementar* é criada. A abertura da hélice do DNA é iniciada pela enzima *helicase*.

Porém, a faixa do DNA não se abre toda de uma vez. Somente parte da faixa de DNA original se abre de uma vez. Quando a parte superior da hélice é aberta, a faixa de DNA original parece um Y. Essa área parcialmente aberta/parcialmente fechada onde a replicação está acontecendo é chamada de *garfo de replicação*.

Observe na Figura 14-2 os números 5´ e 3´ (leia "5 primeiros" e "3 primeiros"). Esses números indicam a direção em que a replicação está ocorrendo. Cada faixa de DNA molde é "lida" na direção 3´ 5´. Devido às bases que são complementares (contrárias) e acrescentadas à cadeia molde, a cadeia complementar "cresce" na direção 5´3´.

Capítulo 14: Deixando Mendel Orgulhoso: Compreendendo a Genética 249

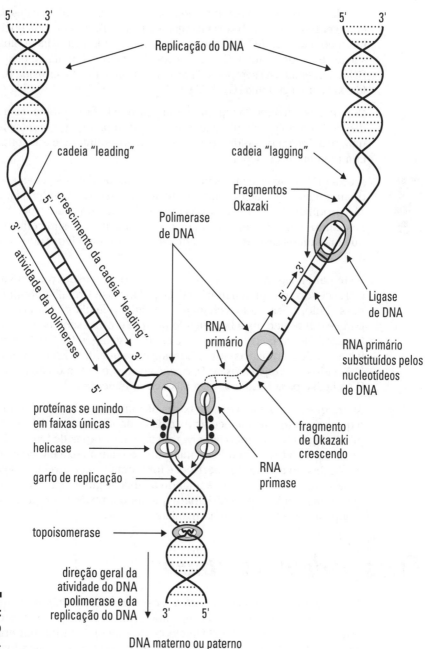

Figura 14-2: Replicação do DNA.

A cadeia molde conta algumas boas histórias, portanto você desejará saber como entende-las. As bases nitrogenadas que compõem cada nucleotídeo junto com a faixa de DNA incluem adenina, guanina, citosina e timina, que são abreviados como A, G, C e T, respectivamente. Em uma molécula de DNA, a adenina (A) sempre faz par com a timina (T) e a citosina (C) sempre faz par com a guanina (G): A_T e C_G.

Conforme a enzima DNA polimerase passa pela faixa molde, se uma base disser A, então o T é adicionado na faixa complementar crescente. Se uma base na faixa molde diz G, então o DNA polimerase adiciona C a faixa complementar crescente.

A ordem das bases é importante porque ela delineia os genes, e os genes ditam quais aminoácidos são produzidos, e determinam quais proteínas são produzidas e as necessárias em cada célula do seu corpo. As proteínas compõem estruturas celulares por si mesmas, assim como as enzimas que iniciam os processos celulares que o mantém vivo. Tudo começa com o DNA.

Volte para a Figura 14-2. Está vendo como o lado esquerdo está abrindo e crescendo tranquilamente? O DNA polimerase trabalha continuamente desse lado, e esse lado é chamado de cadeia "leading". O outro lado parece um pouco mais bagunçado porque o processo não ocorre tranquilamente. Nessa faixa, chamada de cadeia lagging, o DNA polimerase lê a faixa molde e coloca as novas bases em fragmentos. Esses fragmentos são chamados de *fragmentos de Okazaki* e eles são então unidos pela enzima DNA ligase para formar a nova faixa complementar.

Agora que você sabe o que as bases nitrogenadas do DNA fazem, eu direi o que o fosfato e as moléculas de açúcar do DNA fazem. A faixa de DNA replicante precisa de energia para passar pelas etapas de leitura do molde, produzindo a base complementar e unir a base à faixa em crescimento. As moléculas do açúcar desoxirribose fornecem essa energia. As ligações de fosfato que estão separadas quando a faixa original de DNA "abre" fornece a energia química necessária para que todo o processo seja iniciado. A natureza certamente é bem organizada, não é?

Erros podem acontecer

Acredite ou não, as faixas de DNA recém-criadas nas células são revisadas antes que a divisão da célula seja finalizada. Se um erro for detectado, ele volta para a cadeia molde. O nucleotídeo que foi inserido por erro é removido, e o correto é colocado. Se a função da *revisão* for cuidadosa, *enzimas para reparos de combinações erradas* são disponibilizadas para corrigir as coisas. O reconhecimento de erro e os mecanismos de reparo nos organismos existem nos organismos com células eucarióticas – aquelas com um núcleo verdadeiro, como você, eu e os leões das montanhas – mas os detalhes de como elas funcionam não são bem compreendidos.

Capítulo 14: Deixando Mendel Orgulhoso: Compreendendo a Genética

Se um erro em uma nova cadeia de DNA não é detectado ou reparado, o erro se torna uma *mutação*. Uma mutação é um desvio da cadeia original de DNA. Os nucleotídeos não estão na mesma sequência. Embora as mutações possam e causem sérios defeitos, nem todas as mutações são ruins. (No Capítulo 15, você pode ver como as mutações ajudam no desenvolvimento e na evolução das espécies.) Na lista a seguir, eu explico como as mutações, que normalmente são provocadas por certas substâncias químicas (como formaldeído) ou radiação (como luz ultravioleta, raios X), afetam os humanos.

- **Substituições:** Esses tipos de mutações ocorrem quando o nucleotídeo errado vai para outro nucleotídeo. Por exemplo, se o código para um gene particular é lido como 5´-A-T-C-G-T-C-A-G-3´, a sequência complementar correta para o código na nova faixa de DNA seria 3´-T-A-G-C-A-G-T-C-5´.

   O código genético é escrito em uma direção específica. O DNA é uma dupla hélice na qual duas faixas são interligadas, por isso é possível haver confusão facilmente ao tentar registrar as pontas das faixas. Para evitar confusão, uma faixa de DNA é nomeada 3´(3 primeiras) e a outra é nomeada 5´(5 primeiras). A convenção é ler a faixa na direção 5´ para 3´.

   Uma mutação substituta ocorre se a sequência recém-criada é lida assim: 3´-T-A-C-C-T-C-A-G-5´. A terceira base deve ser guanina (G) em vez de citosina (C). Essa base poderia ter sido passada durante a "leitura" da cadeia de DNA, ou um novo C poderia ter sido colocado em vez de o G. Em ambos os casos, está errado, portanto é uma mutação. É somente uma base, por isso é chamado de *mutação pontual*. Provavelmente a proteína que o gene cria não seria afetada. Se for, o erro é chamado de *mutação silenciosa*.

- **Deleção:** Se, durante a criação de uma nova cadeia de DNA complementar, um nucleotídeo é lido, mas a base complementar não é inserida, falta um nucleotídeo na faixa complementar. Esse tipo de mutação é chamado de deleção. As perdas podem causar sérias doenças. A fibrose cística é uma doença que faz com que os pulmões fiquem constantemente com muco espesso, o que pode armazenar bactérias e provocar casos sérios de pneumonia, assim como outros problemas. As pessoas com fibrose cística geralmente não vivem mais que 20 ou 30 anos. A fibrose cística é causada por um pequeno apagamento no cromossomo número 7. A distrofia muscular de Duchenne, o tipo mais comum desta doença e pela qual Jerry Lewis arrecada dinheiro todo fim de semana do Dia do Trabalho, também é provocada por uma deleção em um cromossomo. As distrofias musculares são defeitos genéticos que levam a deterioração muscular, que pode ser bem grave. As pessoas perdem a sua capacidade não somente de andar, mas a distrofia muscular de Duchenne eventualmente leva a um enfraquecimento severo dos músculos.

Inserções: Se um nucleotídeo extra (ou muitos nucleotídeos extra não em múltiplos de três para manter um códon) entra em uma nova cadeia complementar em desenvolvimento, o restante da cadeia é lido de forma errada. Esse tipo de mutação é chamado de *mutação frameshift* (mudança de moldura) porque a leitura dos "quadros" do código genético é invertida (pense em cada nucleotídeo com um quadro em um filme). Uma doença bem conhecida que é provocada pela adição de nucleotídeos é a doença de Huntington, em que a sequência C-A-G é inserida até 100 vezes em um gene normal. Embora a sequência seja um múltiplo de três (portanto tecnicamente não é uma mutação frameshift), a abundância dessas inserções compromete a leitura do código genético normal, provocando uma produção anormal ou falta na produção de proteínas. Nas pessoas com doença de Huntington, o sistema nervoso se degenera começando quando uma pessoa está com 30 ou 40 anos. Outra doença provocada por uma mutação de inserção ficou bem conhecida quando um filme foi feito sobre uma pessoa afetada pela doença. O filme, "O Homem Elefante" fala de um homem afetado por neurofibromatose, que provoca deformidades. A causa dessa doença é a inserção das sequências de DNA que não codificam da forma correta no meio das sequências de DNA compondo um gene que codifica apenas para certas proteínas. Quando essas sequências não codificadoras ficam presas no gene, o código do gene normal não pode ser lido e ocorrem erros na produção de proteínas.

Produzindo Proteínas Instantaneamente

Preciso apresentar para você outro tipo de ácido nucleico. O ácido ribonucleico (RNA) é muito semelhante ao DNA, exceto por essas diferenças: o RNA possui uma faixa única (em vez de uma dupla hélice), ele contém o açúcar *ribose* em vez de o açúcar desoxiribose, e usa o uracil (U) como uma base nitrogenada em vez de a timina (T). Portanto, os nucleotídeos no RNA fazem pares como A-U. As bases de RNA podem fazer par, mesmo que a molécula de RNA seja em uma cadeia única, porque o RNA possui uma estrutura secundária e pode se dobrar e formar bases complementares pareadas com ele mesmo. As moléculas de RNA são importantes para a produção de proteínas. E, somente depois que o DNA é replicado, as cadeias complementares se concentram na produção de proteínas. Esse é a história do que acontece.

Você sabe que o DNA armazena os genes que codificam quais proteínas serão produzidas em seu corpo. Mas o código gravado nos segmentos de DNA não é o que desencadeia a produção de proteína. Primeiro, o DNA deve ser "reescrito" em uma faixa de RNA, e o RNA carrega – portanto ele é chamado de mensageiro – as informações para fora do núcleo da célula até os ribossomos. Em um ribossomo, a mensagem original é traduzida e então a proteína apropriada pode ser produzida. A síntese da proteína é iniciada nos ribossomos que existem livremente no citoplasma. Os ribossomos que estão vinculados ao retículo endoplasmático produzem as proteínas para serem secretadas ou transportadas para outras organelas. Resumidamente é isso. As Figuras 14-3 e 14-4 detalham as etapas individuais para você.

Capítulo 14: Deixando Mendel Orgulhoso: Compreendendo a Genética 253

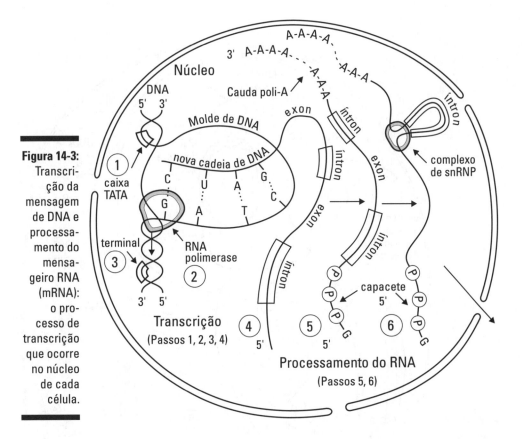

Figura 14-3: Transcrição da mensagem de DNA e processamento do mensageiro RNA (mRNA): o processo de transcrição que ocorre no núcleo de cada célula.

Reescrevendo a mensagem do DNA: Transcrição

Quando uma cadeia original de DNA é aberta durante a sua replicação, suas bases de nucleotídeo são usadas como moldes para a produção das novas cadeias complementares de DNA. Essas novas cadeias complementares são usadas durante a transcrição como os moldes através dos quais uma cadeia de RNA é produzida. O tipo de molécula de RNA produzido a partir da mensagem transcrita é chamado de mensageiro RNA (mRNA) porque ele carrega então a mensagem do DNA fora do núcleo para ser processada.

254 Parte IV: Vamos Falar Sobre Sexo e Bebês

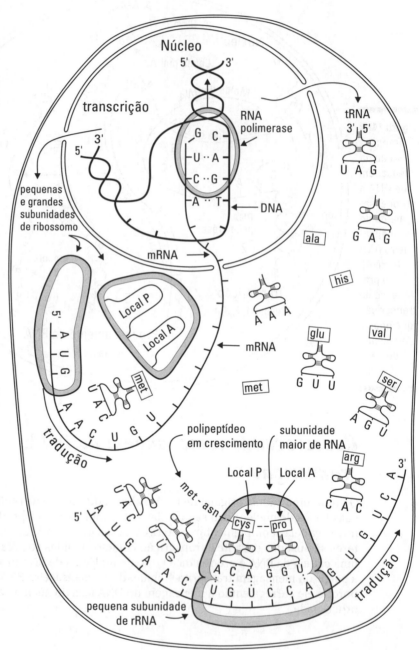

Figura 14-4: Síntese da proteína. O mensageiro RNA (mRNA) sai do núcleo e entra no citoplasma depois da transcrição e do processamento do RNA. Depois a tradução pode acontecer.

Síntese da Proteína

A cadeia complementar de DNA contém certas sequências (como T-A-T-A e C-C-A-A-T, chamado caixas TATA ou CAT) que existem na cadeia antes do local onde a transcrição deveria começar. A transcrição começa em uma região no mRNA que não é traduzida. Essa região é aptamente chamada de região não traduzida – (UTR) 5´, serve como um sinal para os ribossomos começarem a tradução no códon apropriado que é lido como A-U-G. Os nucleotídeos que seguem esses indicadores são "lidos" e transcritos nas bases correspondentes para uma molécula de RNA. Portanto, A é o molde para a adição de um U. T é o molde para a adição de um A, C é o molde para a adição de um G e G é o molde para a adição de um C. Uma mensagem original de um molde de DNA de 5´-A-T-G-C-T-G-C-A-3´ se torna uma mensagem de DNA complementar de 3´-T-A-C-G-A-C-G-T-5´. Então, essa mensagem serve como um modelo para criar a seguinte sequência mRNA: A-U-G-C-U-G-C-A.

Conforme a transcrição ocorre no molde, certas áreas são lidas e transcritas. Um grande precursor é produzido chamado de RNA nuclear heterogêneo (hnRNA), que possui as sequências interventoras (chamadas *íntrons*) e sequências expressas (chamadas *éxon*). Os íntrons são removidos e os exões são unidos por um processo chamado de excisão (remoção) de íntrons. (A remoção ocorre somente nas eucariotas, não nas procariotas). Quando todos os nucleotídeos foram lidos, os exões foram unidos e as mensagens foram transcritas, o final do material a ser transcrito é indicado por um códon terminal. O códon terminal – tanto T-A-A, T-A-G quanto T-G-A – é como uma placa de pare junto a cadeia. A transcrição de uma mensagem termina completamente na UTR 3´ (região não traduzida), que pode ser uma sequência bem longa.

Processando o RNA

Quando a mensagem do DNA é transcrita, e o mRNA é produzido, o mRNA recebe um capacete e uma cauda. O capacete e a cauda ajudam a estabilizar a molécula de mRNA que transporta as mensagens essenciais. Os nucleotídeos que não codificaram – os introns – são apagados, e os nucleotídeos importantes – os exões – são unidos (volte para a Figura 14-3). Pense em quando você usa um programa editor de texto, e você destaca uma frase no meio de um parágrafo e seleciona o comando Cortar. As frases antes e depois da que você apagou se unem continuando a sequência do parágrafo. Quando o comando cortar e a remoção de íntrons estão concluídos, o mRNA está maduro o bastante para deixar o núcleo e ir para o citoplasma sozinho com suas informações genéticas importantes (volte para a Figura 14-4). Você não confiaria em um alguém com 15 anos de idade sem carteira de habilitação conduzir uma van repleta com os seus pertences mais valiosos, confiaria? A maturidade é importante mesmo no nível celular.

Colocando código na linguagem correta: Tradução

Quando um mRNA maduro deixa o núcleo, ele vai para um ribossomo no citoplasma da célula (alguns vão para um ribossomo que fica no retículo endoplasmático). Conforme a cadeia de mRNA, que está carregando as informações genéticas tão preciosas, desliza através das duas partes de um ribossomo, o código que ele está carregando é lido três bases por vez. O grupo de três bases é chamado de códon.

Os genes residem em uma cadeia de DNA e direcionam a produção de aminoácidos, que são então colocados juntos para formar a proteína. Bem, a *tradução* é a parte do processo onde as informações do gene são usadas para criar os aminoácidos e depois a proteína (ver a Figura 14-4). Porém, para realizar essa função incrível, o ribossomo deve ser capaz de pegar as bases de nucleotídeo e igualar com códons que especificam aminoácidos. Cada aminoácido é representado por certos códons. A "linguagem" que une o espaço entre o gene e o aminoácido é o *código genético*.

O código genético foi decifrado dentro dos últimos 25 anos ou mais e fez com que o homem que o descobriu ganhasse alguns Prêmios Nobel. O código genético usa as quatro bases de nucleotídeo – timina, citosina, adenina e guanina – para "indicar" qual aminoácido deve ser produzido. Mas, os códons normalmente são escritos como a sequência de RNA, portanto o uracil é usado no lugar da timina. E porque cada códon é "indicado" por três bases, o código genético contém 64 (4^3) códons diferentes (ver a Figura 14-5). Surpreendentemente, todo organismo usa o mesmo código genético. Porém, cada organismo produz um número diferente de aminoácidos. Os humanos utilizam somente 20 aminoácidos, portanto vários códons especificam um aminoácido.

A faixa mRNA se move através do ribossomo, colocando códon após códon na posição para que possa ser lido. Conforme o códon é lido, uma molécula de transferência do RNA (tRNA) traz o aminoácido apropriado para o ribossomo. Os aminoácidos são então unidos por ligações de peptídeo para formar proteínas. Seguindo a tradução, as moléculas de proteína podem precisar ser modificadas um pouco antes que se tornem funcionais. Mas, uma vez que a proteína é produzida, logo ela está apta para ser expressa dentro do organismo.

Imagine que você está tomando muito sol (ou raios ultravioletas artificiais). Para proteger-se, as células na ponta do seu nariz querem escurecer um pouco. Se a faixa do molde de DNA original tivesse o gene para depositar melanina (pigmento da pele) na ponta do seu nariz, a faixa complementar de DNA criada durante a replicação de DNA também teria essa informação. Então, quando as bases fossem transcritas para o mRNA durante o processo de transcrição , o mRNA receberia essa informação genética. O mRNA carregaria as informações para os ribossomos, e os códons no mRNA seriam lidos durante a tradução.

Capítulo 14: Deixando Mendel Orgulhoso: Compreendendo a Genética 257

Durante a síntese da proteína, a tRNA traria os aminoácidos para a melanina (na ordem apropriada, é claro), e as ligações de peptídeo se uniriam para formar a proteína melanina. Os genes direcionaram que a melanina fosse depositada na ponta do seu nariz, então imagine só, você desenvolve uma pinta em um local muito óbvio! A proteína foi produzida e agora é expressa em uma tentativa de protegê-lo dos danos dos raios ultravioletas, goste você ou não.

Figura 14-5: O código genético. Uma letra da coluna vertical à esquerda, uma letra da coluna horizontal, e uma letra da coluna vertical à direita são os códons. Os aminoácidos que o códon codifica são preparados. Observe que os mesmos aminoácidos são codificados por mais de um códon. Por exemplo, os códigos UUU para a fenilalanina, assim como o UUC.

Primeira letra	Segunda Letra				Terceira Letra
↓	U	C	A	G	↓
U	fenilalanina	serina	tirosina	cisteina	U
	fenilalanina	serina	tirosina	cisteina	C
	leucina	serina	PARE	PARE	A
	leucina	serina	PARE	triptofano	G
C	leucina	prolina	histidina	arginina	U
	leucina	prolina	histidina	arginina	C
	leucina	prolina	glutamina	arginina	A
	leucina	prolina	glutamina	arginina	G
A	isoleucina	tereonina	asparagina	serina	U
	isoleucina	tereonina	asparagina	serina	C
	isoleucina	tereonina	lisina	arginina	A
	metionina & INICIAR	tereonina	lisina	arginina	G
G	valina	alanina	aspartato	glicina	U
	valina	alanina	aspartato	glicina	C
	valina	alanina	glutamato	glicina	A
	valina	alanina	glutamato	glicina	G

Explorando o Desconhecido: Pioneirismo Genético e Engenharia Genética

As pessoas tem se questionado porque parecem com seus pais há anos. As observações da natureza com o passar dos milênios levaram as pessoas a se perguntarem "Por quê?" e "Como?" repetidamente. A busca por respostas levou a descobertas fascinantes.

Pioneirismo genético

Os experimentos das plantas de ervilha de Mendel iniciaram o campo da genética moderna. Ao saber que a hereditariedade era baseada nas células e que os genes carregavam as informações hereditárias, os cientistas contribuíram um com o trabalho do outro, acrescentando mais e mais conhecimento a base.

Animais minúsculos, que não ocupavam muito espaço em laboratório, não comiam muito e que poderiam criar gerações sucessivas rapidamente foram usados para testar teorias e aprender mais. As moscas da fruta (o gênero e o nome da espécie é *Drosophila melanogaster*) e os ratos ou ratazanas são usados com mais frequência. Para produzir uma nova geração, que é a única maneira de ver se uma mutação ou se um traço foi passado, você deve aguardar que a geração dos pais amadureça ao ponto em que possam reproduzir. Então, você deve esperar o período da gestação depois que os pais copularam. Os ratos e as moscas da fruta amadurecem rapidamente e têm períodos curtos de gestação. No entanto, os humanos não são capazes de reproduzir até depois que a puberdade ocorra durante os anos da adolescência e depois do período de nove meses da gestação. Essa é uma espera e tanto para ver os resultados!

Desde o tempo de Mendel no jardim do monastério, o DNA foi descoberto e sua estrutura foi compreendida. Quando James Watson e Francis Crick entenderam que o DNA era uma dupla hélice, os cientistas foram capazes de determinar que ele se dividia para ser replicado. Quando os cientistas souberam como o DNA foi copiado dentro da célula, eles puderam entender o código genético. O conhecimento do código genético permitiu que eles determinassem quais aminoácidos e proteínas eram produzidos. E isso os levou ao Projeto Genoma Humano.

Mapeando a nós mesmos: O Projeto Genoma Humano

Tenho certeza que você já ouviu falar sobre esse projeto no jornal, mesmo que você não soubesse o que era um genoma naquela época. (A propósito, um genoma é a constituição genética total em uma espécie.) Em 1988,

Capítulo 14: Deixando Mendel Orgulhoso: Compreendendo a Genética *259*

os laboratórios por todo o mundo, mas com base principalmente nos Estados Unidos, começaram a determinar as sequências do DNA humano. Se você está se perguntando por que o Projeto Genoma Humano é tão importante, pense da seguinte maneira: Se você fosse um pesquisador e quisesse estudar um gene humano específico, primeiro você teria que saber em qual cromossomo ele "vive". Para fornecer o "endereço" de cada gene humano, os pesquisadores decidiram criar um mapa das sequências de nucleotídeo no DNA de cada cromossomo humano.

Parece uma tarefa pretensiosa, não parece? Bem, o processo de sequenciamento do DNA foi automatizado e com vários laboratórios por todo o país, todos trabalhando em direção ao mesmo objetivo e sequenciando partes diferentes do DNA, usando programas de computador sofisticados, o projeto foi completado vários anos antes do previsto – com que frequência isso acontece?

Agora armados com um mapa de onde cada gene é localizado, os pesquisadores podem voltar sua atenção para fazer bom uso dessa informação. Saber onde cada gene reside nos cromossomos, os genes "ruins" – os que provocam doença ou câncer ou outras características indesejáveis – podem ser identificados.

Porém, agora que a pesquisa está lidando com genes humanos, muitas controvérsias estão atingindo os resultados positivos. Ocorreu um balbúrdio na década de 1980 quando um morango geneticamente projetado foi criado. Conforme os geneticistas, os bioquímicos e os biólogos de células moleculares descobrem mais sobre o que pode ser feito com as informações genéticas, outros estão preocupados com as implicações de tais técnicas. Mesmo depois que uma terapia gênica foi usada com sucesso, as pessoas simplesmente não têm certeza de como será o futuro.

A terapia gênica e a clonagem devem ser reguladas pelo governo? O que aconteceria se os genes inseridos em um paciente fossem para o cromossomo errado? Se as plantas e os animais são alterados, o equilíbrio da natureza seria afetado? Bebês "projetados" serão criados? Do que você chama a sua mãe se ela é o seu clone, e, portanto, ela também é sua irmã gêmea? Essas perguntas têm sido feitas não somente por pesquisadores, mas também por oficiais do governo, jornalistas e pessoas que estão sentadas à mesa em suas salas de jantar. Há um bravo mundo novo lá fora, e acho que o melhor é abordá-lo aos poucos. Mas com tantas promessas no desenvolvimento das técnicas genéticas, é difícil conter o entusiasmo. Os pesquisadores sabem que podem ajudar as pessoas agora. Por que esperar?

A Tabela 14-2 dá alguns exemplos do que está sendo feito com produtos desenvolvidos geneticamente. A Tabela 14-3 mostra o que está nos bancos dos laboratórios atualmente. Quando este livro for atualizado, aposto que essas tabelas ficarão muito maiores. Algum palpite?

Parte IV: Vamos Falar Sobre Sexo e Bebês

Tabela 14-2	Produtos Desenvolvidos Geneticamente
Produto	*Benefício*
Interferon alfa	Normalmente é produzido em quantidades pequenas no corpo, possui funções imunológicas importantes. As bactérias desenvolvidas geneticamente podem fazer com que o corpo crie muito interferon alfa. Atualmente é utilizado para reduzir tumores, assim como para tratar hepatite B e hepatite C.
Interferon beta	Também uma proteína protetora que ocorre naturalmente e é produzida em quantidades pequenas. A variedade desenvolvida geneticamente é usada para tratar esclerose múltipla, uma doença autoimune séria na qual o corpo ataca as suas próprias fibras nervosas, eventualmente causando uma incapacidade de se movimentar.
Humulina (insulina humana)	No passado, os porcos eram usados para criar a insulina que era utilizada nos humanos com diabetes. Porém, por ser insulina do porco e não insulina humana poderia ter alguns efeitos colaterais sérios. Agora, a *Escherichia Coli*, uma bactéria intestinal muito comum, pode ser aplicada com o gene para insulina humana e transformada em pequenas fábricas de insulina humana. A insulina que elas produzem provoca muito menos efeitos colaterais e é muito mais segura.
Anticorpos monoclonais	Os anticorpos são células do sistema imunológico que atacam os organismos invasores. Os anticorpos monoclonais são compostos da combinação de linfócitos B (células do sistema imunológico) de ratos com células que provocam câncer. Essas células híbridas (mistas) começam a produzir anticorpos contra as células cancerosas. Os anticorpos monoclonais são usados no lugar da quimioterapia em pacientes com uma forma de câncer nos ossos.
Ativador de Plasminogênio Tecidual (tPA)	Essa proteína são dissolventes de coágulos do corpo. Ela ocorre naturalmente no corpo para manter o fluxo sanguíneo se movendo. O que os cientistas fizeram foi desenvolver geneticamente a substância para que ela pudesse ser produzida fora do corpo e em quantidades maiores. O produto criado geneticamente é dado para pacientes que tiveram ataque cardíaco ou derrame para dissolver a obstrução que foi a causa do problema

Capítulo 14: Deixando Mendel Orgulhoso: Compreendendo a Genética 261

Tabela 14-2	Produtos Desenvolvidos Geneticamente
Produto	**Benefício**
Genoma funcional	Estudo de certas sequências de DNA em um organismo e como elas funcionam, levando em consideração todo o DNA do organismo.
Análise por microarranjo	Em vez de estudar um gene em um organismo, as técnicas associadas com a análise por microarranjo podem permitir que milhares de genes sejam estudados de uma vez ou em muitos organismos diferentes de uma vez.
Terapia genética	Expectativa de impedir que os genes ruins funcionem, o que evitaria que a proteína que eles produzem tenha um efeito negativo.
Criando novos cromossomos	Poderiam possivelmente criar cromossomos humanos inteiros que teriam genes para curar certas doenças. Eles poderiam ser inseridos em pessoas com uma doença para que os seus corpos replicassem os genes bons em vez de os genes ruins.

Parte V
M, M, M, Mudanças: Desenvolvimento e Evolução das Espécies

A 5ª Onda — Por Rich Tennant

"Pela última vez – vegetarianas grávidas não geram bonecas com cara de de repolho."

Nesta parte...

Assim como uma criança em idade pré-escolar, a vida não permanece parada. E comparado a idade do planeta, os organismos vivos são como pré-escolares. Eles não estão por aí há muito tempo. Levou muito tempo para que as plantas e os animais se desenvolvessem a partir de células primitivas que foram formadas na sopa primordial de gases e elementos. Somente porque os humanos estão aqui agora, quem disse que a evolução terminou? Não terminou. As células continuam a se dividir e a se substituírem. Enquanto estão fazendo isso, podem ocorrer mudanças. Os ambientes mudam. Os habitats se perdem. Os organismos vivos devem se adaptar, ou eles morrerão, assim como os dinossauros.

Nesses capítulos, você saberá como as células se tornam especializadas, como você continua a desenvolver depois que nasce e como as espécies continuam a se desenvolver depois que são estabilizadas.

Capítulo 15

Diferenciando a Diferenciação e o Desenvolvimento

- -

Neste Capítulo

▶ Entendendo como uma célula "sabe" para aonde ir e o que fazer

▶ Explorando o desenvolvimento de diferentes animais

▶ Ouvindo sobre a totipotência

▶ Descobrindo quais hormônios controlam a diferenciação e o desenvolvimento

- -

Se as células humanas contêm todos os 46 cromossomos, como as células sabem quais genes expressar? Quer dizer, como uma célula do cabelo expressa o gene da cor do cabelo em seu cabelo e não em seu cotovelo? Como as células da unha "sabem" produzir queratina – as proteínas das quais as unhas são feitas – e não o pigmento azul encontrado em seus olhos? Quando você estava se desenvolvendo em um embrião, como as células da sua perna acabaram na parte inferior do seu corpo e as células do seu braço na parte superior?

Você verá as respostas a estas questões fascinantes e muito mais neste capítulo. Você verá como alguns genes são ativados e desativados, assim como como os hormônios que regulam a expressão de um gene é ativado ou desativado. Uma outra questão: Como os hormônios são proteínas, e os genes direcionam a síntese de proteínas, como certos hormônios regulam a sua própria produção? Ele está ficando mais difícil agora. Resolverei esta questão aqui.

Definindo Diferenciação e Desenvolvimento

A *diferenciação* é a especialização das células que ocorre durante o desenvolvimento. A diferenciação determina quais serão os aspectos estruturais e funcionais da célula. O *desenvolvimento* é o processo geral de um organismo passando por estágios da diferenciação. Com o tempo, as mudanças que ocorrem durante o desenvolvimento no nível celular se tornam visíveis.

266 Parte V: M, M, M, Mudanças: Desenvolvimento e Evolução das Espécies

A *determinação* ocorre quando a célula se compromete a se desenvolver de certa maneira – quer dizer, quando ela é destinada (ou determinada) a tornar-se uma célula cerebral em vez de uma célula óssea.

Como esses processos são controlados e o que faz com que eles fiquem prontos para começar ainda é um pouco confuso. Mas eu compartilharei com você aquilo que sei. Pelo menos o que se sabe agora é um vasto aprimoramento sobre a *teoria do homúnculo*. Nos anos de 1600, os biólogos na verdade pensaram que dentro de cada espermatozóide estava um humano pré-formado – um homenzinho chamado homúnculo. A teoria era, como você deve imaginar, que quando um espermatozóide fertilizava um óvulo, os homenzinhos eram libertados e seriam capazes de se desenvolver. Alguns biólogos até mesmo discutiram que o homúnculo na verdade tinha espermatozóides que continham membros de gerações futuras que eram ainda menores do que o próprio homúnculo! Lembre-se, isso foi antes que eles soubessem como os traços eram herdados. Eles estavam certos ao afirmar que os fatores herdados vinham dos espermatozóides; eles não sabiam exatamente como isso ocorria.

Então, no início dos anos de 1700, a teoria da pré-formação continuou, mas tomou um rumo diferente. Os biólogos daquele século pensavam que um óvulo continha um corpo em miniatura e que o líquido seminal estimulava o desdobramento e a expansão das partes do corpo. Finalmente, em 1759, os biólogos entraram no caminho certo quando um cientista estudou embriões de pintos e determinou que as camadas foram organizadas de simples materiais granulares (células, talvez?) e se desenvolvia em um corpo. Essa hipótese foi chamada de *teoria da epigênese*. Quando o microscópio foi inventado, os estudos dessa área aconteceram um pouco mais rapidamente.

Pense nisso: Você começou como uma célula minúscula. Quando o núcleo do espermatozóide do seu pai se fundiu com o núcleo do óvulo da sua mãe, uma única célula foi criada contendo todas as informações genéticas que você teria pelo resto da sua vida. Essa única célula continha detalhes sobre a altura que você teria; a cor do cabelo e dos olhos; o tom de cor da sua pele; as doenças a que você seria suscetível ou capaz de passar; como você seria com 5, 35 e 65 anos; e possivelmente até a sua inteligência, talentos e personalidade. Surpreendente, não é?

Essa única célula começou a se desenvolver para dividir-se e o material genético começou a replicar. Esses processos continuaram por um tempo até que o *zigoto* estava pronto para ser implantado no revestimento do útero da sua mãe. Nessa altura, a massa de células precisava saber para aonde se dirigir. As plantas também se orientam antes que o desenvolvimento continue. Conforme uma semente começa a se desenvolver, as células da raiz capilar gravitam para baixo e as células que se tornarão o caule e as folhas migrarão para cima. Uma vez que o organismo foi orientado corretamente, as células começam a se tornar diferentes umas das outras e são especializadas. Esse estágio é quando as células de vários órgãos começam a se desenvolver e é chamado de *organogênese*. A Tabela 15-1 destaca as diferenças entre um humano, um sapo e um pássaro quando ele chega nesse estágio do desenvolvimento embrionário.

Capítulo 15: Diferenciando a Diferenciação e o Desenvolvimento 267

Tabela 15-1 **Diferenciação Durante o Desenvolvimento Embrionário em Humanos, Sapos e Pássaros**

Humanos	Sapos	Pássaros
Um blastócito é formado a partir das divisões celulares no zigoto, e ele contém o trofoblasto e o disco embrionário. óvulo seja reorganizado. Basta somente uma parte do cinza crescente estar em uma célula e ela pode se desenvolver em um sapo. Sem o cinza crescente, o desenvolvimento não acontece.	Um cinza crescente é formado depois que o espermatozóide do sapo penetra o óvulo, fazendo com que o citoplasma do ocorrem por toda a gema; elas ocorrem somente no blastodisco.	O blastodisco é uma área das células que fica na parte superior da gema massiva. As clivagens celulares (divisões) não
O trofoblasto é embutido no útero e produz gonadotrofina coriônico humana (hCG) para manter a gravidez. O trofoblasto forma o córion, que se torna parte da placenta.	A gastrulação ocorre quando as células cobrem o canto superior do blastopóro, que já foi o cinza crescente.	No início da gastrulação, o blastodisco invagina (dobra-se para dentro) ao longo de uma linha chamada traço primitivo.
A massa da célula interna é formada na cavidade criada pelo trofoblasto. Essa massa é pressionada contra uma ponta da célula em desenvolvimento e se torna o disco embrionário. Um traço primitivo é formado, a gastrulação – a formação das três camadas primárias da qual todos os tecidos se desenvolvem – o desenvolvimento dos órgãos e as membranas extraembrionárias são iniciadas.	Os ovos de sapos em desenvolvimento contêm a gema. A gema toma forma próximo da ponta superior do blastopóro.	Conforme as células vão para baixo na linha primitiva, a fenda que se desenvolve se torna um blastopóro do qual o embrião do pássaro se desenvolve e as células se diferenciam.

Equivalência genética do núcleo e da totipotência

Uma teoria mais recente sobre como a diferenciação pode ser iniciada nas células é a ideia de que durante o desenvolvimento dos núcleos de algumas células elas perdem a capacidade de expressar todos os genes que elas contêm. É claro, toda célula contém todo o material genético porque toda célula contém um conjunto completo de cromossomos (exceto pelos gametas). Mas nem todo gene é expresso todas às vezes.

Portanto, o que impede que todos os genes sejam expressos? Digamos que uma célula na íris do olho está sendo criada. A ideia é que somente os genes que são relacionados à cor do olho seriam expressos, e todos os outros genes que não são importantes em uma íris sejam ignorados. Mas o que controla isso?

Dois pesquisadores – Robert Briggs e T.J. King – testaram essa teoria nas células de girino. Eles descobriram que até o estágio da blástula, no ponto em que o organismo contém 8.000 a 16.000 células, uma única célula reteve a capacidade de se desenvolver em um organismo inteiro. Uma dessas células poderia se desenvolver em um novo girino. Porém, quando eles usaram células de um período tardio do desenvolvimento, eles não foram bem sucedidos. Então, outro pesquisador – J.B. Gurdon – teve sucesso no "crescimento" normal de embriões de sapos a partir de células da pele de sapos adultos que foram transplantadas nos ovos que tiveram o núcleo removido. Enquanto o ovo em que as células foram transplantadas não passava do ponto crítico de desenvolvimento, os girinos se desenvolveram. Esses estudos levaram a clonagem de animais adultos, como a antiga ovelha Dolly.

Embora os animais pareçam ter um ponto em que as células são determinadas para se diferenciar em certos tipos, as plantas são muito mais flexíveis. Você sabe como uma planta inteira pode crescer a partir do corte de outra planta? A parte cortada não contém raízes, mas é capaz de crescer ali. Também é possível pegar algumas células da planta e fazer com que uma nova planta inteira cresça a partir delas. A capacidade de células individuais da planta se desenvolverem em plantas inteiras é chamada de *totipotência*. Isso se refere ao fato de que toda célula em uma planta tem o potencial de crescer uma planta totalmente nova. Cada célula da planta, como cada célula animal, contêm todas as informações genéticas relacionada ao organismo inteiro. Mas algo nos animais muda durante o desenvolvimento, enquanto nas plantas, a totipotência permanece intacta.

Fatores que Afetam a Diferenciação e o Desenvolvimento

Quando o desenvolvimento embrionário começa, todas as células do embrião se desenvolveram de uma célula única criada pela fusão dos gametas. Os gametas são as células sexuais – óvulo, espermatozóide, grão de pólen e assim por diante.

Alguma coisa tem que ocorrer para começar a fazer com que as células se transformem em células do sistema nervoso ou células do tecido muscular, ou células do coração ou do pulmão e assim por diante. Essa "coisa" é a diferenciação, e várias influências ocorrem no início do desenvolvimento embrionário para iniciar a diferenciação.

Indução embrionária

A *indução embrionária* é a influência de um grupo de células em outro grupo de células, fazendo com que os receptores da influência mudem seu curso de desenvolvimento. As células que possuem esse poder são chamadas de *organizadoras*, e elas exercem sua influência ao secretar certas substâncias químicas.

A indução embrionária ocorre quando a lente do olho está se desenvolvendo (e não somente em humanos, mas em todos os animais vertebrados). Quando os olhos começam a se desenvolver, eles começam como protuberâncias saltadas (vesículas ópticas) dos lados do cérebro inicial. Quando as vesículas ópticas tocam a ectoderme – uma das camadas germinais criadas durante a gastrulação – a ectoderme engrossa no que é chamado de *placode óptico*. As placode óptico se desenvolvem então em lentes curvas do olho. A indução provoca essas mudanças estruturais, e também causa mudanças bioquímicas que permitem a produção de muitas proteínas especiais que refratam a luz. Essas proteínas especiais, chamadas cristalinos, permitem que a visão ocorra.

De forma interessante, se as vesículas ópticas são removidas da ectoderme antes que a indução ocorra, pele comum é desenvolvida naquele local e um olho não é criado. A indução provoca um tipo de reação em cadeia. Uma molécula indutora é ligada com uma molécula receptora de uma maneira semelhante àquela dos hormônios ligados às células. Porém, os indutores têm seus efeitos muito antes de as células se diferenciarem o bastante para produzir hormônios.

Fatores citoplasmáticos

Outro método que faz com que as células se desenvolvam de uma determinada maneira envolve o citoplasma encontrado nas células em desenvolvimento. Durante a divisão da célula, o citoplasma geralmente é dividido desigualmente entre as células filhas. A divisão desigual do citoplasma acontece nos pássaros, na qual uma célula usa a maior parte do citoplasma para formar a gema. Isso também ocorre nos sapos, em que o cinza crescente é especializado em material citoplásmico. E isso acontece nos humanos. Durante a oogênese, o processo que produz ovos nas fêmeas, uma célula filha recebe a maior parte do citoplasma e outras três células são corpos polares minúsculos com pouquíssimo citoplasma. A célula com a maior parte do citoplasma passa para se tornar um ovo.

O que exatamente provoca as variações na divisão do citoplasma ainda é incerto. Porém, sabe-se que os fatores envolvidos não percorrem pelos vasos sanguíneos em desenvolvimento. Em um experimento de E.P. Volpe e S. Curtis, dois girinos de sapos foram cirurgicamente ligados para que compartilhassem os vasos sanguíneos. Depois, as *células germinais primordiais* de – células especiais que vêm do citoplasma especial da gema do ovo de um sapo e que se tornam as gônadas – um dos girinos foi irradiado com luz ultravioleta. O girino tratado não desenvolveu gônadas, mas o não tratado desenvolveu. Assim sendo os dois girinos compartilharam o mesmo sistema circulatório, as células irradiadas deveriam ter se deslocado até o girino não tratado, se caso as células germinais primordiais se deslocassem através dos vasos sanguíneos. Mas não foi esse o resultado. Portanto, como as células germinais primordiais se tornam gônadas? Como elas chegam lá? Se você está procurando uma carreira na biologia, aqui está uma área que necessita de mais pesquisa.

Genes homeóticos

Os genes homeóticos são genes especiais que ativam ou desativam outros genes, como uma chave ativadora de um interruptor. Quando certos genes são ativados, certas proteínas são produzidas que contribuem para o desenvolvimento. Quando certos genes são desativados, a proteína normalmente criada seria retida para que não pudesse afetar o desenvolvimento. Essas ações controlariam quais substâncias estariam presentes ou ausentes em um embrião em desenvolvimento, enquanto controlam o desenvolvimento desse embrião.

Esse efeito é visto nas moscas da fruta. Sim, moscas da fruta. Se você leu o Capítulo 14, você deve se lembrar que as moscas da fruta são um dos principais organismos em um laboratório de genética. Elas são fáceis de reproduzir, não comem muito e não ocupam muito espaço. E quase todos esses genes são mapeados. Portanto, eles são animais excelentes para serem usados em pesquisa genética. Enfim, se os genes homeóticos nas moscas da fruta sofrem mutações, as pernas podem aparecer onde devem estar as antenas. As partes do corpo acabam nos lugares errados.

Vários anos atrás, um trecho do DNA que tem cerca de 180 nucleotídeos (o que não é muito grande) foi descoberto na maioria dos genes homeóticos de muitas espécies. Esse segmento curto de genes é chamado de *homeobox*, e, sim, os humanos têm homeoboxes. Uma homeobox são os genes que formam a família de genes homeobox que permanecem inalterados geração após geração. Os genes na homeobox ajudam a controlar o desenvolvimento, portanto você consegue imaginar as implicações das mutações na homeobox humana? Eu imagino como um desenho de Picasso.

Controle hormonal

É claro, os hormônios, aquelas proteínas regulatórias sempre importantes, eventualmente exercem um papel no desenvolvimento. Mas aparentemente, eles não intervêm até que a maioria dos órgãos vitais (coração, pulmão, rins, fígado) seja formada, e os membros e outros suplementos estejam nos locais a que eles pertencem. Então, os hormônios parecem controlar a aparência real do corpo.

Os hormônios controlam o crescimento e também continuam a controlar a diferenciação e o desenvolvimento que ocorrem através da vida de um organismo. Porém, nos embriões, os hormônios são capazes de controlar mudanças que ocorrem na forma do corpo.

Metamorfose

Os girinos de sapos passam por algumas mudanças impressionantes durante a metamorfose – o processo que faz com que um girino tenha pernas longas e pés ligados e perca sua cauda longa. Um girino de sapo parece muito com um peixe, mas eventualmente, aparece um sapo. O hormônio *tiroxina*, que é produzido na glândula tireoide, é responsável pelas mudanças. Se a glândula tireoide é impedida de secretar qualquer hormônio durante a metamorfose, o girino permanecerá e o sapo nunca se desenvolverá. Porém, o girino continuará a crescer em tamanho, somente não se diferenciara e se desenvolvera. Girinos gigantes podem ser criados.

A metamorfose nos insetos muda o ovo em larva, a larva em pupa, e a pupa em um inseto adulto. Os hormônios também controlam esse ciclo nos insetos. Os insetos produzem um hormônio cerebral que propaga-se ao longo das células nervosas até ele seja liberado no sangue e carregado até a glândula protorácica (glândula que aparece antes – *pro* – de o corpo – *tórax* – aparecer). A glândula protorácica libera então o hormônio ecdisona, que é chamado de *hormônio das mudas*.

O ecdisona promove a mudança de uma larva em pupa, e ajuda a desenvolver a pupa em um adulto. Quando o inseto está no estágio larval, outro hormônio chamado *hormônio juvenil*, é secretado em resposta ao ecdisônio. Os dois hormônios trabalham juntos – sinergisticamente – para manter o inseto no estágio larval. O inseto irá mudar para outra larva desde que o hormônio juvenil esteja sendo secretado. Quando o inseto está no estágio larval, a secreção do hormônio juvenil cai, e o ecdisona faz com que a larva mude para uma pupa, eventualmente tornando-se um adulto.

Nos experimentos, quando o hormônio juvenil foi removido inicialmente no estágio larval, o ecdisona teve o seu efeito e produziu uma pequena pupa que se transformou em um pequeno adulto. Quando o hormônio juvenil é adicionado ao ponto em que naturalmente seria desativado, uma grande pupa extra e um adulto gigante são criados. (Quem sabe o hormônio juvenil em excesso na água está criando todas aquelas mariposas monstruosas que você vê voando em postes de iluminação no verão?)

Diferenciação de gênero nos humanos

Os humanos não são estranhos aos efeitos dos hormônios durante o desenvolvimento. Na realidade, os homens e as mulheres são organismos idênticos até o momento em que a diferenciação sexual ocorra.

Nos estágios bem iniciais do desenvolvimento, o sistema reprodutor dos humanos (e de outros animais vertebrados – você sabe, aqueles com coluna vertebral) tem dois conjuntos de dutos: um para o sistema reprodutor feminino e um para o sistema reprodutor masculino. Quando ambos os conjuntos de dutos são apresentados, o estágio de desenvolvimento é chamado de estágio *indiferente* porque ainda não há diferença entre o homem e a mulher. Os humanos permanecem nesse estágio até cerca de sete semanas após a fertilização (próximo do final do segundo mês de gravidez), que é o motivo pelo qual um ultrassom antes desse período não consegue dizer o sexo do embrião em desenvolvimento. Não é somente o fato de que o embrião é pequeno demais para ver (isso faz parte, é claro), mas o mais importante, o sexo ainda não é evidente.

Os dois conjuntos de dutos são os *dutos Wolffianos*, que eventualmente se tornam os canais deferentes masculinos, epidídimo (nos testículos) e vesículas seminais; e os *dutos Müllerianos*, que eventualmente se tornam os ovários, o útero e a vagina.

Dentro das células, os cromossomos podem dizer se o embrião se desenvolverá em um menino ou em uma menina. Dos 46 cromossomos humanos, o último par – os dois cromossomos 23 – tanto os dois cromossomos X ou um cromossomo X e um cromossomo Y. Os dois cromossomos X indicam menina; um cromossomo X e um cromossomo Y indicam menino.

Se dois cromossomos X estiverem dentro das células do sistema reprodutivo, os dutos Müllerianos se desenvolverão, e os dutos Wolffianos se desintegrarão. Se um cromossomo X e um cromossomo Y estiverem dentro das células, então os dutos Wolffianos se desenvolverão e os dutos Müllerianos se desintegrarão. Os genes determinantes do sexo no cromossomo Y estimulam o desenvolvimento dos testículos. Se o gene determinante do sexo no cromossomo Y estiver ausente, a gônada primária se desenvolve em ovários, mas os dois cromossomos X são necessários pra que os dois ovários sejam mantidos.

Porém, outro fator, além de que os cromossomos compõem pares de 23 cromossomos, determina o gênero masculino ou feminino. Nos mamíferos – você sabe, os animais vertebrados que alimentam sua cria com suas glândulas mamárias – se os hormônios sexuais masculinos estiverem sendo secretados pelas gônadas em desenvolvimento, o duto Wolffiano se desenvolverá nos canais deferentes e o embrião se tornará masculino. Se os hormônios sexuais masculinos forem retidos – não é como se os hormônios sexuais famininos fossem secretados – mas as estruturas do duto Mülleriano se desenvolvem.

Um motivo para esse tipo de controle hormonal ocorrer nos mamíferos é porque eles se desenvolvem dentro do corpo de uma fêmea. Se o embrião começou produzindo hormônios femininos, ele pode afetar a mãe e sua gravidez também. (O estrogênio e a progesterona devem estar em determinados níveis para manter uma gravidez). Ao usar somente quantidades pequenas de hormônios masculinos como ativador ou desativador para o desenvolvimento do gênero, os efeitos desejados podem ser alcançados sem alterar o equilíbrio do hormônio da mulher.

Os hormônios também direcionam o desenvolvimento da genitália interna e externa. Os tubos necessários para a ejaculação do sêmen estão completos por volta de 14 semanas de gestação (início do segundo trimestre da

Capítulo 15: Diferenciando a Diferenciação e o Desenvolvimento 273

gravidez). Nesse período, o pênis, os testículos e o escroto se desenvolvem a partir do tubérculo urogenital, as protuberâncias urogenitais e as dobras urogenitais. O tubérculo urogenital se torna a glândula do pênis nos homens, as dobras urogenitais se tornam a haste do pênis, e as protuberâncias urogenitais se tornam o escroto. Nos homens, essas estruturas se desenvolvem sob a influência do hormônio di-hidrotestosterona (DHT), que é produzido pelas células nos testículos recém formados.

Nas mulheres, com ausência de DHT, o tubérculo urogenital se torna o clitóris (equivalente a glândula do pênis), as protuberâncias urogenitais se tornam os lábios maiores, e as dobras urogenitais se tornam os lábios menores. Porém, os ovários não produzem um hormônio que estimula o desenvolvimento da genitália externa feminina. É simplesmente a ausência de DHT que estimula esse desenvolvimento. Na realidade, a genitália externa feminina se desenvolverá mesmo que a genitália interna feminina falhe em seu desenvolvimento. As estruturas externas femininas estão completas por volta do mesmo período que as estruturas masculinas: entre 14 e 16 semanas de gestação, permitindo a visualização do sexo de um feto em desenvolvimento. É claro, visualizar o sexo do bebê é mais preciso quanto mais tardio o ultrassom for realizado. Tenho certeza que você conhece pessoas, assim como eu conheço, que souberam que teriam menina e depois tiveram que repintar o quarto rosa e devolver todos os vestidinhos quando nasceu um menino.

Erros podem ocorrer na estimulação hormonal da genitália. O processo complexo de diferenciação sexual envolvendo genes e hormônios não acontece sem erro. A síndrome de Turner é uma doença genética que pode ocorrer de duas maneiras. Primeiro, um indivíduo geneticamente feminino (XX) pode perder uma parte ou todos os cromossomos X, resultando em um indivíduo XO que nem é completamente feminino nem masculino. Segundo, um embrião pode ter um cromossomo X e um Y, o que normalmente indica menino, mas ocorre um apagamento na região do gene determinante no cromossomo Y. Esse apagamento significa que as estruturas do duto Wolffiano não se desenvolvem em testículos, portanto o DHT não é produzido. Então, as estruturas do duto Mülleriano se desenvolvem em genitálias internas femininas, e na ausência de DHT, a genitália externa feminina também se desenvolve. Lembre-se, os ovários não são necessários para o desenvolvimento das outras partes da genitália feminina. Portanto, as pessoas com síndrome de Turner são geneticamente masculinas (XY) ou parcialmente femininas (XO) com genitália feminina, mas são incapazes de reproduzir porque não há ovários.

Os embriões que têm um receptor andrógeno anormal não podem ligar o DHT necessário para produzir a genitália masculina. Portanto, eles podem ser geneticamente masculinos (XY), mas ter genitália externa feminina. Nos embriões que secretam andrógenos adrenais (os hormônios que são envolvidos na síntese normal de DHT e testosterona), uma fêmea genética pode ter genitália externa masculina com um pênis, mas ter ovários normais e outras estruturas reprodutivas internas. Ou um macho genético pode ser desmasculinizado. As duas condições criam um organismo hermafrodita; quer dizer, o tecido gonodal do homem e da mulher está presente.

Desenvolvendo-se Depois do Nascimento e Ao Longo da Vida

O desenvolvimento não para depois que você é formado e sai do útero da sua mãe. Certamente você se desenvolve mais a partir do estágio de uma célula do que quando você era um jovem embrião e depois um feto. Você se desenvolve rápido quando é recém-nascido, bebê e criança. A puberdade fornece novas características e transforma crianças em jovens adultos. Mas se você tem 16 ou 60 anos, você ainda está se desenvolvendo. O envelhecimento é um processo normal do desenvolvimento. O envelhecimento não acontece somente em pessoas "velhas"; ele acontece a partir do minuto em que você nasceu e por todo minuto de sua vida. Talvez o "envelhecimento" deve ser chamado de "mudança" por que a mudança, assim como ficar mais velho, certamente é uma das constantes da vida.

A expectativa de vida dos humanos tem aumentado com os anos, mas a média do tempo de vida não. Isso significa que as pessoas devem ser capazes de viver bem depois dos 100 anos, mas isto ainda não acontece devido às doenças como a cardiopatias e o câncer. De uma perspectiva biológica, a espécie humana não apresenta vantagem ter pessoas vivendo por muito tempo depois de seus anos reprodutivos. Quando elas passam suas informações genéticas e criam seus filhos, os membros mais velhos da espécie competem com os recursos (como água e comida) com os membros mais jovens (reprodutores) da espécie.

O envelhecimento é o processo que diminui a capacidade de sustentar a vida. O processo é longo e demorado, mas com o tempo, as mudanças funcionais e estruturais diminuem a capacidade de um organismo manter a homeostase e lutar contra infecções. Quando um homem tem 70 anos de idade, o peso de seu cérebro é de somente 56 por cento do que era quando ele tinha 30 anos de idade. Sua capacidade máxima de respiração é de somente 43 por cento do que tinha com 30 anos de idade. Mesmo o número dos botões gustativos na língua de um homem de 70 anos de idade é de somente 36 por cento do que era quando ele tinha 30 anos, o que eu acho que é uma benção, pois a taxa metabólica basal aos 70 anos de idade é de somente 84 por cento comparado com 100 por cento aos 30 anos de idade. Mas a maioria do que é dito sobre o processo de envelhecimento é que se um homem idoso com 70 anos de idade tivesse um distúrbio metabólico que alterasse seu pH sanguíneo (o que é extremamente importante para manter a taxa normal), sua capacidade de ajustá-la para recuperar ou manter a homeostase seria de somente 17 por cento, comparado com 100 por cento quando ele tinha 30 anos. Por fim, os processos fisiológicos do corpo caem além do ponto em que podem ser recuperados. A morte é o ponto de alcançar os limites genéticos e fisiológicos do corpo.

Alguns estudos sobre o envelhecimento mostraram que as células cultivadas em um laboratório sobre condições adequadas passam por cerca de 50 divisões celulares antes de morrer. As células são substituídas no corpo todos os dias durante toda a sua vida, mas a teoria do que se obtem de estudos em laboratório é que talvez as células em envelhecimento percam a capacidade de se substituir. Eventualmente, há muitas células "novas" e recém criadas, e elas são incapazes de manter processos importantes em níveis adequados.

Porém, essa ideia é somente uma teoria, mas isso liga a *hipótese imunológica do envelhecimento*.

Envelhecendo e Adoecendo: Alterações no Sistema Imunológico

No sistema imunológico dos humanos (e dos pássaros também), existem dois grupos importantes de linfócitos (células brancas protetoras): *células T*, que se tornam diferenciadas em uma glântdula chamada timo, e as *células B*, que, nos pássaros, são diferenciadas em um saco chamado de bursa de Fabricius. (Os mamíferos não têm bursa de Fabricius, mas ficou o nome "célula B", assim os cientistas não têm que chamá-las continuamente de "células não T, outras.")

Durante o período agitado da puberdade, o timo começa a ficar menor e menor e menor até que ele desapareça virtualmente no adulto. Sem o timo, as células T não são diferenciadas tão bem e na mesma frequência. A produção de células B começa a cair também. Conforme as células da medula óssea que são precursoras para a célula T e as células B passam por uma queda na produção, a medula óssea tem reduzido sua capacidade de colocar as células no processo da divisão celular. Esse enfraquecimento do sistema imunológico pode possivelmente explicar porque as pessoas próximas do fim da vida têm maior tendência à infecção.

As pessoas mais velhas têm um risco aumentado de *doenças autoimunes*, que são doenças em que as células saudáveis do corpo são atacadas pelas células de seu próprio sistema imunológico. Um exemplo de uma doença autoimune que é muito mais comum em pessoas mais velhas é a artrite. Em pessoas com artrite, as células do sistema imunológico podem atacar as células que revestem os espaços das articulações, causando inflamação e deterioração (sem mencionar a dor e o inchaço).

Agravamentos: Câncer e envelhecimento

O câncer é muito mais prevalente em pessoas no final do seu tempo de vida por vários motivos. Primeiro, alguns tumores são causados em parte por vírus. Se o sistema imunológico de uma pessoa mais velha está deteriorando, é mais provável que um vírus se instale. O que alguns vírus fazem (e você pode ler sobre isso no Capítulo 18) é se inserir nos genes de um hospedeiro, como um humano. Então, um vírus faz com que o hospedeiro continue para o trajeto da reprodução do vírus porque os vírus são incapazes de se reproduzir sozinhos. Esse mecanismo é a maneira que um minúsculo rinovírus o deixa péssimo com um resfriado. O seu sistema imunológico tenta lutar contra os vírus invasores aumentando a produção de muco e causando inflamação nos tecidos como em sua garganta e seios da face. Se um vírus causador do câncer domina o material genético, isso pode fazer com que as células do hospedeiro se reproduzam como se não houvesse amanhã, e o sistema imunológico não pode se defender. Embora a frequência da divisão celular não aumente, as células se tornam incapazes de parar a divisão. Esse processo acontece nos animais (o vírus do sarcoma de Rous, o sarcoma de Kaposi associado com o vírus da imunodeficiência humana) assim como as plantas (tumor galha-na-coroa).

Parte V: M, M, M, Mudanças: Desenvolvimento e Evolução das Espécies

Radical, rapaz: Os antioxidantes eliminam radicais livres

Quando o seu corpo está passando por processos metabólicos e digestão, as moléculas de oxigênio são concedidas. Essas moléculas de oxigênio são liberadas, mas não gostam de ficar sozinhas. Portanto, conforme essas moléculas de oxigênio passam por todo o corpo, elas pegam elétrons de outras moléculas. Esse comportamento ruim da parte dessas moléculas de oxigênio livre deu às moléculas o nome de *radicais livres*. Conforme os radicais livres roubam elétrons de outras moléculas, essas moléculas pegam elétrons de mais moléculas. A reação em cadeia da transferência de elétrons danifica as células e os tecidos encontrados em órgãos e em artérias. Esse dano pode contribuir para a aterosclerose (ver o Capítulo 7) e o câncer, dentre outros problemas.

A pesquisa realizada nos anos de 1980 levou a mais estudos nos anos de 1990 e agora se sabe com certeza que as substâncias chamadas antioxidantes cuidam dos radicais livres dentro do corpo. Os antioxidantes dão ao oxigênio solitário o elétron que ele está procurando. Portanto, em vez de o oxigênio eliminar um elétron os antioxidantes eliminam radicais livres. E, com os radicais livres controlados, o corpo pode se curar em vez de sofrer os danos.

Os antioxidantes são encontrados nas frutas, verduras, peixe e certos óleos com base em plantas. Porém, os alimentos cozidos e processados podem consumir os antioxidantes naturais. Recentemente, os antioxidantes como as vitaminas A (betacaroteno), C e E foram acrescentados em sucos e em outros alimentos. Porém, você ingere antioxidantes seja através de frutas frescas e verduras (sempre preferíveis), tomando suco de frutas com antioxidantes adicionados ou tomando suplementos antioxidantes, basta introduzilos em seu sistema para diminuir o dano e aumentar a capacidade natural que o corpo tem de se curar.

Outro fator envolvido com as taxas aumentadas de câncer em pessoas mais velhas é que a divisão celular não funciona tão bem ou de forma tão correta como em pessoas mais jovens. Normalmente, a divisão celular passa pelo ciclo celular do crescimento e da duplicação do DNA, o crescimento e a preparação para a mitose, a mitose e mais crescimento. Conforme a pessoa envelhece, mais e mais células param de passar pelo ciclo celular repetidamente. Elas podem passar até se desgastarem, mas elas não replicam material genético nem se dividem.

Durante a vida, podem ocorrer pequenas mudanças genéticas que você nem percebe – uma pequena mutação causada por um raio x aqui ou outra pequena mutação causada ao respirar ar poluído ali. Algumas mutações são consertadas; outras não apresentam evidências perceptíveis. Porém, depois que as mudanças genéticas se acumulam com o tempo, as células podem não ser capazes de reparar uma mutação, e podem ser transformadas. A transformação pode colocar as células em um ciclo incontrolado de divisão e crescimento, o que faz com que uma massa de células chamada *tumor* se forme. O estado de uma doença ocorre conforme essas células anormais ficam mais numerosas do que as células normais. O sistema imunológico de pessoas mais velhas pode ficar fraco demais para controlar esse crescimento neoplástico ("novo tecido").

Capítulo 16

O Mundo Mudando, As Espécies se Desenvolvendo

Neste Capítulo

▶ Descobrindo em que as pessoas acreditavam a respeito de como os organismos evoluíram até aqui

▶ Entendendo o que as pessoas aprenderam e como isso mudou suas crenças

▶ Observando como Darwin apareceu com sua teoria da evolução

▶ Examinando a prova da evolução

*V*ocê sabe que mudou durante o curso de sua vida e continuará a mudar. Você se vê como parte do grande ciclo da vida? Você reconhece o fato de que todos os seres vivos participam de um processo contínuo de nascimento, crescimento, morte e renovação?

Tenho certeza que você já viu ossos ou ferramentas fossilizadas de ancestrais antigos. Veja como os humanos mudaram e expandiram o conhecimento com os milênios. Não é difícil de acreditar que os humanos se desenvolveram. Mas qual foi o ponto inicial da evolução? Do que eles se desenvolveram?

Este capítulo fala a respeito das crenças de ancestrais sobre a evolução, como Darwin estudou geologia para chegar na sua teoria da evolução, e quais são os pensamentos atuais a respeito da origem das espécies. Você lê sobre estudos que fornecem prova da evolução e descobre alguns fatos fascinantes sobre como as coisas eram e como elas mudaram.

O Que as Pessoas Acreditavam, Acredite Você ou Não

Desde o tempo em que a antiga Grécia foi o local cultural até o início dos anos de 1800, os filósofos, cientistas e o público em geral acreditava que as plantas e os animais foram criados especialmente de uma vez e que as novas espécies não haviam sido introduzidas desde então. Você poderia chamar isso de pensar com base no "fundamentalismo".

As pessoas também pensavam que a terra em si nunca havia mudado, mas essa crença foi sustentada não muito tempo depois de Cristóvão Colombo que provou que o mundo não era plano, ao se atravessar o mar e não cair da borda da terra.

Antes da descoberta da tipografia, as pessoas recebiam a maioria das informações e tinham suas crenças moldadas pelos líderes religiosos. Quando Johann Gutenberg desenvolveu a máquina de impressão, ele imprimiu a Bíblia para que até mesmo pessoas comuns tivessem acesso a ela. As pessoas puderam ler a Bíblia sozinhas e então começariam a questionar sobre aquilo que lhe disseram para acreditar. As pessoas buscaram a educação, elas quiseram viajar o mundo para ver como era realmente lá fora, elas quiseram aprender porque, como, o que, onde e quando – sobre tudo. A ciência explodiu. As pessoas estudaram as plantas e os animais, realizaram experimentos, e publicaram suas descobertas. Surgiram faculdades e universidades, e as pessoas instruídas se uniram para debater assuntos importantes como hereditariedade, evolução, teologia, matemática e ciências naturais. Elas se questionaram sobre o que havia no espaço externo. Os planetas estavam sendo descobertos e as pessoas aprenderam que o sol em vez de a terra era o centro do universo. Esse período da história foi o período da Renascença e da Reforma, e sem dúvida foi interessante.

A tipografia teve um impacto incrível na ciência e na tecnologia que necessitou de investigações que, com os anos, levou à pesquisa em andamento ainda hoje. Os experimentos com plantas de ervilha de Mendel provavelmente não teriam acontecido se as pessoas não tivessem desenvolvido um forte interesse na ciência e na natureza. E sem Mendel provando que os traços eram passados de uma geração para outra através dos genes, não haveria o campo da genética.

Os humanos certamente aprenderam muitas informações desde a era de ouro da Grécia.

Como Charles Darwin Desafiou o Pensamento da Principal Corrente

Charles Darwin, o cavalheiro do país Inglês que saiu em uma jornada pelo mar em 1831 em um tipo de embarcação à vela chamado HMS *Beagle* (quando ele tinha apenas 22 anos de idade), na verdade saiu para manter uma publicação do "trabalho de Deus". Ele foi contratado pelo capitão do navio para ser naturalista. Ele não era menos religioso do que os outros dos seus dias, nem lhe faltava o pensamento fundamentalista que era típico daquela época. Mas ele ficava muito enjoado durante a viagem, por isso gastou a maior parte do tempo no navio deitado. Enquanto estava ali, ele leu um livro chamado *Princípios da Geologia*, que foi escrito por Charles Lyell.

No livro de geologia, Lyell propôs que a terra não era uma massa estagnada que nunca mudara. O autor deu evidências de como os continentes da terra tinham se deteriorado pela erosão, e como as rochas que eram transportadas por enseadas e rios eventualmente eram depositadas no oceano, onde se tornavam sedimento. O geólogo propôs que como todos os continentes da terra não estavam no nível do mar devido à erosão, uma força dentro da terra deve empurrar o sedimento para cima, criando novas massas de terra.

O que chamou a atenção de Darwin foi que se fosse verdade na geologia que a terra era dinâmica e estava passando por um processo de mudança gradual, porque não seria verdade para a biologia que os organismos vivos também passam por processos de mudança gradual? Portanto, enquanto estava em sua viagem de cinco anos ao redor do mundo fazendo anotações sobre a natureza, ele reuniu muitas evidências que deram provas à sua hipótese.

Darwin viajou para a Austrália, África e América do Sul. Junto com um leito fluvial na Argentina, ele descobriu ossos fósseis de três espécies extintas. Darwin começou a formar sua teoria da evolução orgânica bem ali. As espécies extintas lembravam três espécies vivas, portanto Darwin começou a se questionar se as espécies anteriores eram ancestrais de espécies atuais. Se for assim, então a evolução era certeza. As espécies extintas tinham mudado, e as novas espécies se desenvolveram a partir das antigas.

Na visita de Darwin às Ilhas Galápagos, que fica aproximadamente 600 milhas da costa oeste da América do Sul, ele ficou surpreso ao encontrar uma variedade de espécies que eram semelhantes aquelas da América do Sul, mas que havia mudado para se adaptar ao ambiente das ilhas isoladas. As Ilhas Galápagos foram criadas a partir de erupções vulcânicas, e os pássaros e os animais que habitavam a ilha eram carregados por correntes de vento ou eram restos flutuantes na água.

Uma espécie que Darwin achou fascinante foi a tartaruga gigante. Depois de observar os cascos das tartarugas, Darwin achou que o formato do casco da tartaruga variava de ilha para ilha. Além disso, as tartarugas que viviam nas áreas secas das ilhas tinham pescoços mais longos do que aquelas que viviam em áreas molhadas. Darwin veio com uma teoria de que as tartarugas tinham condições ideais nas ilhas, incluindo os não predadores não naturais. Portanto elas eram capazes de se reproduzir com frequência e sofriam poucas perdas, rapidamente aumentando a população das ilhas. Porém, devido ao fato de as tartarugas ficarem isoladas em ilhas diferentes, elas se adaptavam rapidamente às variações do ambiente. Essas mudanças aconteceram através de gerações de tartarugas, mas deu a Darwin um modelo puro de como a evolução poderia funcionar.

Então, Darwin percebeu um grupo de pássaros vivendo nas Ilhas Galápagos. Os pássaros eram tentilhões da América do Sul e assim como as tartarugas gigantes, eles rapidamente estabeleceram uma grande população nas ilhas. Na América do Sul, esse tipo de tentilhão comia somente sementes. Porém, como não havia predadores do tentilhão nas Ilhas Galápagos, os pequenos pássaros iam multiplicando-se. Logo, eles superlotaram o lugar com a sua própria população, e não havia sementes suficientes para todos os pássaros. Para equilibrar a competição por comida, alguns tentilhões nas Ilhas Galápagos comem somente insetos e não comem sementes. Alguns até se transformam em comedores de cacto. Embora os tentilhões das Ilhas Galápagos tenham todos em comum um ancestral que voava ou que flutuava até as massas de terra recém-formadas, ficaram geograficamente isolados, o que significou que eles estavam isolados reprodutivamente uns dos outros. Os tentilhões em ilhas separadas não copulavam, por isso os pássaros da ilha são agora geneticamente diferentes e variados do ancestral original.

O que Darwin observou na tartaruga e nas populações de tentilhões nas Ilhas Galápagos é conhecido como *radiação adaptativa*. A radiação adaptativa acontece quando os membros de uma espécie entram nos nichos ambientais e têm pouquíssima competição dos recursos no princípio. Essa capacidade permite que eles fiquem em um novo ambiente e aumente sua população. Conforme a população aumenta, a competição pelos recursos começa, e a espécie original se divide em novas espécies que se adaptam às condições ambientais diferentes. As mudanças na população da tartaruga e do tentilhão, assim como a descoberta dos fósseis extintos, levou Darwin a desenvolver sua *teoria da evolução orgânica*.

A teoria de Darwin sobre a evolução orgânica

Em resumo, a teoria de Darwin sobre a evolução orgânica acontece assim: Se uma espécie não se adapta as condições ambientais em mudança, ela se torna extinta. As espécies que se adaptam às mudanças dividem-se em novas espécies de um ancestral original. Darwin acreditava que toda espécie de planta e animal, fosse extinta ou vivente, descendia de uma espécie anteriormente existente e depois se modificava para se ajustar as condições ambientais.

Levou 23 anos depois de seu retorno do mar para finalmente publicar seu livro *A Origem das Espécies*. Um jovem naturalista chamado Alfred Wallace rapidamente foi chegando às mesmas conclusões que Darwin tinha chegado nas Ilhas Galápagos e quase tomou a frente das descobertas antes de Darwin. Quando a Origem das Espécies entrou na mídia impressa, se esgotou rapidamente (literalmente, todas as cópias foram vendidas no primeiro dia!), mas as ideias do livro sugeriram condenações sérias da igreja. Porém, antes de Darwin morrer, a igreja cessou o seu ataque e admitiu que era inteiramente possível acreditar em Deus e na teoria da evolução ao mesmo tempo.

A evidência de Darwin

Quando Darwin estava viajando o mundo observando a natureza e fazendo anotações, ele coletou as três categorias principais de informações. Essas categorias forneceram a evidência da evolução das espécies.

✔ **As formas de vida são diversas.** Darwin descobriu que os ambientes pelo mundo variavam grandemente. O que o surpreendia era que para cada nicho ecológico que ele descobria, várias espécies de animais e de plantas eram adaptadas para viver ali. Darwin questionou o que fazia com que os seres vivos se adaptassem tão bem em seus ambientes. Agora, as pessoas envolvidas no estudo da *biogeografia* buscam respostas e mais pistas sobre como os organismos se adaptam a sua volta.

✔ **As formas de vida são semelhantes.** Embora isso pareça uma contradição da categoria anterior (como as formas de vida podem ser diversas e semelhantes ao mesmo tempo?), realmente não é. Embora Darwin

Capítulo 16: O Mundo Mudando, As Espécies se Desenvolvendo **281**

descobrisse uma grande variedade de formas de vida incrivelmente especializada para os seus ambientes, ele também descobriu que de maneira geral todas as plantas são muito semelhantes às outras. Por exemplo, todas as plantas ficam presas à raiz e têm caules e folhas. E todas as flores e sementes têm as mesmas estruturas; somente o tamanho, a cor e a forma são diferentes. Os braços de um humano, a perna frontal de um cachorro e a nadadeira de uma foca, todos contêm os mesmos ossos – um "braço" superior, um cotovelo, um "braço" inferior e cinco "dedos". As únicas diferenças estão no tamanho e na forma. Os humanos, as minhocas, os insetos e os coelhos têm sistemas digestivos semelhantes. Os humanos, os cavalos, as cabras e os sapos todos têm corações e sistemas circulatórios. Um neurônio de um humano não é diferente do neurônio de qualquer outro animal. A observação das semelhanças de diferentes animais deu espaço para o campo da *anatomia comparativa*. E, se você ler o Capítulo 14, você descobrirá que o código genético – o código que diz qual códon (ordem das três bases de DNA) significa qual aminoácido deve ser produzido – é exatamente igual em todas as espécies da terra. Muitas descobertas do campo da genética fornecem provas para a evolução.

✔ **O registro fóssil conta uma história importante.** Quando Darwin viu por ele mesmo que havia camadas diferentes de rocha em fósseis diferentes (ele tinha lido esse fato quando estudou geologia), ele foi surpreendido pela diferença dos fósseis mais antigos que estavam na parte inferior dos fósseis "mais novos" na parte superior. As espécies mais simples e agora extintas ficavam no fundo, as formas mais complexas no meio, e as formas que lembravam espécies atuais no topo. Darwin percebeu que as formas mais antigas, mais simples desapareciam conforme você passava para cima nas formações rochosas. É claro, uma formação rochosa não contém todas as espécies que já existiram. Os fósseis de rochas em camadas por todo o mundo devem ser examinados. Os fósseis em estudo fizeram ele perceber que algo fez com que a espécie desenvolvesse de organismos simples e depois mudasse. Conforme as mudanças ficavam mais complexas, as formas simples ficavam extintas e outras diversificações ficavam evidentes. Essas mudanças aconteceram milhões de anos atrás, é claro, mas o impacto das informações é claro: A espécie era um organismo simples, mudou com o tempo e ficou mais complexa, levando a espécie atual que tem em comum o ancestral simples de milhões de anos atrás. O interesse nessa área deu espaço para o campo da *paleontologia*.

Outra Teoria de Darwin: A Sobrevivência do Mais Apto

Darwin se encontrou tendo que defender suas observações. A sociedade do fundamentalismo cético em que ele viveu não concordou com essa forma de pensamento tão facilmente. Depois eles concordaram, mas não foi fácil no início. Darwin teve que explicar como as espécies puderam ter mudado com o tempo. Ele veio com a teoria da *seleção natural*, que ainda faz sentido hoje. Sua teoria da seleção natural geralmente é descrita como a teoria da "sobrevivência do mais apto".

Darwin explicou que um organismo que tinha traços superiores a outro organismo da mesma espécie estava simplesmente mostrando uma melhor adaptação ao seu ambiente. Essa superioridade aumentava a *adaptação* do organismo, que Darwin descreveu como a capacidade de o organismo sobreviver e produzir sua descendência. No tempo de Darwin, a adaptação, não tinha nada a ver com uma barriga de tanquinho e baixa porcentagem de gordura corporal.

Quando uma característica aumenta a sobrevivência de um organismo, diz-se que o ambiente favorece essa característica ou a seleciona naturalmente. A seleção age *contra* as características desfavoráveis, que mostram falta de adaptação ao ambiente. Os indivíduos mais adaptados são "selecionados" para sobreviver (sobrevivência do mais apto). Darwin tinha vários argumentos fortes para sua teoria da seleção natural.

Primeiro, uma espécie tem o potencial de aumentar a população rapidamente, mas os tamanhos da população permanecem quase os mesmos porque nem todo bebê que nasce sobrevive. Nem todo bebê sobrevive devido a vários fatores relacionados à seleção natural. A quantidade de recursos disponíveis não aumenta com o tamanho da população, o que significa que como as fontes de alimento e água (e luz, no caso das plantas) permanecem iguais, mas o tamanho da população aumenta, e ocorre competição maior pelos recursos. Somente sobrevive à competição os indivíduos mais aptos porque eles têm características melhor ajustadas ao ambiente e são capazes de ter mais sucesso em relação aos outros indivíduos quanto aos recursos. Conforme as características aumentam, os indivíduos melhor adaptados produzem descendências que herdam as características aprimoradas. E esses descendentes produzem descendentes que herdaram as características de adaptação. Com o tempo, as características adaptadas se tornam mais dominantes, e assim ocorre a evolução. A Tabela 16-1 resume os quatro tipos principais de seleção natural.

Tabela 16-1	Tipos de Seleção Natural
Tipo de Seleção Natural	*Efeito*
Seleção estabilizadora	Elimina as características incomuns ou extremas. Os indivíduos com as características mais comuns são considerados mais aptos, o que mantém a frequência das características comuns da população, e com o tempo, a natureza seleciona contra variações extremas.
Seleção direcional	As características de um lado de um espectro são selecionadas a favor, enquanto pelo outro lado são selecionadas contra. Geração após geração, os traços selecionados tornam-se comuns, e os outros traços vão sendo eliminados.

Capítulo 16: O Mundo Mudando, As Espécies se Desenvolvendo 283

Tipo de Seleção Natural	Efeito
Seleção disruptiva	O ambiente favorece as características extremas ou incomuns e seleciona contra as características comuns. Um exemplo é a altura das ervas daninhas na grama comparada com a da floresta. Na floresta, no seu estado natural, as ervas daninhas altas competem mais com o recurso da luz do que com as ervas daninhas baixas. Mas na grama, as ervas daninhas têm mais chance de sobreviver se permanecer baixas porque a grama é mantida baixa.
Seleção sexual	As fêmeas aumentam a capacidade de adaptação ao escolher machos com capacidade de adaptação superior; as fêmeas estão preocupadas com qualidade. Os machos contribuem com a maior parte da adaptação de uma espécie aumentando a quantidade de sua descendência. Os machos estão preocupados com quantidade, por isso a competição entre os machos pela oportunidade de copular ocorre em disputas de força. Portanto, as estruturas e outras características que dão ao macho a vantagem em uma disputa de força se desenvolveram, incluindo galhadas, chifres e músculos maiores. As fêmeas escolhem o par, por isso os machos desenvolvem características para atrair as fêmeas, como certos comportamentos para a copulação ou penas brilhantes.

A seleção artificial é realizada pelos humanos (portanto, não entra na seleção "natural"). Os humanos podem ter o desejo de gerar animais com certas características ou cruzar plantas para ter certos efeitos; essa prática geralmente é vista na indústria da agricultura. Durante o Império Romano, os cães selvagens eram domesticados pelos humanos. Desde então, os humanos criaram muitas de suas linhagens de cães atuais ao copular dois tipos de cães com características desejadas.

O DNA Mitrocondrial Tem um Vínculo com o Passado

A evolução é ainda mais aparente nas moléculas. Certamente, a anatomia comparativa permitiu que os cientistas descobrissem como os membros vertebrados se desenvolvem a partir de criaturas (que vivem na água) como os anfíbios. Mas com a tecnologia agora a disposição, Darwin teria ficado surpreso ao aprender que quase todos os seres vivos contêm DNA como seu material genético, e que há um código genético contido no DNA de todos os organismos.

Além disso, todos os organismos vivos convertem fontes de alimento em energia na forma de ATP. Se o organismo é uma flor consumindo nutrientes e água do solo e luz do sol, um leão comendo um búfalo, ou um humano consumindo uma refeição elaborada pelo gourmet Emeril Lagasse, os alimentos são absorvidos por um sistema digestivo e os nutrientes são transportados por um sistema circulatório para toda célula do organismo, onde são convertidos para a molécula ATP nas organelas chamadas de mitocôndrias. O ATP é então usado para fornecer energia aos processos celulares. Nos processos celulares de qualquer organismo, o ATP abastece a produção de proteínas e esta é direcionada pelos genes nas cadeias de DNA.

Os bioquímicos analisaram as proteínas em uma tentativa de aprender mais sobre como o material genético é expresso nos organismos. Se os organismos produzem proteínas semelhantes, elas devem conter genes semelhantes. Esses tipos de estudos têm sido valiosos para entender os relacionamentos evolucionários entre as espécies e para determinar ancestrais comuns. Quanto mais recente essa espécie tenha se desenvolvido de um ancestral comum, mais proteínas (e genes) eles terão em comum. Essa igualdade é conhecida como *homologia*. Da mesma forma, as poucas proteínas e genes homólogos que os organismos compartilham indicam um período de tempo maior desde que eles se separaram na árvore evolucionária.

As proteínas associadas com as moléculas de DNA são chamadas de *histonas*. Em uma das proteínas histona, as sequências de aminoácido produzidas são idênticas em muitos, muitos organismos. Esse fato aponta para um organismo único servindo como o ancestral de todos os organismos que preenchem a população da terra hoje. Também é intrigante o fato de que essas proteínas e sequências de genes não mudaram em milhões de anos; diz-se que são *sequências altamente* conservadas.

Uma dessas sequências altamente conservadas produz uma proteína chamada *citocromo C*, que é parte da cadeia de transporte de elétron que ocorre nas mitocôndrias. Os humanos e os chimpanzés têm exatamente as mesmas sequências de aminoácidos em suas proteínas citocromo c, que indica que os humanos e os chimpanzés se separaram no tronco da árvore evolucionária muito recentemente ("recentemente" em tempos evolucionários ainda é muito tempo, cerca de 6 milhões de anos nesse caso). A proteína citocromo c em macacos rhesus é diferente dos humanos e dos chimpanzés somente por um aminoácido (de um total de 104).

Uma coisa que pode alterar a proteína será produzida é uma mutação. (Os detalhes da replicação do DNA e da síntese da proteína são dados no Capítulo 14.) Embora as mutações pareçam coisas horríveis, na verdade elas ocorrem bem regularmente. Na verdade, elas ocorrem tão regularmente que existem taxas para medir mutações genéticas. As mutações permitem que os organismos mudem lentamente. Sim, às vezes, as mutações podem provocar resultados desastrosos, mas na maior parte do tempo elas passam despercebidas. Porém, elas abastecem a seleção de certas características.

Os cientistas podem usar as frequências das mutações dos genes para calcular quanto tempo faz desde que duas espécies divergiram. E para provar as teorias de Darwin mais tarde, a quantidade de tempo calculado através da frequência da mutação dos genes coincide com as datas que os paleontólogos deram ao datar os fósseis.

Capítulo 16: O Mundo Mudando, As Espécies se Desenvolvendo 285

Então, Quem Foram os Seus Ancestrais?

Para guiá-lo através dessa discussão, eu devo mencionar Charles Darwin. Além de *A Origem das Espécies*, ele escreveu outros bestsellers, incluindo um chamado *A Descendência do Homem*. Em seu livro sobre a evolução dos humanos, Darwin sugeriu que os humanos descendiam de espécies ancestrais encontradas na África. Essa ideia foi sustentada por um tempo, mas saiu de moda no final do século 19 e no início do século 20.

Em 1891,o pesquisador Eugene Dubois descobriu alguns ossos em Java, Indonésia, uma grande ilha fora da costa do sudeste da Ásia. Chamando a descoberta de Homem de Java, Dubois pensou que havia encontrado a ligação entre o macaco e o homem. O que ele encontrou foi certamente um ancestral do moderno *Homo sapiens* – o gênero e o nome da espécie para os humanos – mas não era um tipo de macaco. O que ele descobriu foi na verdade um membro da espécie *Homo erectus*, um dos primeiros hominídeos que caminhavam. Outros ossos de Homo erectus foram encontrados na China, mas também foram encontrados na África. A controvérsia, ou em vez disso a questão colocada é que a espécie Homo erectus se desenvolveu na África e depois viajou para a Indonésia e para a Ásia, ou foi o contrário? O que torna essa pergunta tão difícil de responder é que a idade dos ossos tanto do Homem de Java quanto dos ossos encontrados no Quênia, África, é de 1.8 milhões de anos. Eles são muito próximos em idade, mas foram encontrados a 16.903.44 km de distância! Então, quem fez a caminhada?

Durante os anos de 1930, um pesquisador chamado Raymond Dart examinou um pequeno crânio que foi descoberto em Taung, uma cidade da África do Sul. Depois de estudar a estrutura óssea e perceber que dentro do crânio havia um cérebro petrificado, Dart chegou à conclusão de que o crânio pertencia a uma criança que tinha cerca de 6 anos de idade e era membro de uma espécie humana ancestral. Os restos foram chamados de Criança de Taung. Dart pensou que *ele* tinha descoberto um elo perdido entre os macacos e os homens.

Outros discordaram. Dart foi ridicularizado ao sugerir que um ancestral humano estava "fora da África" quando o pensamento naquele tempo era de que a primeira espécie humana era da Ásia devido ao tumulto causado pelo Homem de Java.

Mas Dart perseverou, apesar de sua crença não ter sido popular naquele tempo. Ele classificou seu crânio como *Homo habilis*, que significa homem habilidoso, porque foram encontradas ferramentas feitas de pedras perto de seus ossos. Eventualmente, as visões de Dart foram justificadas.

Nos anos de 1930, Louis e Mary Leaky começaram a escavação no Olduvai Gorge na Tanzânia, África. No início dos anos de 1960, o filho de Leaky, Richard, notou a mandíbula de um tigre de sabre fora do sítio arqueológico. A escavação continuou na área, e eventualmente foram desterrados pedaços de três esqueletos. Os esqueletos também foram classificados como *Homo habilis* e foram datados com cerca de 2 milhões de anos. Os Leakys continuaram seu trabalho em Olduvai Gorge até os anos de 1980, e em 1984, eles desterraram um achado espetacular: o primeiro (e ainda o único) esqueleto completo de um *Homo erectus*. Os ossos do *Homo erectus* que os Leakys escavaram foram datados com 1,6 milhões de anos.

A espécie de um *Homo erectus* de 1,5 milhões de anos que Richard Leaky descobriu em 1974 revelou informações sobre a socialização dos ancestrais humanos. Nos ossos da perna do esqueleto da fêmea havia sinais de doença que mais tarde foi identificada como sendo envenenamento por vitamina A.

O envenenamento por vitamina A ocorre em pessoas que comem muito fígado, porque o fígado filtra a vitamina A. Os sintomas incluem perda de cabelo e dos dentes, dor nas articulações e coágulos sanguíneos que calcificam em protuberâncias de osso. Quando as protuberâncias de osso se formam, uma pessoa afetada é incapaz de andar.

As protuberâncias de osso foram muito prevalentes nos ossos do Homo erectus, por isso os pesquisadores acreditam que alguém cuidou dessa mulher – trazendo comida e água e protegendo-a dos predadores – até que ela morreu de causas naturais, muito provavelmente de envenenamento por vitamina A. Portanto, cerca de 1,5 milhões de anos atrás, os humanos estavam formando ligações sociais. Conforme a evolução continuou as mudanças psicológicas exigiram a formação de ligações sociais mais fortes, levando a unidades familiares. Espere para ver, as mudanças são espantosas:

- Conforme os ancestrais humanos começaram a caminhar de pé, logo eles começaram a caçar. Portanto, em vez de ser herbívoros como eram nas florestas, eles se tornaram carnívoros consumidores de animais.

- Um fator que levou a esse desenvolvimento foi a mudança climática. Conforme a terra começou a esquentar, algumas das florestas desapareceram e tornaram-se savanas abertas, é muito mais fácil de ver a presa (especialmente se você estiver de pé). Portanto, os predecessores se tornaram caçadores bem sucedidos e comeram muita carne.

- Comer muita carne – com as gorduras e as proteínas que a carne contém – deixou os seus cérebros maiores, e os cérebros maiores foram "selecionados a favor" com o tempo. Conforme os seus cérebros ficaram maiores, eles desenvolveram ferramentas e começaram a se perguntar o que havia na savana aberta. Os ancestrais, armados com suas ferramentas, começaram a viajar. Um hominídeo sozinho não ocupava grandes distâncias entre os lugares onde os ossos foram encontrados. Levou milhares de anos para as populações se desenvolverem e espalharem. Uma estimativa é que levou 25.000 anos para os ancestrais humanos habitarem da África até a Indonésia e a África.

- Como o formato e o tamanho dos cérebros mudavam e aumentavam, as mulheres ancestrais davam a luz mais cedo de maneira que a cabeça podia caber nos ossos pélvicos. Os bebês nasciam mais cedo, por isso eles eram muito mais dependentes de suas mães por um período de tempo muito maior. Essa mudança significou que a mãe não podia contribuir com a caça, mas ela ainda precisava adequar a nutrição para produzir o leite e amamentar o seu bebê. Portanto, o pai e outros membros do clã tinham que ajudar a mãe trazendo seu alimento. A mãe tendo que contar com os outros para a sua sobrevivência e a de seu bebê, vieram a ter vínculos próximos uns com os outros.

Capítulo 16: O Mundo Mudando, As Espécies se Desenvolvendo 287

Desde os anos de Dart e dos Leakys, vários outros ossos fossilizados foram descobertos por toda a costa do sudeste da África, dando à África o apelido de o "berço da civilização". Os remanescentes mais antigos de um hominídeo – um ancestral que caminha de pé – pertence à Lucy, um esqueleto de 3,2 milhões de anos da espécies *Australopithecus afarensis*. Ela foi encontrada na Etiópia no nordeste da África em 1974 por Don Johanson.

A esposa de Richard Leaky, Maeve, foi de Olduvai Gorde até Kanapoi no norte do Quênia, e descobriu um ancestral de 4,2 milhões de anos. A mandíbula inferior estava completa e os dentes surpreendentemente são como os de um humano atual. Porém, a forma da mandíbula é como a de um chimpanzé. Partes de osso da perna mais baixa também foram encontradas e indicou que a criatura caminhava com as duas pernas. Maeve o nomeou de *Australopithecus anamensis*. Essa criatura antiga de 4,2 milhões de anos era um ancestral da espécie a qual Lucy pertencia.

Existem ossos que datam de 16-20 milhões de anos, mas esses ossos indicam características mais parecidas com as do macaco, como os quatro membros sendo de tamanhos iguais. Os humanos são muito semelhantes aos chimpanzés. Na realidade, 99 por cento do DNA em humanos combinam com o dos chimpanzés. Mas, somente 97 por cento do material genético dos humanos é compartilhado com os gorilas. A linha de pensamento atual é que existia uma espécie parecida com macaco 10-20 milhões de anos atrás que se dividiu em uma linha de gorilas por volta de 7 milhões de anos atrás, depois em duas linhas por volta de 5-6 milhões de anos atrás: uma que levava aos chimpanzés e outra que se desenvolveu em humanos. A Tabela 16-2 dá um panorama das mudanças que ocorreram dos macacos até os humanos. A Tabela 16-3 revisa as mudanças nos cérebros que ocorreram nos ancestrais humanos.

Tabela 16-2 Mudanças de Macacos para Humanos com o Passar de Milhões de Anos

Estrutura anatômica	Mudanças
Braços	Os macacos andam com os quatro membros, por isso seus membros frontais não se esticam completamente, ou eles sofreriam deslocamentos. Portanto os macacos não têm cotovelos, o qual permite que o braço seja esticado, mas os humanos têm.
Cérebros	Os humanos modernos têm testas proeminentes. O tamanho e a forma do crânio mudaram conforme o tamanho e a forma do cérebro mudaram. Os cérebros humanos agora são maiores e mais arredondados do que os de espécies ancestrais. E o rebordo ósseo acima das sobrancelhas dos humanos diminuiu em comparação aos predecessores.
Pés	Agora que os humanos caminham de pé, o formato do calcanhar mudou para absorver o impacto do pé batendo no chão de forma diferente.

Tabela 16-2 (continuação)

Estrutura anatômica	Mudanças
Mãos	A mão de um humano e de um chimpanzé são surpreendentemente semelhantes. As estruturas anatômicas são iguais, as diferenças estão somente nas impressões digitais. Os humanos e outros primatas têm polegares preênseis (que agarram), o que permite a preensão dos objetos. (Pense nisso; não seria fácil prender as coisas sem um polegar.) Os polegares preênseis apareceram nos antecessores humanos cerca de 18 milhões de anos atrás.
Maxilares	O maxilar humano e os dentes diminuíram. Agora que os humanos cozinham a comida (em vez de comê-la crua), os dentes não têm que rasgar e triturar muito. Em vez disso, os humanos desenvolveram queixos para ajudar a dar suporte ao osso mais fino do maxilar. As mudanças no maxilar e o estreitamento da face permitiram que os humanos produzissem uma lingaguem.
Joelhos	O joelho permite que os humanos caminhem de pé. A capacidade de esticar a perna suporta o peso do corpo e como o joelho é posicionado embaixo dos ossos pélvicos (em vez de em frente deles), os humanos não cambaleiam durante o movimento. Cambalear diminui a velocidade dos humanos, e os humanos precisam correr às vezes.
Caudas	Os macacos não tem caudas, e os humanos também não as têm mais. Essa característica anatômica desapareceu cerca de 25 milhões de anos atrás. Porém, os remanescentes de uma cauda são evidentes no osso do cóccix no final da sua espinha.

Tabela 16-3   Evolução dos Cérebros de 4,5 Milhões de Anos Atrás até Hoje

Gênero e Nome da Espécie	Desenvolvimentos
Austratopithecines anamensis, Austratopithecines afarensis	Os cérebros tinham cerca de 400 centímetros de tamanho, comparado com o dos chimpanzés e dos gorilas. Podiam andar com as duas pernas (bípede), mas intelectualmente eram como macacos.
Homo habilis	Os cérebros tinham cerca 650cm^3. Usavam ferramentas de pedra.
Homo erectus	Os cérebros tinham cerca de 850-900 cm^3. Começa a socialização.

Capítulo 16: O Mundo Mudando, As Espécies se Desenvolvendo

Gênero e Nome da Espécie	Desenvolvimentos
Homo neanderthalensis	Cérebros de 1300cm³. Corpos maiores, que necessitou de cérebros maiores para controlar.
Homo sapiens	Cérebros entre 1200-1600 cm³. Lobos frontais e testas maiores devido à capacidade aumentada do cérebro.

Embora exista somente uma espécie humana agora, várias espécies de hominídeos supostamente habitaram áreas diferentes da terra ao mesmo tempo milhões de anos atrás. Atualmente estão sendo estudados os ossos de um esqueleto de 4,4 milhões de anos encontrado na Etiópia. Ele é chamado de *Ardipithecus ramidus* e, tais como os fósseis ancestrais mais antigos que se tem conhecimento, estão sendo estudados para se determinar o organismo foi de fato um ancestral direto dos humanos. Estudos também estão sendo feitos em ossos encontrados na América do Norte. Conforme os cientistas descobrem mais sobre a origem dos humanos, você e eu podemos saber de onde as espécies – criacionistas e evolucionistas também – vêm. Fique ligado, e continue a desenvolver o seu cérebro, por favor.

Não Fique para Trás

Se uma espécie se desenvolve porque ela se adapta às mudanças ambientais, ela pode se desenvolver ao ponto de poder escapar de um predador. Mas então, o que acontece com o predador se ele não puder pegar a sua presa? Ele fica extinto se não puder se adaptar às mudanças. No padrão da *coevolução*, os predadores e a presa se desenvolvem juntos, cada um tentando ultrapassar ou se adaptar a mudança do outro. Conforme as plantas se desenvolvem, as abelhas também se desenvolvem. Conforme o sistema imunológico dos animais se desenvolve, a bactéria e os vírus que os atacam também se desenvolvem.

Na *evolução divergente*, duas ou mais espécies se desenvolvem a partir de um ancestral comum, como os chimpanzés e os humanos se desenvolveram a partir de uma antiga linha de macacos. A evolução divergente pode ocorrer quando há uma barreira geográfica, como uma grande porção de água que não pode ser atravessada ou o topo de uma montanha. Quando as populações não conseguem ficar juntas para copular, elas desenvolvem espécies separadas. A evolução divergente também pode ocorrer quando não há uma barreira geográfica, mas as populações se tornaram reprodutivamente isoladas por outros motivos. Um exemplo seria as formas híbridas e os seus genes os quais permitem que ela se adapte ainda melhor que os pais. Ou, a evolução divergente pode ser causada pela *radiação adaptativa*, que é a evolução rápida de muitas espécies de um único ancestral. Quando a espécie original se espalha geograficamente, as condições ambientais podem mudar, fazendo com que as populações que se espalharam se desenvolvam diferentemente. Você leu sobre os tentilhões de Darwin?

Certo, Como O Mundo Foi Formado no Início de Tudo?

A evolução certamente ocorre entre as espécies, e a mudança está acontecendo o tempo todo. Mas, como a vida começou? De onde tudo começou? Esse braço da evolução é chamado de *evolução química*. Você deve ter ouvido sobre a Teoria do Big Bang em física. Com a biologia, você tem a *teoria heterótrofa*, que diz que as primeiras formas de vida foram células heterotróficas. Os heterótrofos são organismos que não podem produzir a sua própria comida. Portanto, com vontade de viver e um desejo de comer, os heterótrofos buscaram comida para sobreviver. Veja um rápido panorama sobre a linha do tempo.

O conselho de Lamarck: Use ou perca

Jean Baptiste de Lamarck, um contemporâneo de Thomas Jefferson, saiu um pouco fora do caminho ao sugerir que as características adquiridas pelos pais durante a sua vida foram passadas para os descendentes. Por exemplo, Lamarck explicou que as girafas tinham pescoços longos porque conforme os seus pais se esticavam para alcançar galhos mais altos, seu "alcance" era passado para os descendentes. Conforme a descendência se esticava para atingir locais mais altos, a capacidade de atingir locais mais altos que os seus pais era então passada para a sua própria descendência. Mas não funciona assim, Lamarck chamou isso de *teoria da seleção natural*. Desde então ela tem provado ser incorreta.

Mas naquele tempo – uns bons 50 anos antes de *A Origem das Espécies* de Charles Darwin e os experimentos da planta de ervilhas de Mendel – os cientistas estavam tentando explicar como as características eram herdadas e como a evolução poderia ocorrer.

Porém, Lamarck estava no caminho certo quando sugeriu que a adaptação ao ambiente de alguém tinha um papel na origem das espécies e na evolução. E ele estava correto ao declarar que as mudanças eram bastante graduais.

Mas Lamark é mais frequentemente lembrado por sua teoria sobre o uso e o não uso das partes do corpo. A teoria de Lamark é que as partes do corpo, como os músculos, desenvolvem quanto mais são usados e a atrofia (ou enfraquecimento) se não são usados. Se você realiza um exercício de qualquer tipo ou pratica um esporte regularmente, e depois para por um longo período de tempo, você sabe que isso é verdade. Quanto mais repetitivamente você usa os músculos, mais fortes e mais eficientes eles se tornam com a energia. Isso inclui não somente os músculos esqueléticos, mas o coração e os pulmões também. Mesmo as funções do trato digestivo melhoram quando ele é preenchido com fibra que faz ele funcionar mais.

Se você não usa o seu corpo bem, sua capacidade de funcionar em níveis ideais cai. Aparentemente, essa teoria também serve para as células cerebrais. Uma pesquisa recente mostrou que as pessoas que mantêm a mente ativa, jogando, lendo, tocando instrumentos musicais ou fazendo caça-palavras ou palavras-cruzadas têm um risco menor de desenvolver mal de Alzheimer ou senilidade. Portanto, use bem o seu corpo ou perca suas incríveis capacidades.

Capítulo 16: O Mundo Mudando, As Espécies se Desenvolvendo **291**

1. **A terra e a atmosfera foram formadas** (é onde a Teoria do Big Bang entra em cena) de vulcões liberaram muitos gases, mas não oxigênio.

2. **Os mares primordiais foram formados** conforme a terra esfriava das explosões. Os gases antes produzidos formaram a água e os minerais (moléculas inorgânicas).

3. **As complexas moléculas orgânicas foram formadas** quando a energia do sol, a iluminação, o calor e a radioatividade prenderam as moléculas inorgânicas e a água. Algumas dessas moléculas orgânicas eram aminoácidos. O oxigênio não estava presente, ou essas reações não teriam ocorrido.

4. **Polímeros de aminoácidos foram formados e as moléculas começaram a se replicar.** Um polímero de aminoácidos é uma proteína, e as proteínas foram criadas na sopa primordial orgânica. E, quando as proteínas foram formadas, o DNA foi formado.

5. **As moléculas orgânicas ficaram concentradas nos precursores da célula.** As reações químicas ocorreram nos probiontes (os precursores da célula), mas eles não puderam se reproduzir. Foram formadas bordas, como membranas de uma célula, para separar o local em que as reações ocorriam e o local para aonde iam os produtos das reações.

6. **Os procariotas heterotróficos foram formados.** Essas células verdadeiras consumiam (comiam, ingeriam) substâncias orgânicas. Essas células reproduziam dividindo-se, eventualmente aumentando a competição pelo material orgânico que estava disponível. A teoria da "sobrevivência do mais adaptado" teve sua origem no início do mundo. As células que eram melhores em obter alimento continuavam a se reproduzir; a seleção natural tinha começado.

7. **Os procariotas autotróficos foram formados.** Uma mutação ocorreu que deu ao heterótrofo a capacidade de auto alimentar; quer dizer, esse se tornou capaz de produzir sua própria comida. Essa mutação levou à fotossíntese, na qual as plantas criam seu próprio alimento absorvendo água e minerais do solo e absorvendo energia da luz do sol.

8. **O oxigênio foi produzido ao passar pela fotossíntese das bactérias.** Conforme as bactérias autotróficas começaram a produzir seu próprio alimento, elas captaram gás carbônico e liberaram oxigênio como produto residual. O oxigênio foi acumulado na atmosfera, criando a camada de ozônio quando se misturava com a luz ultravioleta. O oxigênio e a camada de ozônio subsequente absorveram a luz ultravioleta, por isso não havia energia ultravioleta o suficiente para criar moléculas da "sopa" orgânica, e as células primitivas morreram.

9. **As células eucarióticas foram formadas através de relações mutuamente benéficas entre as células procarióticas.** De acordo com a teoria endossimbiótica, as mitocôndrias, os cloroplastos e outras organelas podem ter sido células procarióticas no início. Elas contêm estruturas que permitem que elas produzam energia. Quando elas entraram em outras células procarióticas (talvez elas fossem ingeríveis?), uma *relação simbiótica* (mutuamente benéfica) foi formada. As mitocôndrias e os cloroplastos produziram então energia para a procariótica que as estava armazenando. A relação benéfica é que a célula procariótica maior ganhou energia das "células procarióticas" menores, e as células procarióticas menores ganharam proteção e um abrigo que fornecia materiais brutos dos quais a energia poderia ser produzida. O ajuste funcionou bem, então ele parou. O que foi formado dessa relação são as células eucarióticas – o tipo que existe em toda planta e animal na terra hoje. A seleção natural, as mutações e a evolução tudo aconteceu há bilhões de anos para se desenvolver na *flora* (plantas) diversa e na *fauna* (animais) do planeta de hoje.

Parte VI
Ecologia e Ecossistemas

Nesta parte...

Mesmo que você seja um solitário que prefira isolamento deve perceber que na verdade você nunca está sozinho. Você compartilha o mundo com, para parafrasear um dos meus cientistas favoritos – o posterior Carl Sagan – bilhões e bilhões de outros organismos. Todas as outras pessoas, plantas e animais que você vê diariamente são somente uma pequena fração da quantidade de colegas que você tem no planeta. O seu próprio corpo não é nem completamente seu! Você tem bactérias que o usam como hospedeiro e vivem em sua pele, em sua boca, embaixo de suas unhas e em seus intestinos. Espero que eles sejam hóspedes adequados! Mesmo minúsculos ácaros vivem em sua cama e comem células da pele que você eliminou à noite – sim, percevejo.

Nesta parte do livro, você lê sobre como a variedade de organismos faz para viver em relativa harmonia na terra. Você tem conhecimento sobre os menores organismos: bactérias, vírus e insetos. E, você observa em que alguns biólogos estão trabalhando agora, incluindo a observação de organismos em outros planetas e de pesquisa genética atual.

Espero que você entenda que as bactérias, os vírus e os insetos não são ruins quando você percebe que na verdade você precisa deles para sobreviver assim como eles precisam de você. Mesmo que às vezes possa não parecer, o mundo natural é um local bem cooperativo. Por favor, mantenha-se saudável e tente não prejudicar o seu ambiente. Ah, sim, mais uma coisa. Não deixe os percevejos picarem você!

Capítulo 17

Compartilhando o Globo: Como Convivem os Organismos

Neste Capítulo

▶ Vendo como os organismos são distribuídos pelo mundo

▶ Descobrindo como os organismos interagem com o seu ambiente

▶ Descobrindo como os habitats suportam muitos organismos

▶ Examinando como os predadores são somente uma parte natural do grande cenário

▶ Vendo como os organismos ajudam uns aos outros para sobreviverem

▶ Ajudando a manter o mundo em equilíbrio

*V*ocê vive nesse planeta há um tempo. Tenho certeza que você percebeu que partes diferentes do mundo possuem climas diferentes. O Arizona é bem distante da Antártida. Um milharal é bem diferente de uma praia. As florestas montanhosas da Pensilvânia são muito mais frias do que uma savana na África. Você entendeu.

Agora, tenho certeza que você também percebeu que diferentes animais habitam áreas diferentes: leões, elefantes e antílopes na savana; ursos negros e amoras nas florestas temperadas; cães da pradaria, escorpiões e cactos no deserto; e pinguins e ursos polares na Antártida.

Como organismos tão diversos vivem juntos no mundo? A *ecologia* é o ramo da biologia que lida com essa questão, e é o foco deste capítulo.

As Populações São Populares na Ecologia

Tecnicamente, a *ecologia* é o estudo de quantos organismos vivem em certas áreas, como os organismos interagem com outros organismos e como eles se relacionam com o seu ambiente.

Uma *população* é um grupo de membros de uma determinada espécie vivendo na mesma área. Portanto, é possível mensurar quantos membros da espécie *Homo sapiens* – quer dizer, humano – estão vivendo em Buffalo, Nova Iorque e é possível mensurar quantos búfalos estão vivendo em uma pradaria no Wyoming.

Quando várias populações ocupam a mesma área, uma *comunidade* se desenvolve. Por exemplo, quando a minha família e eu vivemos na pequena vila da Germania, Pensilvânia, havia uma pequena população de apenas 120 humanos; populações maiores de veados, ursos, perus, coiotes, linces, guaxinins e gambás; e pequenas populações de alces e águias. Mas todas essas espécies ocuparam vários quilômetros quadrados de uma comunidade entre lindas florestas montanhosas e terras. E que comunidade ela era!

A palavra *ecossistema* descreve como as populações variadas em uma comunidade se relacionam no ambiente físico. Os ecossistemas levam em consideração os habitats dos organismos, que são o tipo de lugar que os organismos preferem viver (como o deserto, as florestas, as regiões montanhosas e rochosas), assim como a qualidade real do ambiente (como água doce ou água salgada, tipo de clima ou solo).

Ecologia de populações

Pronto para matemática em um livro de biologia? A ecologia de populações é o ramo que lida com a determinação de quantos organismos existem em um grupo específico. E ela usa muita estatística para fazer isso.

O tamanho de uma população é observado em termos de sua *densidade* – quer dizer, quantos organismos ocupam uma área específica. Por exemplo, Atlanta, Geórgia, contém aproximadamente 4,5 milhões de pessoas, que dá a população da área geral. Mas a densidade da população pode ser determinada para áreas menores próximas do metrô de Atlanta. Por exemplo, de acordo com dados fornecidos pela Comissão Regional de Atlanta, nos subúrbios do norte de Fulton County, vivem 1.164,8 pessoas em um quilômetro quadrado. O mesmo tipo de medida pode ser determinado para a quantidade de abelhas ou carrapatos que existem em um raio de duas quadras ou quantos veados vivem dentro de cinco quilômetros quadrados.

Capítulo 17: Compartilhando o Globo: Como Convivem os Organismos 297

A observação de como uma população é distribuída em uma determinada área é chamada de *dispersão*. Os organismos podem ser dispersos com uma tendência a ficar *agrupados*, como as abelhas em uma colmeia ou antas em uma colina. A dispersão pode ser *uniforme*, assim como videiras em um vinhedo ou fileiras de milharais em um campo, ou pode ser *aleatória*.

Várias estatísticas são observadas ao determinar o *crescimento da população*. A estrutura da idade fornece o número de organismos para cada grupo de idade e as *curvas de sobrevivência* explicam em que estágio da vida a maioria dos organismos de uma espécie morre. Os humanos têm sobrevivência tipo I porque a maioria dos indivíduos sobrevive a meia idade (por volta dos 40 anos) e vão além. As curvas de sobrevivência do tipo II mostram a aleatoriedade em que a morte pode ocorrer em qualquer idade. Os ratos têm sobrevivência tipo II; eles nunca sabem quando o gato ou a armadilha o pegará. A espécie com sobrevivência tipo III tem poucos membros que sobrevivem a idade reprodutiva. Os organismos do tipo III morrem jovens. Espécies como os sapos que produzem descendentes que devem nadar enquanto são larvas entram nessa categoria. Outros animais comem muitas das larvas antes que elas atinjam o estágio adulto e possam se reproduzir. Esses diferentes níveis de sobrevivência mantêm as populações dos organismos dentro dos conformes. Se todas as larvas produzidas sobrevivessem, os oceanos estariam cheios de super populações de organismos. Se todos os ratos vivessem até ficarem velhos, você veria a muitos deles com mais frequência. Você não gostaria disso, gostaria?

A taxa máxima de crescimento de uma população em condições ideais é chamada de *potencial biótico*. Esse fator deve ser visto para determinar o tamanho máximo da população que poderia ser produzido por uma espécie. O potencial biótico supõe que não há competição pelos recursos como alimento ou água e que não há predadores ou doenças que afetam o crescimento dos organismos. Outros fatores envolvidos na determinação do potencial biótico incluem a idade dos organismos quando ele é capaz de se reproduzir, quantos descendentes normalmente são produzidos de uma copulação bem sucedida, com que frequência os organismos se reproduzem, por quanto tempo eles são capazes de se reproduzir e quantos descendentes sobrevivem até a maturidade.

Levando todos esses fatores em consideração, foi determinado que se dois elefantes copulassem em condições ideais, e todos os fatores mencionados acima fossem preenchidos, em somente 2.000 anos, o peso de todos os descendentes desses dois elefantes originais seria maior que o peso de toda a terra. É bom para os elefantes não viver 2.000 anos! A morte garante que as populações não excederão a capacidade da terra para suportá-los; no caso dos elefantes, eu digo literalmente!

O *crescimento zero da população*, no qual as populações de organismos permanecem estáveis, ocorre quando a taxa de natalidade e a taxa de mortalidade são iguais. Se a taxa de mortalidade fosse maior que a taxa de natalidade, a população estaria diminuindo. Se a taxa de natalidade for consistentemente maior que a taxa de mortalidade, pode ocorrer o super crescimento, o que aumenta a competição pelos recursos.

A *capacidade de carregamento* é a quantidade máxima de organismos de uma única população que pode sobreviver em um habitat. Se a capacidade de carregamento é excedida (pense em um elevador com muitas pessoas e muito peso nele), a população cai. A natureza vence no final. O habitat pode ser prejudicado se muitos organismos estiverem vivendo nele, o que reduz os recursos e leva a morte de alguns organismos. Essa situação diminui a população para que a capacidade de carregamento seja cumprida; porém, com um habitat destruído, a capacidade de carregamento é diminuída ainda mais, necessitando de mais mortes para restaurar o equilíbrio.

O crescimento da população está começando a exceder os recursos disponíveis, como você pode ler na próxima seção.

Os Humanos estão aumentando exponencialmente

Até 1.000 anos atrás, o crescimento da população humana era bem estável. O alimento não estava disponível tão prontamente como agora, não havia antibióticos para atacar as bactérias invasoras, não havia vacinas para combater doenças mortais e nenhum tratamento com plantas selvagens garantia que a água dos rios e das correntezas era segura para beber. As pessoas não tomavam banho nem lavavam as mãos com tanta frequência, por isso eram capazes de espalhar doenças incuráveis. Esses fatores aumentaram a taxa de mortalidade e diminuíram a taxa de natalidade. Além disso, as pessoas não tinham eletricidade nem gás natural para aquecer e cozinhar, e não tinham casas isoladas e fibras sintéticas para mantê-las longe do calor e torrassem. Portanto, elas não estavam aptas para sobreviver em alguns ambientes, por isso as pessoas tinham poucos habitats disponíveis para habitar.

Mas agora, principalmente nos últimos 100 a 200 anos desde as revoluções científicas e industriais, o fornecimento de alimento aumentou, as pessoas são capazes de sobreviver em ambientes muito quentes e muito frios devido à tecnologia e à higiene e os remédios reduziram as mortes devido às enfermidades e doenças comuns. Portanto, mais pessoas nascem e mais delas sobrevivem bem depois da meia idade. A população de humanos experimentou o crescimento exponencial, o que significa que a taxa reprodutiva de humanos aumentou e o tamanho da população aumentou rapidamente.

O que isso significa para os outros organismos do mundo? O que isso significa para os humanos? Haverá competição por recursos logo, de que maneira a teoria da "sobrevivência do mais adaptado" de Darwin será testada? Os humanos serão forçados a se adaptar a um ambiente em mudança, levando a futura evolução das espécies? Os ecologistas tentam responder essas perguntas.

Quando uma população está *estressada*, o que significa que quando a superlotação ocorre, e a competição pelos recursos aumenta, certas reações psicológicas podem ocorrer em alguns dos membros. Certos hormônios que são liberados em resposta ao estresse podem prejudicar os sistemas imunológicos. O sistema imunológico enfraquecido não consegue lutar contra

Capítulo 17: Compartilhando o Globo: Como Convivem os Organismos **299**

a doença e há morte devido ao aumento de doenças. As fêmeas podem não ser capazes de se reproduzir, e, se elas reproduzem, podem ser incapazes de cuidar ou proteger seus descendentes, fazendo com que os descendentes se desenvolvam de forma anormal e reduzindo sua capacidade de reprodução. No final, uma população estressada começa a reduzir os seus próprios números. Pense nessa questão por um momento: Algumas dessas características não são aparentes na população humana hoje?

Outra maneira que os animais respondem a superlotação é por meio da *dispersão*. Se uma população está aumentando além da capacidade de carregamento, alguns dos membros da espécie irão embora e mudarão para um novo habitat. Os membros que sobrevivem no novo habitat começam uma nova população. Afirma-se que a dispersão exerceu um papel importante na evolução dos humanos. Quando os clãs de ancestrais humanos começaram a ficar grandes demais para as suas próprias savanas, alguns deles mudaram para novos locais. As populações se espalharam pela trilha de seus rastros nômades como é evidente nos restos esqueléticos fossilizados de ancestrais humanos encontrados na costa do leste da África, pela Ásia, e de volta para a África, e no que agora é conhecido como Europa (ver o Capítulo 16). Eventualmente, os humanos fizeram isso na América do Norte, América do Sul e Austrália e as populações continuaram a crescer. Mas agora, os humanos estão em todo o planeta. Não sobrou muito espaço para a dispersão.

Ecossistemas, Energia e Eficiência

Quando os cientistas estudam um ecossistema, o que eles estão tentando aprender é o quanto a energia é produzida e usada no sistema. Os ecossistemas envolvem todos os organismos de uma comunidade – as plantas, os animais e as bactérias – e a forma que cada membro do ecossistema usa e produz energia deve ser levada em consideração.

Para observar um ecossistema precisamente, os organismos devem ser divididos em *níveis tróficos*. Os níveis tróficos (ou cadeias alimentares) descrevem o que os organismos consomem como combustível. A palavra *trófico* vem da palavra Grega que significa *nutrição*.

Os autótrofos, que produzem seu próprio alimento, captam a energia do sol e a transforma em energia química. As plantas e as bactérias fotossintéticas entram nessa categoria. Elas produzem energia disponível para que as cadeias alimentares sejam iniciadas, portanto são chamadas de *produtores primários*. Eles não são consumidores porque não consomem qualquer outro organismo: eles consomem somente os ingredientes do qual o alimento é feito (como água, gás carbônico, luz solar e minerais).

Os *consumidores primários* são os organismos que se alimentam dos produtores primários. Os produtores primários são principalmente as plantas, por isso eles são *herbívoros* (animais que comem plantas).

Os *consumidores secundários* se alimentam dos consumidores primários. Os consumidores primários são animais, por isso os consumidores secundários também são chamados de carnívoros primários (animais que comem carne).

Os *consumidores terciários* se alimentam dos consumidores secundários. As cadeias alimentares normalmente não vão muito além desse ponto porque a quantidade de energia disponível no alimento é reduzida com cada nível de consumidor. Depois do consumidor terciário, muita energia é consumida do alimento para que ela seja bem utilizada por qualquer organismo. A quantidade de energia em cada nível trófico em proporção com o próximo nível trófico é chamada de *eficiência ecológica*.

Os *detritívoros* e os *decompositores* não são comedores muito exigentes. Eles adquirem sua energia de plantas e animais mortos, que compõe o *dedrito*. Os detritívoros se alimentam de matéria orgânica morta, como os abutres e as minhocas. Os decompositores são bactérias e fungos que ajudam a absorver a matéria orgânica morta.

Decompositores e Os Ciclos Biogeoquímicos

Rapaz; coloque a biologia, a geologia e a química juntas e você terá a *biogeoquímica*! Quando você fala sobre o "círculo da vida", o círculo ao qual você está se referindo é um ciclo biogeoquímico. As plantas e os animais que vivem e depois morrem é a parte da *bio*; a terra em que eles se decompõem é a parte do *geo*; e o processo pelo qual a matéria orgânica retorna para os elementos químicos na terra é explicado na parte da *química*. Existem quatro ciclo biogeoquímicos e cada um deles retorna para a terra elementos importantes que são necessários para os organismos vivos.

O ciclo hidrológico (água)

As plantas absorvem água do solo e os animais bebem água ou comem animais, que são compostos principalmente de água. Quando as plantas passam pelo processo de transpiração (Verifique o Capítulo 7), elas liberam água. Quando os animais criam a transpiração, eles liberam água, que é evaporada na atmosfera. A água também é liberada das plantas e dos animais enquanto se decompõem. O tecido em decomposição fica desidratado, que é o que faz com que os tecidos ressecados se rompam e caiam no solo. Conforme a água evapora no ar, o vento move porções de água e a precipitação (chuva, neve, derretimento de neve, granizo) libera água em grandes porções de água como lagos, rios, oceanos e até glaciais. A água da precipitação e do tecido decompositor também vem da água do solo, que por fim fornece grandes porções de água.

O ciclo do carbono

As plantas captam gás carbônico para a fotossíntese. Os animais consomem plantas ou outros animais, e todos os seres vivos que contêm carbono. O carbono é o que torna as moléculas orgânicas, orgânicas de fato (vivente). O carbono é necessário para a criação de moléculas como os carboidratos, as proteínas e as gorduras. As plantas liberam gás carbônico quando se decompõem. (Os animais captam oxigênio e liberam gás carbônico quando respiram). O gás carbônico também é liberado quando a matéria orgânica como madeira, folhas, carvão ou petróleo são queimados. O gás carbônico retorna para a atmosfera, onde pode ser consumido por mais plantas que são então consumidas pelos animais. Os animais e as plantas em decomposição são filtrados no chão, formando combustíveis fósseis como carvão ou petróleo. A turfa também é formada a partir da decomposição de matéria orgânica. Parte do carbono é armazenada na forma de celulose na madeira de árvores e arbustos.

O ciclo do fósforo

O ATP, aquela molécula de energia onipresente criada por todo ser vivo precisa de fósforo. Você pode ver isso por seu nome: trifosfato indica que ele contém três moléculas de fosfato. O DNA e o RNA, aquelas moléculas genéticas onipresentes em todo ser vivo, têm ligações de fosfato que se mantêm juntas, portanto também necessitam de fósforo assim como o tecido ósseo. As plantas absorvem fosfato inorgânico do solo. Quando os animais consomem plantas ou outros animais, eles adquirem o fósforo que estava presente em sua refeição. O fósforo é excretado através de produtos residuais criados pelos animais, e é liberado por plantas e animais em decomposição. Quando o fósforo retorna para o solo, ele pode ser absorvido novamente pelas plantas ou se torna parte das camadas sedimentares que eventualmente formam rochas. Conforme as rochas são deterioradas pela ação da água, o fósforo retorna para a água e para o solo.

O ciclo do nitrogênio

Os aminoácidos têm um núcleo básico de $-NH_2$ (um grupo amino) em sua estrutura. Devido ao fato dos aminoácidos criarem proteínas, o nitrogênio é muito importante. O nitrogênio também está presente nos ácidos nucleicos DNA e RNA. A vida não poderia continuar sem o nitrogênio. O ciclo do nitrogênio (Figura17-1) é o ciclo biogeoquímico mais complexo porque o nitrogênio pode existir em várias formas diferentes. A fixação do nitrogênio, a nitrificação, a denitrificação e a amonificação são todas partes do ciclo do nitrogênio.

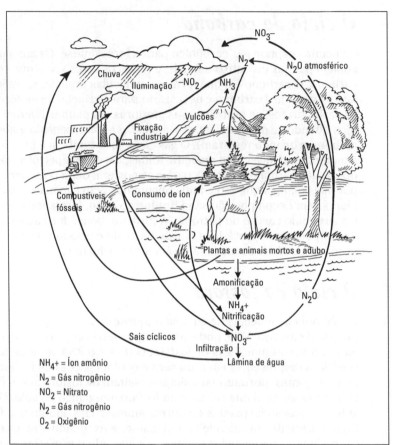

Figura 17-1: O ciclo do nitrogênio.

- **Fixação do nitrogênio:** No solo, assim como nos nós das raízes de certas plantas, o nitrogênio é "fixado" por bactérias, iluminação e radiação ultravioleta. A "fixação do nitrogênio" não significa que o nitrogênio foi quebrado; um termo melhor pode ser "fixado", porque as bactérias colocam nitrogênio elementar (N_2) de uma forma que pode ser usado por organismos vivos (NH_4^+ ou NO_3^-) e não permitem que seja revertido para nitrogênio elementar.

- **Nitrificação:** Certas bactérias têm a forma em que o nitrogênio foi fixado e depois as processa. Essas bactérias oxidam NH_4^+, que muda para NO_2^-. A oxidação fornece energia para que ocorra o ciclo do nitrogênio – as bactérias que vivem no solo não podem captar energia do sol. A energia que elas usam durante o seu trabalho no ciclo do nitrogênio tem que vir de algum lugar. O NO_2^- é processado depois em NO_3^-.

- **Desnitrificação e amonificação.** As plantas absorvem nitratos (NO_3^-) ou íons de amônio (NH_4^+) do solo e os transforma em compostos orgânicos. Os animais obtêm nitrogênio ao consumir plantas ou outros animais.

Capítulo 17: Compartilhando o Globo: Como Convivem os Organismos **303**

Portanto, os produtos residuais de animais contêm nitrogênio. Os íons de amônio, a amônia (NH_3), ureia e ácido úrico, todos contêm nitrogênio. Portanto, independente da forma de excreção que um animal tenha, parte do nitrogênio é enviada de volta para o ecossistema através do excremento. As plantas mortas e os animais são alimentos para a decomposição de bactérias. Alguns decompositores convertem NO_3^- em gás nitrogênio, que é liberado na atmosfera, através de um processo chamado *desnitrificação*. Outros decompositores convertem compostos orgânicos em NH_4^+ através de um processo chamado *amonificação*. Os íons NH_4^+ são armazenados no solo, como são o NH_3, NO_2 e NO_3.

Como os Humanos Afetam os Círculos da Vida

Todos os lugares da terra que contêm seres vivos são chamados de *biosfera*. A biosfera não exclui muitos lugares da terra. E muitas das coisas que os humanos fazem para sobreviver provocam danos à biosfera.

Os humanos iniciam o fogo. A madeira em chamas e os combustíveis fósseis produzem gás carbônico. Quanto mais gás carbônico há na atmosfera, mais calor é mantido na atmosfera. O aumento do calor atmosférico provoca o *efeito estufa*, no qual as temperaturas pelo mundo estão aumentando. Os padrões climáticos são afetados, o que pode interferir nos ecossistemas e fazer com que algumas espécies dispersem ou migrem, interferindo em outros ecossistemas. As mudanças nos padrões climáticos também afetam a produção agrícola. Se menos comida for produzida, há mais competição pelos recursos. As temperaturas mais quentes fazem com que o gelo polar derreta mais rápido, o que poderia aumentar potencialmente o nível do mar, eliminando alguns habitats.

Outro efeito da queima de fóssil é o aumento da poluição do ar. A "poluição" do ar consiste de dióxido de enxofre e dióxido de nitrogênio – dois dióxidos que não devem estar presentes no ar.

A atmosfera contém muito vapor de água (é mais perceptível em um dia úmido, mas a água está sempre no ar) e quando o vapor de água se mistura com um desses dióxidos, são produzidos dois ácidos. O dióxido de enxofre se torna ácido sulfúrico, e o dióxido de nitrogênio se torna ácido nítrico. Quando a precipitação cai, as gotas de água (ou flocos de neve) – chamado de *chuva ácida* – levam os ácidos com elas para o solo, lagos e rios. Quando há muita chuva ácida, o nível de pH da água ou do solo diminui. E alguns organismos não podem sobreviver em condições ácidas. Se alguns organismos são mortos pelas condições ácidas, outros organismos que consumiram esses organismos perdidos ficam sem comida. É um ciclo vicioso.

A camada de ozônio foi criada quando a luz ultravioleta reagiu com oxigênio criado por organismos autotróficos. Essa camada protege de raios ultravioletas muito fortes que alcançam a terra. Os raios ultravioletas (ver Capítulo 14) são parcialmente responsáveis por mutações do DNA em plantas e ani-

Parte VI: Ecologia e Ecossistemas

mais. Quando certas substâncias químicas, como os clorofluorcarbonetos (CFCs) usados em sprays aerosol e em unidades de refrigeração, evaporam na atmosfera, eles corroem a camada de ozônio, o que diminui a proteção que ela normalmente forneceria. Buracos foram abertos na camada de ozônio, permitindo que os prejudiciais raios ultravioletas alcancem a terra. Quem sabe exatamente o que sofrerá mutação e quais serão as consequências? Talvez fosse inteligente evitar a erosão da camada de ozônio e possivelmente ajudar a recuperá-la.

Além da poluição química como a dos CFCs, centenas de outros produtos que os humanos criaram danificaram o ambiente. Os pesticidas e fertilizantes podem permanecer no solo por longos períodos de tempo, afetando os organismos que vivem no solo e na água.

Imagine que você coloque fertilizante na sua grama e use um spray com pesticidas em seus arbustos e flores. Afinal, parecer bonito se tornou uma necessidade humana, certo? Errado. Depois que você encheu a sua propriedade com substâncias químicas, você espera ansiosamente para que chova ou você rega tudo para que os produtos encharquem o chão e ajude o seu arbusto e as plantas. Bem, alguns dos produtos acabam escoando. Eles molham o seu caminho, pela rua abaixo em um canal de drenagem e vão direto para a corrente de água mais próxima. Se todos os seus vizinhos estiverem usando substâncias químicas, também, a concentração de substâncias químicas na água poderia atingir níveis mais altos que os normais. Produtos que cuidam dos arbustos ou de limpeza que contêm fosfatos são os mais perigosos.

Os fosfatos que entram na água podem provocar um crescimento demasiado de algas. As algas reduzem o fornecimento de oxigênio na água. Quando as algas morrem, as bactérias as consomem, o que reduz o conteúdo de oxigênio. Eventualmente, muito do oxigênio é removido da lagoa, lago, riacho ou rio, consequentemente os animais invertebrados e os peixes morrem. As plantas também são parte do ecossistema. E com o ecossistema tão desequilibrado, as plantas também morrem. A morte dos organismos vivos significa que a decomposição coloca os nutrientes de volta para o solo. Esse processo é chamado de *eutroficação*. Quando isso acontece lentamente é um processo ecológico normal para que as taxas de crescimento da população permaneçam equilibradas. Porém, os humanos fizeram com que a eutroficação aumentasse com muita frequência e ao fazer isso estão prejudicando seriamente os ecossistemas.

Outra maneira que os humanos estão o prejudicando a natureza é na retirada dos habitats. As florestas tropicais que formam uma faixa por todo o mundo em volta do equador fornecem uma quantidade extremamente grande de oxigênio na atmosfera. Elas abrigam muitas espécies de plantas. Na biologia, a variedade e a diversidade são coisas boas porque elas reduzem a competição entre as espécies. Os humanos estão destruindo as florestas tropicais (e outras florestas), por isso muitas espécies de plantas e animais estão ficando extintas. Uma vez que elas desaparecem, nunca mais voltarão. Elas não podem ser tiradas do lugar temporariamente para que um projeto de construção possa acontecer ou para que uma indústria multibilionária possa ter o seu lugar. A extinção é para sempre.

Capítulo 18

Vivendo com Pequenos Seres: Bactérias, Vírus e Insetos

Neste Capítulo

▶ Descobrindo que as bactérias fornecem funções benéficas

▶ Compreendendo porque as bactérias podem desenvolver resistência aos antibióticos

▶ Descobrindo que os vírus podem ter sido genes uma vez

▶ Compreendendo porque o HIV epidêmico mundialmente tem sido tão difícil de ser controlado

▶ Vendo porque um inseto sempre é um pequeno ser, mas um pequeno ser pode não ser um inseto

*O*s seres humanos dividem o mundo com todos os tipos de organismos diferentes. É a grande variedade de vida que permite que as espécies prosperem. Mas alguns dos organismos que dividem o planeta com as plantas, os animais e outros animais podem ser pequenos seres. Por mais que os humanos tentem é difícil se sentir bem com seres como as bactérias, os vírus e os insetos. Mas muito antes que as maiores formas de vida aparecessem em cena, todos esses organismos tinham fincado estacas evolucionárias. Eles estão aqui desde o início da vida, e não irão a lugar algum.

Você pode ficar surpreso ao descobrir que muitos dos pequenos seres, na verdade, são benéficos aos humanos e às outras formas de vida. É claro, muitos deles podem te deixar doente. Nos últimos séculos, os cientistas trabalharam diligentemente para controlá-los.

Quem está ganhando a batalha? Julgue você mesmo.

Bactérias e Vírus: Eles Realmente me deixam Doente!

Você está se sentindo um pouco mal hoje? É provável que você esteja servindo de local para uma festa de um ou dois tipos de microorganismos que podem deixá-lo realmente doente. Esses dois seres que realmente perturbam as pessoas são bactérias e vírus. As dores de cabeça – dores de estômago e dores nas costas – não são confinadas somente para os humanos. As bactérias e os vírus atacam todos os tipos de plantas e animais. Dessa forma, eles são pequenos seres democráticos.

Quando falamos do exercício dos direitos, tanto os vírus quanto as bactérias têm tudo isso sobre a maioria dos organismos. Eles estão presentes há bilhões de anos, de alguma forma tornando os animais invasores em seu território.

Outra coisa a ser lembrada sobre os vírus e as bactérias: Eles nem sempre são prejudiciais. Por exemplo, alguns tipos de bactérias cuidam do processo digestivo tanto dos animais quanto dos humanos, enquanto outros absorvem os nutrientes do solo para que as plantas possam digerir suas próprias refeições.

Veja uma apresentação sobre as bactérias e os vírus: quem eles são, o que eles fazem, como eles afetam as nossas vidas e as tentativas históricas para controlá-los. Como mostram manchetes recentes sobre os "super seres", os humanos não estão indo bem no campo de batalha atualmente. Na realidade, os antibióticos que se pensou extinguiria muitas bactérias causadoras de doenças na verdade ajudaram a criar organismos que são extremamente difíceis de combater. As bactérias são organismos vivos, por isso elas são capazes de se desenvolver e mudar para criar novas formas resistentes aos antibióticos, fazendo com que os pesquisadores corram para descobrir outras formas de combatê-las. E, de forma interessante, os pesquisadores na verdade estão analisando uma abordagem de tratamento pré-antibiótica como uma forma de montar um ataque surpresa nos novos super seres. Você lerá mais sobre isso na seção "Uma Antiga Arma Revisitada."

Uma Bactéria com Qualquer Outro Nome Ainda Seria um Procariota

As bactérias são aqueles microorganismos com uma célula que não têm núcleo e apresentam uma parede celular composta de uma molécula de proteína de açúcar. Elas pertencem ao reino *Prokaryotae*, um agrupamento que as coloca em seu próprio mundo. Elas não são de fato animais, mas não são plantas também, no entanto, algumas conseguem na verdade, realizar a fotossíntese e fazer o seu próprio jantar.

Falando de forma geral, as bactérias variam de tamanho de 1 a 10 micrômetros (µ) de extensão. Desse tamanho é desnecessário dizer, há muitas bactérias por aí. Na realidade, as bactérias são os organismos mais comuns na terra. (Elas derrubam rudes operadores de telemarketing pelo nariz). Pelo menos 1.700 espécies desses pequenos organismos entram em três categorias:

> ✓ **Eubactérias.** O nome eubactéria significa "bactéria verdadeira." Essa categoria inclui aqueles pequenos seres bagunceiros – patógenos – que deixam você muito doente, junto com bactérias que decompõem organismos mortos ou materiais residuais.

Capítulo 18: Vivendo com Pequenos Seres: Bactérias, Vírus e Insetos 307

✔ **Cianobactérias.** O nome cianobactérias significa "bactérias azul esverdeadas." Essas bactérias são como plantas, realizam a fotossíntese e liberam oxigênio.

✔ **Arqueobactérias.** O nome arqueobactéria significa "bactéria original ou condutora." Elas podem ser as mais talentosas de todas as bactérias. Elas podem tolerar ambientes extremos (fazendo com que alguns cientistas pensem que há boas chances de que elas existam nas atmosferas rigorosas de outros planetas) e transformam moléculas inorgânicas em energia. Seria equivalente a você pegar os nutrientes que você precisa de um creme de barbear com uma sobremesa de mousse de silicone.

Todas as bactérias compartilham um número de características distintas. Sendo também livres de núcleo, elas têm um genoma que é um círculo único de DNA. Elas se reproduzem assexuadamente, portanto você não vê muitas procarióticas felizes. O processo de reprodução é bem simples, por isso as células filhas são produzidas com um ciclo idêntico, único do DNA original. Essas bactérias levam vidas simples sem qualquer uma das complicações da meiose ou da mitose.

Algumas bactérias se movem ao secretar um limo que plana pela superfície da célula, permitindo que elas deslizem através do seu ambiente. Outras têm flagelos que elas açoitam para passar através de suas casas aquosas. Tudo isso parece sem graça e o deixa feliz por saber que não é procariótico, certo? Bem, aqui vai a má notícia – ou a boa notícia, dependendo de como você ver isso. Os cientistas agora pensam que as células eucarióticas – as células mais complexas com um núcleo verdadeiro que compõe formas de vida como os humanos – provavelmente se desenvolveram de procarióticas. Veja como.

Células maiores, primitivas tinham células pequenas, separadas para comer. Então, em um processo chamado simbiose, essas pequenas células se tornaram parte das células maiores, continuando a funcionar dentro do organismo maior. Os pesquisadores acreditam que tais organelas como as mitocôndrias e os cloroplastos estavam nadando no líquido primordial sozinhas. (Pense nisso como o cenário de Jonas e a Baleia.) Muitos pesquisadores também acreditam que esse mesmo drama da evolução poderia estar acontecendo em outros planetas, tornando possível que os habitantes da terra não estejam sozinhos no universo.

Os caras do bem

Apesar do fato de as bactérias terem tal reputação ruim, elas nos fornecem uma série de funções inestimáveis. Algumas formas de bactérias decompõem matéria orgânica morta ou materiais residuais em moléculas mais simples que podem ser facilmente recicladas. Aquele iogurte que você gosta tanto não existiria sem o suporte desses pequenos seres em culturas bacterianas. (O vinho e a cerveja são possíveis devido ao apoio das leveduras, que são organismos maiores que as bactérias e vírus e pertencem à família dos fungos.)

A indústria farmacêutica usa algumas formas de bactérias para produzir vitaminas e antibióticos – um processo que pode ser um pouco mais bem sucedido, como é evidente no problema da resistência ao antibiótico. Um uso muito interessante da bactéria tem sido ajudar a limpar derramamento de óleo. Você deve se lembrar de reportagens no noticiário sobre derramamentos massivos alguns anos atrás na costa do Alasca do navio Exxon Valdez. As bactérias que podem ingerir e processar o petróleo foram colocadas na água para ajudar a limpar o desastre. (Mais uma razão para você ficar feliz por não ser procariótico!)

Mais perto de casa, as bactérias e as formas de vida maiores – como os humanos – forjaram um número de relacionamentos mutuamente benéficos. Na verdade, essa é a norma para a maioria dos organismos ser alcançada pelas populações de bactérias chamadas *flora normal*. Se um organismo não tem sua cobertura normal de bactérias, isso é considerado uma situação anormal.

Algumas bactérias têm existências calorosas e acolhedoras nos intestinos humanos, onde produzem antibióticos para os seus primos prejudiciais – formas de bactérias conhecidas como *patógenos*. Está acontecendo uma disputa entre os organismos de branco e os de preto, com os de branco (essa é a bactéria boa) retirando alguns dos nutrientes que podem, ajudar os patógenos a ficarem maiores e mais nocivos. Elas auxiliam o processo digestivo liberando vitamina K. (Elas não precisam dela de qualquer forma). A vitamina K é essencial para a coagulação adequada do sangue, o que evita que você perca muito sangue quando ocorre um corte simples, mas você não a adquire dos alimentos. Somente essas bactérias benéficas a produzem dentro de você. Considere isso como o aluguel que elas pagam por usar os seus intestinos como moradia.

Na maior parte do tempo, os humanos vivem em harmonia e felizes com essas caras boas, ingerindo formas familiares junto com um hambúrguer ou com um copo de leite. Mas, assim como qualquer um que viajou muito sabe, há momentos em que essa relação harmoniosa fica feia. Quando você pega uma bactéria não familiar, local, vai um tempo para que o intestino do anfitrião e os convidados do intestino se familiarizem com ela. O resultado geralmente é o temor do acompanhante da viagem, Mal de Montezuma (também conhecido como *diarréia do viajante*).

Então, existem bactérias que preferem acompanhantes verdes, folhosos e na verdade, eles fornecem serviço inestimável. Esses pequenos organismos são capazes de metabolizar o nitrogênio na atmosfera e torná-lo útil para as plantas. (As plantas gostam que as coisas sejam bem simples.) E, é claro, quem poderia se esquecer das atrativas bactérias azul-esverdeadas, que os cientistas acreditam que decorou a atmosfera desde o início, quando a terra estava titubeando em seu útero negro para se tornar o planeta que suporta a vida que você conhece e ama?

A atmosfera inicial estava clamando por um pouco de oxigênio para que parecesse mais com uma casa. Portanto, junto vieram as pequenas bactérias azul-esverdeadas fotossintéticas e acomodadoras que liberaram oxigênio no ambiente. Na realidade, essas bactérias – que vivem em colônias, normalmente na água – ainda estão enviando oxigênio para o ambiente. Respire fundo,

Capítulo 18: Vivendo com Pequenos Seres: Bactérias, Vírus e Insetos *309*

diga "obrigado", e pense duas vezes antes de chamar essas colônias pelo seu apelido pouco lisonjeiro, piscina de algas. (Não é fácil ser azul-esverdeado).

Na realidade, os humanos não puderam aprender muito sobre cooperação com esses pequenos colegas azul-esverdeados. Algumas das maiores células ingerem nitrogênio do ambiente e o transformam em amônia, que é uma forma de nitrogênio que outros membros menores da colônia podem usar mais prontamente. Para parafrasear a ex-primeira dama Hillary Clinton, é tarefa de um povoado de álgas da camada mais baixa.

Bactérias de preto

Depois há o outro lado da cerca: aquelas terríveis pequenas bactérias que usam ao máximo a má reputação que desenvolveram com o tempo. Elas são patógenos, aqueles micróbios que provocam doenças infecciosas.

Várias formas de bactérias provocam doenças em humanos. Um dos patógenos mais infames é a forma de bactéria que causou a peste bubônica (A Peste Negra), que devastou muito da população Europeia durante o século XIII. Outras doenças relacionadas com as bactérias incluem a infecção estreptocócica, pneumonia, sífilis e tuberculose.

É interessante notar que algumas bactérias patogênicas na verdade não começam sendo ruins. Por exemplo, a bactéria *Streptococcus pneumoniae* existe nas gargantas de pessoas normais, saudáveis em seu habitat normal. Na maior parte do tempo, as bactérias se comportam bem, só esperando para se instalar em lesões quentes, pequenas e escuras. Mas se o hospedeiro é enfraquecido por um resfriado ou gripe, as coisas ficam feias. As bactérias ficam um pouco famintas. Elas tiram vantagem de você enquanto você está mal. Elas começam a se reproduzir rapidamente, possivelmente levando a infecção estreptocócica ou pneumonia – ou ambos.

Em alguns casos, as bactérias causam doenças alterando a fisiologia do hospedeiro. Um exemplo particularmente terrível disso é a *lepra*. Quando o *Mycobacterium leprae* invade, a bactéria se apossa das células do hospedeiro bem lentamente, passando despercebido até que a infecção fique crônica e muito séria. Nesse ponto, a bactéria produz dores que eventualmente se espalham pelo corpo e matam os tecidos. As bactérias são *saprofíticas*, que significa que elas vivem de tecido morto. Eventualmente, se muitos tecidos ou tecidos muito importantes são afetados, ocorre óbito.

As bactérias que causam lepra são intimamente relacionadas às bactérias que causam tuberculose. E a tuberculose funciona de maneira semelhante. Lentamente ela domina as células, normalmente nos pulmões, e então os sintomas aparecem quando a infecção progrediu muito. As bactérias criam tubérculos dentro dos tecidos. Os tubérculos são lesões formadas quando as bactérias causadoras da tuberculose – *Mycrobacterium tuberculosis* – ocupam as células do sistema imunológico que normalmente combatem as bactérias. Eventualmente, os tecidos morrem, e depois o tecido morto serve como alimento para as bactérias a fim de que o ciclo continue.

310 Parte VI: Ecologia e Ecossistemas

E esses pequenos organismos podem deixá-lo doente com um "controle remoto", sem ocupar as células em seus corpos ou causando uma infecção externa. Veja como eles fazem isso: Algumas bactérias liberam toxinas. Por exemplo, se o alimento é processado inadequadamente, essas toxinas se tornam os ingredientes secretos das refeições em nossas mesas. Um bom exemplo disso é o *botulismo*, que normalmente é provocado pelo envasamento inadequado, permitindo que a bactéria *Clostridium botulinum* cresça em alimentos não esterilizados e libere suas toxinas. A toxina, em vez das bactérias, deixa você doente. Outras doenças bacterianas relacionadas à toxina incluem o tétano e a difteria, que ocorrem quando a bactéria que vive em um corpo libera toxinas. (Não é uma coisa muito cortês a se fazer.)

E não são somente os animais que são perturbados por esses pequenos organismos. As plantas lidam com uma variedade de doenças bacterianas, incluindo condições que podem reduzir a plantação das frutas e das verduras, custando aos fazendeiros milhões de dólares todos os anos.

Os humanos estão perdendo o combate?

Na guerra contra as bactérias, os pequenos estão provando ser poderosos, marchando em frente apesar de todo o armamento que é colocado em seu caminho. Primeiro, havia remédios a base de sulfa que logo foi seguido pela penicilina. Cada um foi visto como um remédio miraculoso em seu tempo, mas as bactérias diminuíram sua eficácia. Os antibióticos modernos – que os pesquisadores pensaram que transformariam infecções bacterianas em coisa do passado – provaram não se adequar com os micróbios flexíveis. Veja por quê:

Primeiro de tudo, as bactérias podem se reproduzir em uma frequência absolutamente fantástica. Supondo que todas elas têm o alimento que precisam e podem eliminar resíduos pontualmente, as bactérias podem crescer e se dividir em menos de 20 minutos, depois se dividir novamente em outros 20 minutos e novamente em mais 20 minutos... você entendeu. Assim, você tem uma colônia massiva onde uma vez houve uma única bactéria. (Imagine Custer na Batalha de Little Big Horn, encarando todos aqueles Nativos Americanos que ficavam aparecendo no horizonte, e você entenderá isso bem.) E essa é a parte pior: A Seleção Natural – um princípio básico da evolução (vá até o Capítulo 16) – diz que as cepas resistentes aos antibióticos desenvolverão e reproduzirão com mais força. Portanto, toda vez que os pesquisadores desenvolvem um novo antibiótico, uma nova raça de bactérias resistentes aos antibióticos se desenvolve. Esse problema aumentou pelo uso demasiado de antibióticos em infecções menores, tornando os remédios ineficazes para o tratamento de doenças mais graves que ameaçam a vida.

Aqui há outro problema: Quando as bactérias estão enfrentando ambientes difíceis, elas criam pequenas células dormentes dentro de suas paredes, que contêm DNA e citoplasma. Esses *endósporos* são mini células com baixas taxas metabólicas. Quando as condições são hostis, elas permanecem dormindo dentro de espaços protetores da célula mãe. Depois, quando as condições melhoram, elas começam a crescer e a produzir toxinas. No caso da toxina

Capítulo 18: Vivendo com Pequenos Seres: Bactérias, Vírus e Insetos **311**

que produz o botulismo, por exemplo, os endósporos podem permanecer inativos por anos e até ficam rígidos através da água fervente ou quando o ambiente se torna ácido.

Uma antiga arma reavaliada

Então, os queridinhos do mundo da pesquisa médica, os antibióticos, falharam no controle das infecções bacterianas – e por ter criado toda uma classe de super seres, se tornaram na verdade armas contra os humanos. Por isso nos últimos anos, os pesquisadores médicos tornaram a sua atenção para um velho amigo, os *bacteriófagos*. Esses vírus destruidores das bactérias foram descobertos nos primeiros anos do último século no Instituto Pasteur em Paris. O microbiologista Canadense Félix d´Hérelle apareceu com pequenas criaturas enquanto procurava meios de tratamento para a disenteria em Paris. Ele viu fagos dominar e destruir completamente uma colônia inteira de bactérias muito maiores. Logicamente suficiente, ele esperou que os micróbios ajudassem a eliminar algumas das piores infecções bacterianas do mundo. Ele, e um grupo de Verdadeiros Crentes dos Fagos viajaram pelo mundo tratando todos os tipos de infecção bacteriana.

Até 1940, esses minúsculos micróbios – eles têm cerca de apenas 1/40 do tamanho das bactérias – foram a cura milagrosa para muitas infecções bacterianas. Então, os antibióticos vieram em cena, e o mundo médico deu as costas para essas pequenas criaturas. No entanto, havia vários problemas com o tratamento por fagos. D´Hérelle e seus amigos não tiveram a tecnologia que realmente precisavam para ter certeza que tinham eliminado todas as toxinas possíveis. Há também o problema de que os fagos são comedores meticulosos. Você tem que encontrar a bactéria certa para atrair o paladar de um fago específico ou o negócio – e a refeição – vai por água abaixo. Por outro lado, os antibióticos são muito maiores em seu espectro. Porque passar pelo problema de colocar em cultura e cuidar desses pequenos organismos, quando os antibióticos conhecem o truque? Foi o que o mundo médico pensou.

Todos os anos, aproximadamente 100.000 Americanos morrem de infecções adquiridas em hospitais (chamadas *infecções nosocomiais*) relacionadas às bactérias resistentes aos antibióticos. E isso é só parte do problema. As infecções que os humanos pensavam que tinham sobre controle, incluindo doenças terríveis como a tuberculose e a peste bubônica, estão encontrando lugar em países em desenvolvimento pelo mundo. É por isso que os pesquisadores – e recentemente algumas empresas farmacêuticas – apoiaram o uso de fagos novamente. Esta seção observa os fagos e como eles funcionam para manter as bactérias longe.

A boa notícia – boa para os humanos e ruim para as bactérias – é que os fagos podem ser organismos abundantes por aí. E – mais notícia ruim para as bactérias – eles estão felizes nas mesma vizinhança que as bactérias chamam de casa. Elas nadam felizes em pilhas de resíduos – assim como as bactérias – e se escondem em cantinhos confortáveis do seu corpo. Elas têm cabeças grandes cheias de material genético, caudas com flagelos e patas como as de insetos (Certo, bonitos eles não são. Mas, enfim, são bons amigos). Seus corpos, nadam bonitos, permitem fazer um pequeno trabalho com suas presas, as bactérias.

Um fago enrola as suas pernas em volta de uma bactéria e depois entra no corpo da célula com a sua cauda. Depois, coloca o material genético no interior da célula. O material genético engana a bactéria ao produzir cópias do fago (células filha). Na verdade, o processo resulta na produção de exércitos inteiros de células filha, ao redor de 200 por hora. Nessa frequência, não leva muito tempo antes que os robustos pequenos fagos estourem através da parece celular. Então, "tchau, tchau bactéria". E esse é o seu fim. Os primeiros fagos passam para bactérias próximas, diminuindo o trabalho de cada célula em seus caminhos. Antes de muito tempo, uma colônia inteira de bactérias é história.

Portanto os fagos são a maneira de se livrar das bactérias que estão te perturbando; os fagos poderiam ser a cura para tudo o que os antibióticos não foram. Certo? Bem, talvez não. Alguns problemas ainda estão envolvidos na terapia com fagos. Mesmo que os cientistas tenham melhorado ao identificar quais fagos gostam de liquidar quais bactérias, nem sempre há tempo para fazer a combinação necessária. Por exemplo, se uma infecção bacteriana está passando em uma vila matando dezenas de pessoas por hora, dificilmente haverá tempo para colocar a bactéria em cultura para ver o que é e qual fago cuidará dela. Os cientistas também estão preocupados que as bactérias pudessem desenvolver resistência aos fagos, assim como fizeram com os antibióticos. E depois há o fato de que as bactérias são diabinhos trapaceiros. Às vezes, elas guardam suas peles citoplásmicas ocultando dentro as células que os fagos não conseguem penetrar.

Com todos esses problemas a parte, a terapia com fagos pode ser extremamente eficaz. Em um experimento na Universidade do Texas, os pesquisadores infectaram ratos com doses letais da bactéria *Escherichia coli*. Os ratos infectados tratados com fagos tinham uma taxa de 92 por cento de sobrevivência, comparado com somente 33 por cento daqueles que receberam o antibiótico estreptomicina.

Os pesquisadores e as empresas farmacêuticas agora estão trabalhando para encontrar formas melhores de combinação de fagos com bactérias e garantir a segurança da terapia. Muitos cientistas aconselham o uso conservador da técnica para ajudar a prevenir o desenvolvimento da bactéria resistente ao fago, mas digamos que isso poderia ser um tratamento de luxo valioso para ser usado quando a maioria dos antibióticos mais potentes falha.

Não há nada como velhos amigos para ajudá-lo a sair de um apuro.

Vírus: Aqueles Seres Minúsculos

Uma charada para você: O que tem material genético, existe há bilhões de anos, funciona como um parasita vivo, mas pode não ser de fato um ser vivo? Resposta: um vírus.

Capítulo 18: Vivendo com Pequenos Seres: Bactérias, Vírus e Insetos **313**

Está certo, aqueles pequenos organismos desagradáveis que causam doenças que vão desde a imunodeficiência humana (HIV) até o envenenamento alimentar, o resfriado comum e até mesmo algumas formas de câncer podem ser os parasitas mais eficientes do mundo. Mas, no sentido mais estrito da palavra, eles não estão vivos de fato. Um vírus não pode existir fora de uma célula do hospedeiro, o que significa que é incapaz de viver independentemente e, portanto, não vive de fato. Mas para as criaturas que não estão vivas de fato, esses organismos podem provocar muitos danos!

Os vírus são pequenos pedaços de DNA e RNA cobertos por proteína como proteção. (Você pode ver porque eles causam tantos problemas, sendo feitos de DNA e RNA e tudo o mais). Por ser tão pequenos – uma fração do tamanho da bactéria – eles não podem ser vistos com um microscópio de luz. Portanto, eles não foram descobertos até o final do século XIX, quando microscópios mais potentes começaram a entrar em cena. Quando os cientistas os viram, eles foram revelados. Embora eles tenham formas e tamanhos diferentes – alguns são redondos, outros têm o formato de uma haste, outros são enrolados – eles são coisinhas uniformemente feias, geralmente com cabeças cheias de ácido nucleico e fibras nas caudas longas e finas que parecem patas de aranha. Não são exatamente uma rainha da beleza do mundo microscópico!

Ninguém tem certeza realmente de como os vírus se desenvolveram no início. Alguns cientistas pensam que eles eram parasitas intracelulares originalmente que ficaram tão bons no que faziam – sendo parasitas, por assim dizer – que foram capazes de fazer isso sozinhos com ácido nucleico. Outros pensam que eles são fugitivos celulares, genes que fugiram de casa, mas que não podem se replicar até que voltem para um tipo específico de célula hospedeira. (Você sabe como algumas crianças procuram por alguém maior porque não sabem fazer as coisas sozinhas.)

E os vírus não batem na porta de qualquer célula da vizinhança. Eles são bem meticulosos sobre a casa de quem eles querem arruinar. Eles podem se inserir somente nas células que têm os receptores certos. Essa meticulosidade é um dos fatores que alimentam a teoria de que eles eram na verdade uma parte integral das células – os genes que se dividem, mas precisam retornar para casa e juntar-se aos seus números.

Como um vírus ataca uma célula

Primeiro, um vírus se une ao receptor de uma célula, disparando o seu ácido nucleico dentro da célula. O ácido nucleico viral é algo muito poderoso: é como uma droga que embaça a mente metabólica da célula, convencendo-a a replicar o ácido nucleico viral, a proteína e os outros componentes com que os novos vírus precisam ser disfarçados. Essa é a parte bem difícil: O vírus faz uso das enzimas da própria célula e de ATP (energia) para alcançar esse recurso. Os retrovírus (como o que causa a AIDS) são ameaçadores. Eles carregam uma enzima chamada *transcriptase reversa* em uma célula, que força a célula do hospedeiro a fazer uma cópia do DNA do genoma no RNA do retrovírus. Bem grosseiro, não é?

Então, os vários componentes do vírus se juntam para formar vírus maduros, eventualmente criando muita coisa para a célula cuidar. A parede celular se rompe e os vírus continuam a consumir outras células do corpo do hospedeiro. O número de vírus que vai para o ataque nessa altura pode alcançar dezenas de milhares dependendo do tipo de vírus.

Desnecessário dizer que encontrar formas de controle dos vírus tem sido difícil. Eles são difíceis de ver e isolar, e são igualmente difíceis de serem classificados. Observe que os humanos não estão sozinhos como vítimas dos ataques virais. Virtualmente toda espécie está sujeita a ataques por esses pequenos predadores.

Na verdade, o seu próprio corpo está mostrando aos cientistas o caminho em direção a novos tratamentos cada vez mais eficazes para as infecções virais. Em um hospedeiro, uma célula infectada produz *interferóns* e outras *citocinas* (os componentes solúveis que ajudam a regular a resposta imunológica), que funcionam como alarme dizendo para as outras células não infectadas se preparar para tempos difíceis. Essas células vizinhas ficam então prontas para os intrusos, cessando a replicação do vírus. Certas citocininas agora estão sendo usadas nas terapias para atacar vírus específicos. Porém – assim como as bactérias – os diabinhos desagradáveis já estão criando formas de resistência contra as drogas.

Aqui está outra dificuldade no desenvolvimento das terapias antivirais: a célula hospedeira e os vírus ficam muito integrados, por isso, às vezes, é difícil identificar o vírus, sem destruir ou prejudicar os mecanismos da célula em si. Por isso, em muitos casos, somente os sintomas das doenças virais que são tratados. Porém, remédios antivirais têm sido desenvolvidos para uma série de doenças incluindo a gripe, a herpes e o HIV.

Em muitos casos, a prevenção é a arma mais eficaz – às vezes, a única forma – de controlar a propagação das doenças virais. As vacinas (ai!) tem sido usadas para prevenir a propagação das doenças virais desde que Edward Jenner realizou a sua própria forma de tratamento no final do século XVIII Britânico, Jenner tinha percebido que as vendedoras de leite da Inglaterra que tinham contraído um tipo de doença semelhante à varíola de seus amigos bovinos não foram infectadas com o vírus da doença. Portanto ele injetou o vírus da doença em alguns humanos e provou que eles eram imunes. Rapaz, ele ficaria encrencado com a orgão de Controle de Alimentos e Remédios hoje!

As vacinas agora estão disponíveis para pólio, gripe, raiva, varicela e uma série de outros vírus. O princípio por trás da inoculação é que ela ativa o sistema imunológico do corpo, criando a resposta imunológica para o vírus, enquanto provoca pouco ou nenhum dano celular. O corpo forma anticorpos contra o vírus e essas células que produzem anticorpos específicos fazem com que o anticorpo antiviral permaneça no corpo pelo resto de sua vida. (Às vezes, doses adicionais de vacina são necessárias, para manter a tropa pronta para a batalha.) É claro, alguns programas de vacinação têm sido mais eficazes que outros. A varíola foi virtualmente eliminada da face da terra, principalmente porque o vírus fica confinado em

Capítulo 18: Vivendo com Pequenos Seres: Bactérias, Vírus e Insetos **315**

hospedeiros humanos – por isso ele não pode crescer e sofrer mutação em populações animais. Outros vírus foram mais bem sucedidos ao iludir o grande grupo da Organização Mundial da Saúde (OMS), que trabalha para controlar a propagação de doenças infecciosas ao redor do mundo.

A _poliomelite_ (pólio) é um vírus que continua a aumentar sua cabeça feia porque é capaz de deixar seu hospedeiro humano e sofrer mutação, tornando as vacinas inúteis. Depois há o vírus da gripe, que muda tão rapidamente que novas vacinas são necessárias a cada ano. Quando um vírus muda, esse pode se adaptar continuamente aos novos ambientes intracelulares e ir para a rua para escapar da resposta imunológica do hospedeiro. As mutações podem mudar tudo, desde a força de um vírus até a sua capacidade de se ajustar a novos tipos de células ou novos hospedeiros animais.

O vírus da AIDS: Por que tem sido difícil acabar com ele

Pegue o vírus HIV É uma aposta muito boa, mas ainda uma teoria não provada, que o vírus que causa a AIDS (síndrome da imunodeficiência adquirida) foi uma epidemia nas populações de macacos na África. A teoria é que depois de passar por várias mutações, ele foi passado para um hospedeiro humano através de um corte ou de uma mordida. Ele foi identificado primeiro como uma doença em 1981, desde então infectou milhões de pessoas, como vírus agora revelado em todos os países do mundo. Em alguns países Africanos, o vírus varreu aldeias inteiras.

O HIV possui uma capacidade incrível de mudar, às vezes, criando mais de 100 linhas mutantes de uma única linha original. Isso dificulta muito a vacina, porque teria de ser desenvolvida uma vacina que protegesse contra todas as formas mutantes. É como tentar construir uma arma para matar um inimigo específico que possui traços específicos, mas antes que você possa criar a arma, o inimigo colocou um exército de reforços – com traços inteiramente diferentes.

As células que servem como hospedeiras para o vírus HIV possuem um marcador especial conhecido como CD4. Os marcadores CD4 reconhecem certos antígenos específicos (coisas contra as quais o sistema imunológico reage). As células que contêm o marcador CD4 funcionam como se colocassem a cabeça para fora do sistema imunológico permitindo que ela saiba qual inimigo está em casa. Algumas células cerebrais e algumas células do sistema imunológico, incluindo a célula auxiliadora T, que é parte da primeira linha de defesa do corpo contra os grandões do mundo mau, contêm células que têm esse marcador. Esse marcador fiel ajuda a defender o corpo contra invasores desagradáveis como as toxinas, células tumorais e uma variedade de organismos infecciosos. Quando as células com os marcadores CD4 são destruídas pelo vírus HIV, o sistema imunológico inteiro fica comprometido, deixando o hospedeiro vulnerável a todos os tipos de infecções e câncer.

Parte VI: Ecologia e Ecossistemas

Atualmente, os pesquisadores estão usando uma série de remédios – às vezes, em combinação com outros – para combater os efeitos do vírus. Agora, depois de lidar com a epidemia por duas décadas, a ciência médica frequentemente pode ajudar os pacientes com AIDS a viver vidas relativamente normais. A pesquisa genética promete oferecer tratamentos que podem atingir na verdade vírus como o HIV onde ele causa danos – nos genes.

Insetos: Os Insetos Que Você Pode Ver

Se você quiser insultar alguém, há uma maneira fácil de fazer isso: chame-o de inseto. Essa é a maneira que nunca falha para fazer com que alguém se sinta absolutamente mal. Você acabou de comparar ele ou ela com um daqueles insetos rastejantes passando pela sujeira embaixo dos seus pés. Eca! Você disse que ele não tem valor, um fracasso total. Bem, se essa é a mensagem que você quer dar para o ser detestável, você deve encontrar outro insulto. Na verdade, os insetos estão entre os animais mais bem sucedidos da terra.

Pelo menos um milhão de espécies (cerca da metade de todas as espécies de animais que foram descobertos) de insetos são conhecidos. Como qualquer um que tentou esconder a comida das formigas em um piquenique sabe; eles estão por toda a parte. Os insetos são incrivelmente adaptativos, capazes de sobreviver a temperaturas extremas e a condições hostis de todos os tipos. Há um inseto – um tipo de grilo – que vive no alto do Himalaia, onde sua única companhia é provavelmente os monges Budistas. A pequena criatura se mantém aquecida ao fabricar um tipo de anti-congelante, (existem rumores de que a General Motors ofereceu milhões para direcionar um novo tipo de programa de pesquisa com o pequeno inseto, mas o grilo não deixará os monges.)

Os cientistas acreditam que os insetos e seus companheiros artrópodes passaram pelas praias por volta do mesmo período que as plantas estavam deixando as profundezas aquosas e fazendo suas próprias pontas de praia. (Isso foi há muito tempo!) Nessa altura, eles começaram a desenvolver seus exoesqueletos como proteção dos elementos áridos. Essa proteção externa, que também é a prova d´água, ajuda a manter a mistura preciosa dentro de seus corpos. Tanto os insetos quanto as aranhas desenvolveram um sistema de *tubos malphigianos*, que o inseto usa na eliminação de resíduos e na reabsorção de água dentro do corpo. Quando os insetos e outros artrópodes deixaram seus locais aquosos para trás, eles mantiveram um pouco de suas casas com eles.

A maioria dos insetos não é bonita. Isso com certeza. Na realidade, sempre que um diretor de Hollywood está escalando o papel de um alienígena horrendo de uma galáxia distante, aposto que eles usam um inseto. (É claro, quando eles são bonitos, eles são fatalmente absolutos. Pegue as borboletas, as libélulas e alguns besouros, por exemplo.) os insetos possuem corpos segmentados com três partes principais: cabeça, tórax e abdômen (ver a Figura 18-1). Quando adultos, eles geralmente têm três pares de patas e um par de *antenas*. E como bônus, eles geralmente têm dois pares de asas, porque sempre é bom ter um par a mais com você.

Capítulo 18: Vivendo com Pequenos Seres: Bactérias, Vírus e Insetos 317

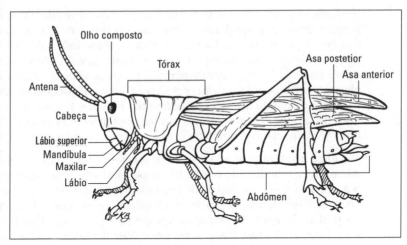

Figura 18-1: As partes de um inseto verdadeiro. Os insetos verdadeiros têm três segmentos em seus corpos, seis patas, um par de antenas e dois pares de asas.

Aqui está um ponto interessante sobre as asas dos insetos: Os insetos não têm músculos em suas asas – apesar do fato de que algumas espécies poderem bater suas asas tão rápido quanto 1.000 batidas por segundo. Os músculos dentro do tórax potencializam as asas, permitindo que o inseto as mova para cima e para baixo, para cima e para baixo, para cima e para baixo, para cima e para baixo....

Como você deve ter suspeitado, um inseto usa suas antenas para analisar o ambiente. As antenas, que normalmente saem do meio de dois olhos protuberantes, são como narizes incrivelmente longos. Elas são alinhadas com os nervos olfativos, que os insetos usam para cheirar a comida e detectar *feromônios* – moléculas do tipo hormonal que carregam o odor – liberados por parceiros potenciais.

Os insetos respiram o ar, mas lhes falta coluna espinhal, o que significa que eles são invertebrados, mas não necessariamente covardes. Eles têm exoesqueletos, que são conchas duras que servem como proteção e faz aquele barulhinho nojento quando você pisa neles. Os exoesqueletos são formas claras de proteção, mas eles apresentam um problema – eles são mais como roupas de exército do que partes vivas, crescentes do corpo. Os exoesqueletos não crescem, o que significa que os insetos têm que se livrar deles conforme crescem em um processo chamado *muda*.

Os corpos segmentados dos insetos, os exoesqueletos e as patas unidas os colocam na categoria de *artrópodes*, uma designação que eles compartilham com crustáceos e aracnídeos. Os crustáceos incluem alguns dos artrópodes mais saborosos: caranguejos, camarões e lagostas. Por outro lado, a última coisa que você chamaria de aracnídeo seria uma aranha – a menos que você tenha um conceito diferente de culinária. Alguns aracnídeos comuns são as aranhas e os escorpiões. Hum! As pessoas geralmente pensam que todos os artrópodes são "insetos," mas, nem todos eles são insetos. Não deixe uma aranha tentar dizer que é um inseto, por exemplo. Diga a ela que ela tem muitos pares de patas e que falta um segmento do corpo.

Ninguém acusará um inseto de ser um comedor delicado. Os insetos consomem grandes quantidades de comida – geralmente várias vezes o peso do seu corpo em um dia. Eles comem tudo desde folhas de todos os tipos de plantas até (infelizmente para o seu suéter novo) tecido. Muitos insetos são *herbívoros* (comedores de plantas, como os afídeos), mas várias espécies são *carnívoros* (comedores de carne, como as joaninhas), desgraçadamente comendo insetos companheiros ou você. Esses são os que você quer no seu jardim, porque eles ajudam a controlar as pestes que podem, do contrário, crescer rapidamente em um campo de espigas de milho.

Sua dieta massiva e variada é um fator que tem ajudado os insetos a predominarem no mundo todo por tanto tempo. Outro fator de sucesso é sua frequência incrivelmente rápida de reprodução. Mesmo quando uma população de insetos está quase inteiramente eliminada, os poucos indivíduos restantes podem se reproduzir rapidamente e criar a população rapidamente outra vez. (É claro, eles não ficam felizes por cuidar de todas aquelas crias, mas eles sabem que o trabalho de um inseto nunca está acabado.) E em alguns casos, os insetos podem responder as condições desfavoráveis permanecendo no ovo ou em estágios larvais por períodos maiores de tempo, emergindo somente como adultos, quando as condições estão melhores.

Caramba, como você mudou! Reprodução e metamorfase

Esse é o dilema do inseto e do ovo: Você começa a história da reprodução do inseto com o inseto adulto, como ovo ou como larva? Assim como qualquer processo cíclico da vida, você pode entrar em qualquer lugar e fazer a viagem circular. Portanto, lá vai.

Alguns insetos dão a luz quando jovens, mas a grande maioria dos insetos deposita os ovos. Os insetos vêm em variedades masculinas e femininas separadas, com o macho fertilizando os ovos da fêmea internamente. No caso da fertilização externa, a fêmea coloca o ovo primeiro, que depois são fertilizados pelo macho. Essa atividade normalmente acontece na água.

A fêmea coloca os ovos fertilizados que são minúsculos, mas pode haver muitos deles. Você sempre se pergunta o porquê muitas moscas ficam por perto? Bem, uma mosca pode colocar até 1.000 ovos em apenas duas semanas. É claro, nem todos eles sobrevivem. (Graças a Deus! O orçamento não aguentaria só com mata-moscas).

Veja onde o processo da metamorfose, que basicamente significa mudança, começa. O animal que escorrega para fora do ovo (e eu quero dizer que escorrega mesmo) geralmente é um pouco parecido com a Mosca Mãe ou com a Abelha do Mel. A não ser por uma coisa, ele não tem asas, provavelmente não tem patas e faltam os seus órgãos reprodutivos funcionando.

Capítulo 18: Vivendo com Pequenos Seres: Bactérias, Vírus e Insetos 319

Na verdade existem dois tipos de metamorfose: completa e, você adivinhou, incompleta.

Em alguns casos, o Inseto Mãe provavelmente não reconheceria seu próprio bebê querido (bem, ele é querido para ela). No caso dos insetos que passam pela *metamorfose completa* – incluindo as borboletas, as mariposas e as moscas – os animais que saem do ovo têm pouquíssima semelhança com seus pais. Na verdade, tudo neles é diferente. Eles têm dietas diferentes e precisam de ambientes diferentes para crescer. Eles são as *larvas*. Então, depois de um período de se alimentarem com Alimento para Larvas Bebê (é brincadeira!) elas alcançam seu tamanho final. Nessa altura, elas se tornam *pupas* fofinhas. Aí é que as coisas realmente mudam. Por baixo de um *casulo* aconchegante (no caso de uma borboleta, é chamado de *crisálida* porque uma borboleta deve ter uma palavra bonita para o seu casulo), o inseto rompe o corpo larval e o substitui por um adulto. Truque claro. O inseto adulto tem então uma festa para a sua nova apresentação. Ele se liberta do casulo e experimenta suas novas asas pela primeira vez.

No caso da *metamorfose incompleta*, a mudança não é assim tão dramática. Alguns insetos, incluindo as libélulas e os gafanhotos, são pelo menos reconhecidos como tais quando saem de seus ovos. Esses jovens insetos são conhecidos como *ninfas* ou *náiades*, no caso das libélulas. Esses jovens insetos crescem gradualmente até se desenvolver em corpos adultos mudando somente um pouco, cada vez que passam por uma muda.

Desse ponto em diante, é tudo sobre sexo e reprodução. Os insetos são absolutamente obcecados pela noção de procurar parceiros e reproduzir a partir do momento que entram no estágio adulto. Na verdade, o mundo dos insetos é realmente como um grande bar para solteiros. Assim como os frequentadores de um bar para solteiros, os insetos estão armados com diversas formas para atrair o sexo oposto. Os vagalumes, é claro, têm as suas lindas luzes brilhantes, enquanto os grilos chamam o outro com aquele som caracteristico do verão, (Caso você já tenha se perguntado, o grilo macho está perguntando, "Qual é o seu sinal?")

E – novamente como os frequentadores de um bar para solteiros – os insetos podem ter algumas experiências sexuais perversas. Você já ouviu sobre histórias em que as fêmeas dos insetos mordem e arrancam a cabeça de seus parceiros – bem, são tristes, mas reais. Enquanto os louva-a-deus estão copulando, as fêmeas maiores, às vezes, literalmente mordem a cabeça de seu amado e a arrancam fora e depois comem o resto do seu corpo. O louva-a-deus poderia aprender com a mosca-ladra, que traz junto de si um pequeno inseto para a sua amada comer no leito matrimonial. Se o louva-a-deus trouxesse pelo menos uma garrafa de vinho barata já serviria.

Depois tem as feministas do mundo dos insetos, que encontram uma maneira de se reproduzir eliminando a necessidade da fertilização masculina. Essa forma de reprodução é chamada de *partenogênese*. Em uma forma de partenogênese, os cromossomos simplesmente dobram dentro do ovo. A vantagem dessa forma de reprodução é que ela permite que o inseto escolha o momento certo, em vez de esperar até que ela encontre o Sr. Certo. E todos sabem quanto tempo isso pode levar.

Aprendendo a Amar (ou Pelo Menos a Conviver) Com Esses Insetinhos

Aceite isso. Nenhum dos insetos que compartilham o planeta – as bactérias, os vírus ou os insetos – estão indo a lugar algum. Eles estão por aqui há muito tempo antes que os primeiros humanos saíram das cavernas e provavelmente ainda estarão por aqui por muito tempo depois que os humanos transformarem o mundo em um lugar impossível de viver para a humanidade. O segredo – assim como com todas as formas de vida – é aprender a viver com eles em harmonia, compreendendo as coisas boas que eles nos oferecem e modificando os efeitos do que é ruim. É algo parecido com o casamento, exceto pelo fato de no mundo natural não existir divórcio.

Parte VII
A Parte dos Dez

Nesta Parte...

Esta parte de um livro da Série *Para Leigos* é separada para algumas leituras extras. Um capítulo da Parte dos Dez Mais da Série *Para Leigos* deve conter alguns fatos divertidos ou informações úteis. Nesta parte, eu forneço ambos. Primeiro, no Capítulo 20, você poderá ler sobre as dez maiores descobertas da biologia. É claro, houve mais, porém eu escolhi algumas que eu acredito que se destacaram e contribuíram mais. Depois, no Capítulo 21, caso você queira experimentar por conta grandes descobertas biológicas, você terá dez grandes sites na Web onde poderá encontrar mais informações em seu questionamento de biologia. Como bônus, coloquei uma lista dos dez fatos mais interessantes da biologia no Capítulo 22. Não se esqueça de ler essa parte. Aproveite!

Capítulo 19

As Dez Maiores Descobertas da Biologia

· ·

Neste Capítulo

▶ Descobrindo toda a história por trás de algumas descobertas conhecidas da biologia

▶ Vendo como uma descoberta leva a outra e como as informações científicas são formadas

· ·

O que você lerá neste capítulo não é a moda dos Dez Mais com clas-sificações. Existem muito mais do que dez descobertas na biologia. Essas são as dez que vieram a minha mente como sendo as mais impor-tantes. Espero que você continue lendo sobre biologia e descubra mais dez coisas que você acha que merecem destaque.

Vendo o Que Não Foi Visto

Em 1675, um comerciante Holandês, Antoni Van Leeuwenhoek, foi a pri-meira pessoa a ver as bactérias. Leeuwenhoek descreveu essas bactérias como sendo pequenos animais que têm "caudas" ou "patas," que permi-tiam que elas se movessem, por aqui, por ali e em qualquer lugar. (Talvez ele tenha inspirado os Beatles também?) Você está se perguntando como Leeuwenhoek viu essas pequenas criaturas? Usando um microscópio que coincidentemente ele também inventou. Seu feito vem mostrar que você não tem que ter um Ph.D. para descobrir sobre as maravilhas da biologia.

Belo Fracassado

Todos sabem (bem, talvez não *todos*) que em 1928, Alexander Fleming desco-briu a penicilina, que é feita de um fungo de *Penicillium*, dando a ele o título de "pai dos antibióticos" Mas o seu título é totalmente preciso ou alguém deve ter dado o nome de "pai dos antibióticos" 50 anos antes? Na verdade, em 1875 o médico mais notável da Inglaterra, John Tyndall, já estava cons-ciente de que o fungo de *Penicillium* que ele viu em seu microscópio poderia destruir as bactérias. Então porque Fleming teve a honra em vez de Tyndall? Bem, uma vez que Robert Koch só descobriu que a bactéria poderia causar doenças em 1882, a descoberta de Tyndall com *Penicillium* em 1875 não foi terrivelmente interessante. Em suas anotações, Tyndall escreveu somente que *Penicillium* era "esquisitamente lindo". Até Koch tornar conhecido que as bactérias poderiam causar doenças a descoberta acidental de Fleming sobre a penicilina teve pouco significado. Fleming estava estudando uma linha de bactérias estafilococos, quando sua placa de Petri foi inoculada com esporos de *Penicillium* que foram provenientes do ar do laboratório. Para a surpresa de Fleming, sempre que os esporos de Penicillium eram colocados na placa de Petri, as bactérias estafilococos não cresciam.

Porém, Fleming pensou que tinha descoberto somente uma substância tropical antibacteriana. A ideia de pegar a penicilina internamente não surgiu até que os cientistas começaram a mudar sua maneira de pensar. Naquele tempo, os cientistas não perceberam que era possível injetar uma substância antibacteriana nas pessoas. Foi na Segunda Guerra Mundial que dois cientistas mais jovens, com pensamento mais à frente (e também sortudos) – Ernst Chain e Howard Florey – experimentaram a linha de Fleming do fungo de Penicillium e descobriram que poderia ser tomado com segurança por humanos. Eles começaram a produzir penicilina e a usar em pacientes em 1941. Fleming, como o "pai dos antibióticos", pode ter descoberto o que a penicilina era capaz de fazer, mas Chain e Florey, que realmente a colocaram em uso, poderiam apropriadamente ser chamados de "pais da indústria farmacêutica." O tempo é tudo.

Erradicando a varíola: Jenner Teve Ajuda

Você acreditaria que a ideia de vacinar as pessoas contra as doenças como varíola, sarampo e caxumba originou-se na China antiga? Os curandeiros de lá pegavam as escaras retirada de um sobrevivente da varíola, as transformavam em pó e sopravam nas narinas dos pacientes. Pode parecer grosseiro, mas esses curandeiros antigos estavam na verdade inoculando seus pacientes para ajudar a evitar a propagação da doença. Edward Jenner recebeu o crédito pela popularização da ideia da vacina para combater a varíola em 1791. Porém, os comerciantes Britânicos relataram que os Chineses usavam um método rude de vacinação para combater essa mesma doença muitos anos antes.

As Diversas Descobertas do DNA

Se você já leu que James Watson e Francis Crick descobriram o DNA, você só sabe metade da história. Em 1953, o artigo de referência de Watson e Crick sobre a estrutura em dupla hélice do DNA foi publicado no diário *Nature*. Watson e Crick elucidaram a estrutura do DNA, e a descoberta permitiu a percepção de como o DNA se replica, como os genes são compostos no DNA e como os genes direcionam a produção de proteínas. Além disso, levou ao Projeto Genoma Humano. O Dr. Watson foi o primeiro diretor do Projeto Genoma Humano, que começou no outono de 1988. E pouco antes do calendário virar para 2000, todo o código genético dos humanos tinha sido desvendado. Quase todo gene humano tem somente 12 anos!

Porém, você pode ficar surpreso ao saber que a descoberta do DNA deveria ter sido creditado ao pesquisador do século XIX, Friedrich Miescher. Em 1869, Miescher completou um artigo contendo os detalhes de uma substância química que ele chamou de "nucleína" e uma substância química desconhecida presa ao componente proteico da nucleína. O artigo de Miescher sobre a nucleína foi finalmente publicado em 1871, mas não foi valorizada até 1943, quando Erwin Schrodinger introduziu o conceito da codificação genética, quando a significância da descoberta de Miescher foi percebida completamente. Portanto, com todo o respeito a Watson e Crick, o prêmio para identificar o DNA como uma entidade química certamente vai para o Sr. Miescher. Mas, é claro, Watson e Crick não poderiam ter entendido a estrutura do DNA o que permitiu que várias coisas boas acontecessem hoje se Miescher não tivesse descoberto sua existência.

E Falando do Projeto Genoma Humano...

Com o anúncio de 24 de Agosto de 1989 de que a fibrose cística era causada por um pequeno apagamento de um gene no cromossomo 7, os cientistas do Instituto Médico Howard Hughes da Universidade de Michigan e do Hospital para Crianças Doentes de Toronto, colocou um fim a tentativa de mapear o primeiro gene humano. Essa identificação do defeito genético e a percepção de que esse defeito provoca uma doença, abriu as comportas da pesquisa genética. Tendo identificado o defeito genético que causa a fibrose cística, os pesquisadores começaram a focar seu ataque na doença usando a terapia gênica.

E, é claro, esse sucesso trouxe mais sucesso. Agora, os genes de outras doenças como a doença de Huntington, câncer de mama, anemia falciforme, síndrome de Down, doença de Tay-Sachs, hemofilia e distrofia muscular (existem mais também) foram encontrados. Dois testes genéticos estão disponíveis para detectar se um bebê antes mesmo de nascer possui um gene com defeito ou se dois pais potenciais provavelmente produziriam um bebê afetado. Saber o que causa as doenças permite que os pesquisadores foquem em maneiras para possivelmente curar as doenças.

Mendel e os Genes: Como Ervilhas dentro da Vagem

Mesmo que você não seja vegetariano, a história de Gregor Mendel e de seu "laboratório" no jardim é intrigante. Mendel, um monge Austríaco da metade do século 19, realizou estudos fundamentais sobre a hereditariedade que serve como base para os conceitos genéticos nos dias de hoje. As ervilhas têm uma série de traços facilmente observáveis – como ervilhas lisas versus ervilhas rugosas, plantas altas versus plantas baixas, e assim por diante – Mendel foi capaz de observar os resultados da polinização cruzada e de cultivar variedades de plantas de ervilhas no jardim do monastério. Através de seu experimento, Mendel foi capaz de estabelecer as taxas de vários traços que ele observou na descendência da planta da ervilha. Essas taxas ajudaram Mendel a expressar a ocorrência de vários fatores genéticos em termos de probabilidade estatística. Embora o seu trabalho tenha sido feito antes da descoberta do DNA e dos cromossomos, os princípios genéticos da dominância, segregação e distribuição independente que Mendel definiu originalmente ainda são usados até os dias de hoje. O que Mendel chamou de "fatores" você conhece como "genes." Você pensava que as ervilhas eram boas somente para fazer sopa!

As Ideias Evolucionárias de Darwin

Quase todos já ouviram sobre a viagem de Charles Darwin até as Ilhas Galápagos. Seu estudo com as tartarugas gigantes e tentilhões, e sua teoria resultante sobre a seleção natural (também conhecida como "sobrevivência do mais adaptado"), são detalhados em *A Origem das Espécies*, que foi publicado em 1859. O ponto principal de sua teoria é que tanto as espécies de plantas quanto as de animais possuem algumas variações que são melhor adaptadas às condições em que vivem. Essas variações melhor adaptadas tendem a se desenvolver em uma área determinada, enquanto as variações menos adaptadas da mesma espécie não farão isso tão bem ou até morrerão.

A pequena teoria de Darwin criou um alvoroço quando foi publicada, e, embora amplamente aceita, ela continua a ser debatida atualmente. A teoria de Darwin foi, e ainda é debatida pelos Criacionistas que creem que todas as espécies são as mesmas desde que o Criador as criou. Darwin não era um biólogo molecular, nem um especialista em genética. Esses campos nem mesmo existiam no tempo de Darwin, além disso, suas teorias são tidas como fatos hoje. O que é ainda mais surpreendente é que Darwin tinha apenas 27 anos de idade quando completou o estudo de cinco anos em que sua teoria é baseada. O que você acha dessa produtividade?

A Teoria de Schwann Sobre a Célula

Em 1829, o zoólogo Theodor Schwann conduziu um experimento que seria tido como uma das descobertas mais importantes de toda a pesquisa celular. Schwann demonstrou que embora os organismos vivos (bactérias) fossem formados rapidamente a partir de um caldo de carne, eles não seriam formados em um caldo de carne cozido e depois selado em recipientes sem ar. Essa prova de que o ar (oxigênio) era necessário para manter os organismos vivos foi diretamente ao encontro dos contemporâneos de Schwann que acreditavam que esses organismos encontrados quando as plantas e os animais morriam (como no caso do caldo de carne) simplesmente apareciam espontaneamente. Essa pesquisa não foi crítica somente para o trabalho de Louis Pasteur – ele foi o cara que descobriu a esterilização e a fermentação (para aqueles que gostam de cerveja e vinho) – mas também levou a futuras investigações sobre como as células foram produzidas e reproduzidas. A pesquisa de Schwann provou que as células foram formadas pela divisão de células existentes. Essa doutrina – a teoria da célula – tornou-se a base de toda pesquisa celular subsequente. Pense, todo esse conhecimento veio como resultado de um caldo de carne podre.

O Ciclo de Krebs (Não, Não era uma Harley)

O ciclo de Krebs, nomeado segundo o bioquímico Britânico nascido na Alemanha Sir Hans Adolf Krebs, é o maior processo metabólico em todos os organismos vivos. Esse processo resulta em ATP, que é usado tanto pelas plantas quanto pelos animais como energia para abastecer todas as funções celulares. Definir como os organismos usam energia no nível celular abriu as portas para a pesquisa sobre distúrbios metabólicos e doenças. Embora o ciclo de Krebs não resulte em combustível que possa ser usado em sua Harley, ele produzirá energia que o manterá funcionando.

A Reputação de Gram Ficou Suja Para Sempre

Foi bom que o médico Dinamarquês Hans Christian Joachin Gram (1853-1938) não tenha ouvido a sua mãe quando ela disse para ele ficar limpo. Gram desenvolveu um método para pintar os microorganismos usando violeta cristal, iodina e uma tinta contrastante que é usada até hoje, adequadamente chamada de coloração de Gram. Os microorganismos que retêm a cor violeta são gram positivos. Aqueles que não retêm são gram negativos.

Provavelmente você está se perguntando por que o método de colocar tintas nas coisas que nem são visíveis a olho nu merece estar entre os maiores eventos da história da biologia. Veja por quê. As bactérias têm muitas características distintivas e aparecem em muitas formas e tamanhos. Uma das características principais das bactérias é se ela fica corada com a mistura de Gram. Quando os médicos precisam prescrever um antibiótico, saber se a bactéria é gram positiva ou gram negativa é o segredo para identificar o tipo de bactéria que deixou você doente. Por exemplo, a penicilina é usada para tratar a maioria das infecções bacterianas gram positivas. Tirem o chapéu para o Dr. Gram por fazer o trabalho "sujo".

Capítulo 20

Os 10 Maiores Web Sites sobre Biologia

Neste Capítulo

▶ Surfando na estrada das informações em busca de super informações sobre biologia

▶ Navegando em sites de ciência na Web

▶ Procurando recursos interessantes sobre a sua nova matéria preferida – biologia, é claro!

*N*este capítulo, você pode descobrir aonde ir dentro da Rede Mundial de Computadores para descobrir toda uma variedade de informações relacionadas à biologia. Embora somente alguns estejam listados, alguns são portais com link para centenas de outros sites de biologia e ciências na Internet. Comece com esses sites e faça um passeio virtual no mundo da biologia. Boa procura!

TodaBiologia.com

www.todabiologia.com/

O Portal Toda Biologia é uma importante ferramenta de perquisa sobre os diversos temas da Biologia, criado para atender a todos os públicos, de estudantes a pessoas interessadas nesse universo que é a Biologia. O portal destaca temas diversos como anatomia, zoologia, botânica, ecologia, saúde, citologia entre outas, aborda também de forma expressiva, temas na áreas de genética e meio ambiente. Possui dicionário de biologia, referências bibliográficas e indica alguns sites com conteúdo sobre Biologia.

SóBiologia.com.br

www.sobiologia.com.br/

O Portal Só Biologia é um dos web sites mais completos, no que diz respeito à Biologia e Ciências de modo geral, totalmente interativo e produzido também com uma liguagem de fácil compreensão, tornando-se assim uma fonte de pesquisa mais do que agradável, além disponibilizar um glossário biológico, macetes, vídeo-aulas, curiosidades e grandes nomes da ciência. O Portal oferece ainda uma ferramenta online de interação professor-aluno, na qual o estudante pode, através do portal, questionar, sugerir, tirar dúvidas, tanto com professores como também com outros estudantes que estejam cadastrados no portal, promovendo assim uma compreensão ainda maior sobre quaisquer temas e vertentes da biologia.

Biomania.com.br

`www.biomania.com.br/`

Este Web Site tem caráter mais acadêmico, oferecendo uma gama enorme de informações sobre diversas áreas da Biologia, dando ênfase em preparação para provas e exames, disponibilizando vídeo-aulas, fórum de discussão, simulados abordando temas sobre Biologia, músicas que facilitam na hora de recordar tópicos importantes, quer dizer, é um prato cheio para quem se prepara para prestar o vestibular.

TudoSobrePlantas.com.br

`www.tudosobreplantas.com.br`

Web Site dedicado à tratar, discutir e apresentar novidades e curiosidades sobre a diversidade de plantas que existem, tem bastante informação, banco de plantas contendo fichas de espécie com foto e formas de cultivo, possui banco de sementes também, dispõe de um grupo de estudo online, glossário de termos, espaço aberto a divulgação de textos de forma que, você pode contribuir para enrriquecer ainda mais o web site, para usar todos os recursos do Web Site é necessário se cadastrar.

VisãoQuímica.com.br

`www.bioq.unb.br/`

Web Este Web Site aborda assuntos sobre Bioquímica, privilegiando professores, que podem usufruir do Web Site para fundamentar suas aulas, mas ele atende a todo o público interessado, utilizando gráficos e imagens para ilustrar seus conceitos assim como uma linguagem de facil compreensão. Possui também referências bibliográficas.

Capítulo 20: Os Dez Maiores Sites sobre Biologia na Web — 331

Cellbio.com (em inglês)

`www.cellbio.com/education.html`

Esse site oferece links a todos os tipos de sites fantásticos. Há até mesmo um para faculdades e universidades que oferecem programas de biologia, portanto você não tem que procurar todas as instituições de ensino superiores! É como uma central biológica para os fanáticos por biologia. O site o envia para várias direções, com links levando para sites que focam em tópicos que vão desde genética até insetos de todos os tipos. E, se você tiver uma pergunta, você vai amar o recurso Ask-A-Scientist. Você estará proliferando vida!

Tripod.com (em inglês)

`botany_plant.tripod.com/`

Esse site maravilhoso conecta você com alguns dos melhores recursos eletrônicos de botânica a disposição: do Departamento de Botânica da Universidade de Toronto e da Universidade da Georgia até o Instituto de Biotecnologia de Plantas do Canadá. Botany.com oferece sua enciclopédia de plantas. Está mais interessado em biologia molecular das plantas e em genética? Vá até o link sobre o sistema de informações do genoma da agricultura. Tenha a experiência de ver uma planta virtual. O site também oferece o link para o banco nacional de PLANTAS, o Diretório de Botânica na Internet. Procurando curiosidades? Experimente o Mundo de Plantas Raras e Notáveis de Wayne.

Arizona.edu (em inglês)

`www.biology.arizona.edu/`

Seja química básica ou biologia, o site de biologia da Universidade do Arizona oferece uma grande variedade de assuntos e informações. Algumas das especialidades também são oferecidas em Português e em Espanhol. A área da bioquímica observa o metabolismo, as enzimas, a energia e a catálise, moléculas grandes, fotossíntese, pH & pK_a, correlatos clínicos de pH, vitaminas B12 e folato, e regulação do metabolismo do carboidrato. A biologia celular estuda as células, a mitose, a meiose, o ciclo celular, as procariotas, as eucariotas e os vírus também são incluídos. As substâncias químicas e a saúde humana abrangem toxicologia básica, toxicologia dos pulmões, fumaça do tabaco no ambiente e desenvolvimento dos pulmões, rins e metais. O site também analisa a biologia em desenvolvimento, a biologia humana, a imunologia, a genética Mendeliana e a biologia molecular.

Meer.org (em inglês)

`www.meer.org`

MEER, Marine and Environmental Education and Research, Inc., baseado em Sebastopol, Califórnia, patrocina um site dedicado a todos os tipos de tópicos relacionados ao mundo da água. O site oferece uma função de busca para ajudá-lo a encontrar informações sobre todos os tipos de vida marinha, o campo da biologia marinha, e os esforços pela conservação ao redor do mundo. Você pode fazer viagens em campos virtuais, inscrever-se em cursos a longa distância, pedir CD-ROMs sobre o assunto, ou enviar suas perguntas para os especialistas do MEER.

Astrobiology.com (em inglês)

`www.astrobiology.com/`

Pare o mundo! Quero descer e observar a biologia por todos os lados! Experimente esse site. Ele tem muitos artigos atualizados e recursos arquivados para os biologicamente curiosos sobre exobiologia – o estudo de vida possível em outros planetas.

Capítulo 21

Os Dez Fatos Mais Interessantes da Biologia

Neste Capítulo

▶ Vencendo a Busca Trivial!

▶ Impressionando os seus amigos!

▶ Tendo o "dedo mais rápido!"

▶ Sendo o vínculo mais forte!

Ao pesquisar as informações para este livro, eu me deparei com alguns fatos muito fascinantes que eu acredito que você vá gostar. Considere esta parte como um pouco de leitura leve depois de todos aqueles caminhos e ciclos. Meu presente para você é ajudá-lo a participar de alguns jogos de perguntas. (Lembre-se de mim quando for a sua vez – eu serei o seu amigo com quem você falará ao telefone!) No entanto, encontrei mais de dez fatos interessantes, então, quem sabe na próxima edição...

O Rato Canguru É um Mamífero que Não Precisa Beber

E isso é algo bom também. Esses pequenos roedores vivem no deserto. Eles evitam perder água devido à evaporação ficando em seus buracos fundos, frios e úmidos durante o dia e somente se aventurando a sair à noite. Eles comem sementes com alta quantidade de gordura e baixa quantidade de proteína, não consumindo plantas suculentas cheias de água como muitas criaturas do deserto fazem. A água com que eles vivem é adquirida da água concedida como um produto residual quando o seu alimento é digerido. O intestino grosso dos ratos cangurus reabsorve quase toda a água de seu material fecal e seus rins produzem urina altamente concentrada que contém pouquíssima água. Eles perdem pouquíssima água, portanto eles não precisam ingerir água.

O Peixe Pulmonado Respira Ar e Pode Ser uma Ligação Evolucionária

Os peixes pulmonados, que são encontrados na África, na América do Sul e na Austrália, têm brânquias, mas não recebem o oxigênio na água. Eles são obrigados a respirar ar, o que significa que devem vir para a superfície da água para respirar oxigênio no ar. Devido a essa característica, acredita-se que eles sejam uma ligação evolucionária entre os anfíbios e os animais terrestres. Essa característica também permite que eles sobrevivam em água parada. Uma vez que eles têm água para nadar e podem ir até a superfície para conseguir ar, eles são animais bastante resistentes. Se a água em que eles vivem secar, os peixes pulmonados podem formar um casulo em volta deles mantendo-se fora da lama com uma substância que eles secretam. Quando a lama seca, o casulo endurece. Foram guardados peixes pulmonados nas prateleiras de laboratórios dentro de seus casulos endurecidos por anos. Quando o cientista estava pronto para estudá-lo, o casulo foi colocado na água, e o peixe emergiu do ponto em que foi deixado. Criaturas muito interessantes.

O Peixe Pode Se Afogar

O peixe pulmonado, por ser obrigado a respirar ar, deve ir até a superfície para sobreviver. Ele não obtém seu oxigênio na água como outros peixes fazem. Portanto, se um peixe pulmonado é pego em uma rede ou colocado em um balde e se não puder movimentar o seu corpo para ir até a superfície da água para respirar, ele se afoga.

As Plantas Podem Comer Animais

Uma planta pega-mosca produz uma substância viscosa dentro de suas folhas que atraem os insetos. Quando a planta detecta que um inseto está dentro dela, a folha fecha lentamente, prendendo-o. A planta então digere o inseto.

O Útero de Uma Mulher Aumenta Mais de Seis Vezes o Seu Tamanho Normal Durante a Gravidez

Embora pareça que estica 60 vezes mais para uma mulher grávida, o tecido extremamente elástico do útero expande o suficiente para manter um feto, a placenta e o líquido amniótico.

Capítulo 21: Os Dez Fatos Mais Interessantes da Biologia

Os Humanos e os Chimpanzés Têm 99 Por Cento de Seu Material Genético em Comum

O chimpanzé é o parente mais próximo de um humano. Acredita-se que os chimpanzés e os humanos tenham se desenvolvido juntos a partir de uma linha de macacos que depois se dividiu há 6 milhões de anos. Portanto, quando você diz que poderia ser tio de um macaco você não está muito longe disso!

Por Mais Avançados Que Sejam os Humanos, A Descendência Humana É Frágil

Para sobreviver, a maioria dos animais recém-nascidos se desenvolve rapidamente para caminhar e defender-se sozinhos. Potros, pequenos veados, pintos e elefantes bebê, todos eles saem do útero de suas mães (ou ovo) e entram rapidamente no ritmo das coisas. Mesmo os parentes mais próximos dos humanos, os chimpanzés, produzem descendentes que não precisam de anos de cuidados para conseguir ter o próprio alimento, andar, comunicar-se e defender-se.

Mas, conforme os humanos se desenvolvem, o tamanho do crânio e do cérebro aumenta. Porém, o tamanho da pelve feminina permanece quase o mesmo. Se a cabeça de um bebê é grande demais para passar através da pelve, há um grande problema tanto para a mãe quanto para o bebê. Por isso, os bebês humanos se desenvolveram para nascer antes que suas cabeças fiquem grandes demais para encaixar nos ossos pélvicos. Consequentemente, eles são muito mais imaturos do que os descendentes dos ancestrais humanos. Nascer antes significa que as crianças são incapazes de andar, conseguir comida, procurar abrigo ou defender-se. Essa necessidade requer que os pais (a mãe pela comida, carinho e abrigo e o pai pela defesa e o alimento quando a criança está mais velha) cuidem da criança por um período de tempo maior –anos!! Mas, essa necessidade aumentou as ligações entre os humanos, criando unidades familiares que raramente são vistas em outros animais e que afinal ajudou a nos fazer humanos.

As Minhocas Podem Ser Estranguladas Até Morrerem por Parasitas Que Vivem no Solo

Os parasitas formam laços no solo e quando uma minhoca desprevenida passa através do laço, o parasita a espreme.

As Plantas Parecem ser Verdes Porque Refletem Raios de Luz Verdes do Sol

A clorofila é um pigmento predominante da planta que absorve toda cor do espectro de cores, exceto o verde. Então, as plantas refletem luz verde, por isso é o que você vê. Quando as folhas mudam de cores no outono, elas estão perdendo sua clorofila. Então, outros pigmentos são capazes de absorver todas as cores do espectro, exceto aquelas que eles refletem, como amarelo ou laranja. Finalmente, quando todos os pigmentos foram apagados, a folha é incapaz de absorver muitos raios de luz. Em vez disso, ele reflete a maioria delas ao mesmo tempo, parecendo marrom.

Cortar uma Estrela-do-Mar em Pedaços Não a Mata

No entanto, você teria muitas estrelas-do-mar novas por aí. A estrela-do-mar possui uma capacidade incrível de regeneração. Se uma estrela-do-mar é pega por um predador, ela pode soltar um limbo e crescer novamente, mesmo que somente sobre um braço, toda a estrela-do-mar pode se regenerar. A estrela-do-mar, que é especialista na abertura de conchas para comer moluscos, adora comer ostras. Os homens que pescam ostras cortavam estrelas-do-mar que ficavam presas em suas redes, até que eles perceberam que estavam colocando mais predadores em seus canteiros de ostras. Será que as pérolas são tão caras porque as estrelas-do-mar diminuíram a população de ostras?

Apêndice A
Classificação dos Seres Vivos

Os cientistas gostam de ordem. Eles querem organizar o caos da vida. Eles gostam de nomear as coisas e procuram maneiras de classificar as coisas naturais o tempo todo: substâncias químicas, elementos, remédios, doenças, hormônios, e sim, todas as plantas, animais, bactérias, secreção de mofo e fungos. A taxonomia, deriva das palavras Gregas que significam "ordenar" e "lei", é a classificação ordenada dos seres vivos. As categorias são chamadas de taxou, e os biólogos que as determinam são chamados de taxonomistas (não confunda com taxidermista, que empalha animais mortos que caçadores orgulhosos transformam em decoração em suas casas). As categorias usadas na classificação de organismos vivos são: Reino, Filo, Classe, Ordem, Gênero e Espécie. Os organismos são posicionados nesses taxou com base nas semelhanças e nas diferenças estruturais. O filósofo Grego Aristóteles começou a classificar as plantas em grupos maiores como árvores, arbustos e ervas. Mas, a organização que ainda é seguida hoje foi desenvolvida pelo botânico do século 18 Carolus Linnaeus e modificada por R. H. Whittaker da Universidade Cornell. Não se sinta obrigado a memorizá-la. Estou fornecendo essas informações de maneira simples para que você possa ter uma noção do que é a taxonomia e como as diversas formas de vida estão na terra.

Reino Monera

Procariotas: Bactérias e cianobactérias (algas azul-esverdeadas)

Reino Protista

Eucariotas, unicelulares ou colônias sem diferenciação de tecido

[Protozoários – heterotróficos, protistas unicelulares]

Filo Mastigophora. Protozoários flagelados

Trichonympha, trypanosoma

Filo Sarcodina. Protozoário pseudopodial

Amoeba, Entamoeba, Arcella, foraminíferos, radiolários

Filo Sporozoa. Protozoários com formação de esporo

Taxoplasma, Plasmodium

Filo Ciliophora. Protozoários ciliados

Euplotes, Paramecium, Stentor, Vorticella, Didinium, Tokopyra

[Algas unicelulares]

Divisão Euglenophyta. Euglenoides

Euglena

Divisão Phyrrophyta. Dinoflagelados

Ceratium, Gonyaulax, Peridinium, Gymnodinium

Divisão Chrysophyta. Algas amarelo esverdeadas e marrom douradas

Diatomáceas

[Protistas do tipo fungos]

Divisão Chytridiomycota. Chytrids

Allomyces, Blastocladadiella

Divisão Oomycota. Amostras de água, requeima, míldio

Saprolegnia, Phytophthora, Plasmopara

[Mofos de lodo]

Divisão Gymnomycota. Mofos de lodo plasmodiais e celulares

Reino Fungi

Heterótrofos eucariotas (nutrição absorvente), organização micelial

Divisão Zygomycota. Fungos que formam zigósporos

Rhizopus, muito comum em mofos de frutas e pão

Divisão Ascomycota. Fungos

Saccharomyces e outras leveduras, cogumelos comestíveis, túberas, sarna da macieira, míldeos pulverulentos, doença holandesa do ulmeiro, doença do fungo do centeio

Divisão Basidiomycota. Clube dos fungos

Cogumelos, bexigas-de-lobo, fungos de prateleira e orelha-de-pau, ferrugem, fuligem

Divisão Deuteromycota. Fungos "imperfeitos"

Penicillium, Aspergillus, Candida

Reino Plantae

Eucariotas multicelulares com células emparedadas fotossintéticas

Divisão Chlorophyta. Algas verdes

Chlamydomonas, Volvox, Ulothrix, Spirogyra, Oedogonium, Ulva

Divisão Phaeophyta. Algas marrons

Fucus, Macrocystis, Nereocystis, Laminaria, Sagassum

Divisão Rhodophyta. Algas vermelhas

Divisão Bryophyta. Musgos e hepáticas

Marchantia

Divisão tracheophyta. Plantas vasculares

Subdivisão psilopsida. "Samambaias"

Psilotum

Subdivisão Lycopsida. Clube dos musgos

Lycopodium

Subdivisão Sphenopsida. Cavalinhas.

Equisetum

Subdivisão Pteropsida. Plantas com sistemas condutores e grandes folhas complexas

Classe Filicíneas. Samambaias.

Pteridium

Classe Gimnospermas. Plantas com "sementes nuas"

Cycas, *Ginkgo, Welwitschia, Pinus, Sequoia*

Classe Angiospermas. Plantas com "sementes fechadas"

Subclasse Monocotiledôneas. Monocots

Lírios, palmeiras, orquídeas, gramas

Subclasse Dicotiledôneas. Dicots.

Ranúnculos, bordo, cravos, rosas

Reino Animalia

Heterótrofos eucarióticos multicelulares

Filo Porifera. Esponjas

Filo Coelenterata.

Classe Hydrozoa. Hydrozoários.

Hidras, *Obélias, Caravelas*

Classe Scyphozoa. "Medusas verdadeiras".

Hidras, *Obélias, Caravelas*

Classe Hydrozoa. Hidrozoários.

Aurelia

Filo Platyhelminthes. Minhocas chatas.

Classe Turbellaria. Planárias.

Dugesia.

Classe Trematoda. Vermes.

Opisthorchis, Schistosoma

Classe Cestoda. Solitárias.

Taenia

[Protostomos]

Filo Nematoda. Lombrigas.

Ascaris, traças, *Trichinella,* filariose, verme da guine

Filo Rotifera. "Animais da roda"

Filo Gastratricha. Gastratrichas

Filo Mollusca. Moluscos

Classe Amphineura. Chitons.

Classe Pelecypoda. Bivalves.

Mexilhões, ostras, vieiras

Classe Gastropoda. Moluscos com "Pés na barriga"

Helix, Nassarius, Urosalpinx, lesmas, nudibrânquios

Classe Cephalopoda. Anelídeos terrestres e de água doce sem parapodia

Minhocas

Classe Hirudinea. Sanguessugas.

Filo Onychophora.

Peripatus

Filo Arthropoda. Animais com "juntas unidas"

Subfilo Chelicerata. As primeiras partes da boca são as quelíceras; as antenas estão ausentes

Classe Xiphosura.

Limulus.

Classe Arachnida.

Aranhas, escorpiões, carrapatos, ácaros, pernilongos

Subfilo Mandipulata. Possui mandíbulas e não têm quelíceras, as antenas estão presentes.

Classe Crustáceos.

Mexilhões, lagostas, caranguejo, camarão, copépodos, percevejos

Classe Chilpoda

Centopeia

Classe Diplopoda.

Milípedes.

Classe Insecta.

Traças, gafanhotos, cupim, insetos, besouros, borboletas e mariposas, moscas, abelhas, formigas

[Deuterostomos]

Filo Echinodermata.

Classe Asteroidea.

Estrelas-do-mar

Classe Ophiurodea.

Ofiuroides

Classe Echinoidea.

Ouriços-do-mar e bolachas-do-mar

Classe Holothuroidea.

Pepinos-do-mar

Filo Hemichordata. Hemicordados.

Apêndice A: Classificação dos Seres Vivos 343

Filo Chordata. Cordados.

Subfilo Urochordata.

Tunicados

Subfilo Cephanochodata

Anfioxo

Subfilo Vertebrata.

Classe Agnatha. Ciclóstomos

Lampreias, peixes-bruxa, ostracodermos

Classe Placodermi. Peixe com mandíbula e carapaça extinto

Classe Chondrichthyes. "Peixes com cartilagem"

Tubarões, arraias

Classe Osteichthyes. "Peixes com ossos"

Peixes com nadadeiras lobadas, peixes pulmonados e peixes actinopterígeos

Classe Amphibia. Anfíbios

Ordem Urodela, Anfíbios com caudas

Salamandras

Ordem Anura. Anfíbios sem cauda

Rãs, sapos

Ordem Apoda. Anfíbios sem limbo.

Classe Reptilia. Répteis

Ordem Chelonia.

Tartaruga

Ordem Crocodilia.

Crocodilos e jacarés

Ordem Squamata.

Cobras e lagartos

Ordem Rhynchocephalia

Tuatara

Classe Aves. Pássaros

Classe Mammalia. Mamíferos

Subclasse Prototheria. Mamíferos que põem ovos

Platypus, echidna

Subclasse Metatheria. Mamíferos com bolsas (marsupiais)

Cangurus, coalas, gambás

Subclasse Eutheria. Mamíferos com placenta

Camundongos, morcegos, macacos, gorilas, humanos, ratazanas, coelhos, elefantes, baleias, cavalos, antílopes, gatos, cachorros, ursos, leões marinhos.

Apêndice B

Unidades de Medida

● ●

*E*sse apêndice existe simplesmente para fornecer maneiras de você entender as informações sozinho. Se você passar por uma medida usada no texto que você não tem certeza qual é, este apêndice é o lugar para você ver onde ela se encaixa junto com outras medidas. Se você quiser converter um valor, aqui você encontra como fazer isso.

Comprimento

1 km (quilômetro) = 10^3 metros (m)

1 m (metro) = 0,9144 jardas = 32,92 polegadas

1 cm (centímetro) = 10^{-2} m

1 mm (milímetro) = 10^{-3} m

1 μm (micrômetro) = 10^{-6} m

1 nm (nanômetro) = 10^{-9} m

1 Å (Ångstron) = 10^{-10} m

Massa

1 kg (quilograma) = 10^3 gramas

1 g (grama) = 28,353 onças

1 mm (miligrama) = 10^{-3} g

1 μg (micrograma) = 10^{-6} g

1 nm (nanograma) = 10^{-9} g

Volume

1 l (litro) = $(10^1\text{- m})^3$ = 33,8 onças líquidas

1 ml (mililitro) = $10^3\text{-}1$ = $(10^2\text{- m})^3$ = 1 cm^3

1 µl (microlitro) = 10^{-6} l = $(10\text{-}^3m)^3$ = 1 mm^3

1 ml (nanolitro) = 10^{-9} l = $(10^4\text{- m})^3$

Concentração

1 M (molar) = 1 mole/1= 6.02 x 10 moléculas/l

1 mM (milimolar) = 10^{-3} M

1 µM (micromolar) = 10^{-6} M

1 nM (nanomolar) = 10^{-9} M

Constantes, conversões e definições úteis

1 mole = $6,02 \times 10^{23}$ moléculas/l (chamado de número Avogadro)

1 c (caloria) = calor necessário para aumentar a temperatura de 1 g de água a 1° C

1 kcal (quilocaloria) = 10^3 c = 4,18 kJ (quilojoules)

1 l de água = 1 kg (a 4° C)

1 g de carboidrato = 4 calorias

1 g de proteína = 4 calorias

1 g de gorduras = 9 calorias

0 graus Celsius = 32 graus Farenheit

37 graus Celsius = 98,6 graus Farenheit (temperatura normal do corpo para os humanos)

100 graus Celsius = 212 graus Farenheit

1 d (dalton) = massa aproximada de um átomo de hidrogênio (1.7×10^{-24} g)

1 kd (quilodalton) = 10^3 d

Massa da terra = 10^{24} kg

Genoma bacteriano = $0,5\text{-}5 \times 10^{24}$ pares de nucleotídeo

Genoma humano = 3×10^9 pares de nucleotídeo (haplóide)

Índice Remissivo

• A •

A Origem das Espécies, (Darwin), 280, 326
abelhas, ato copulativo das, 237-238
aborto espontâneo, 230
acetilcolina, 185
ação capilar, 100, 113
ácido, 46-47
ácido carbônico, 49
ácido cítrico. Ver ciclo de Krebs
ácido desoxirribonucleico. Ver DNA (ácido desoxirribonucleico)
ácido hidroclorídrico (HCI), 46-47
ácido nucléico, 63. Ver também DNA (ácido desoxirribonucleico); ácido ribonucleico (RNA)
ácido ribonucleico (RNA)
    descrição sobre, 65, 252-253
    código genético e, 31, 32
    base de nitrogênio e, 63
    processando, 255
    transcrição e, 253-254
    tradução e, 256-257
ácido úrico, 164
ácidos gordos, 87
ácidos transgordurosos, 10
acidose, 48
açúcar, 54
Addison, Thomas, 179
adenosina monofosfato cíclico, 178
adesão, 100, 113
afídeos, 148
água, 45
AIDS (síndrome da imunodeficiência adquirida), 315-316
Alantóide, 240
alcalose, 48
alelo, 213-214, 244
alelo dominante, 244
alelo recessivo, 244
algas, 218
alimento, 34, 71-72. Ver também digestão; sistemas digestivos; nutrição
alimento aspirado, 108
alvéolos, 30, 95

amido, 57-58, 149
amilase pancreática, 109
amilase salivar, 107, 108, 161
amilases, 162
aminoácidos
    essenciais, 84-85
    código genético e, 256, 257
    resíduo de nitrogênio e, 164
    não essenciais, 84-85
    estrutura dos, 59, 83-84
aminoácidos essenciais, 84-85
aminoácidos não-essenciais, 84-85
aminopeptidases, 110
amniocentese, 240-241
amonificação, 302-303
amostra de cultura, 20
amônio, 164
anáfase da mitose, 207
anatomia comparativa, 281
anelídeos, 131
anéis nos caules das árvores, 146
anemia, 141, 142
anemia falciforme, 62, 245
angina pectoris, 140
angiospermas, 96, 219-222
Anichkov, Nikolai, 17
animais. Ver também mamíferos
respiração anaeróbica nos, 125, 126
excreção de resíduos de nitrogênio, 166-167
heterotérmicos, 153-154
homeotérmicos, 154
Reino Animalia, 340-344
animal heterotérmico, 153-154
animal homeotérmico, 154
antibióticos, 310-311
anticorpo, 68
anticorpo monoclonal, 260
antígeno, 68
antígenos do grupo sanguíneo, 68
antioxidante, 276
aracnídeo, 317
arco reflexo, 175-176, 187-188
Ardipithecus ramidus, 289
Aristóteles, 337
arqueobactérias, 307
arqueologia, 44

348 Biologia Para Leigos

ataque cardíaco, 90, 140
artérias coronárias, 140
artrite, 275
artrópode, 317-318
-ase (sufixo), 162
aterosclerose, 17, 140, 276
ativador de plasminogênio tecidual, 260
ato copulativo
    abelhas, 237-238
    pássaros, 236-237
    humanos, 234-235
    panorama sobre, 233
    ouriços-do-mar, 236
    minhocas, 236
átomos
    modelo de Bohr dos, 41
    descrição dos, 39-40
    elétrons, 42-43
    grupo funcional, 53
    orientação no espaço, 56
    equações de oxidação e redução, 115
    prótons e nêutrons, 42
ATP. Ver trifosfato de adenosina (ATP)
atração, 232-233
audição, 190-191
Australopithecus afarensis, 287
Australopithecus anamensis, 287
autodigestão, 33
autossomos, 216
axônio, 180

• B •

bactéria
    bacteriófago e, 311-312
    funções benéficas e, 307-309
    categorias da, 306-307
    características da, 307
    descoberta da, 323
    coloração de Gram e, 327
    no intestino grosso, 163
    panorama da, 305-306
    patógenos, 309-310
    Procariotas, 306
    luta contra, 310-311
bactérias azul-esverdeadas, 308-309
bacteriologia, 11
bacteriófago, 311-312
baço, 144
bainha de mielina, 184
base, 47

base de nitrogênio, 63, 244, 250
bases de nucleotídeo, 256
basófilos, 142
Berthold, A. A., 179
bexiga, 165
bico de Bunsen, 21
bile, 109
-bio (prefixo), 10
biogeografia, 280
biologia, definição de, 9
biólogo, 9
biólogo molecular, 12
bioquímica, 11
    carbono, 301
    hidrológico, 300
    nitrogênio, 301-303
    panorama da, 300
    fósforo, 301
biosfera e humanos, 303-304
bisturi, 20
bivalve, 106
blastócito, 238-239
boca, 107-108
Bohr, Neils, 41
bolo, 162
botulismo, 310-311
brânquias, 91-92, 132
Briggs, Robert, 268
bronquíolos, 94
brônquios, 94
busca por comida, 71-72

• C •

cadeia alimentar, 72-74, 299-300
cadeia alimentar completa, 74
cadeia alimentar simples, 74
cadeia de transporte de elétron, 115-117
cadeia lateral, 84
calorias, 77-81, 346
camada de ozônio, 303-304
câmbio vascular, 146
canal na membrana do plasma, 29
câncer, 275-276
capacidade carregadora, 298
capilar, 30, 31, 95
capilar pulmonar, 30
característica dominante, 247, 326
característica, herança e evolução das, 290
característica poligênica, 245

Índice remissivo

característica recessiva, 247
característica sexual primária, 232
característica sexual secundária, 232-233
característica vinculada ao sexo, 245
carboidratos. Ver também glicose
    celulose, 58
    descrição dos, 53
    na dieta, 82-83
    dissacarídeo, 54, 55-56
    monossacarídeo, 54
    plantas, movimento através, 148-149
    polissacarídeo, 54, 56
    tipos de, 54, 55
carbono, 51-52
carbono 14, 44
carboxilação, 119
cardio- (prefixo), 10
cardiologista, 10
carnívoro, 72
carregador, 30
casulo, 319
catalisador, 60, 86, 171
caules de árvores, 145, 146
caules herbáceos das plantas, 145, 146
célula auxiliadora T, 315
célula B, 275
célula T, 275
célula germinativa primordial, 270
célula organizadora, 269
células, 25, 26-27, 32, 202, 292
células animais comparadas com as células vegetais, 98
células brancas sanguíneas, 142-143
células do colênquima, 97
células do esclerênquima, 97
células do parênquima, 97, 146
células filha, 205
células guardiãs das plantas, 167-169
células neurogliais, 179
células vegetais comparadas com as células animais, 98
células vermelhas sanguíneas, 141
celulose, 58, 74-75
cenouras e visão noturna, 190
centrífuga, 19, 143
centríolo, 197, 207
cerebelo, 187
cérebro, 186-188, 286, 287, 288-289
cerne, 146
Chain, Ernst, 324
cheiro, 189
chimpanzés, 287, 335
chuva ácida, 303

cianida, 174
cianobactérias, 307
ciclo cardíaco, 133-134
ciclo de Calvin-Benson, 118-120
ciclo de carbono, 301
ciclo de Krebs
    cianida e,174
    descrição do, 155-158, 327
    enzimas e, 173
    piruvato e, 82-83
    respiração celular e, 35, 122-124
ciclo do ácido tricarboxílico (TCA). Ver ciclo de Krebs
ciclo do fósforo, 301
ciclo do nitrogênio, 301-303
ciclo hidrológico, 300
ciclo menstrual, 227-228, 229-231
ciclo ovariano, 229-231
ciência, 9
ciência forense, 44
cientista, tipos de, 11-13
cientista corporativo, 11-12, 13
cientista universitário, 12
cilindro vascular, 113
cílios, 197
circulação sistêmica, 132, 137
circulação pulmonar, 132, 136-137
citocinas, 314
citocinese, 203, 208
citocromo c, 284
citocromo oxidase, 174
citoplasma, 147, 203, 269-270
clivagem celular, 208
clonagem, 259, 268
cloreto de sódio (NaCI), 46
clorofila, 114-115, 336
cloropastos, 26, 155, 157, 292
clostridium botulinium, 310
coagulação do sangue, 144-145
código genético
    evolução e, 281
    Projeto Genoma Humano, 258-259
    interpretação do, 31, 32
    bases de nucleotídeo, 256
    tabela do, 257
códon, 256, 257
coenzima, 60, 174
coenzima A, 156
coesão-tensão
coevolução, 289
cofator, 173-174
colágeno, 61
colesterol

aterosclerose e, 140
na dieta, 88-89
ovos e, 17
como molécula de esteróide, 66
cólon, 162
complexo de Golgi, 33
composto
elementos e, 39
intermediário, 99, 122
moléculas e, 45
reatividade do, 52
comprimento, unidades de, 345
comunidade, 296
concentração, unidades de , 346
concepção, 239
conclusão, 17
condutora, 146
conjunto de genes, 219
constantes, 346
consumidor, 73
consumidor contínuo, 106
consumidor descontínuo, 106
consumidor primário, 299
consumidor secundário, 300
consumidor terciário, 300
contração dos músculos, 195-196
controle, 17
conversões, 346
copulação, 232
coração, 131-134, 139
cordão umbilical, 230, 240
corpo basal, 197
corpo celular nervoso, 179
corpo lúteo, 231
costelas, 94
cotilédones, 96, 145, 146, 223
covalência, 46
creatina, 196
creatinina, 164
crenação, 31
crescimento da população, 297
crescimento zero da população, 297
criando experimentos, 13-18
Crick, Francis, 258, 324
crisálida, 319
cristais, 155
cromatídeo, 205
cromatina, 31, 32, 244
cromossomos
cromatina e, 31, 32
descrição sobre, 244
determinação do sexo e, 216
DNA e, 202-203

gametas e, 208-209
interfase e, 205
mitose e, 207
não disjunção e, 214-216
cromossomos X, 216, 272
cromossomos Y, 216, 272
crustáceo, 317
cruzamento, 211, 213
cruzamentos genéticos, 247-248
cruzamento monohíbrido, 247
Curtis, S., 269-270

•D•

dados gráficos, 16
daltonismo, 191
Dart, Raymond, 285
Darwin, Charles, 278-283, 285, 326
datação com carbono 14, 44
débito de oxigênio, 126
decompositor, 300-303
degeneração macular, 192
deidrotestosterona (DHT), 273
dendritos, 179-180
denitrificação, 302-303
densidade (D), 38
densidade da população, 296
dentes, 75
dente-de-leão, 218
derme, 61
derrame, 90
Descendência do Homem, A (Darwin), 285
desenvolvimento. Ver também
diferenciação
envelhecimento, 274-276
totipotência, 268
determinação, 266
detritívoro, 300
dextrose, 54
d´Hérelle, Félix, 311
diafragma, 94
diamantes, 51
diapausa, 229
diários, 21-22
diários científicos, 21-22
diarreia do viajante, 308
diástole, 134
dicot, 145-146
dicotiledônea, 96

Índice remissivo **351**

diferenciação
    citoplasma e, 269-270
    definição de, 241
    durante o desenvolvimento, 265-267
    indução embrionária, 269
    gênero nos humanos, 271-273
    genes homeóticos e, 270
    hormônios e, 270-273
    totipotência, 268
diferenciação de gêneros em humanos, 271-273
difusão
    concentração e, 95
    descrição de, 166
    como método de digestão intracelular, 104
    como método de transporte passivo, 30
digestão. Ver também sistemas digestivos
    química, 74
    extracelular, 104-105
    moela e, 75
    intracelular, 104
    mecânica, 74, 107
    ruminantes e, 74-75
    dentes e, 75
    tipos de, 103-104
digestão extracelular, 104-105
digestão intracelular, 104
digestão mecânica, 74, 107
digestão química, 74
dipeptídeo, 84
diploide, 226
dispersão, 218, 299
dispersão da população, 297
distrofia muscular, 251
dissacaridases, 109
dissacarídeo, 54, 55-56
dissecação, 20
divisão celular
    reprodução assexuada, 217-218, 225-226
    cruzamento, 211, 213
    citocinese, 203, 208
    determinação do sexo e, 216
    processo de distribuição independente, 211, 214, 246, 326
    interfase, 203, 204-206
    meiose, 201, 208-212, 219
    mitose, 201, 203, 206-207, 210
    mutação, 213, 225, 251-252, 284
    não disjunção, 214-216

    núcleo e, 202-203
    panorama da, 26, 203-204
    segregação, 211, 213-214, 246, 326
DNA (ácido desoxirribonucleico)
    núcleo da célula e, 31, 32
    descrição do, 64-65, 244
    descoberta do, 324-325
    reconhecimento de erro e mecanismos de reparo, 250-251
    das eucariotas, 32
    evolução e, 283-284
    código genético, 31, 32, 256, 257, 258-259, 281
    pioneirismo genético e, 258, 261
    produtos desenvolvidos geneticamente, 259-260
    Projeto Genoma Humano, 14, 258-259, 324
    mutação, 213, 225, 251-252, 284
    base de nitrogênio e, 63
    núcleo da célula e, 202-203
    replicação do, 248-250
    RNA comparado com, 252
    transcrição e, 253-255
doador universal, 68
doando sangue, 68
doença
    tipo autoimume, 275
    bactéria e, 309-310
    dominante e recessiva, 245
    do coração, 89-90, 139-140
    homeostase e, 160-161
    infecção hospitalar, 311
doença autoimune, 275
doença cardíaca, 89-90, 139-140
doença de Huntington, 245, 252
doença dominante, 245
doença recessiva, 245
dominância incompleta, 248
dopamina, 185
dor relacionada, 193
dreno, movimento até o, 148-149
Dubois, Eugene, 285
dupla hélice, 64

• E •

E. coli, 111, 163, 260, 312
ecdisônio, 271
ecologia, 296-300
ecologia da população, 296-298

352 Biologia Para Leigos

ecologista, 12
efeito estufa, 303
eixo-x, 16
eixo-y, 16
ejaculação, 234, 235
elemento, 39, 40, 42, 43
elemento de tubo crivado, 100, 147-148
elemento de vaso, 100
elemento traço, 81
eletrólitos, 44, 111
elétron, 42-43
embrião, 239-241
embriologia, 11
embriologista, 12
encéfalo, 187
endométrio, 231
endosperma, 223
endósporo, 310
energia, lei da, 80
energia de ativação, 172, 173
energia livre, 172
enjoo de movimento, 191
entomologista, 12
entropia, 80
envelhecimento, 274-276
envenenamento por vitamina A, 286
envelope nuclear ou membrana nuclear,
32
enzimas
    controle alostérico e inibição da
    resposta, 174-175
    catalisadores e energia de ativação,
    172-173
    cofatores e coenzimas, 173-174
    descrição das, 60-61, 171
    sistema digestivo, 162
    reações metabólicas e, 171
    tipos de, 86
    uréase, 173
enzima alostérica, 175
enzima desnaturalizada, 61, 174-175
eosinófilos, 142
epinefrina, 185
equações de oxidação-redução, 115, 124
equilíbrio, 172
equipamento, 18-21
equipamento de laboratório, 18-21
erro, 17-18
Escherichia (E.) coli, 111, 163, 260, 312
escala de pH, 47-49
esclerose múltipla, 184
esfigmomanômetro, 135
esfíncter pilórico, 109

espaço e matéria, 38
espécie e copulação, 233
espermatogênese, 227
espinha bífida, 241
espiráculos, 93
esporos, 219, 221
estame, 221
estelo, 113
esterois, 88-89
estigma, 222
estilete, 148
estolão, 218
estoma, 167, 168
estômato, 101, 167
estômago, 106, 162
estrela-do-mar, 336
eucariotas, 26-27, 32, 202, 292
eurobactérias, 306
eutroficação, 304
evolução
    dos macacos aos humanos, 287-288
    do cérebro, 286, 287, 288-289
    tipo química, 290-292
    coevolução 289
    tipo divergente, 289
    DNA e, 283-284
    evidência da, 280-281
    dos humanos, 285-289
    teoria da, 280, 326
evolução divergente, 289
evolução química, 290-292
exalação, 95
exercício aeróbico, 66-67, 67
exoesqueleto, 317
éxons, 255

experimentos, criando. Ver também

equipamento de laboratório

    conclusão, 17

    controle, 17

    erro, 17-18

    dados gráficos, 16

    hipótese, 13, 14

    significância estatística, 15

    variáveis, 14-15, 16

•F•

fagocitose, 104
fase G1, 204-205
fase G2, 205

Índice remissivo 353

fase S, 205
febre, 160-161
feixes vasculares das plantas, 99
fenômeno tudo ou nada, 182
fenótipo, 247
fermentação alcoólica, 125-126
fermentação de ácido lático, 126
feromônios, 317
fertilização
    da célula do óvulo humano, 210-211, 214, 235, 239
    das plantas, 222
fertilizante, 304
fezes, 162-163
fibra, 58
fibrinogênio, 143
fibrose cística, 245, 251, 325
fígado, 112
filamento intermediário, 197
filtração, 31
filtro alimentador, 106
física, definição, 9
fitocromo, 198
fixação do nitrogênio, 302
flagelos, 197
Fleming, Alexander, 323-324
floema, 97, 99-100, 145, 146, 147-149
flora normal, 308
floresta tropical, 304
Florey, Howard, 324
fluxo de massa, 113
fonte terciária, 23
fórceps, 20
formas de vida
    classificação das, 337-344
    diversidade das, 280
    oxigênio e, 326
    similaridade das, 281
fosfatos, 304
fosfogliceraldeído (PGAL), 99, 119-120
fosfoglicerato (PGA), 119
fosfolipídeo, 28, 66, 88
fosfoproteína, 86
fosforilação oxidativa, 125, 155
fotofosforilação , 115-117
fotólise, 117-118
fotoperiodismo, 198
fotoreceptor, 188, 191
fotossíntese
    descrição da, 98-99, 113-115
    fórmula da, 100, 121

armazenamento da glicose e, 57
fototropismo, 198
frasco, 21
frutose, 54
fungo, 105, 338-339

fusos, 205, 207

• G •

gamaglobulina, 143
gametas, 208-209, 219, 226-227
gametogênese, 226-228
gametófito, 221
gás, 38
gastrulação, 239
gêmeos, 240
gêmeos fraternos, 240
gêmeos idênticos, 240
gene, 64-65, 244
gene expresso, 244
gene homeótico, 270
gene reprimido, 244
Genentech, 13
genoma, 258
genótipo, 247
germinação, 223
gimnosperma, 96
glândula da próstata, aumento da, 168
glândula exócrina, 176
glândula pituitária, 187, 230
glicerol, 87
glicogênio, 57
glicólise, 82-83, 100, 121-122, 155
glicoproteínas, 86
glicose
    como carboidrato, 54
    descrição da, 34
    na dieta, 82-83
    fórmula da, 53
    glicogênio e, 57
    fotossíntese e, 120
    amido e, 57-58
    formas de armazenamento da, 56-57
glomérulo, 164-165
gonadotropina coriônica humana (hCG), 230
gordura, 67, 86-90
gradiente, 158
Gram, Hans Christian Joachim, 327

grama (g), 38
gravidez, 230, 238, 334
gravidez ectópica, 238
gravitropismo, 198
grupo funcional, 53
Gurdon, J. B. 268
gutação, 147
Gutenberg, Johann, 278

• *H* •

habitat, 296
Helicobacter (H.) pylori, 109
hemato- (prefixo), 10
hematócrito, 10
hematologista, 10
hemocoel, 130
hemoglobina
    descrição da, 62-63, 86, 131
    função da, 95
    células vermelhas sanguíneas e, 141
hemolinfo, 130
hemólise, 31
herbívoro, 72, 299
hermafrodita, 236, 273
hexose, 54
hidrocarbono, 52
hidrolases, 86
hidrólise, 11, 56, 57, 88
hidróxido de sódio (NaOH), 47
hiperpolarização do neurônio, 183
hipertemia, 61
hipertensão, 140
hipertônico, 31, 166
histona, 284
hipocotil, 223
hipotálamo, 179, 187, 230, 231
hipotermia, 61
hipótese, 13, 14
hipótese do fluxo de massa, 148-149
hipótese imunológica do envelhecimento, 274
hipotônico, 30-31, 166
homeobox, 270
homeostase
    sangue e, 141
    reação do ácido carbônico, 49
    descrição da, 154, 159
    doença e, 160-161
Homo erectus, 285-286
Homo habilis, 285

Homo sapiens, 285
homologia, 284
hormônio do crescimento, 176
hormônio folículo estimulante (FSH), 230
hormônio juvenil, 271
hormônio liberador da gonadotropina (GnRH), 230
hormônio luteinizante (LH), 230
hormônios
    diferenciação e, 270-273
    descoberta dos, 179
    sistema encódrino e, 175
    gorduras e, 87
    funções dos, 176-177
    gametogênese e, 226
    nos mamíferos, 177
    ciclo ovariano e, 229-231
    nas plantas, 177, 198
    trabalhos dos, 177-178
hormônios esteróides, 66, 178
hormônios peptídeo, 178
humanos
    biosfera e, 303-304
    peso corporal dos, 163
    evolução dos, 285-289
    fertilização da célula do óvulo, 210-211, 214, 235, 239
    diferenciação de gênero, 271-273
    coração, 132-133
    ato copulativo, 234-235
    descendência, abandono da, 335
    organogênese, 267
    crescimento da população de, 298-299
    gravidez, 230, 238, 334
    ciclo reprodutivo, 229-231
humulina, 260

• *I* •

Ignatowski, A. I., 17
Ilhas Galápagos, 279, 326
impedância elétrica, 67
impermeável, 29
imuno- (prefixo), 10

Índice remissivo 355

imunoglobinas, 86
imunologista, 10
incontinência, 168
incontinência urinária, 168
indicador, 20
índice de massa corporal, 79
indução embrionária, 269
infarto do miocárdio, 90, 140
infecção hospitalar, 311
infecção nosocomial, 311
inibição da resposta, 175
inocular, 20
inositol trifosfato, 178
inseto, 131, 167, 271, 316-319
insulina, 179
intercurso, 234
interferon, 314
interferon alfa, 260
interferon beta, 260
intermediário, 99, 122
internet, 22
interneurônio, 180
interfase, 203, 204-206
intestino delgado, 109-110, 162
intestino grosso, 111-112, 162, 163
íntron, 255
iodina, 20
íon, 45
íon bicarbonato, 49
isolamento geográfico, 279-280, 289
isquemia, 140
isolamento reprodutivo, 289
isômero, 54
isomerases, 86
isotônico, 30, 166
isótopo, 43-44

•J•

Jenner, Edward, 314, 324

•K•

King, T. J., 268
Koch, Robert, 323-324
Krebs, Hans, 156, 327

•L•

lactose, 55
Lamarck, Jean Baptiste de, 290
larvas, 319
lavagem das mãos, 111
lavando as mãos, 111
Leakey, Louis e Mary, 285
Leakey, Maeve, 287
Leakey, Richard, 285-286, 287
Leeuwenhoek, Antoni Van, 323
Lei da Distribuição Independente, 246
Lei da Segregação, 246
lepra, 309
levulose, 54
liases, 86
ligação covalente, 45, 46
ligação de hidrogênio, 45
ligação iônica, 46
ligações, 46
ligases, 86
linfócito, 142
Linnaeus, Carolus, 337
lip- (prefixo), 162
lípase, 109
lípase celular, 107
lipídeos, 65-67
lipoproteína de alta densidade (HDL), 89-90
lipoproteína de baixa densidade (LDL), 89-90
lipoproteína de densidade muito baixa (VLDL), 89-90
lipoproteínas, 86, 89-90
líquido, 38
líquido amniótico, 240
líquido cérebro vascular, 186
líquido extracelular, 27, 163
líquido intersticial, 163
líquido intracelular, 27, 163
lisossomo, 33, 104
livros de texto, 22
local ativo, 60
louva-a-deus, 319
Lyell, Charles, 278-279

•M•

maceração, 75
macromolécula, 51
maltose, 55
mamíferos. Ver também animais; humanos

diferenciação de gênero em, 271-273
hormônios em, 177
rato canguru, 333
manobra de Heimlich, 108
marcador CD4, 315
margarina, reportagens conflitantes sobre, 10
massa, 38, 345
massa atômica, 43
mastigação, 107
matéria
  átomo, 39-40, 41-43
  categorias da, 39
  características da, 38-39
  descrição da, 38
  elementos, 39-40
  isótopos, 39-40, 43-44
material genético, 63
matriz, 27, 155
maturação e hormônios, 176
mecanoreceptor, 188, 190-191
medida, unidades de, 345-346
medula espinhal, 187
meiose,
  descrição da, 201, 208-211
  estágio da meiose I, 211-212
  estágio da meiose II, 212
  mitose comparada com, 210
  nas plantas, 219
membrana do plasma
  transporte ativo, 30, 104
  descrição da, 27
  modelo líquido em mosaico, 28-29
  transporte passivo, 30-31, 166
  transporte através, 29-30
Mendel, Gregor, 243, 245-246, 325-326
meninges, 186
metabolismo, 159-160. Ver também ciclo de Krebs
metáfase da mitose, 207
metamorfose, 176, 271, 318-319
método científico,, criando experimentos usando, 13-18
micro- (prefixo), 10
microbacterium leprae, 309
microbacterium tuberculosis, 309
microbiologia, 11
microbiologista, 10
microfilamento, 197
microscópio, 18-19
microscópio de luz, 18, 19
microscópio eletrônico, 18-19
microscópio eletrônico de transmissão, 19
microscópio eletrônico de varredura, 19
microtubo, 197, 205
Miescher, Friedrich, 325
milímetros (ml), 38
minerais, 80-8, 101-102
minerais principais, 81
minhoca
  sistema circulatório, 131
  minhoca da terra, 236, 335
  minhoca chata, 153
  ato copulativo, 236
  planária, 236
  sistema urinário, 166, 167
minhoca chata, 153
minhocas, 236, 335
minhocas planárias, 236
mistura, 39
mitocôndrias, 26, 34-35, 155, 284, 292
mitose, 201, 203, 206-207, 210
modelo da chave e da trava, 60
modelo da fonte e do dreno, 148-149
modelo líquido em mosaico, 28-29
moela, 75
molécula, 39, 45, 53
monócito, 143
monocot, 145-146
monocotiledôneas, 96
monossacarídeo, 54
morfogênese, 240
morte, 274
mosca da fruta, 270
mosca-ladra, 319
motilidade, 197-198
muda, 176, 271, 317
músculo, 67, 193-196
músculo cardíaco, 195
músculo esquelético, 195
músculo liso, 195
mutação, 213, 225, 251-252, 284
mutação cromossômica, 213
mutação frameshift, 252
mutação pontual, 251
mutação silenciosa, 251

não disjunção, 214-216
náiade, 319
néfron, 164
neurofibromatose, 252
neurônio despolarizado, 18

Índice remissivo **357**

neurônio motor, 180, 181
neurônio polarizado, 181-182
neurônio sensorial, 180, 181
neurônios, 179-180, 181-185
neurosecreção, 178-179
neurotransmissor, 184-185
neutrófilos, 143
nêutron, 42
niacina, 174
nicotidamina adenina dinucleotídeo
(NAD), 156, 174
nicotidamina adenina dinucleotídeo
fosfato (NADPH), 117, 119
ninfa, 319
nitrificação, 302
níveis tróficos, 299-300
nível celular, 3, 25
nível mínimo do neurônio, 182
norepinefrina, 185
nós do coração, 139
núcleo, 26, 31-32
nucléolo, 32, 203
nucleoplasma, 203
nucleotídeo, 63
número atômico, 42
número de valência, 115
número haploide de cromossomos, 209,
226
nutrição. Ver também digestão; sistemas
digestivos; alimento
  calorias, 77-81
  carboidratos, 82-83
  gorduras, 87-90
  Pirâmide Alimentar, 76-77
  proteínas, 83-86
  recursos sobre, 78
  tamanho da porção, 76-77
  vitaminas e minerais, 80-82
nutrientes e sistema digestivo, 110-111

• O •

observação, 13, 18
olfato, 189
olho, 191-192, 269
oligosacarídeo, 54
-ologista (sufixo), 11-12
onívoro, 72
oogênese, 227-228
opérculo, 92
organelas

descrição sobre, 25, 27
teoria endosimbiótica e, 292
interfase da divisão celular, 205
membrana do plasma, 27-31
organismo autotrófico, 72, 299
organismo heterotrófico, 72
organismo multicelular, 218
organismo unicelular, 217
organogênese, 266-267
órgãos sensoriais, 188-193
orgasmo, 234-235
origem das espécies, crenças sobre, 277-
278
-ose (sufixo), 54
osmoreceptor, 188, 193
osmose, 30-31, 101, 113, 166
óstia, 130
ouriço-do-mar, 236
ouvido, 190-191
ovos e colesterol, 17
ovulação, 228
oxidoredutases, 86
oxigênio
  no ar vs. na água, 152
  tamanho e forma do corpo e, 153
  organismo vivo e, 326
  taxa metabólica e, 153-154

• P •

paladar, 189-190
paleontologia, 44, 281
papel litmus, 20
papo, 106
paralisia cerebral, 187
parasita, 313, 335
partenogênese, 237-238, 319
partes do corpo, uso e falta de uso das,
290
partícula subatômica, 39, 42
pássaros, 236-237, 267, 279-280, 326
Pasteur, Louis, 326
patógeno, 308, 309-310
patologista, 12
peixe, 91-92, 132, 166-167, 334
peixe pulmonado, 334
pele, 61, 152
penicilina, 323-324, 327
pepsina, 108-109
peptídeo, 84
perdendo peso, 67, 79-80

358 Biologia Para Leigos

período de gestação, 229
período fetal, 241
período refratário, 183
peristalse, 161, 193
permeabilidade, 29-30
peróxido de hidrogênio, 34
peso
    perdendo, 67, 79-80
    massa e, 38
peso corporal dos humanos, 163
peroxissomo, 34
pesquisa
    descobertas conflitantes, 10
    publicação, 21-23
    método científico, 13-18
peste bubônica, 309, 311
pesticida, 304
pétalas, 220-221
pigmento, 114-115
pinocitose, 104
pioneirismo genético, 258, 261
Pirâmide Alimentar, 76-77
pirimidina, 63
piruvato, 82-83, 156
pistilo, 221
placa celular, 208
placa de petri, 20
placas, 140
placenta, 230, 240
planta com flores, 219-222
planta com sementes, 96
planta do morango, 218
planta pega-moscas, 334
planta perene, 145
planta vascular, 96
plantas
    respiração anaeróbica nas, 125-126
    ciclo de Calvin-Benson, 118-120
    sistema digestivo, 113
    cadeia de transporte de elétron, 115-117
    excreção de resíduo pelas, 167-169
    com flores, 219-222
    cor verde das, 336
    Reino Plantae, 339-340
    ciclo de vida das, 219
    minerais e, 101-102
    motilidade das, 198
    movimento dos líquidos e dos minerais através das, 147-148
    regagem em excesso, 118
    fotólise, 117-118
    fotofosforilação, 115-117

fotossíntese, 57, 98-99, 100, 113-115, 121
    polinização e fertilização, 222
    produção de semente, 223
    reprodução sexual, 218-219
    caules, 145-146
    estrutura das, 96-98
    totipotência, 268
    transpiração, 101, 113-115, 147
    transporte de água, 100-101
    planta pega-moscas, 334
    xilema e floema, 97, 99-100, 145, 146, 147-149
    zigoto em embrião, desenvolvendo, 222-223
plantas anuais, 145
plaquetas, 143
plasma, 131, 163
poiquilotérmico, 154
polaridade, 53
pólen, 221, 222
polimerizar, 62
polinização, 222
poliomelite, 315
polipeptídeos, 83-84
polissacarídeo, 54, 56
poluição do ar, 303
pombas, 232
ponto cego, 191
população, 296
população estressada, 298-299
potencial biótico, 297
potencial de ação, 182, 183
potencial de repouso, 182, 183
prefixos, 10-11
pressão de raiz, 147
pressão osmótica, 147
pressão sanguínea, 134, 135, 140
Princípios de Geologia (Lyell), 278-279
procariotas, 26, 29
probe, 20
processo da sinapse, 211
processo de distribuição independente, 211, 214, 246, 326
produção de sementes, 223
produto, 172
produtor, 73
produtor primário, 299
produtos desenvolvidos geneticamente, 259-260
prófase da mitose, 207
progesterona, 231
Projeto Genoma Humano, 14, 258-259,

Índice remissivo 359

324
propriedades físicas, 53
propriedades químicas, 53
proprioreceptor, 188, 193
proteína animal, 85
proteína completa, 85
proteína incompleta, 85
proteína vegetal, 85
proteínas
    aminoácidos e, 59, 83-84
    colágeno, 61
    descrição das, 59, 83-84
    enzimas, 60-61
    funções das, 85-86
    genes e produção de, 177-178
    informações genéticas e, 65
    hemoglobina, 62-63
    núcleo da célula e, 32
proteínas globulares, 62-63
próton, 42
proveta, 21
publicação popular, 22-23
publicando pesquisa, 21-23
pulmões, 30, 93-96
pupa, 319
purina, 63

• Q •

quadrados de Punnett, 247
quilocalorias, 77
quilomícrons, 89, 110-111
química, panorama sobre, 9, 37-38
química inorgânica, 37
química orgânica, 37, 51-52
quimioreceptor, 188, 189
quimotripsina, 110

• R •

radiação adaptativa, 279-280, 289
radicais livres, 276
radioativo, 44
rato canguru, 333
reação carbono fixação, 99
reação da condensação, 84
reação da luz, 99
reação escura, 99, 118-119
reação fotoquímica, 99
reações endergônicas, 172

reações exergônicas, 172
reações metabólicas e enzimas, 171
reações químicas, 60, 172-173
RE (retículo endoplasmático), 32-33
reagente, 172
reatividade, 52
receptor, 29, 188
receptor da dor, 193
receptor de alongamento, 188, 193
receptor universal, 68
redução, 119
regeneração, 120
registros fósseis, 281
Reino Animalia, 340-344
Reino Fungi, 338-339
Reino Monera, 337
Reino Plantae, 339-340
Reino Protista, 337-338
relação simbiótica, 292
remoção de íntrons, 255
replicação de DNA, 248-250
repolarização do neurônio, 183
reprodução. Ver também divisão celular;
reprodução sexual
    assexuada, 217-218, 225-226
    fertilização, 214
    hormônios e, 177
    insetos, 318-319
    panorama sobre, 201-202
reprodução assexuada, 217-218, 225-226
reprodução sexual
    ato da copulação, 233-234
    período embrionário, 239-241
    período fetal, 241
    plantas com flores, 219-222
    gametogênese, 226-228
    ciclos reprodutivos humanos, 229-231
    rituais copulativos, 228-229, 231-233
    meiose e, 208
    plantas e, 218-219
    das células individuais ao blastócito, 238-239
reprodução vegetativa, 218
resíduo excretado, 73, 166-168
resíduos de nitrogênio, 164-169
respiração, 35, 90-91, 93-96, 154
respiração aeróbica (celular), 35, 122, 154, 155
respiração anaeróbica, 125-126, 154-155
respiração celular
    tipo aeróbica, 35, 122, 154-155
    tipo anaeróbica, 125-126, 154-155

360 Biologia Para Leigos

teoria quimiosmótica, 157-158
descrição sobre, 91, 154
fórmula da, 121
troca de gás, 151-152, 153
brânquias, 91-92, 132
glicólise, 82-83, 100, 121-122, 155
troca tegumentar, 91
ciclo de Krebs, 122-124
pulmões, 93-96
panorama sobre, 151
fosforilação oxidativa, 125
cadeia respiratória, 124
passos da, 121-125
sistema de troca traqueal, 93
tipos de, 154-155
resposta imune, 68
retículo endoplasmático (RE), 32-33
retrovírus, 313
revanche de Montezuma, 308
revisão de colegas, 22
ribossomo, 31, 32, 33, 203
rigor mortis, 196
rins, 164-165
ritmo circadiano, 198
rituais de copulação, 228-229, 231-233
RNA. Ver ácido ribonucleico (RNA)
RNA de transferência (tRNA), 31, 32, 33, 256-257
RNA mensageiro (mRNA), 31, 32, 33, 253-256
RNA nuclear heterogêneo (hnRNA), 255
RNA ribossômico (rRNA), 32, 33
rotatividade celular, 248
ruminante, 74-75

•S•

sacarose, 55
saco vitelino, 237
sangue
coagulação do, 144-145
doação, 68
oxigenado, 132, 136
caminho através do corpo, 134-138
plasma, 143
plaquetas, 143, 144
finalidade, 140-141
células vermelhas sanguíneas, 141
células brancas sanguíneas, 142-143
sangue desoxigenado, 135, 136
sangue oxigenado, 132, 136

sapo, 267, 271
saprófitas, 105
Schrodinger, Erwin, 325
Schwann, Theodor, 326
Segregação, 211, 213-214, 246, 326
seiva, 147
seleção artificial, 283
seleção direcional, 282
seleção disruptiva, 283
seleção estabilizadora, 282
seleção natural, 281-283
seleção sexual, 283
seletivamente permeável, 29-30
sêmen, 234-235
sépala, 220-221
sepse, 111
serotonina, 185
sinapse, 184, 185
significância estatística, 15
síndrome de Down, 215-216
síndrome de Turner, 273
síntase, 158
síntase de ATP, 158
síntese da proteína, 254
síntese de carboidrato, 120
síntese de desidratação, 55, 88
sistema circulatório aberto, 130
sistema de recuperação, 48-49
sistema de troca traqueal, 93
sistema imunológico
envelhecimento e, 275
população estressada e, 298-299
células brancas sanguíneas, 142
sistema linfático, 143-144
sistema nervoso
cérebro, 186-188
células do, 179-180
divisões do, 186
sistema endócrino comparado com, 175-176
impulsos, criando e carregando, 181-185
panorama sobre, 178-179
órgãos do sentido, 188-193
tipos de neurônios, 180
sistema nervoso autônomo, 186
sistema nervoso central, 186
sistema nervoso parassimpático, 186
sistema nervoso simpático, 186
sistema nervoso somático, 186
sistema circulatório fechado, 130
sistema endócrino, 175-176
sistema nervoso periférico, 186

Índice remissivo **361**

sistemas circulatórios. Ver também
sangue
troca capilar, 110, 137-138
ciclo cardíaco, 133-134
coração, 131-133
doença cardíaca, 89-90, 139-140
geração da batida cardíaca, 139
sistema linfático, 143-144
aberto vs. fechado, 130
panorama sobre, 129-130
caminho do sangue, 134-138
circulação pulmonar, 136-137
circulação sistêmica, 137
dois circuitos, 132, 133
sistemas digestivos
corrente sanguínea e, 163
consumidores contínuos vs.
descontínuos, 106
fezes e, 162-163
incompleto vs. completo, 105-106
intestino grosso e, 111-112
fígado e, 112
boca e, 107-108
músculos e, 193
nutrientes e, 110-111
panorama sobre, 161-162
pepsina e, 108-109
das plantas, 113
intestino delgado e, 109-110
paladar e, 190
sístole, 134
slides, 19-20
sobrevivência, necessidades para, 1
sobrevivência do mais adaptado, 281-283
sobrevivência, tipos de, 297
sol e cadeia alimentar, 72-73, 74
sólido, 38
som, 190-191
Streptococcus pneumoniae, 309
substância, 39
substrato, 60, 175
sucinato desidrogenase, 173
suco pancreático, 109-110
sufixos, 10-11
surfactante, 240

• T •

Tabela Periódica dos Elementos, 42, 43
tálamo, 187
tartaruga, marinha, 279, 326
tato, 192-193

taxa metabólica, 153-154
taxa metabólica basal, 78-79
taxa metabólica padrão, 153-154
taxonomia, 337-344
tecido
adiposo, 66, 67
conectivo, 61
muscular, 195
das plantas, 97, 145
tecido adiposo, 66, 67
tecido básico das plantas, 97
tecido conectivo, 61
tecido das plantas, 97
tecido dérmico das plantas, 97
tecido vascular das plantas, 97, 145
telófase da mitose, 207
temperatura corporal e músculo, 194
teoria celular, 326
teoria da colisão, 172
teoria da epigênese, 266
teoria da pré-formação, 266
teoria do estado de transição, 173
teoria do filamento deslizante, 195
teoria do homúnculo, 266
teoria endosimbiótica, , 292, 307
teoria heterótrofa, 290-292
teoria quimiosmótica, 157-158
terapia antiviral, 314
terapia com fagos, 311-312
terminologia, 10-11
termodinâmica, 80
testes genéticos, 325
testículos, 210
tétrada, 211
tipo de mutação por apagamento, 251
tipo de mutação por inserção, 252
tipo de mutação por substituição, 251
tipografia, 278
tinta, 20
tiroxina, 271
totipotência, 268
tradução, 256-257
transcrição, 253-255
transferases, 86
translocação, 100, 147-149
transpiração, 101, 113-115, 147
transporte ativo, 30, 104
transporte passivo, 30-31, 166
traqueia, 94, 108
trato digestivo completo, 105-106
trato digestivo incompleto, 105
tremores, 160
trifosfato de adenosina, (ATP)

cadeia de transporte de elétron e, 117

glicose e, 82-83

ciclo de Krebs e, 327

mitocôndrias e, 34

contração muscular e, 195-196

fósforo e, 301

redução e, 119

triglicérides, 66, 88

trip- (prefixo), 162

tripeptídeo, 84

tripsina, 110

trissomia, 215

troca capilar, 110, 137-138

troca de gás, 151-152, 153. Ver também respiração celular

troca tegumentar, 91

trofoblasto, 238, 239

tromboembolismo, 140

tropismo, 198

tuberculose, 309, 311

tubo de ensaio, 19-20

tubo falopiano, 235, 238

tubo neural, 241

tubos malphigianos, 316

tumor, 276

Tyndall, John, 323-324

• U •

úlcera de estômago, 109

unidade da massa (m), 38

uréase, 173

ureia, 164

uretra, 165, 234

urina, 164-165

use ou perca, 290

útero, 334

• V •

vacinas, 314, 324

vacúolo alimentar, 104

valência, 46

válvula pilórica, 109

variáveis, 14-15, 16

variável dependente, 14-15, 16

variável independente, 14-15, 16

varíola, 314-315, 324

vasos sanguíneos, 95, 130, 131, 193

vesícula, 33, 208

vírus

envelhecimento e, 275

ataque contra a célula por, 313-315

bacteriófago, 311-312

descrição do, 26, 305-306, 312-313

HIV, 315-316

vírus da gripe, 315

vírus HIV, 315-316

visão, 190, 191-192

visão noturna e cenouras, 190

vista, 191-192

vitamina K, 308

vitaminas, 80-82, 174

vitaminas solúveis em água, 82, 88

Volpe, E. P., 269-270

volume (v), 38, 346

• W •

Wallace, Alfred, 280

Watson. James, 258, 324

Websites

Arizona.edu, 330-331

Astrobiology.com, 331

Biochemlinks.com, 331

Cellbio.com, 329

Discover.com, 332

Euronet.nl, 330

Hoflink.com, 330

Madsci.org, 331

Meer.org, 332

Tabela Periódica dos Elementos, 43

partículas subatômicas, 40

Tripod.com, 329-330

Banco de Dados Nutricional da USDA, 78

Whittaker, R. H. 337

• X •

xilema, 97, 99-100, 145, 146, 147

• Z •

zigoto, 208, 238

zona pelúcida, 233

zoósporo, 218

Conheça outros livros da série PARA LEIGOS

Todas as imagens são meramente ilustrativas

ALTA BOOKS
EDITORA

- Idiomas
- Culinária
- Informática
- Negócios
- Guias de Viagem
- Interesse Geral

Visite também nosso site para conhecer lançamentos e futuras publicações!

www.altabooks.com.br

 /alta_books   /altabooks

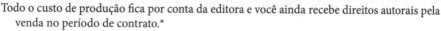

Seja autor da Alta Books

Todo o custo de produção fica por conta da editora e você ainda recebe direitos autorais pela venda no período de contrato.*

Envie a sua proposta para autoria@altabooks.com.br ou encaminhe o seu texto** para:
Rua Viúva Cláudio 291 - CEP: 20970-031 Rio de Janeiro

*Caso o projeto seja aprovado pelo Conselho Editorial.

**Qualquer material encaminhado à editora não será devolvido.

Impressão e Acabamento:
GRÁFICA STAMPPA LTDA.
Rua João Santana, 44 - Ramos - RJ